随钻方位成像电阻率测井技术

倪卫宁　李　新　孙伟峰　编著

科 学 出 版 社
北　京

内 容 简 介

本书详细介绍了随钻方位成像电阻率测井技术的原理方法、电学建模、仪器设计、采集系统和数据处理方法，论述了随钻方位电磁波电阻率测井、随钻侧向成像电阻率测井、油基钻井液随钻成像电阻率测井、随钻方位成像电阻率采集、随钻电阻率成像数据压缩等新技术的研究方法和进展。

本书可供从事随钻测井的科研人员和技术人员阅读，对大专院校相关专业的教师和学生具有重要的参考价值。

图书在版编目（CIP）数据

随钻方位成像电阻率测井技术 / 倪卫宁，李新，孙伟峰编著. —北京：科学出版社，2021.2

ISBN 978-7-03-065493-9

Ⅰ. ①随… Ⅱ. ①倪… ②李… ③孙… Ⅲ. ①随钻测井-成像测井-电阻率测井 Ⅳ. ①P631.8

中国版本图书馆 CIP 数据核字（2020）第 099720 号

责任编辑：吴凡洁 赵薇薇 / 责任校对：王萌萌
责任印制：师艳茹 / 封面设计：蓝正设计

科学出版社 出版
北京东黄城根北街 16 号
邮政编码：100717
http://www.sciencep.com
三河市春园印刷有限公司 印刷
科学出版社发行 各地新华书店经销
*
2021 年 2 月第 一 版 开本：787×1092 1/16
2021 年 2 月第一次印刷 印张：16
字数：364 000
定价：238.00 元
（如有印装质量问题，我社负责调换）

前言

近年来，随着非常规油气藏勘探开发的深入，随钻测井凭借其时效性和原状地层测量的优势得到迅速发展。随钻测井仪的数据质量和信息量不断提高，形成了高精度和高分辨率随钻成像测井技术。本书针对石油工程随钻测控技术的发展需要，对随钻方位成像电阻率测井技术原理及相关测量问题进行了比较系统的研究。随钻方位成像电阻率测井技术指导定向井钻井决策，可在较大程度上降低储层水平段的无效进尺，在地层倾角不断变化、局部构造不确定的情况下，保证水平井按照最优的目标钻进。

随钻方位成像电阻率测井技术研发是一项学科交叉性很强的工作，涉及地质、物理、电子、信息、机械等学科。本书共 6 章，倪卫宁撰写了第 3 章和第 5 章，李新撰写了第 2 章和第 4 章，孙伟峰撰写了第 1 章和第 6 章。本书首先回顾电法测井技术的进展，然后分析随钻方位电磁波电阻率测井技术、随钻侧向成像电阻率测井技术和油基钻井液随钻成像电阻率测井技术原理，接着探讨随钻方位成像电阻率采集技术，最后介绍随钻电阻率成像数据压缩技术，为仪器研制和油田现场应用提供有价值的指导。

本书研究成果得到国家科技重大专项“低渗透储层高精度随钻成像技术研究”(编号：2016ZX05021-002)、国家自然科学基金项目(编号：U19B6003)、中国石化科技部项目(编号：P16020、P17002-1、P20048-3)等的支持。项目合作单位浙江大学、中国石油大学(北京)、中国石油大学(华东)、西安石油大学的相关研究人员也直接参与了科研工作，为本书提供了丰富的素材，在此一并表示诚挚谢意！

由于作者水平有限，书中的不足之处在所难免，恳请读者批评指正。

作　者

2020 年 12 月

目录

前言

第 1 章　随钻电阻率测井技术概述……1

1.1　初识电阻率测井技术……1

1.2　随钻电阻率技术进展……1

第 2 章　随钻方位电磁波电阻率测井技术……4

2.1　随钻电磁波电阻率测井仪原理……4

2.1.1　随钻电磁波电阻率测井……4

2.1.2　随钻方位电磁波电阻率测井……5

2.2　线圈系参数与测井仪检测功能的对应关系……6

2.3　线圈系设计原则……7

2.3.1　测井仪功能需求分析……7

2.3.2　线圈系参数的约束条件……8

2.4　线圈系总体方案设计……10

2.5　基于倾斜结构的测井仪线圈系参数设计……12

2.5.1　测井仪线圈系参数设计方法对比分析……12

2.5.2　基于 Green 函数法的线圈系参数设计方法研究……13

2.5.3　面向不同检测功能的倾斜线圈系参数设计……15

2.5.4　高分辨检测功能……21

2.6　基于分段组合结构的测井仪线圈系参数设计……24

2.6.1　在役测井仪线圈结构优缺点对比分析……25

2.6.2　分段组合线圈系参数设计方法研究……26

2.6.3　面向不同检测功能的分段组合线圈系参数设计……29

2.6.4　高分辨检测功能……32

2.7　分段组合线圈系与常规倾斜线圈系检测功能对比分析……33

2.7.1　线圈系检测功能验证方法研究……33

2.7.2　仿真实验及结果分析……37

第 3 章　随钻侧向成像电阻率测井技术……42

3.1　随钻侧向成像电阻率测井原理……42

3.1.1　普通电阻率测井……42

3.1.2　侧向电阻率测井……43

3.1.3　电感耦合侧向测井……44

3.2　随钻侧向电阻率成像解析解法……47

3.2.1　螺绕环等效磁流源……47

3.2.2　螺绕环等效电偶极子……52

3.3　螺绕环收发器优化研究……53

3.3.1 螺绕环电气特性……55
3.3.2 磁芯物理特性研究……59
3.3.3 线圈匝数及激励条件分析……65
3.4 随钻电阻率成像 3D FDTD 数值模拟……67
3.4.1 3D FDTD 模拟方法……67
3.4.2 参数优化及探测特性……70
3.4.3 环境影响与校正图版研制……82
3.5 复杂地层随钻电阻率成像测井响应特性……87
3.5.1 三维有限元法数值方法……87
3.5.2 典型地层测井响应特性与影响因素……91
3.5.3 裂缝地层测井响应特性与影响因素……101
3.5.4 洞穴地层测井响应特性与影响因素……111
第 4 章 油基钻井液随钻成像电阻率测井技术……119
4.1 油基钻井液随钻测井概述……119
4.2 油基钻井液随钻侧向电阻率测井原理……120
4.2.1 测量模型的构建……120
4.2.2 测量原理……121
4.3 基于电容耦合的有限元仿真……122
4.3.1 有限元仿真模型的建立……122
4.3.2 环形电极侧向测井仿真……125
4.3.3 纽扣电极方位测井仿真……130
4.3.4 纽扣电极地层成像……135
4.4 油基钻井液模拟测井实验……142
4.4.1 模拟测井实验研究……142
4.4.2 油基钻井液模拟测井实验……156
4.4.3 小结……164
第 5 章 随钻方位成像电阻率采集技术……165
5.1 随钻电阻率成像采集总体设计……165
5.1.1 总体功能要求……165
5.1.2 总体技术指标……165
5.1.3 核心构架设计……166
5.1.4 核心器件选择……167
5.2 发射电路设计……168
5.2.1 发射信号生成电路方案设计……168
5.2.2 直接数字频率合成基本原理……168
5.2.3 直接数字频率合成器特征参数……170
5.2.4 发射信号生成电路设计……171
5.2.5 驱动放大电路……171
5.3 接收电路设计……172
5.3.1 前端放大电路……172
5.3.2 多路选择电路……173
5.3.3 滤波电路……174

5.3.4 可变增益放大器……176
5.4 高边与工具面检测电路……177
5.4.1 MEMS 陀螺仪工作原理……177
5.4.2 MEMS 磁阻传感器特征参数与驱动设计……178
5.5 采集转换电路……181
5.5.1 高性能模数转换器外围电路……181
5.5.2 高速采集接口电路……181
5.5.3 FPGA 特征参数与高性能模数转换器接口设计……182
5.6 控制单元……183
5.6.1 dsPIC33EP512GM706 的特点与资源……183
5.6.2 DSC 与 FPGA 接口设计……183
5.6.3 存储器特征与存储数据结构设计……185
5.6.4 DSC 与存储器接口设计……186
5.7 实时时钟和总线设计……186
5.8 印刷电路板设计……188
5.8.1 印刷电路板热布局设计……188
5.8.2 关键数字信号抗振铃设计……189
5.8.3 抗串扰设计……190
5.8.4 多层电路板走线设计……190
第 6 章 随钻电阻率成像数据压缩技术……192
6.1 随钻成像数据传输与压缩技术……192
6.1.1 随钻成像数据传输技术……192
6.1.2 随钻成像数据压缩方法……193
6.1.3 随钻成像数据压缩方法的评价准则……196
6.2 基于 DPCM 与整数 DCT 的随钻成像数据压缩方法……197
6.2.1 随钻成像数据特征分析……197
6.2.2 基于 DPCM 与整数 DCT 的随钻成像数据压缩方法原理与流程……202
6.2.3 数值验证……210
6.2.4 小结……220
6.3 基于数据相关性的随钻成像数据压缩方法……220
6.3.1 基于数据相关性的数据重排方法……220
6.3.2 基于数据相关性的随钻成像数据压缩方法原理与流程……223
6.3.3 数值验证……225
6.3.4 小结……231
6.4 面向峰值与分段斜率特征的随钻成像数据压缩方法……232
6.4.1 随钻成像数据峰值与分段斜率特征分析……232
6.4.2 随钻成像数据峰值与分段斜率特征提取方法……233
6.4.3 随钻成像数据峰值与分段斜率特征压缩方法……234
6.4.4 面向峰值与分段斜率特征的随钻成像数据压缩方法原理与流程……236
6.4.5 数值验证……237
6.4.6 小结……244
参考文献……245

第1章　随钻电阻率测井技术概述

1.1　初识电阻率测井技术

地层电性参数主要包括自然电位、电阻率、介电常数等。其中，电阻率测井技术是利用地层的导电性(电阻率或电导率)研究地层特性的一类测井方法，是测井的关键技术之一。电阻率测井方法主要分为普通电阻率测井、侧向电阻率测井、感应电阻率测井和电磁波电阻率测井。

普通电阻率测井是最早使用的测井方法，该方法比较简单，是其他电阻率测井方法的基础。它是把普通的电极系放入井内，通过供电电极向地层发射电流，测量两个检测电极之间的电压差以求得地层电阻率的测井方法。在高矿化度钻井液和高阻薄层的井中，由于导电钻井液或低阻围岩的分流作用，普通电阻率测井难以进行分层和确定地层真电阻率。因此，普通电阻率测井往往只适用低阻地层测井，而且探测深度较浅。

侧向电阻率测井是为了减小钻井液的分流作用和低阻围岩的影响，增加探测深度及电阻率测量范围，是在普通电阻率测井基础上提出的。侧向电阻率测井按供电和聚焦电极系结构、数量的不同，通常分为双侧向、三侧向、七侧向、微侧向、邻近侧向、微球形聚焦测井等。聚焦供电使电流具有方向选择性，从而可以探知不同方向上的地层电阻率分布情况(李启明等，2014)。侧向电阻率测井通过聚焦方式把电流发射到围岩中，其测量通路模型相当于钻井液、泥饼、侵入带和目标地层各电阻的串联，串联电路中大电阻贡献大，所以侧向电阻率测井适合导电钻井液测井工况，而且特别适合高阻地层(碳酸盐、致密岩层之类)电阻率的测量。

感应电阻率测井是利用电磁感应原理研究目标地层导电性的一种测井方法。感应电阻率测井采用电磁感应原理实现信号的激励和采集，其感应涡流电流的方向平行于水平岩层界面，受围岩影响较小。感应电阻率测井的测量通路模型可以看作是钻井液、泥饼、侵入带和目标地层各电阻的并联，并联电路中小电阻贡献大，所以感应电阻率测井特别适合不导电钻井液下低阻地层电阻率的测量。

电磁波电阻率测井又称为电磁波传播电阻率测井，它是通过检测电磁波信号在地层传播过程中发生的相位滞后或幅值衰减研究地层电学特性的方法(刘乃震等，2015)。电磁波测井激励频率较高，受井内钻井液影响比较小。但是在高电阻率地层中，随着测井频率的升高，地层介电性逐渐起主导性作用，使得电阻率参数的测量受到影响。因此，电磁波电阻率测井主要适用于中低电阻率地层的测量。

1.2　随钻电阻率技术进展

根据工作方式的不同，电法测井可分为电缆测井和随钻测井两大类。电缆测井

(wireline logging) 在钻井作业完成后，通过电缆将测井装置放入井内工作。随钻测井(logging while drilling，LWD)则在钻井作业的同时实现地层参数测量。此时的钻井液(钻探过程中井眼内使用的循环冲洗介质)尚未或者较少侵入地层，因此随钻测井能够在第一时间获得原始地质信息。

随钻测井是钻井工程的关键技术手段，各类随钻测井方法和仪器广泛应用于石油勘探和开采领域。通过对地层的电、声、核和磁等各种物理信息的测量、处理、传输和解释，工程师可以判断出钻井状况是否安全，地下油气资源的储量是否丰富。随钻测井技术随着石油工程技术的不断发展而产生。各种高精度的测量传感器快捷地采集各种井筒物理参数，为高效钻井和安全钻井提供服务。随钻电阻率测量包括电磁波电阻率测量和侧向电阻率测量。随钻电磁波电阻率测量的范围较大，但是分辨率较低，适合作为探边工具，不适合作为实现井壁清晰成像，反映井壁裂缝、溶洞和地层走向的测井方式。随钻高分辨率电阻率成像技术能够可视化展现井筒周边地层的特征，成为随钻测井的发展方向，也是高端随钻测井技术的代表。

目前，易开采油气层已逐渐减少，为了更高效地开采油气资源和增加油区产量，不得不将目标转向低幅度、薄层及难开采的次要油气层。在这类复杂的地质构造中，钻直井受到了限制，斜井、水平井等定向井的数目日渐增多。在这种条件下，电缆测井已不能满足需求，随钻测井是唯一可用的测井技术。随钻测井和随钻测量(measurement while drilling)技术的突破，实现了水平井的实时地质导向，与早期的以三维空间几何体为目标的控制方式相比，地质导向控制方式以井眼是否钻达储层为评价标准，是一种更高级的井眼轨迹控制方式。高分辨率地质导向钻井是科技进步的必然产物，也是油气勘探开发对钻井的客观需求。

国际石油技术服务公司紧盯随钻测井领域发展方向，研制随钻测井仪。斯伦贝谢(Schlumberger)公司的VISION系列、Scope系统，哈里伯顿(Halliburton)公司的AFR\ABR\ADR系统和贝克休斯(Baker Hughes)的AziTrak系统等均能提供多个探测深度的电阻率、伽马及钻井方位、井斜和工具面等参数，能满足地层评价、地质导向和钻井工程应用的需要。经过多年的发展，基于随钻测井的水平井地质导向技术已经成为优化储层内井眼轨迹、提高泄油面积、实现油田增产的新技术。

油田的复杂性，尤其是各种特殊油气藏对精确的预判性地质导向提出了严格要求，推动地质导向不断进步。最早期具有方向性测量的地质导向工具为GST，通过工具面的配合可以实现数据点形式的方向性伽马测量。方向性测量出现以后，电阻率成像地质导向在此基础上也逐渐发展起来。它不仅可以提供上下、左右方向性测量，也可以提供全井眼的电阻率成像测量，这主要通过工具的旋转实现。工具带有纽扣式的电阻率测量电极，随着工具旋转一周，能够获得全井眼的成像资料，为实施导向提供方向；通过专有的数据处理系统在成像图上拾取地层倾角，为导向过程地层倾角的判断提供有力依据。

薄储层开发迫切需要通过随钻高分辨率成像测井技术获取方向性测井数据，结合钻前地质背景预测钻井中实时局部构造的倾角变化分析，实现薄层钻井的地质导向。在钻井过程中通过井眼轨迹穿过地层界面位置的方向性测量和成像判断轨迹与地层之间的关系及计算地层视倾角，从而指导决策，最大限度地降低储层水平段的无效进尺、提高钻遇率、减少侧钻，在地层倾角不断变化、局部构造不确定的情况下，保证水平井按照最优的目标钻进。国外公司在常规随钻电阻率测量技术已取得进展的基础上，正在加快研制方位探边和成像电阻率测量技术。斯伦贝谢公司在20世纪80年代推出了随钻短电位电阻率仪器，它采用普通电位电极系，其探测深度浅且受井眼影响大。

为了规避随钻电极电流型电阻率测井遇到的技术难题，20世纪60年代，Arps提出一种随钻侧向电阻率测井方法，由发射线圈在钻挺或电极上产生感应电流流入地层，并由电极或接收线圈探测来自地层的电流。1985年，Gianzero等推导了将螺绕环等效为磁流环的相关理论并考虑了频率影响。1994年，Bonner等对钻头电阻率仪器RAB的探测特性和测井响应进行了详细介绍，并提出了一种“圆柱形聚焦技术”，将测量电极前方的等位面恢复成圆柱形，克服了仪器在高电阻率地层中较差的测井响应。20世纪90年代初，随钻感应电阻率测井仪发展成熟并投入应用，随后发展到侧向电阻率成像测井，成为主流的随钻侧向电阻率测井。国外的随钻成像测井技术已经比较成熟，几家主要的石油技术服务公司都相继推出了自己的随钻电阻率成像仪器。例如，斯伦贝谢公司的RAB、GVR，哈里伯顿公司的AFR和贝克休斯的StarTrak。

不同随钻电阻率测井方法的异同如表1.1所示。

表1.1　不同随钻电阻率测井方法的主要优缺点对比

参数	随钻侧向电阻率测井	随钻感应电阻率测井	随钻电磁波电阻率测井
工作频率	直流电	20kHz	20kHz～2MHz
工作原理	欧姆定律	电磁感应	电磁波传播
优点	纵向分辨率高，有较强的薄层检测、裂缝探测及渗透层识别能力	径向探测深度较大；在测井过程中不受钻井液的限制	可同时检测不同径向深度的地层电阻率参数，且在实际测井过程中不受钻井液的限制
不足	径向探测深度较浅；在实际测井过程受钻井液的限制	仅能检测单一径向深度的地层电阻率参数	线圈系制作工艺复杂

第 2 章　随钻方位电磁波电阻率测井技术

2.1　随钻电磁波电阻率测井仪原理

随钻电磁波电阻率测井仪主要分为常规随钻电磁波电阻率测井仪和随钻方位电磁波电阻率测井仪，实际测井过程中测井仪检测电磁波信号在地层中传播时产生的幅度衰减和相位偏移即可反演计算所测地层的电阻率参数，从而实现测井仪的地层评价和地质导向等功能。

随钻电磁波电阻率测井仪可采用多种工作频率实现不同径向深度地层电阻率参数的检测，可精确地检测复杂钻井环境下的地层电阻率参数，有效地提高作业效率。由电磁波信号的传播特性可知，随钻电磁波电阻率测井仪在实际测井过程中不受钻井液条件的限制，适用范围较广。

2.1.1　随钻电磁波电阻率测井

常规随钻电磁波电阻率测井仪通过采用轴向发射-接收线圈实现地层电阻率参数的检测，其线圈系结构(以一发双收线圈系为例)如图 2.1 所示。

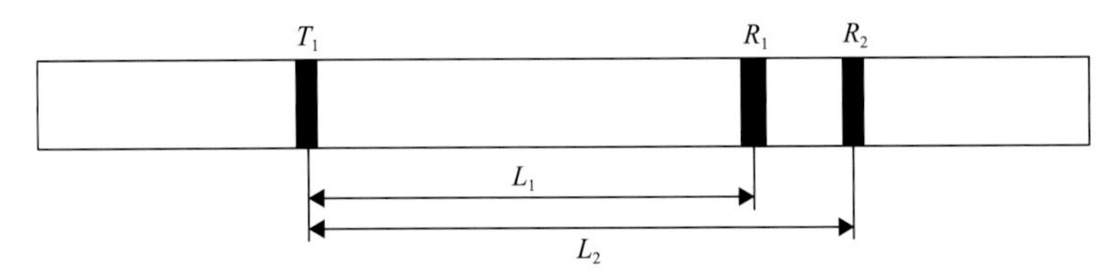

图 2.1　常规随钻电磁波电阻率测井仪线圈系结构图

图 2.1 中，T_1 为发射线圈，R_1、R_2 为接收线圈，L_1、L_2 分别为发射线圈 T_1 到接收线圈 R_1、R_2 的源距。由于线圈的半径远小于发射线圈到接收线圈的源距，在实际测井过程中将线圈视为磁偶极子，当线圈系结构工作于均匀介质地层中时，根据麦克斯韦方程组可分别计算接收线圈 R_1 和 R_2 处感应电磁波信号的幅值和相位为(高杰等, 2008)

$$\left|V_j\right| = \frac{\omega\mu S_{Rj} n_{Rj} M \mathrm{e}^{-\beta L_j}}{2\pi L_j^3}\sqrt{(\alpha L_j)^2 + (1+\beta L_j)^2}\,, \qquad j=1,2 \tag{2.1}$$

$$\Phi_j = -\alpha L_j - \arctan\left(\frac{1+\beta L_j}{\alpha L_j}\right), \qquad j=1,2 \tag{2.2}$$

式中，$\alpha = \omega\sqrt{\frac{1}{2}\mu\left(\sqrt{\varepsilon^2 + \frac{\sigma^2}{\omega^2}} + \varepsilon\right)}$；$\beta = \omega\sqrt{\frac{1}{2}\mu\left(\sqrt{\varepsilon^2 + \frac{\sigma^2}{\omega^2}} - \varepsilon\right)}$；$\omega$ 为角频率，rad/s；μ

为介质磁导率，H/m；σ 为地层介质电导率，S/m；ε 为介电常数，F/m；S_{Rj} 为接收线圈的横截面积，m^2；n_{Rj} 为接收线圈的匝数；M 为磁偶极距。

由式(2.1)和式(2.2)即可计算相邻接收线圈处感应电磁波信号(V_1、V_2)的幅度比EATT和相位差$\Delta\Phi$分别为

$$\mathrm{EATT}=20\lg\frac{|V_2|}{|V_1|} \tag{2.3}$$

$$\Delta\Phi=\Phi_2-\Phi_1 \tag{2.4}$$

由以上分析可知，信号的幅度比 EATT 和相位差$\Delta\Phi$是地层介质电导率σ的函数，通过测量信号的幅度比和相位差即可反演得到所测地层的电阻率参数。

2.1.2　随钻方位电磁波电阻率测井

常规的随钻电磁波电阻率测井仪采用轴向线圈系结构，可实现不同径向深度地层电阻率的检测，但其通常采用轴向线圈系结构，测量结果不具有方位特性。随钻方位电磁波电阻率测井仪在常规测井仪的基础上设置倾斜或水平线圈实现地层方位电阻率的检测，更加精确地实现了测井仪的地层评价和地质导向功能(宋殿光等, 2014)。其工作原理如图 2.2 所示。

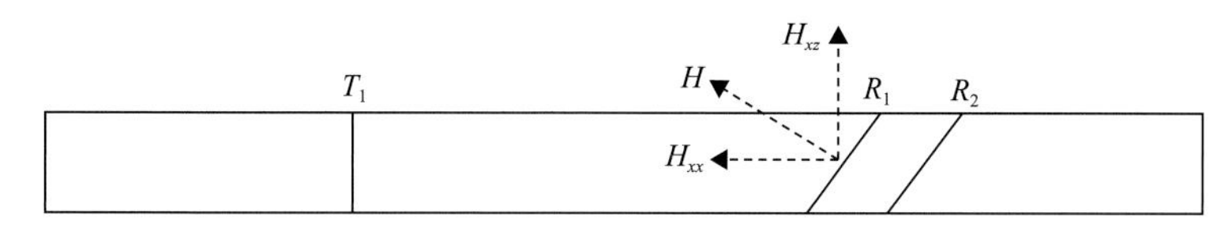

图 2.2　随钻方位电磁波电阻率测井仪工作原理示意图

如图 2.2 所示，T_1为轴向发射线圈，R_1、R_2为倾斜接收线圈，H为接收线圈的磁矩方向，H_{xx}为沿轴向的磁矩分量，H_{xz}为垂直于轴向的磁矩分量。不同于常规随钻电磁波电阻率测井仪，随钻方位电磁波电阻率测井仪通过设置水平或接收线圈，可同时测量沿轴向的电场分量和垂直于轴向的电场分量，则接收线圈处的感应电磁波信号可表示为

$$V=V_{xx}+V_{xz} \tag{2.5}$$

式中，V表示接收线圈处的感应电磁波信号，V；V_{xx}表示感应电磁波信号沿轴向的分量，V；V_{xz}表示感应电磁波信号垂直于轴向的分量，V。

因此，可计算得到相邻接收线圈处感应电磁波信号的幅度比 EATT 和相位差$\Delta\Phi$分别为

$$\mathrm{EATT}=20\lg\frac{|V_2|}{|V_1|}=20\lg\frac{|V_{xx2}|+|V_{xz2}|}{|V_{xx1}|+|V_{xz1}|} \tag{2.6}$$

$$\Delta\Phi=\Phi_2-\Phi_1 \tag{2.7}$$

式中，$|V_{xx1}|$ 和 $|V_{xx2}|$ 分别表示两个接收线圈处沿轴向的感应信号幅值分量，V；$|V_{xz1}|$ 和 $|V_{xz2}|$ 分别表示两个接收线圈处垂直于轴向的感应信号幅值分量，V；Φ_1 和 Φ_2 分别表示两个接收线圈处感应电磁波信号的相位，rad。

由以上分析可知，当地层中有层界面存在时，线圈系结构在随仪器的转动过程中，接收线圈处感应电磁波信号沿轴向的分量 V_{xx} 始终不变，垂直于轴向的分量 V_{xz} 随仪器旋转角度的变化而变化，因此通过倾斜或水平线圈的设置可检测井眼周围地层电阻率的变化，实现测井仪的地层评价和地质导向功能。

2.2　线圈系参数与测井仪检测功能的对应关系

影响随钻方位电磁波电阻率测井仪检测功能的关键在于其线圈系的设计，国内外各大石油工程服务公司相继研制出了随钻方位电磁波电阻率测井仪，且国内外相关专家学者对随钻电阻率测井的基础理论、测井仪线圈系测量响应的数值模拟方法及感应电磁波信号的幅度比和相位差计算方法展开了较为系统的研究，为线圈系的设计和验证奠定了必要的理论基础。

线圈系相关参数与测井仪不同检测功能之间的对应关系是合理设计线圈系参数和结构的理论依据。随钻方位电磁波电阻率测井仪采用水平或倾斜线圈实现地层方位电阻率的检测，同时采用多组不同参数的发射-接收线圈可实现不同径向深度地层电阻率参数的检测，即线圈系相关参数与测井仪不同检测功能之间的对应关系不同。

合理地设计测井仪线圈系的前提是对影响测井仪检测功能的线圈系相关参数进行深入的研究。影响测井仪检测功能的线圈系参数主要包括电磁波信号发射频率 f、线圈源距 L、线圈间距 ΔL 及线圈倾角 θ 等。随钻方位电磁波电阻率测井仪的线圈系结构（以一发双收的倾斜线圈系为例）如图 2.3 所示。

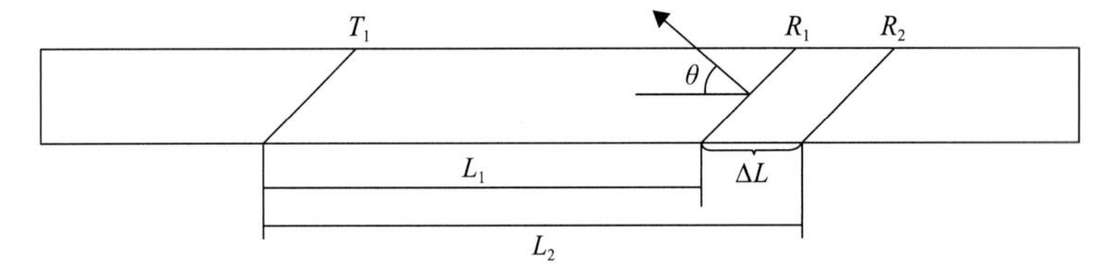

图 2.3　随钻方位电磁波电阻率测井仪线圈系结构图

1）电磁波信号发射频率 f

电磁波发射信号是实现地层方位电阻率检测的基础，不同频率的电磁波发射信号具有不同的地层电阻率检测特性，其中高频电磁波发射信号具有较高的纵向分辨率，在测井过程中可对较薄储集层实现精确检测和评价，但高频电磁波信号在地层中传播时衰减较大，径向探测深度较浅；低频电磁波信号在地层中传播时衰减较小，具有较大的径向探测深度，但其对薄层的检测和评价能力较差，即低频电磁波信号的纵向分辨率较低。

2）线圈源距 L

线圈源距 L 是指发射线圈到接收线圈之间的距离（如图 2.1 中 L_1 和 L_2 所示）。线圈源

距 L 的大小直接决定了测井仪的径向探测深度，且线圈源距越大测井仪的径向探测深度越大(邢光龙和杨善德, 2004)。

3) 线圈间距 ΔL

线圈间距 ΔL 为测井仪线圈系中相邻接收线圈之间的距离(如图 2.1 中 ΔL 所示)。线圈间距 ΔL 的大小直接决定测井仪所能分辨的最小薄层厚度，即线圈间距 ΔL 直接影响测井仪的纵向分辨率。

4) 线圈倾角 θ

线圈倾角 θ 为线圈磁矩方向与仪器轴的夹角，为实现测井仪对地层方位电阻率的检测，应合理地设计线圈倾角。此外，线圈倾角的改变直接影响接收线圈处感应信号的幅值，从而影响测井仪的径向探测深度。

2.3 线圈系设计原则

为合理有效地进行测井仪线圈系的设计，首先应明确线圈系的设计原则。线圈系的设计原则包括测井仪的功能需求及线圈系参数应满足的约束条件。

2.3.1 测井仪功能需求分析

随着随钻电磁波电阻率测井技术的发展，常规的随钻电磁波电阻率测井仪可同时检测不同径向深度的地层电阻率参数，为测井仪的地层评价功能奠定了坚实的基础，但其均采用轴向线圈，所测的地层电阻率参数并不具有方位特性，无法精确地实现地质导向功能。

因此，随钻方位电磁波电阻率测井仪除具备常规测井仪的基本功能外，还应具有地层方位电阻率检测功能，并通过合理的线圈系参数设计提高测井仪的径向探测深度及纵向分辨率。

1) 多径向深度地层电阻率检测

在现场测井过程中，实际电阻率测量结果往往会受到围岩、泥浆侵入及井眼等外界环境的影响，因此随钻方位电磁波电阻率测井仪通常采用多频率及多源距的线圈系实现仪器轴径向上不同深度地层电阻率剖面的测量(李会银等, 2010)，精确地实现测井仪的地层评价功能。

2) 地层方位电阻率检测

地层方位电阻率检测是随钻方位电磁波电阻率测井仪区别于常规测井仪的主要特点和优势，地层方位电阻率检测指测井仪在旋转过程中可分扇区检测井眼周围的地层电阻率参数的变化(如哈里伯顿公司的随钻方位电磁波电阻率测井仪 InSite ADR，在实际测井过程中分 32 个扇区测量井周的地层电阻率参数)，判断地层层界面相对于井眼的方位，通过优化井眼轨迹避免钻铤钻出储集层，精确地实现测井仪的地质导向功能。

3) 深探测检测功能

径向探测深度是衡量测井仪检测功能的主要指标之一，通过合理地设计线圈系参数提高测井仪的径向探测深度，可更加及时地发现地层层界面的存在，有效规避断层、高倾角储集层、裂缝层及各向异性地层等复杂地层环境的影响，在提高作业效率的同时有效地节省了开发成本。

4) 高分辨检测功能

纵向分辨率是指测井仪所能检测到的最小薄层厚度，增大测井仪的纵向分辨率可增强测井仪对较薄油气层的检测和评价能力，精确地实现测井仪的地层评价功能，从而可提高油气田的采收率。

2.3.2 线圈系参数的约束条件

随钻方位电磁波电阻率测井仪的检测功能受电磁波信号发射频率 f、线圈源距 L、线圈间距 ΔL 和线圈倾角 θ 等参数的影响，各参数之间相互制约且各自满足相应的约束条件。

1. 电磁波信号发射频率 f

根据信号发射频率的区别，电测井方法可分为传导电阻率测井方法、感应电阻率测井方法、电磁波电阻率测井方法及介电测井方法(介电电阻率测井方法、电磁波介电测井方法)等，不同电阻率检测方法的频段划分范围如图 2.4 所示。

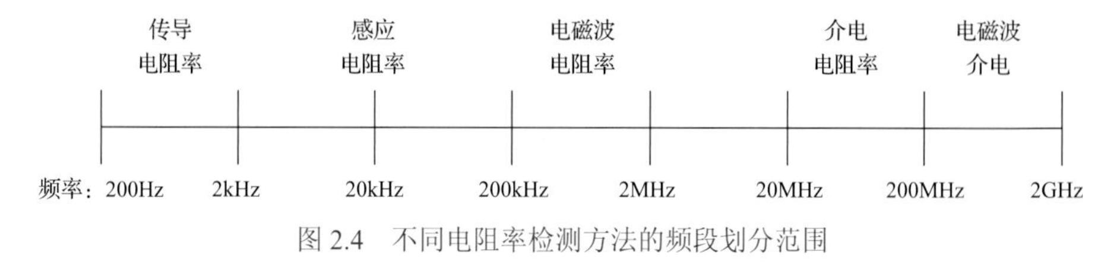

图 2.4　不同电阻率检测方法的频段划分范围

由图 2.4 可知，随钻方位电磁波电阻率测井仪使用的电磁波信号发射频率一般为 200kHz～2MHz。同时，对于不同电阻率的地层介质，电磁波信号的发射频率应满足以下约束条件(Zhao et al., 2012)。

约束条件 1：降低地层介电常数的影响。在实际测井过程中，当 $\varepsilon\omega/\sigma \ll 1$ 时，可忽略介电常数的影响。因此，电磁波信号发射频率 f 应满足式(2.8)的约束条件：

$$f \ll \frac{\sigma_{\min}}{2\pi\varepsilon} \tag{2.8}$$

式中，f 为电磁波信号发射频率，Hz；$\sigma_{\min}$ 为仪器所能检测到的最小电导率，S/m；ε 为地层介电常数，F/m。

约束条件 2：为保证测井仪的测量精度，所测相位差 $\Delta\Phi$ 应大于仪器可分辨的最小相位差 $\Delta\Phi_{\min}$。

相邻接收线圈处感应电磁波信号的相位差 $\Delta\Phi$ 可表示为

$$\Delta\Phi = \frac{360\Delta L}{\lambda} \tag{2.9}$$

式中，ΔL 为接收线圈的间距，m；λ 为电磁波信号的波长且 $\lambda = \dfrac{2\pi}{\sqrt{\pi f \mu\sigma}}$，m。

因此，所测相位差 $\Delta\Phi$ 大于仪器所能分辨的最小相位差 $\Delta\Phi_{\min}$ 时，应满足

$$\Delta\Phi = \frac{360\Delta L\sqrt{\pi f \mu\sigma}}{2\pi} > \Delta\Phi_{\min} \tag{2.10}$$

可得

$$f > \frac{\pi}{\mu\sigma_{\min}}\left(\frac{\Delta\Phi_{\min}}{180\Delta L}\right)^2 \tag{2.11}$$

2. 线圈源距 L

线圈源距同时会影响接收线圈处感应电磁波信号的大小，当线圈源距过大时会降低接收线圈处感应电磁波信号的幅值，使接收信号淹没于噪声信号之中，降低测井仪的测量精度。

不同测井仪由于工作原理不同，其接收信号的强度不同，不同测井仪接收信号的强度分布如图 2.5 所示。

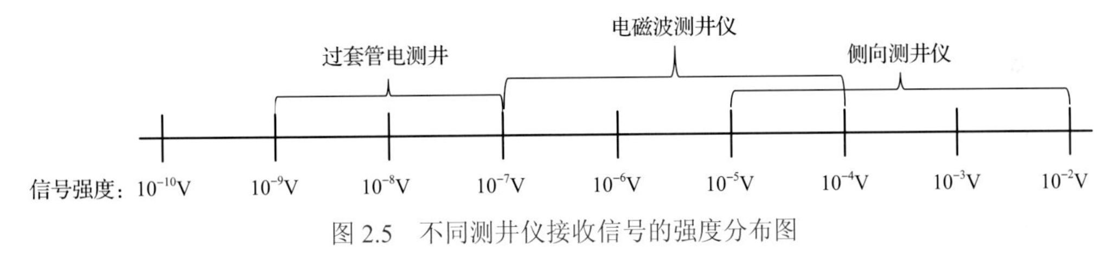

图 2.5　不同测井仪接收信号的强度分布图

由图 2.5 可知，随钻方位电磁波电阻率测井仪接收线圈处感应电磁波信号的强度一般为 10^{-7}～10^{-4}V。同时，根据大量的硬件电路实验结果可知，实际电路中产生的噪声信号幅值一般为 10^{-6}V，为提高接收信号的信噪比，保证测井仪的检测精度，以接收线圈处所能接收到的最小信号幅值为 10^{-6}V 作为线圈系源距设计的约束条件。

3. 线圈间距 ΔL

线圈间距的大小直接决定测井仪的纵向分辨率。在进行线圈系设计时，线圈间距 ΔL 应满足以下约束条件。

约束条件 1：线圈间距 ΔL 应小于电磁波信号的最小波长 $\lambda_{\min}$。测井仪相位差的检测范围为 $[0, 2\pi]$。

为减小测井仪的测量误差，应保证相邻接收线圈处感应电磁波信号的相位差小于 2π，因此线圈间距 ΔL 应满足

$$\Delta L < \lambda_{\min} \tag{2.12}$$

约束条件 2：所测相位差 $\Delta\Phi$ 须大于仪器所能分辨的最小相位差 $\Delta\Phi_{\min}$。由式(2.9)可知，线圈间距 ΔL 越小，所测得的相位差 $\Delta\Phi$ 越小，为保证测井仪的测量精度，所测相位差 $\Delta\Phi$ 须大于仪器所能分辨的最小相位差 $\Delta\Phi_{\min}$，由式(2.9)可知线圈间距 ΔL 应满足：

$$\Delta L > \frac{\lambda_{\max}\Delta\Phi_{\min}}{360} \tag{2.13}$$

式中，$\lambda_{\max}$ 为电磁波信号的最大波长，m。

约束条件 3：线圈间距 ΔL 应小于仪器所能分辨的最小薄层厚度 d(实际测井过程中，随钻方位电磁波电阻率测井仪的纵向分辨率一般为 20～30cm，因此在设计测井仪线圈系参数时令测井仪所能分辨的最小薄层厚度 d 为 20cm)。

线圈间距 ΔL 直接决定测井仪的纵向分辨率即测井仪所能分辨的最小薄层厚度，因此线圈间距 ΔL 应满足：

$$\Delta L < d \tag{2.14}$$

4. 线圈倾角 θ

已有研究结果表明，接收线圈的倾角越大，测井仪的层界面检测敏感性越强。此外接收线圈的倾角越大，接收线圈处的感应信号幅值越小，从而降低测井仪的径向探测深度。

因此，在设计线圈倾角时应综合考虑测井仪层界面检测的敏感性及层界面探测深度两方面因素的制约。

2.4 线圈系总体方案设计

测井仪线圈系的设计是影响测井仪检测功能的关键，为合理有效地设计线圈系参数，本节对线圈系的总体方案设计进行详细的介绍，主要分为基于倾斜结构的测井仪线圈系参数设计和基于分段组合结构的测井仪线圈系参数设计两部分。

1. 基于倾斜结构的测井仪线圈系参数设计

首先针对基于倾斜结构的测井仪完成线圈系参数的设计，其技术方案如图 2.6 所示。以倾斜线圈为基础设计线圈系参数时，通过对比和总结现有的线圈系参数设计方法，提出基于 Green 函数法的线圈系参数设计方法，并建立常规倾斜线圈系参数的数值模型，分析测井仪线圈系参数的变化对线圈系测量响应的影响规律。

同时以测井仪的不同功能需求和线圈系参数满足的约束条件为依据，完成倾斜线圈系参数的设计。

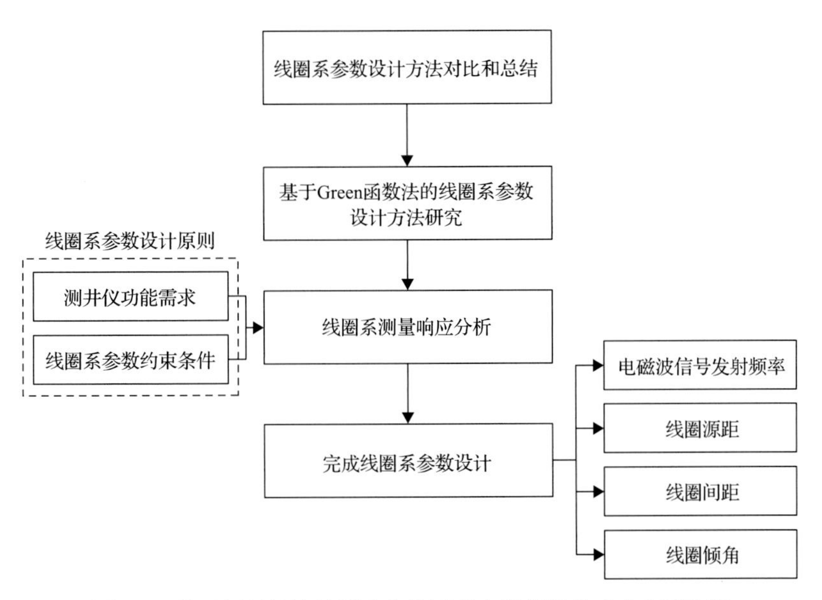

图 2.6 基于倾斜结构的测井仪线圈系参数设计技术方案流程图

2. 基于分段组合结构的测井仪线圈系参数设计

针对常规倾斜接收线圈受磁通量有效面积制约而导致的测井仪层界面检测灵敏度较弱及地层层界面探测深度较浅的问题，提出基于分段组合结构的测井仪线圈系参数设计方法，其技术方案如图 2.7 所示。

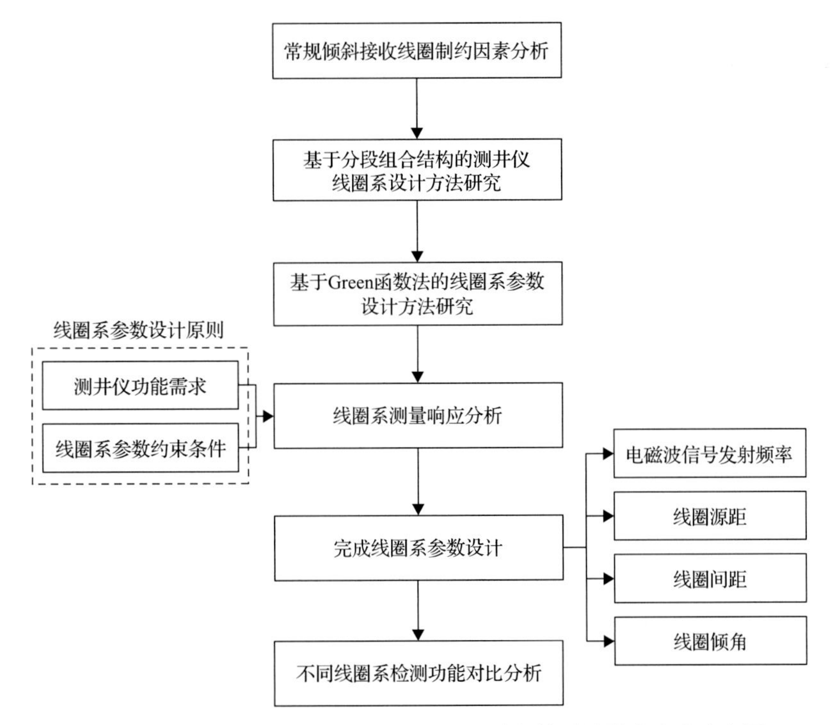

图 2.7 基于分段组合结构的测井仪线圈系参数设计技术方案流程图

由图 2.7 可见，通过分析常规倾斜接收线圈在实际测井过程中的不足和缺陷，提出基于分段组合结构的测井仪线圈系的设计方法，并利用提出的基于 Green 函数法的线圈系参数设计方法建立分段组合线圈系参数的数值模型，分析线圈系参数变化对测井仪线圈系测量响应的影响规律。

此外，以测井仪的不同功能需求和线圈系参数满足的约束条件为依据，完成分段组合线圈系参数的设计，最后通过仿真模拟的手段对比分析常规倾斜线圈系和分段组合线圈系的检测功能。

2.5 基于倾斜结构的测井仪线圈系参数设计

随钻方位电磁波电阻率测井仪的检测功能主要受电磁波信号发射频率f、线圈源距L、线圈间距ΔL、线圈倾角θ等参数的影响，且线圈系各参数之间相互制约。因此，本节针对随钻方位电磁波电阻率测井仪的不同功能需求，提出采用 Green 函数法建立线圈系参数与线圈系测量响应的数学模型，同时在考虑线圈系各参数约束条件及多参数相互影响的基础上，采用仿真实验的手段完成随钻方位电磁波电阻率测井仪的线圈系参数设计，为实际工程应用中线圈系参数的设计提供参考依据。

2.5.1 测井仪线圈系参数设计方法对比分析

常规的随钻电磁波电阻率测井仪通常采用轴向线圈，不能进行地层方位电阻率的测量，无法精确地实现地质导向功能，因此国内外各大测井公司在传统随钻电磁波电阻率测井仪的基础上设置水平或倾斜线圈，分别研制出相应的随钻方位电磁波电阻率测井仪。目前，国外主流随钻方位电磁波电阻率测井仪主要有斯伦贝谢公司的 PeriScope15、贝克休斯公司的 AziTrak 及哈里伯顿公司的 InSite ADR。此外，国内相关专家学者也注重随钻方位电磁波电阻率测井仪的研制和开发，2014 年长城钻探工程有限公司推出随钻方位电磁波电阻率测量仪器 GW-LWD(BWR)。不同随钻方位电磁波电阻率测井仪线圈系的主要参数如表 2.1 所示。

表 2.1　不同随钻方位电磁波电阻率测井仪的线圈系主要参数表

仪器名称	频率	发射线圈数	接收线圈数	线圈源距/in	径向探测深度/ft
PeriScope15	100kHz 400kHz 2MHz	6 (1 个水平线圈，其余为轴向线圈)	4 (2 个轴向线圈，2 个线圈倾角为 45°的倾斜线圈)	22，34，44，74，84，96	15
AziTrak	400kHz 2MHz	4 (均为轴向线圈)	4 (2 个轴向线圈，2 个水平线圈)	—	17
InSite ADR	125kHz 500kHz 2MHz	6 (均为轴向线圈)	3 (线圈倾角为 45°的倾斜线圈)	16，32，48	18
GW-LWD(BWR)	500kHz 2MHz	4 (均为轴向线圈)	3 (2 个轴向线圈，1 个交联线圈)	34.3，44.0，45.8	—

注：1in=2.54cm；1ft=3.048×10^{-1}m。

由表 2.1 可知，国内外各大测井公司研制的随钻方位电磁波电阻率测井仪均采用多发射频率及多线圈源距实现多径向深度地层电阻率的检测，并通过等源距补偿或非等源距补偿的线圈排列方式实现地层补偿电阻率的检测（杨锦舟, 2014），降低地层中泥饼及井眼不对称等因素对地层电阻率测量结果的影响。此外，现有随钻方位电磁波电阻率测井仪均通过改变线圈的倾角及结构实现地层方位电阻率的检测，为线圈系参数的设计提供了必要的参考依据。

2.5.2 基于 Green 函数法的线圈系参数设计方法研究

随钻方位电磁波电阻率测井仪线圈系各参数之间存在相互制约的关系，因此在设计测井仪线圈系参数时，应综合考虑各参数之间的相互影响。由线圈系参数设计及验证方法的对比和总结可知，现有数值模拟方法中仅有 Green 函数法属于解析方法，因此可利用 Green 函数法建立线圈系参数与测井仪线圈系测量响应的数值模型，合理地设计线圈系参数。

1. Green 函数法的基本原理

Green 函数法的基本思想是将源拆分为点源的叠加，分别求解点源激发的场之后，采用叠加原理即可求解相同边界条件下任意源的场。利用 Green 函数法求解随钻方位电磁波电阻率测井仪的测量响应时，可将发射线圈视为磁偶极子，利用 Green 函数法求解线圈系的测量响应时主要分为以下步骤。

步骤 1：将发射线圈视为磁偶极子，并将其分解为三个相互垂直的 x、y、z 分量。

步骤 2：分别求解发射线圈磁偶极源的 x、y、z 分量在接收线圈处产生的磁场强度分量。

步骤 3：将接收线圈处所产生的磁场强度的 x、y、z 三个分量投影到接收线圈的磁矩方向，计算出接收线圈处总的磁场强度。

步骤 4：根据接收线圈处的感应磁场强度即可求解接收线圈处产生的感应电磁波信号。

综上所述，利用 Green 函数法分析测井仪线圈系测量响应时的求解流程如图 2.8 所示。

根据已有参考文献（Wei et al., 2008）可知，源点处三个相互垂直的单位磁偶极子源在场点处产生的磁场强度可表示成式（2.15）所示矩阵形式：

$$G^{\mathrm{HM}}=\begin{bmatrix} G_{xx}^{\mathrm{HM}} & G_{xy}^{\mathrm{HM}} & G_{xz}^{\mathrm{HM}} \\ G_{yx}^{\mathrm{HM}} & G_{yy}^{\mathrm{HM}} & G_{yz}^{\mathrm{HM}} \\ G_{zx}^{\mathrm{HM}} & G_{zy}^{\mathrm{HM}} & G_{zz}^{\mathrm{HM}} \end{bmatrix} \tag{2.15}$$

式中，G_{xx}^{HM}、G_{yx}^{HM}、G_{zx}^{HM} 分别表示 x 方向单位磁偶极子源产生磁场强度的 x、y、z 分量；G_{xy}^{HM}、G_{yy}^{HM}、G_{zy}^{HM} 分别表示 y 方向单位磁偶极子源产生磁场强度的 x、y、z 分量；G_{xz}^{HM}、G_{yz}^{HM}、G_{zz}^{HM} 分别表示 z 方向单位磁偶极子源产生磁场强度的 x、y、z 分量。

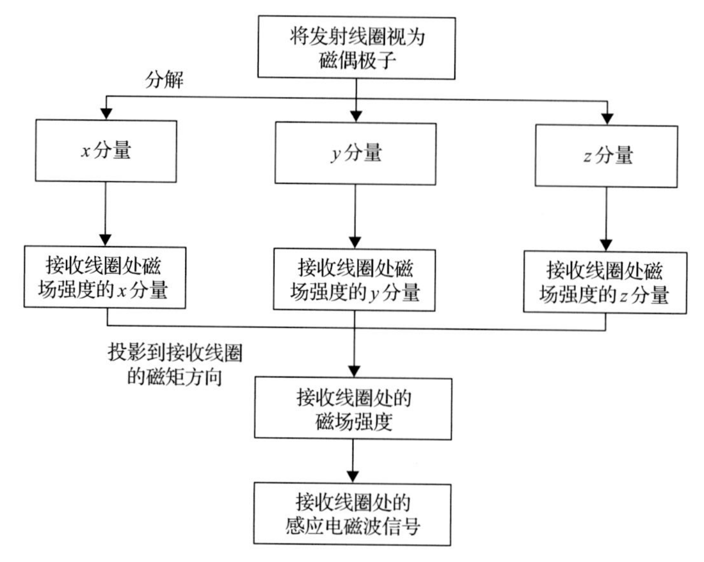

图 2.8　Green 函数法的求解流程图

综上所述，在进行随钻方位电磁波电阻率测井仪的线圈系设计时，可利用 Green 函数法建立线圈系参数与测量响应之间的数学模型，为测井仪线圈系的设计提供充足的理论基础。

2. 倾斜线圈系参数数学模型的建立

为合理地设计测井仪的线圈系参数，应分析均匀介质地层条件下电磁波信号发射频率 f、线圈源距 L、线圈间距 ΔL 及线圈倾角 θ 等参数变化及多参数同时变化时对测井仪线圈系测量响应的影响规律。因此须利用 Green 函数法建立均匀介质地层条件下测井仪线圈系参数与测量响应之间的数学模型。

为此，在地层直角坐标系 xz 平面下建立倾斜线圈系和均匀介质地层模型，如图 2.9 所示。

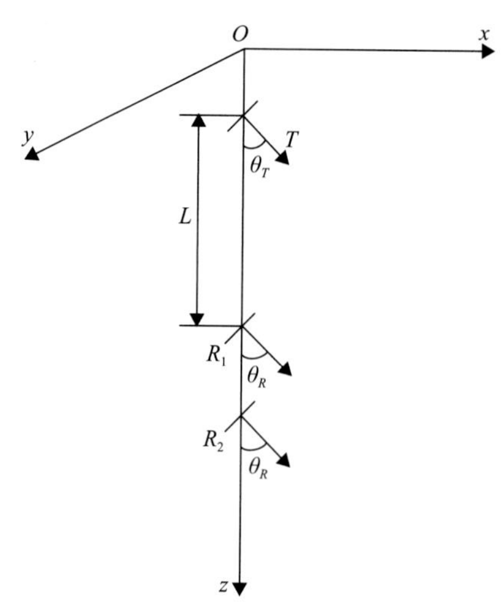

图 2.9　倾斜线圈系及均匀介质地层模型简图

图 2.9 中，T 为发射线圈，R_1、R_2 为接收线圈，θ_T 和 θ_R 分别为发射线圈和接收线圈的倾角，L 为发射线圈与接收线圈之间的源距。

如图 2.9 所示，倾斜线圈系及均匀介质地层模型建立在地层直角坐标系 xz 平面内，发射线圈产生的磁场强度无 y 分量，因此可将发射线圈视为沿 x 轴方向的磁偶极子和沿 z 轴方向的磁偶极子的叠加。

由源点处三个相互垂直的单位磁偶极子源在场点处产生的磁场强度 G^{HM} 可分别计算接收线圈处感应磁场强度 H 的 x 分量和 z 分量为

$$
\begin{aligned}
H_x &= M_T\left(G_{xx}^{\mathrm{HM}}\sin\theta_T + G_{xz}^{\mathrm{HM}}\cos\theta_T\right)\\
H_z &= M_T\left(G_{zx}^{\mathrm{HM}}\sin\theta_T + G_{zz}^{\mathrm{HM}}\cos\theta_T\right)
\end{aligned}
\tag{2.16}
$$

式中，M_T 为发射线圈在 xz 平面内产生的磁矩，$M_T=I_TN_TA_T$，其中，I_T 为发射线圈的电流强度，A；N_T 为发射线圈的匝数，A_T 为发射线圈的横截面积，m^2。

由式(2.16)接收线圈处感应磁场强度的 x 分量 H_x 和 z 分量 H_z，即可求得接收线圈处的感应磁场强度 H_R 为

$$
H_R = H_x\sin\theta_R + H_z\cos\theta_R \tag{2.17}
$$

因此，由接收线圈处的感应磁场强度可求得接收线圈处的感应电磁波信号 V 为

$$
V = -\mathrm{j}\omega\mu H_R A_R N_R \tag{2.18}
$$

式中，V 为接收线圈处的感应电动势，V；ω 为电磁波信号发射频率，rad/s；μ 为所测地层的磁导率，H/m；H_R 为接收线圈处的感应磁场强度，A/m；N_R 为接收线圈匝数；A_R 为接收线圈的横截面积，m^2。

根据式(2.17)和式(2.18)求得接收线圈 R_1、R_2 处的感应电磁波信号 V_1、V_2 后，由式(2.3)和式(2.4)可分别计算出相邻接收线圈处感应电磁波信号的幅度比 EATT 和相位差 $\Delta\Phi$。

在实际测井过程中，测井仪检测相邻接收线圈处感应电磁波信号的幅度比及相位差后即可反演计算出所测地层的电阻率参数，进而实现测井仪的地层评价和地质导向功能。因此，针对测井仪的不同功能需求，分析线圈系参数变化对相邻接收线圈处感应电磁波信号幅度比和相位差的影响规律，并在综合考虑线圈系参数各种约束条件的基础上完成测井仪线圈系参数的设计。

2.5.3 面向不同检测功能的倾斜线圈系参数设计

由测井仪的功能需求分析可知，在实际测井过程中，随钻方位电磁波电阻率测井仪应具有多深度检测、地层方位电阻率检测、深探测检测及高分辨检测等不同功能，且不同检测功能受线圈系多参数的影响和制约。为此，在考虑多参数影响的条件下，面向测井仪的不同功能需求分别设计倾斜线圈系的参数。

1. 多深度检测功能

为降低围岩、泥浆侵入、井眼不对称及地层电阻率各向异性等外界环境因素对测量结果的影响，有效地实现地层划分及储集层评价等功能，随钻方位电磁波电阻率测井仪需要具备多径向深度地层电阻率检测的能力。

由线圈系参数与测井仪检测功能的对应关系可知，影响测井仪径向探测深度的线圈系参数主要包括电磁波信号发射频率 f 及线圈源距 L。因此，为实现测井仪的多径向深度地层电阻率检测功能，应合理地设计测井仪的电磁波信号发射频率 f 和线圈源距 L。

1) 电磁波信号发射频率 f 的设计

由电磁波信号发射频率的约束条件 1 可知，电磁波信号发射频率的设计应降低地层介电常数对电阻率检测结果的影响，即电磁波信号的发射频率应满足式(2.19)约束条件：

$$f \ll \frac{\sigma_{\min}}{2\pi\varepsilon} \tag{2.19}$$

式中，f 为电磁波信号发射频率，Hz；$\sigma_{\min}$ 为仪器所能检测到的最小电导率，S/m；ε 为地层介电常数，F/m。

由于国内大部分油田的油层电阻率为 $3 \sim 1000\Omega \cdot \mathrm{m}$，可知油层电导率的最小值为 0.001S/m，即 $\sigma_{\min}$，因此可得 $f \ll 18\mathrm{MHz}$。由于 2MHz 与 18MHz 为九倍的关系，满足 $f \ll 18\mathrm{MHz}$ 的约束条件。

此外，由 2.5.1 节中现有测井仪线圈系参数的对比和总结可知，国内外主流随钻方位电磁波电阻率测井仪的最大工作频率均采用 2MHz，因此在设计电磁波信号发射频率时，为降低地层介电常数对测量结果的影响，电磁波信号发射频率应满足 $f \leqslant 2\mathrm{MHz}$。此外，当 $f < 100\mathrm{kHz}$ 时，属于感应测井的范畴。综上所述，随钻方位电磁波电阻率测井仪的最佳工作频段范围为 100kHz～2MHz。

在测井仪的硬件电路设计过程中，不同发射频率的电磁波信号需要匹配不同的谐振电路，受井下空间的制约和限制，国内外主流测井仪均通过采用 2～3 个电磁波信号发射频率实现测井仪的多径向深度检测功能。

因此，为设计测井仪的电磁波信号发射频率，在随钻方位电磁波电阻率测井仪的最佳工作频段范围(100kHz～2MHz)内等比例选定 125kHz、500kHz 和 2MHz 三种电磁波信号发射频率。此外，不同频率的电磁波发射信号在地层传播时的特性不同，根据式(2.15)～式(2.18)建立的基于倾斜结构的测井仪线圈系参数与线圈系测量响应的数值模型，可仿真计算得到接收线圈处感应信号幅值随地层电导率和电磁波信号发射频率变化的曲线，如图 2.10 所示。

由图 2.10(a)曲线可知，感应电磁波信号幅值随地层的电导率增大而减小，且高频信号的衰减速度较快。同时由图 2.10(b)所示曲线可知，高频信号在较高电导率地层中的幅值衰减较大，仅适用于检测低电导率地层；低频电磁波信号在低电导率地层中的衰减较小，测量误差较大，适用于检测较高电导率的地层。此外，不同频率的电磁波信号受测井仪所能分辨的最小信号幅值及电磁波信号波长等因素制约具有不同的地层电导率检测范围，研究结果表明不同频率信号的电导率检测范围如表 2.2 所示。

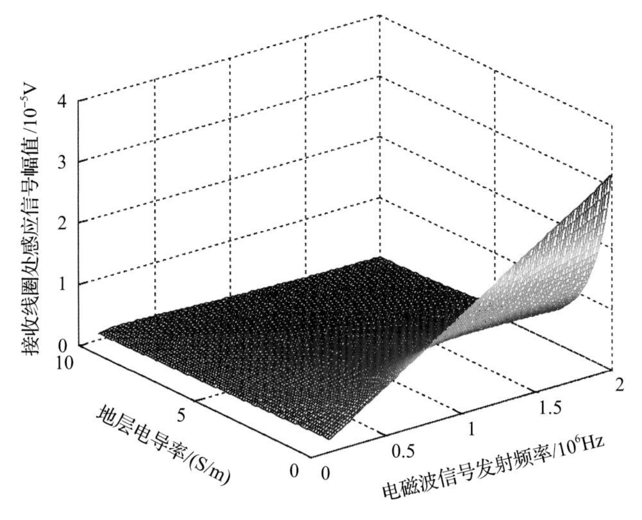

(a) 感应信号幅值变化曲线

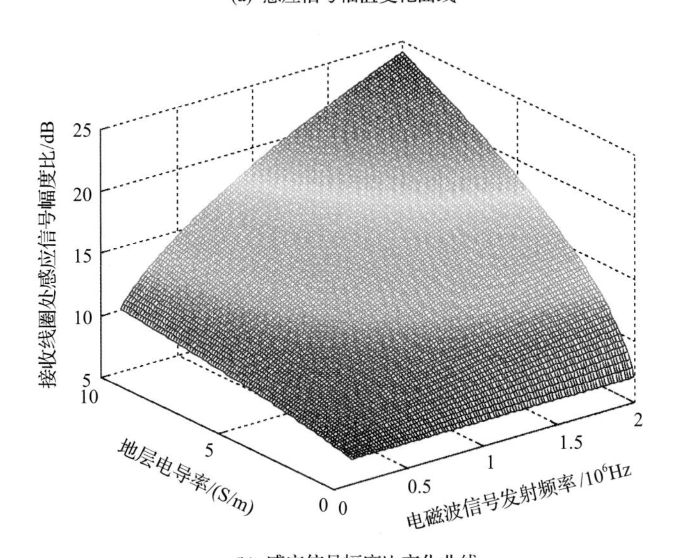

(b) 感应信号幅度比变化曲线

图 2.10　感应信号幅值及幅度比变化曲线

表 2.2　不同频率信号的地层电导率检测范围

电磁波信号发射频率	电导率检测范围/(S/m)
125kHz	0.3～10
500kHz	0.002～5
2MHz	0.001～5

2) 线圈源距 L 的设计

线圈源距的大小直接决定了测井仪的径向探测深度，线圈源距越大，接收线圈处感应信号的幅值越小，测井仪的径向探测深度越大。通过大量的硬件实验结果可知，实际硬件接收电路中的噪声信号一般在 10^{-6}V 量级。为提高测井仪的电阻率检测精度，应提高接收信号的信噪比，在线圈源距的设计过程中须保证接收线圈处所能检测到的最小信号幅值为 10^{-6}V，根据式(2.18)及表 2.2 所示不同频率信号的地层电导率检测范围即可求解不同频率条件下线圈的最大源距。

因此，在采用多个频率电磁波发射信号的基础上，应在测井仪允许的最大源距范围内设计不同的线圈源距，从而达到测井仪多径向深度地层电阻率检测的目标。

2. 地层方位电阻率检测功能

测井仪的地层方位电阻率检测功能是指测井仪在旋转过程中可分扇区检测井眼周围的地层电阻率参数，从而判断地层层界面的方位，精确地实现测井仪的地质导向功能。由现有测井仪线圈系参数的对比和总结可知，测井仪实现地层方位电阻率检测的关键在于线圈倾角的设计。

为此，根据式(2.15)～式(2.18)所示数值模型，仿真分析发射线圈和接收线圈倾角变化对接收线圈处感应信号幅值的影响规律，如图 2.11 所示。

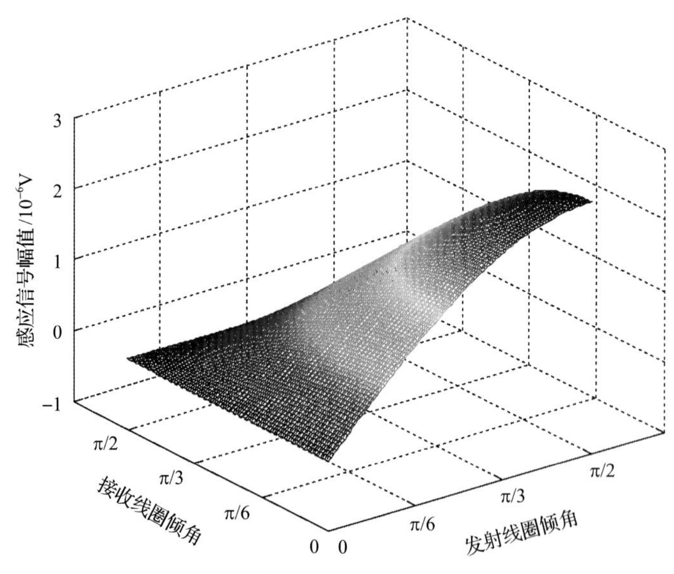

图 2.11　感应信号幅值随线圈倾角变化曲线

由图 2.11 可见，感应信号的幅值随接收线圈倾角的增大而减小，随发射线圈倾角的增大而增大。设计线圈倾角时，为提高测井仪的电阻率测量精度，应保证接收线圈处的感应信号幅值大于测井仪所能分辨的最小信号幅值 10^{-6}V。为此，仿真分析接收线圈处感应信号随发射线圈和接收线圈倾角变化的幅值分布特性，如图 2.12 所示。

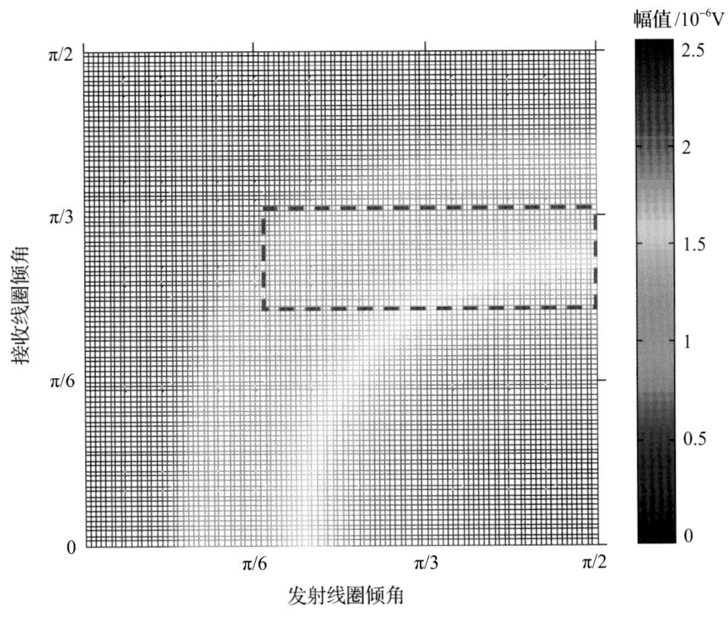

图 2.12　感应信号幅值分布特性

由图 2.12 接收线圈处感应电磁波信号幅值的分布特性可知，为保证接收线圈处感应电磁波信号的幅值大于测井仪所能分辨的最小信号幅值，应保证接收线圈倾角小于 π/3，发射线圈的倾角大于 π/6。此外，已有相关文献的研究结果表明，测井仪的地层方位电阻率检测敏感性与接收线圈的倾角成正比，为提高测井仪对地层方位电阻率检测的敏感性，应保证接收线圈的倾角大于 π/4。综上所述，为实现测井仪的地层方位电阻率检测功能，基于常规倾斜结构的测井仪线圈倾角应满足表 2.3 所示的设计范围(即图 2.12 中虚线方框内的设计范围)。

表 2.3　常规倾斜线圈倾角的设计范围

线圈	倾角设计范围
发射线圈	[π/6，π/2]
接收线圈	[π/4，π/3]

3. 深探测检测功能

测井仪的径向探测深度直接决定了测井仪对地层层界面的检测能力，为及时检测地层层界面的存在，精确实现测井仪的地质导向功能，需提高测井仪的径向探测深度。由 2.2 节中线圈系相关参数与测井仪不同检测功能的对应关系可知，测井仪的径向探测深度受线圈源距、线圈倾角、电磁波信号发射频率及所测地层电阻率参数的影响。

线圈源距的设计受电磁波信号发射频率的影响，因此在设计线圈系参数时，首先应完成电磁波信号发射频率的设计。由电磁波信号的传播特性可知，电磁波信号在地层中传播时会受到趋肤效应的影响而产生较大的衰减。电磁波信号在地层中传播时的趋肤深度 δ 如式(2.20)所示：

$$\delta = \sqrt{\frac{1}{\pi f \mu \sigma}} \tag{2.20}$$

式中，f 为电磁波信号发射频率，Hz；μ 为磁导率，H/m；σ 为地层电导率，S/m。

由式(2.20)可知，电磁波信号的趋肤深度 δ 与电磁波信号发射频率 f 成反比。由多深度检测环节中设计的电磁波信号发射频率可知，为提高测井仪的径向探测深度，应选择 125kHz 作为测井仪的电磁波信号发射频率。为此，根据式(2.15)～式(2.18)所示数学模型仿真分析电磁波信号发射频率为 125kHz 时，信号的幅值随地层电导率的变化规律，得到图 2.13 所示曲线。

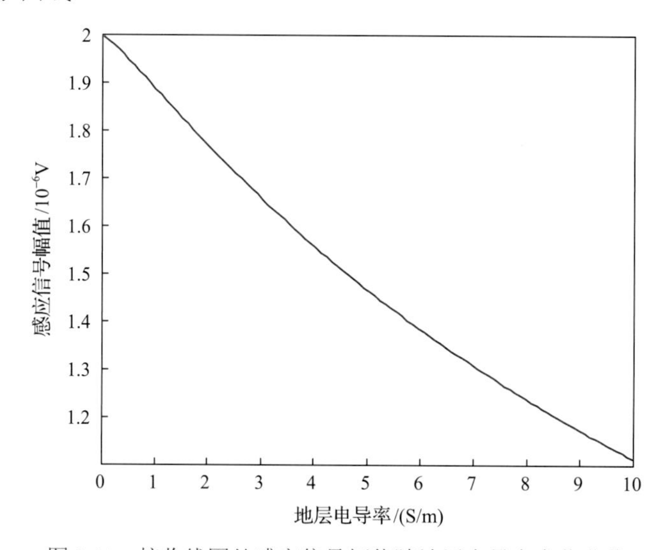

图 2.13　接收线圈处感应信号幅值随地层电导率变化曲线

由图 2.13 接收线圈处感应信号幅值随地层电导率的变化曲线可见，接收线圈处的感应信号幅值与地层电导率成反比，即地层电导率越高，接收线圈处的感应信号幅值越小。

为保证线圈源距的设计结果适用于不同电导率的地层条件，应在测井仪可测的最大地层电导率条件下完成线圈源距的设计，即 σ 的取值为 10S/m。此外，为保证线圈源距的设计结果适用于不同倾角的线圈系，根据图 2.12 接收线圈处感应信号幅值的分布特性，在发射线圈和接收线圈的倾角取值范围内选定接收线圈处感应信号幅值为最小值时的线圈倾角组合(即发射线圈倾角取 $\pi/6$，接收线圈倾角取 $\pi/4$)。

根据以上约束条件可得接收线圈处感应信号幅值随线圈源距的变化曲线，如图 2.14 所示。

由图 2.14 接收线圈处感应电磁波信号随线圈源距的变化曲线可知，接收线圈处感应电磁波信号的幅值随线圈源距的增大而降低。

为保证测井仪的电阻率测量精度，应保证接收线圈处感应信号幅值的最小值为 10^{-6}V，如图 2.14 中点 A 所示，接收线圈处的感应信号幅值为 10^{-6}V 时，线圈源距的取值为 3.273m(128.86in)。

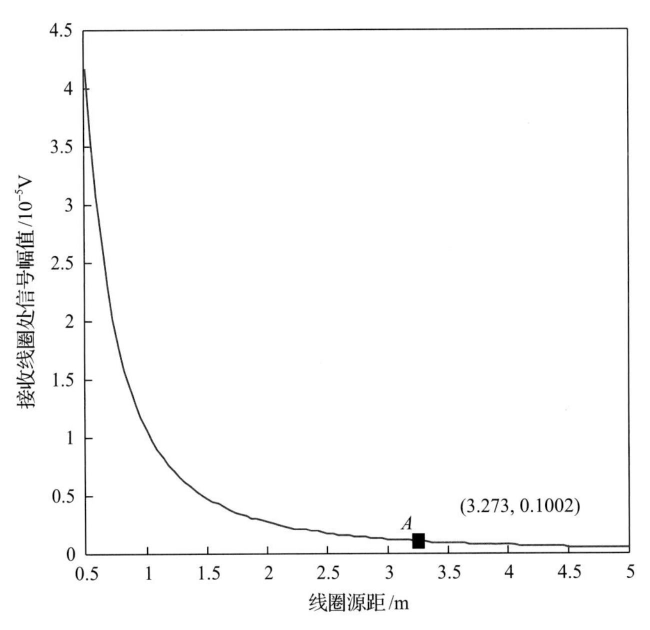

图 2.14　接收线圈处感应信号幅值随线圈源距变化曲线

因此，为提高测井仪的径向探测深度，线圈源距的最大取值为 3.273m，而国外主流随钻方位电磁波电阻率测井仪如斯伦贝谢公司的 PeriScope15 及哈里伯顿公司的 InSite ADR 的最大线圈源距分别为 96in 和 48in，均小于 3.273m。

综上所述，为提高随钻方位电磁波电阻率测井仪的径向探测深度，测井仪的线圈系参数应满足表 2.4 的设计范围。

表 2.4　线圈系参数设计范围

频率	线圈	倾角设计范围	源距设计范围
125kHz	发射线圈	[π/6，π/2]	(0，3.273m]
	接收线圈	[π/4，π/3]	

2.5.4　高分辨检测功能

测井仪的纵向分辨率是指测井仪所能检测到的最小薄层的厚度，因此为提高测井仪对较薄储集层的检测和评价能力，应提高测井仪的纵向分辨率。由线圈系相关参数与测井仪检测功能的对应关系可知，测井仪纵向分辨率的大小取决于电磁波信号发射频率 f 及线圈间距 ΔL 的设计。

根据“多深度检测功能”环节中的研究结果可知，不同频率的电磁波发射信号具有不同的地层电导率检测范围，为此针对测井仪不同的地层电导率检测范围，可分别设计多种电磁波信号发射频率，如表 2.5 所示。

根据表 2.5 可见，针对测井仪不同的地层电导率检测范围设计的发射频率不同。因此，为提高测井仪的纵向分辨率，应针对测井仪的不同地层电导率检测范围，分别完成电磁波信号发射频率 f 及线圈间距 ΔL 的设计。

表 2.5 不同电导率范围内的频率设计结果

电导率检测范围/(S/m)	电磁波信号发射频率
[0.001, 0.002)	2MHz
[0.002, 0.3)	500kHz，2MHz
[0.3, 5)	125kHz，500kHz，2MHz
[5, 10]	125kHz

1. 地层电导率检测范围为 0.001～5S/m 时的线圈系参数设计

由电磁波信号在地层中的传播特性可知，高频电磁波信号具有较高的纵向分辨率，因此由表 2.5 的结果可知，在进行测井仪线圈系参数设计时，为增大测井仪的纵向分辨率，当地层电导率范围为 0.001～5S/m 时，应将电磁波信号的发射频率设计为 2MHz。

以 2.3.2 节中线圈间距的约束条件为依据，通过仿真实验的手段设计线圈间距，得到不同约束条件下线圈间距随地层电导率的变化曲线，如图 2.15 所示。

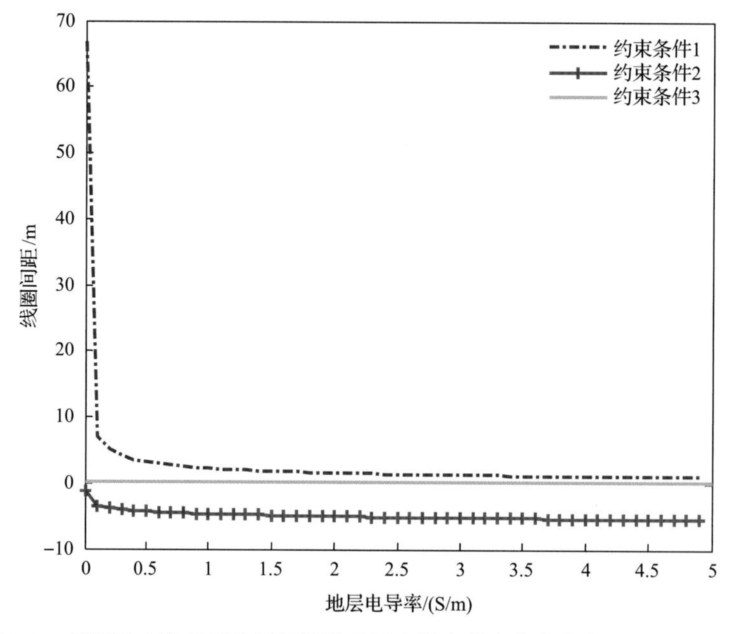

图 2.15 不同约束条件下线圈间距随地层电导率的变化曲线（σ =0.001～5S/m）

由于图 2.15 中满足测井仪可分辨的最小相位差所需的线圈间距随地层电导率的变化曲线与测井仪可分辨的最小薄层厚度的曲线相差较小，无法精确地完成线圈间距的设计，为此在仿真计算过程中对满足测井仪可分辨的最小相位差所需的线圈间距进行对数运算。

由图 2.15 变化曲线可见，当所测地层的电导率满足 $0.001\text{S/m} \leqslant \sigma < 5\text{S/m}$ 时，线圈间距的设计主要受约束条件 2 和约束条件 3 的制约。将图 2.15 地层低电导率部分的变化曲线进行局部放大，并对测井仪可分辨的最小相位差所需的线圈间距取原值，结果如图 2.16 所示。

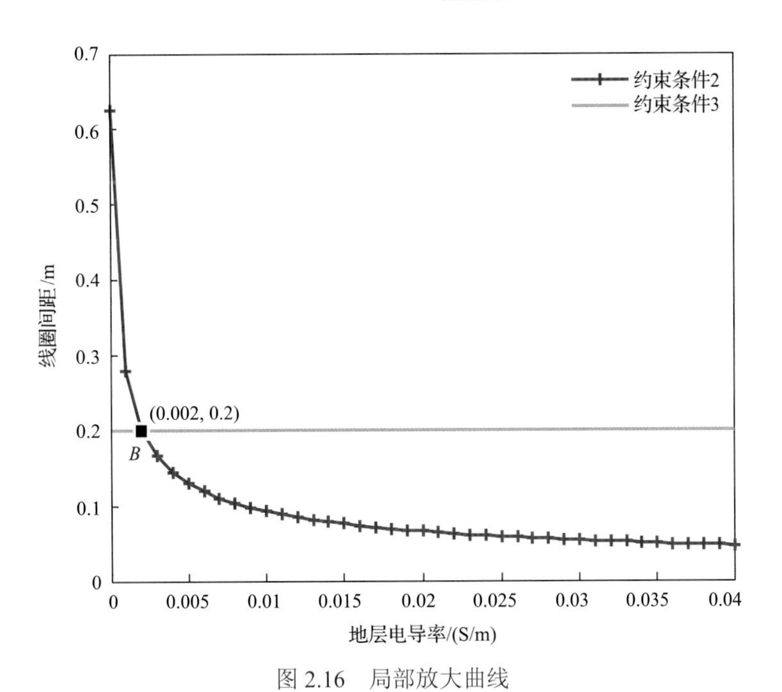

图 2.16 局部放大曲线

由图 2.16 曲线可见，测井仪可分辨的最小相位差所需间距与测井仪可分辨的最小薄层厚度相交于点 B。

因此，当所测地层电导率的变化范围满足 $0.001\text{S/m} \leqslant \sigma < 0.002\text{S/m}$ 时，线圈间距 ΔL 的设计应大于测井仪可分辨的最小相位差所需的间距，且小于电磁波发射信号的波长，即线圈间距 ΔL 的设计应满足 $\frac{\lambda \Delta \Phi_{\min}}{360}$；而当所测地层电导率的变化范围满足 $0.002\text{S/m} \leqslant \sigma < 5\text{S/m}$ 时，线圈间距 ΔL 的设计应大于测井仪可分辨的最小相位差所需的间距，同时应该小于测井仪所能分辨的最小薄层厚度 d，即线圈间距 ΔL 的设计应满足 $\frac{\lambda \Delta \Phi_{\min}}{360}$。

2. 地层电导率检测范围为 5～10S/m 时的线圈系参数设计

由表 2.5 结果可见，当所测地层电导率为 5～10S/m 时，由于高频电磁波发射信号在高电导率地层中传播时的衰减较大，测井仪的电磁波信号发射频率设计为 125kHz。

因此，在设计线圈间距 ΔL 时，应以 2.3.2 节中线圈间距 ΔL 所应满足的约束条件为依据，通过仿真实验的手段分析不同约束条件下线圈间距随地层电导率的变化曲线，如图 2.17 所示。

由于图 2.17 中满足测井仪可分辨的最小相位差所需的线圈间距随地层电导率的变化曲线与测井仪可分辨的最小薄层厚度的曲线相差较小，无法精确地完成线圈间距的设计，为此在仿真计算过程中对满足测井仪可分辨的最小相位差所需的线圈间距进行对数运算。由图 2.17 变化曲线可见，当所测地层的电导率满足 $5\text{S/m} \leqslant \sigma \leqslant 10\text{S/m}$ 时，线圈间距的设计应小于测井仪所能分辨的最小薄层厚度，此外应大于测井仪可分辨最小相位差所需的间距，即 $\frac{\lambda \Delta \Phi_{\min}}{360}$。综上所述，为提高测井仪的纵向分辨率，线圈系参数的设计应满足表 2.6 结果。

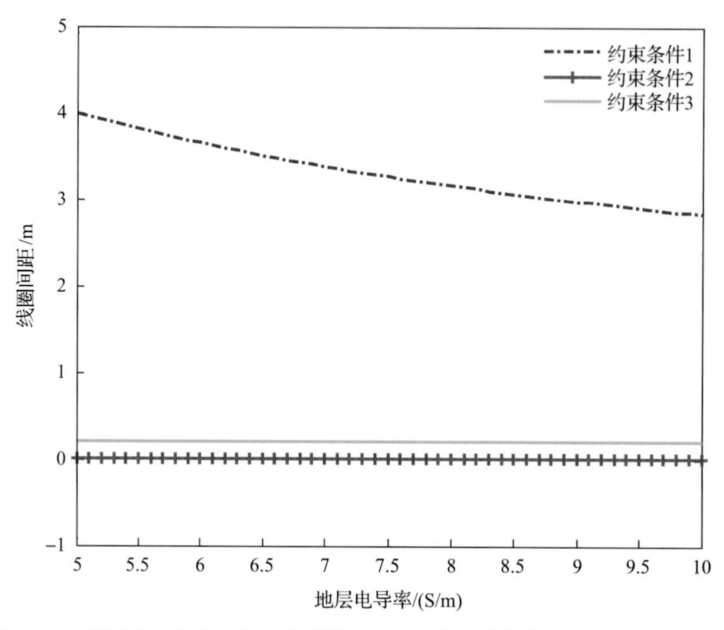

图 2.17　不同约束条件下线圈间距随地层电导率的变化曲线（σ=5～10S/m）

表 2.6　线圈系参数设计结果

电导率检测范围/(S/m)	电磁波信号发射频率	线圈间距设计范围	
		最小间距/in	最大间距/in
[0.001, 0.002)	2MHz	$\frac{\lambda\Delta\Phi_{\min}}{360}$	λ
[0.002, 5)	2MHz	$\frac{\lambda\Delta\Phi_{\min}}{360}$	d
[5, 10]	125kHz	$\frac{\lambda\Delta\Phi_{\min}}{360}$	d

2.6　基于分段组合结构的测井仪线圈系参数设计

随钻方位电磁波电阻率测井仪可实现地层方位电阻率的检测，同时可精确地检测并计算地层层界面相对于井眼的方位及距离，在地质导向钻井和提高油田采收率等方面有着广泛的应用。国内外各大石油工程服务公司均研制出了相应的随钻方位电磁波电阻率测井仪，但已有测井仪受接收线圈磁通量有效面积的制约，导致接收线圈处的感应信号幅值较小，降低了测井仪的地层方位电阻率检测灵敏度和测井仪的径向探测深度。

为此，本节通过对比和总结在役仪器线圈结构的优缺点，提出一种基于分段组合结构的测井仪线圈系参数设计方法，通过分析分段组合线圈系的基本工作原理，建立分段组合线圈系参数与测量响应的数学模型，并完成分段组合线圈系参数的设计。此外，本节还提出一种测井仪检测功能的分析验证方法，并通过仿真实验的手段综合对比常规倾斜线圈系和分段组合线圈系的测量响应，分析并验证分段组合线圈系的检测效果。

2.6.1　在役测井仪线圈结构优缺点对比分析

由在役随钻方位电磁波电阻率测井仪线圈系设计方法的对比和总结可知，不同测井仪实现地层方位电阻率检测功能的核心差别为测井仪接收线圈结构的设计。现有随钻方位电磁波电阻率测井仪接收线圈的结构主要包括倾斜线圈结构、水平线圈结构及交联线圈结构。

1. 倾斜线圈结构

现有测井仪中大部分采用倾斜接收线圈结构(如斯伦贝谢公司的随钻方位电磁波电阻率测井仪 PeriScope15 及哈里伯顿公司的随钻方位电磁波电阻率测井仪 InSite ADR 均采用倾斜接收线圈的结构改变测井仪接收线圈的磁矩方向，从而实现地层方位电阻率的测量和地层层界面的检测)，倾斜接收线圈结构的基本工作原理如 2.5 节所述，本节不再赘述。

2. 水平线圈结构

贝克休斯公司研制的随钻方位电磁波电阻率测井仪 AziTrak 在常规轴向线圈系结构的基础上增加水平接收线圈 R_3 和 R_4 实现地层层界面的检测，水平接收线圈结构的工作原理(以一发双收的线圈系结构为例)如图 2.18 所示。

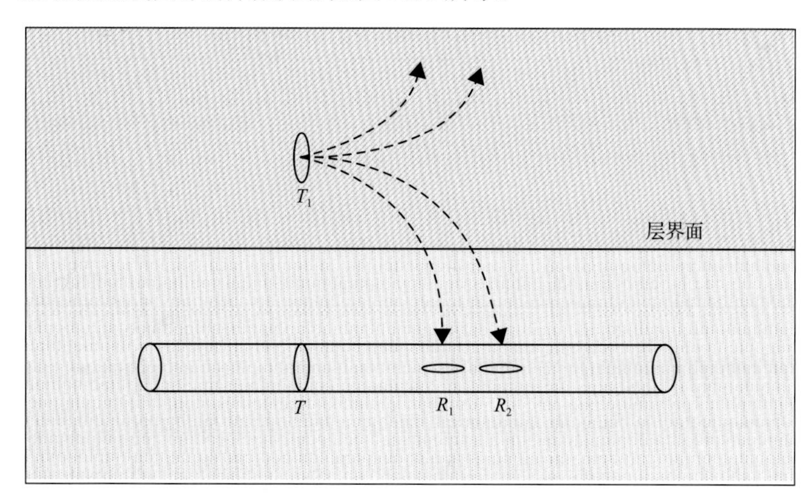

图 2.18　水平接收线圈工作原理示意图

由图 2.18 可见，水平接收线圈平行于发射线圈的磁矩方向，当测井仪所测地层中无地层层界面存在时，水平接收线圈 R_1 和 R_2 处的感应信号幅值为 0；当所测地层中存在地层层界面时，由于导电层界面的镜像作用(Wang and Liu, 2014)，在地层中产生镜像的虚拟发射线圈 T_1，从而在水平接收线圈 R_1 和 R_2 处产生感应电磁波信号，且测井仪与层界面的距离越近，水平接收线圈处的感应电磁波信号越强。通过对水平接收线圈处的感应电磁波信号进行反演计算即可计算地层层界面相对于井眼的方位和距离。

3. 交联线圈结构

除常规倾斜和水平接收线圈结构外，长城钻探工程有限公司通过采用 C 形交联线圈结构实现了测井仪的地层层界面检测功能，C 形交联线圈结构如图 2.19 所示。

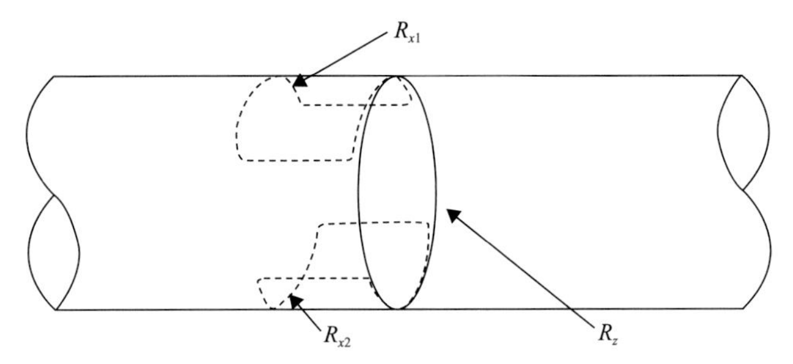

图 2.19　C 形交联线圈结构示意图

由图 2.19 可见，C 形交联线圈由 R_{x1}、R_{x2} 和 R_z 三个线圈组成，其中 R_{x1}、R_{x2} 为水平放置的鞍形线圈，R_z 为常规轴向线圈，由图 2.19 可知，线圈 R_z 的极化方向沿钻铤轴向且线圈 R_{x1}、R_{x2} 的极化方向与线圈 R_z 的极化方向正交。当测井仪旋转时，线圈 R_{x1}、R_{x2} 的极化方向随钻铤的旋转角度发生变化，当其极化方向垂直于地层层界面时，C 形交联线圈的测量响应最大，反之当其极化方向平行于地层层界面时，C 形交联线圈的测量响应最小。

不同接收线圈结构的主要优缺点如表 2.7 所示。

表 2.7　不同接收线圈结构的主要优缺点

线圈结构	优点	缺点
倾斜线圈结构	线圈结构简单；在实际测井过程中可同时检测地层的水平电阻率、垂直电阻率及储集层倾角	受线圈磁通量有效面积制约，地层方位电阻率检测灵敏度较弱
水平线圈结构	线圈结构简单；电阻率的反演算法较简单	仅能判断地层层界面方位及距离，无法实现地层水平电阻率及垂直电阻率的检测；受线圈磁通量有效面积制约，地层方位电阻率检测灵敏度较弱
交联线圈结构	电阻率反演算法简单	线圈缠绕方式复杂；接收信号受线圈磁通量有效面积制约

2.6.2　分段组合线圈系参数设计方法研究

由表 2.7 不同接收线圈结构主要优缺点可知，现有测井仪在实际测井过程中受接收线圈磁通量有效面积的制约导致接收线圈处感应信号的幅值较小，降低了测井仪地层方位电阻率检测的灵敏度及径向探测深度。

因此，本节提出基于分段组合结构的测井仪线圈系的参数设计方法，同时在深入研究分段组合线圈系基本工作原理的基础上建立分段组合线圈系参数与其测量响应的数学模型，为分段组合线圈系参数的设计提供必要的理论依据。

1. 基于分段组合结构的测井仪线圈系参数设计方法

如表 2.7 所示，相比于水平线圈和交联线圈结构，倾斜线圈结构的设计方法简单，且在实际测井过程中可利用倾斜接收线圈的倾角对所测地层的水平电阻率、垂直电阻率及储集层的倾角进行精确的反演计算，实现测井仪对地层各向异性的识别。因此，本节在倾斜接收线圈结构的基础上提出一种基于分段组合的接收线圈结构，基于分段组合结构的测井仪线圈系(以一发双收结构为例)如图 2.20 所示。

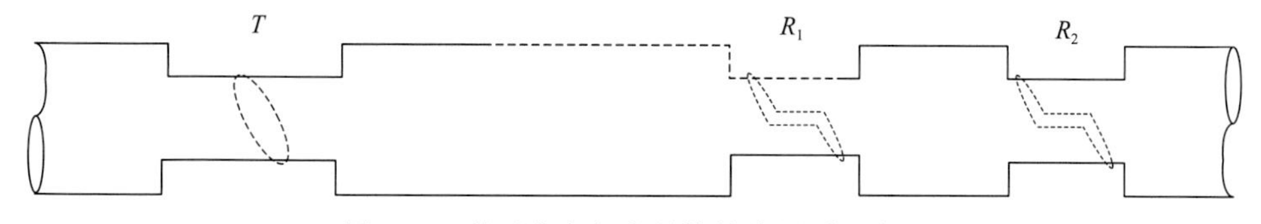

图 2.20　基于分段组合结构的线圈系示意图

由图 2.20 可见，为提高测井仪接收线圈的磁通量有效面积，将常规倾斜线圈结构在中间截断并分别连接一段水平接收线圈，从而构造出基于分段组合的接收线圈结构(如 R_1 和 R_2 所示)。分段组合线圈的详细结构如图 2.21 所示。

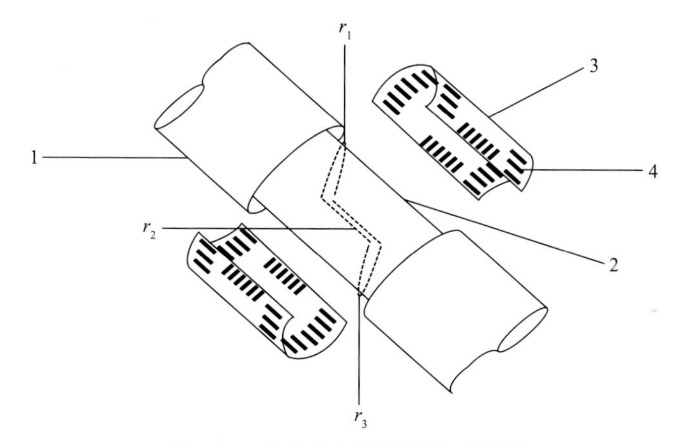

图 2.21　分段组合线圈结构示意图

1 为钻铤的外壁；2 为钻铤的内壁；3 为测井仪的线圈保护罩；4 为线圈保护罩上便于发射信号传播的孔槽

为便于分析分段组合线圈结构的基本工作原理，将分段组合线圈分成图 2.21 中 r_1、r_2 及 r_3 三段，其中 r_1 和 r_3 为常规倾斜接收线圈结构截断的部分，r_2 为水平接收线圈部分。

根据图 2.21 中分段组合线圈结构的示意图可知，在实际测井过程中，接收线圈 R_1 处的感应磁场强度为

$$H_{R_1} = H_{r_1} + H_{r_2} + H_{r_3} \tag{2.21}$$

式中，H_{r_1}、H_{r_2}、H_{r_3} 分别为分段组合线圈中线圈的 r_1、r_2、r_3 部分产生的感应磁场强度，A/m；H_{R_1} 为分段组合线圈 R_1 处产生的感应磁场强度，A/m。

常规倾斜接收线圈结构仅包括图 2.21 中线圈的 r_1 和 r_3 部分，因此常规倾斜接收线圈处的感应磁场强度为

$$H_R = H_{r_1} + H_{r_3} \tag{2.22}$$

式中，H_R 为常规倾斜接收线圈处产生的感应磁场强度，A/m。

由接收线圈处的感应磁场强度可求得接收线圈处的感应电磁波信号如式(2.18)所示。根据式(2.18)可分别求得分段组合接收线圈和常规倾斜接收线圈处的感应电磁波信号为

$$V_{R_1} = -\mathrm{j}\omega\mu H_{R_1} A_{R_1} N_{R_1} \tag{2.23}$$

$$V_R = -\mathrm{j}\omega\mu H_R A_R N_R \tag{2.24}$$

式中，V_{R_1} 为分段组合线圈处的感应电磁波信号，V；V_R 为常规倾斜接收线圈处的感应电磁波信号，V。

由式(2.21)和式(2.22)可知，分段组合接收线圈处的感应磁场强度 H_{R_1} 大于常规倾斜接收线圈处的感应磁场强度 H_R，且分段组合接收线圈的横截面积 A_{R_1} 大于常规倾斜接收线圈的横截面积 A_R，因此由式(2.23)和式(2.24)可知分段组合接收线圈处的感应电磁波信号 V_{R_1} 大于常规倾斜接收线圈处的感应电磁波信号 V_R。

综上所述，采用基于分段组合结构的接收线圈可提高测井仪接收线圈处的感应信号幅值，从而可通过增加发射线圈与接收线圈之间的源距提高测井仪的地层方位电阻率检测灵敏度和测井仪的径向探测深度。

2. 分段组合线圈系参数数学模型的建立

为合理地设计分段组合线圈系的参数，应分析均匀介质条件下分段组合线圈系参数变化及多参数同时变化时对分段组合线圈系测量响应的影响规律，因此利用 Green 函数法建立均匀介质地层条件下分段组合线圈系参数与测量响应之间的数学模型。

在地层直角坐标系 xz 平面下建立分段组合线圈系和均匀介质地层模型，如图 2.22 所示。

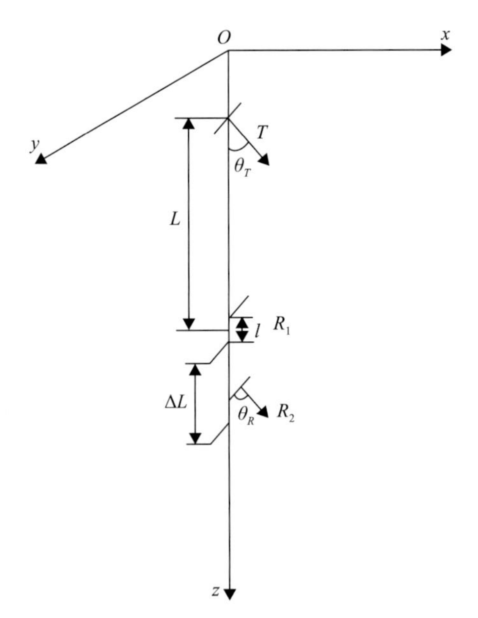

图 2.22　分段组合线圈系及均匀介质地层模型简图

如图 2.22 所示，T 为发射线圈，R_1、R_2 为接收线圈，θ_T 和 θ_R 分别为发射线圈和接收线圈的倾角，L 为发射线圈与接收线圈之间的源距，ΔL 为接收线圈之间的间距，l 为分段组合线圈中水平线圈的长度。

由式(2.21)和式(2.22)可见，分段组合线圈可视为常规倾斜接收线圈与水平接收线圈的叠加，因此分段组合接收线圈处的测量响应为常规倾斜接收线圈测量响应和水平接收线圈测量响应的叠加。

由 2.5.2 节中倾斜线圈系参数数学模型的建立分析可知，将测井仪的发射线圈视为沿 x 轴方向磁偶极子和沿 z 轴方向磁偶极子的叠加，分别计算发射线圈沿 x 轴方向和 z 轴方向的磁偶极子在接收线圈处产生的感应磁场强度的 x 分量 H_x 和 z 分量 H_z 后，即可求得分段组合线圈中倾斜线圈部分产生的感应磁场强度 H_1 为

$$H_1 = H_{r_1} + H_{r_3} = H_x \sin\theta_R + H_z \cos\theta_R \tag{2.25}$$

此外，由图 2.22 可见，分段组合线圈中的水平接收线圈部分仅受发射线圈沿 z 轴方向磁偶极子分量的影响，因此可求得分段组合线圈中水平接收线圈部分产生的感应磁场强度 H_2 为

$$H_2 = H_{r_2} = H_x \sin\frac{\pi}{2} + H_z \cos\frac{\pi}{2} = H_z \tag{2.26}$$

因此，由式(2.25)和式(2.26)即可求得分段组合线圈 R_1 处产生的感应磁场强度为

$$H_{R_1} = H_1 + H_2 = H_x \sin\theta_R + H_z\left(1+\cos\theta_R\right) \tag{2.27}$$

根据式(2.23)求得分段组合接收线圈 R_1、R_2 处的感应电磁波信号 V_1、V_2 后，由式(2.3)和式(2.4)可分别计算出相邻接收线圈处感应电磁波信号的幅度比 EATT 和相位差 $\Delta\Phi$。

根据式(2.3)、式(2.4)和式(2.27)建立的分段组合线圈系参数与测量响应之间的数学模型，在考虑线圈系参数约束条件的基础上分析线圈系参数及多参数变化时对分段组合线圈系测量响应的影响规律，从而完成分段组合线圈系参数的设计。

2.6.3 面向不同检测功能的分段组合线圈系参数设计

由分段组合线圈系的基本工作原理可知，分段组合线圈系通过增大接收线圈的磁通量有效面积，提高了测井仪接收线圈处感应电磁波信号的幅值，从而提高了测井仪的地层方位电阻率检测灵敏度和测井仪的径向探测深度。为此，本节在综合考虑分段组合线圈系多参数相互影响及各种约束条件的基础上，面向测井仪的不同功能需求分别完成分段组合线圈系的参数设计。

1. 多深度检测功能

根据多深度检测功能的分析可知，为实现基于倾斜结构的测井仪的多径向深度地层电阻率检测功能，须采用多电磁波信号发射频率和多线圈源距的线圈系参数设计方法。

由于基于分段组合的测井仪接收线圈通过增大接收线圈的磁通量有效面积，提高了测井仪的地层方位电阻率检测灵敏度和测井仪的径向探测深度，并不影响分段组合线圈系实现多径向深度地层电阻率检测时多电磁波信号发射频率和多线圈源距的设计。因此，为实现基于分段组合结构的测井仪的多径向深度地层电阻率检测功能，其线圈系参数的设计应遵循 2.5.3 节的研究结果。

2. 地层方位电阻率检测功能

随钻方位电磁波电阻率测井仪实现地层方位电阻率检测的关键在于线圈倾角的设计，由于本节设计的基于分段组合结构的测井仪线圈系提高了测井仪的地层方位电阻率检测灵敏度，从而增大了测井仪线圈倾角的设计范围。为此，根据式(2.3)、式(2.4)和式(2.27)建立的分段组合线圈系参数与测量响应之间的数学模型仿真分析线圈倾角的变化对分段组合线圈系测量响应的影响规律，如图 2.23 所示。

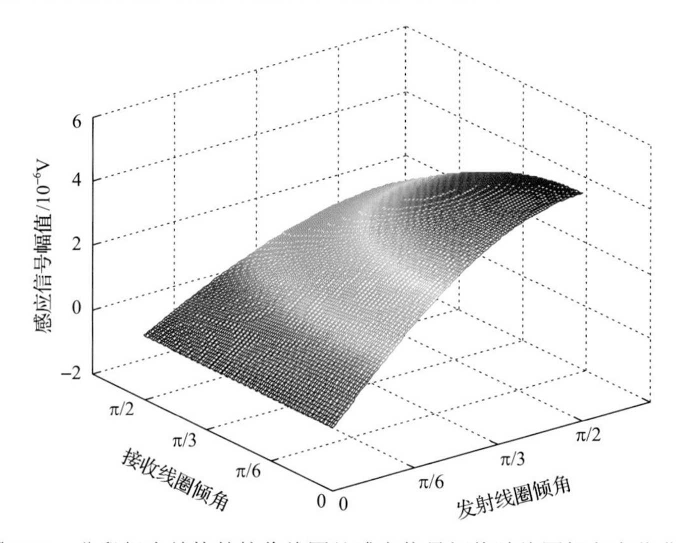

图 2.23　分段组合结构的接收线圈处感应信号幅值随线圈倾角变化曲线

由图 2.23 可见，基于分段组合结构的测井仪接收线圈处感应电磁波信号幅值随线圈倾角的变化规律与图 2.11 中常规倾斜接收线圈处感应电磁波信号的变化规律相同，接收线圈处的感应电磁波信号均随发射线圈倾角的增大而增大，随接收线圈倾角的增大而减小。在设计线圈倾角时，为提高测井仪的电阻率测量精度，应保证接收线圈处感应电磁波信号的幅值大于 10^{-6}V，为此分析分段组合接收线圈处感应电磁波信号随发射线圈和接收线圈倾角变化时的幅值分布特性，如图 2.24 所示。

由图 2.24 可见，为保证分段组合接收线圈处感应电磁波信号的幅值大于 10^{-6}V，发射线圈的倾角应大于 $\pi/6$，接收线圈的倾角应小于 $\pi/2$。此外，测井仪的地层方位电阻率检测敏感性与测井仪接收线圈的倾角成正比，为保证测井仪的地层方位电阻率检测敏感度，接收线圈倾角应大于 $\pi/4$。综上所述，基于分段组合结构的测井仪线圈应满足表 2.8 的设计范围(即图 2.24 中虚线框内的设计范围)。

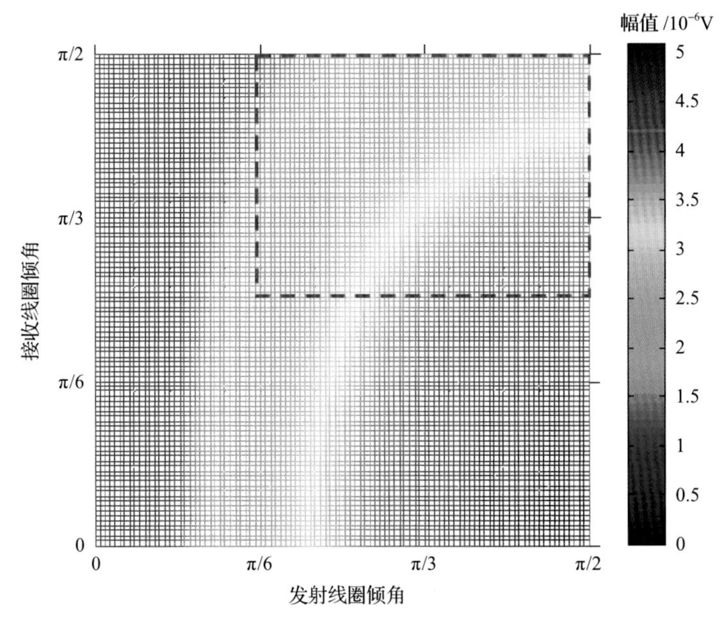

图 2.24　分段组合接收线圈处感应信号幅值分布特性

表 2.8　分段组合接收线圈倾角的设计范围

线圈	倾角设计范围
发射线圈	[π/6，π/2]
接收线圈	[π/4，π/2]

3. 深探测检测功能

测井仪的径向探测深度是衡量随钻方位电磁波电阻率测井仪检测性能的重要指标之一，由 2.5.3 节中基于倾斜结构的测井仪线圈系参数的设计可见，提高测井仪径向探测深度的关键在于测井仪电磁波信号发射频率 f 及线圈源距 L 的设计。与基于倾斜结构的测井仪不同，基于分段组合结构的测井仪的径向探测深度除受到测井仪电磁波信号发射频率 f 及线圈源距 L 影响外，还会受到分段组合线圈中水平线圈长度 l 的影响。

为此，在 2.5.3 节研究结果的基础上，仿真分析分段组合线圈中水平线圈的长度 l 对分段组合线圈系测量响应的影响规律，得到分段组合接收线圈处感应电磁波信号幅值随水平线圈长度 l 的变化曲线，如图 2.25 所示。

由图 2.25 可见，分段组合接收线圈处感应电磁波信号的幅值随分段组合线圈中水平线圈长度 l 的增加而增大。此外，由图 2.22 分段组合线圈系的示意图可见，受井下空间的限制，分段组合线圈中水平线圈长度 l 应小于线圈间距 ΔL，即 $l < \Delta L$。

完成分段组合线圈中水平线圈长度的设计后，根据式(2.23)和式(2.27)即可求解测井仪线圈系允许的最大线圈源距。综合 2.5.3 节研究结果可知，为提高基于分段组合结构的测井仪的径向探测深度，其线圈系参数应满足表 2.9 的设计范围。

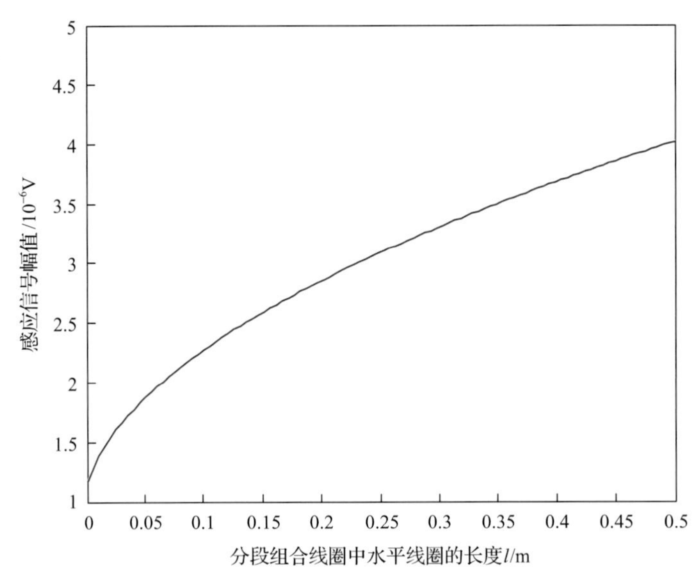

图 2.25　分段组合接收线圈处电磁波感应信号幅值随水平线圈长度的变化曲线

表 2.9　分段组合线圈系参数设计范围

频率	线圈	倾角设计范围	水平段长度
125kHz	发射线圈	[π/6，π/2]	$l < \Delta L$
	接收线圈	[π/4，π/2]	

2.6.4　高分辨检测功能

根据 2.5.3 节研究结果，为提高测井仪的纵向分辨率，应以线圈间距满足的约束条件为依据，针对测井仪的不同电导率检测范围分别完成分段组合线圈系参数的设计。

根据图 2.22 分段组合线圈系的示意图可见，为提高测井仪的纵向分辨率，在设计线圈系参数时，线圈间距应满足约束条件 $\Delta L < d - l$（d 为仪器能分辨的最小薄层厚度）。综上所述，为提高测井仪的纵向分辨率设计分段组合线圈系的参数时，仅有线圈间距满足的约束条件 3 不同于常规倾斜线圈系，因此在 2.5.3 节研究结果的基础上可得分段组合线圈系参数的设计结果如表 2.10 所示。

表 2.10　分段组合线圈系参数设计结果

电导率检测范围/(S/m)	电磁波信号发射频率	线圈间距设计范围	
		最小间距/in	最大间距/in
[0.001, 0.002)	2MHz	$\frac{\lambda\Delta\Phi_{\min}}{360}$	λ
[0.002, 5)	2MHz	$\frac{\lambda\Delta\Phi_{\min}}{360}$	$d-l$
[5, 10]	125kHz	$\frac{\lambda\Delta\Phi_{\min}}{360}$	$d-l$

2.7　分段组合线圈系与常规倾斜线圈系检测功能对比分析

根据 2.6.2 节的分析可见，基于分段组合结构的测井仪线圈系通过增大接收线圈磁通量的有效面积，提高了测井仪地层方位电阻率检测的灵敏度和地层层界面的径向探测深度，同时完成了基于分段组合结构的测井仪线圈系参数的设计。为此，本节提出一种线圈系检测功能的分析验证方法，通过仿真实验的手段综合对比不同线圈系的测量响应，分析并验证分段组合线圈系的检测功能。

2.7.1　线圈系检测功能验证方法研究

本节采用有限元法分别对分段组合线圈系和常规倾斜线圈系接收线圈处的感应电磁波信号进行正演模拟计算，并提出采用基于正交采样的信号幅度比和相位差计算方法，通过仿真分析不同线圈系的幅度比和相位差变化曲线，对比和分析不同线圈系的检测功能。

线圈系检测功能验证方法的流程如图 2.26 所示。

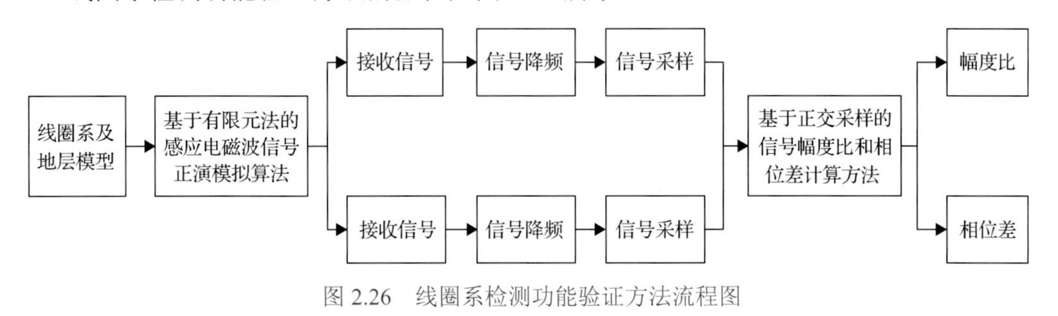

图 2.26　线圈系检测功能验证方法流程图

1. 基于有限元法的感应电磁波信号正演模拟算法

由线圈系测量响应正演模拟算法的对比和总结可知，有限元法适用于复杂不规则地层模型的求解，且有限元法的求解精度相比于有限差分法有了较大的提高，因此采用有限元法对线圈系接收线圈处的感应电磁波信号进行正演模拟计算。

有限元法的基本思想是将求解区域剖分成多个不规则的网格单元，然后将求解方程离散成含有复杂、不对称稀疏矩阵的线性方程组，通过泛函求极值求解方程。采用有限元法对接收线圈处的感应电磁波信号进行正演模拟计算时，主要分为以下步骤。

步骤 1：将所要求解的线圈系及地层模型通过理想化假设简化为理想化的物理模型，并对求解区域进行网格剖分和地层参数的设置。

步骤 2：利用麦克斯韦方程组及其导出方程，在考虑初始条件及边界条件的基础上导出所剖分网格单元的数学模型。

步骤 3：通过变分原理选取泛函并选定插值函数，计算整个求解区域的泛函。

步骤 4：将泛函离散化得到关于电场 E 的刚度矩阵。

步骤 5：利用前线解法等数值方法求解地层中电场 E 的分布。

步骤 6：根据电场 E 的分布求解接收线圈处的感应电动势信号。

2. 感应电磁波信号的降频

为提高接收线圈处感应电磁波信号幅度比和相位差的计算精度，需要将接收线圈处的高频信号进行降频处理后才能进行信号的采样及信号幅度比和相位差的正交采样计算(Epov et al., 2013)。接收线圈处感应电磁波信号降频的流程如图 2.27 所示。

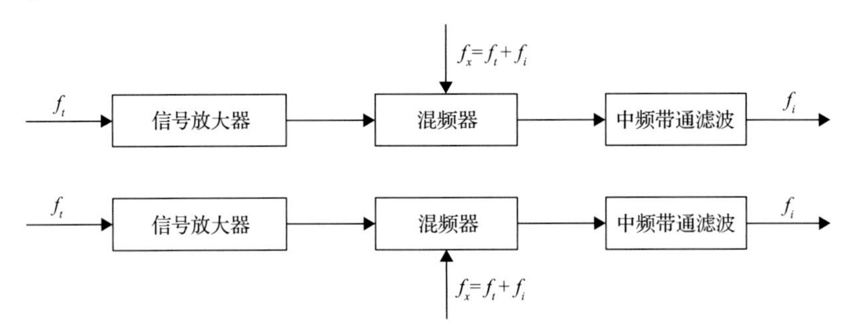

图 2.27　接收线圈处感应电磁波信号降频流程图

由图 2.27 可见，在实际测井过程中，高频电磁波信号在地层中传播时的衰减较大，因此首先对接收线圈 R_1 和 R_2 处的感应电磁波信号进行放大，其次将接收线圈处频率为 f_t 的高频信号进行降频处理，最后通过中频带通滤波器滤波得到频率为 f_i 的中频信号(f_i 由模拟数字转换器(analog to digital converter，ADC)的采样频率 f 及信号每个周期内的采样点数 n 确定，即 $f_i=f/n$)。

3. 信号采样

传统的正交相干检波方法采用模拟电路实现，但其易受模拟器件性能的制约，当产生的两个本振信号非正交时，就会产生虚假信号，导致两路信号不能达到完全正交，因此传统的模拟正交采样方法只适用于对虚假抑制要求不高的场合。随着电子器件的发展和高速 ADC 的出现，结合数字信号处理技术，为解决零中频相位正交误差及幅度不平衡的问题，可采用数字正交采样技术(倪卫宁等, 2017)。为此，在进行正交采样计算前，要完成中频信号的数字采样，信号的采样流程如图 2.28 所示。

如图 2.28 所示，为降低外界因素对接收信号的干扰，需要对中频信号的多个周期进行采样。此外，在保证感应电磁波信号幅度比和相位差计算精度的同时应提高幅度比和相位差的计算速度，为此在实验计算过程中选用采样频率为 250ksps 的 ADC 模块对中频信号完成 256 个周期的采样，且每个周期采样 128 个点，由此可求得中频信号 f_i 的频率为 $f_i=f/128=1.953\text{kHz}$。因此，信号采样后每路信号采集 32768 个数据点，为降低外界干扰的影响，分别将采样信号每个周期内的第 $i\left(i=1,2,\cdots,128\right)$ 个采样值进行累加，并将 32768 个采样点分成 128 组，每一组采样值分别定义为一个“bin”，如式(2.28)所示：

$$\text{bin}\left(i\right)=\sum_{n=1}^{256}A_i,\quad i=1,2,3,\cdots,128 \tag{2.28}$$

式中，i 表示信号 f_i 每个周期内的第 i 个采样点；n 为采样周期数，总周期数为 256；bin(i) 表示每个周期内第 i 个采样值的累加和，每组 bin 中采样值的相位相差 $360°/128 = 2.8°$。

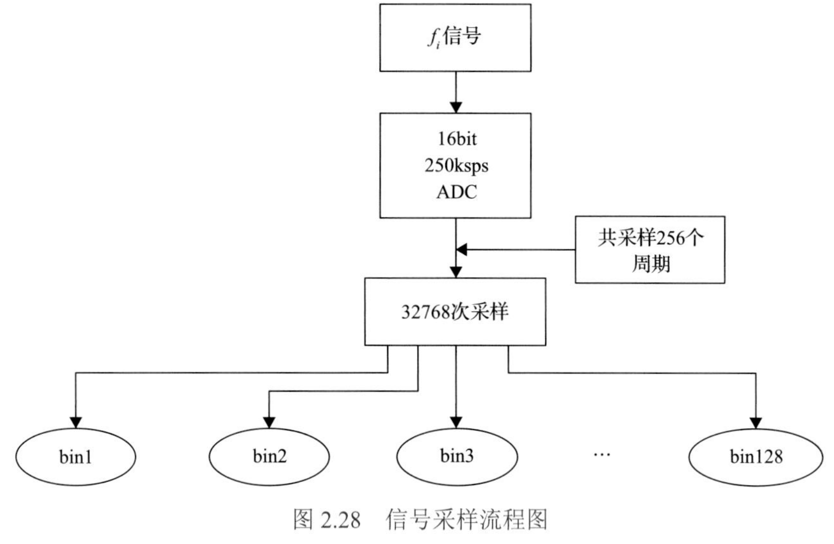

图 2.28　信号采样流程图

ksps: kilo samples per second，即采样千次每秒

4. 基于正交采样的信号幅度比和相位差计算方法

正交采样方法的基本思想是利用感应电磁波信号相位相差 $\pi/2$ 的两个采样点的值即可完成该信号幅值和相位的计算，因此基于正交采样的信号幅度比和相位差计算方法可显著提高接收线圈处感应电磁波信号幅度比和相位差的计算速度，同时可有效抑制噪声信号的干扰。基于正交采样的感应电磁波信号幅度比和相位差计算方法的步骤如下。

步骤 1：采样值累加。由于采样时对每路感应电磁波信号分别采样 256 个周期，每个周期采集 128 个数据，且采样后将所有采样值分成 128 组(即 bin(i)，$i = 1, 2, \cdots, 128$)，可知每 32 组 bin 的相位相差 $\pi/2$。因此，利用正交采样法计算感应电磁波信号的幅度比和相位差时，分别对信号的第 i 个采样值和第 i+32 个采样值进行累加。

步骤 2：采样点取均值。为提高感应电磁波信号幅度比和相位差计算的精度，应对第 i 个采样值和第 i+32 个采样值取平均。根据正交采样的原理分别计算第 i 组和第 i+32 组采样点的均值 X 和 R，如式(2.29)和式(2.30)所示：

$$X(n) = \frac{\text{bin}(i)}{256}, \qquad n = 1, 2 \tag{2.29}$$

$$R(n) = \frac{\text{bin}((i+32)\,\text{mod}\,128)}{256}, \qquad n = 1, 2 \tag{2.30}$$

式中，$X(n)$ 和 $R(n)$ 分别表示两路采样信号中相位相差 $\pi/2$ 的两个采样点进行 256 次采样后的均值。

步骤 3：幅值和相位计算。根据正交采样方法计算原理即可求得每路感应电磁波信

号的幅值和相位为

$$A(n)=\sqrt{R^2(n)+X^2(n)},\quad n=1,2 \tag{2.31}$$

$$\Phi(n)=\arctan 2(X(n),R(n)),\quad n=1,2 \tag{2.32}$$

式中，$A(n)$ 表示每路感应电磁波信号的幅值；$\Phi(n)$ 表示每路感应电磁波信号的相位。

步骤 4：幅度比和相位差计算。根据式(2.31)和式(2.32)即可求得相邻接收线圈处感应电磁波信号的幅度比和相位差分别为

$$\text{EATT}=10\lg\frac{R^2(1)+X^2(1)}{R^2(2)+X^2(2)} \tag{2.33}$$

$$\Delta\Phi=\arctan 2\left(X(2),R(2)\right)-\arctan 2\left(X(1),R(1)\right) \tag{2.34}$$

综上所述，基于正交采样的信号幅度比和相位差计算方法的流程如图 2.29 所示。

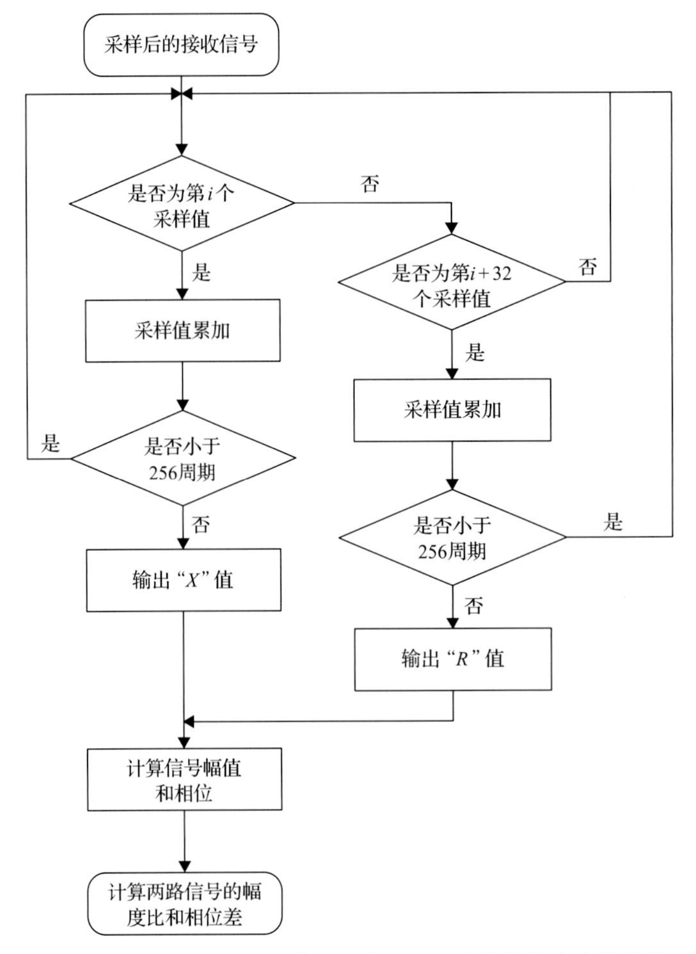

图 2.29　基于正交采样的信号幅度比和相位差计算方法流程图

2.7.2 仿真实验及结果分析

为验证分段组合线圈系设计方法的可行性和有效性，本节将采用仿真模拟的手段分析分段组合线圈系在层状地层模型条件下的测量响应，验证分段组合线圈系的地层层界面检测功能，并通过对比分段组合线圈系和常规倾斜线圈系在相同地层条件下的测量响应，验证分段组合线圈系可提高测井仪的地层方位电阻率检测灵敏度和地层层界面的径向探测深度。

1. 地层层界面检测功能

随钻方位电磁波电阻率测井仪区别于常规随钻电磁波电阻率测井仪的关键在于其可以实现地层方位电阻率的检测，判断地层层界面的方位和距离，精确地实现测井仪的地质导向功能。为此，建立分段组合线圈系及层状地层模型结构，通过分析分段组合线圈系绕钻铤旋转时的测量响应规律，验证分段组合线圈系可实现地层层界面检测的功能。

建立的分段组合线圈系及层状地层模型如图 2.30 所示。

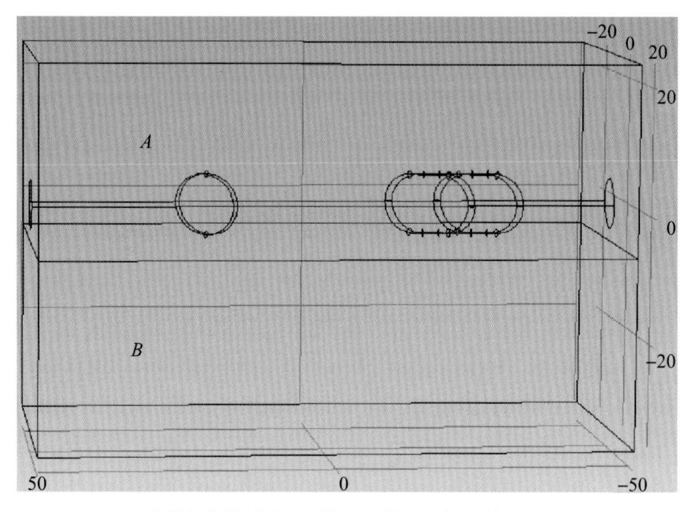

(a) 分段组合线圈系及层状地层模型示意图(单位：in)

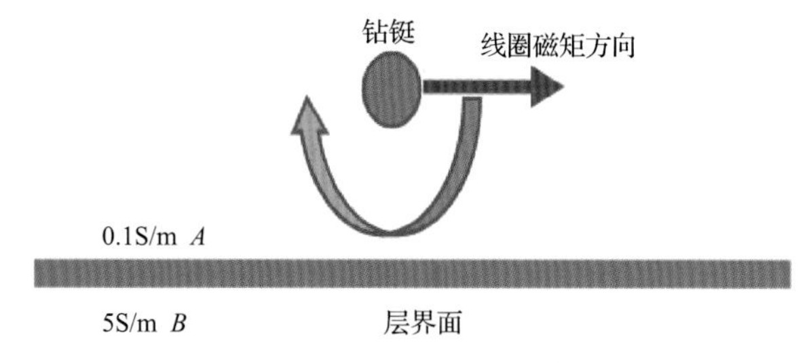

(b) 钻铤与层界面相对位置示意图

图 2.30 分段组合线圈系结构和层状地层模型结构图

图 2.30(a)为正演模拟计算分段组合线圈系的测量响应时建立的分段组合线圈系和层状地层模型，为提高不同地层电阻率参数的对比度，仿真计算时令地层 A 的电导

率为 0.1S/m(即低电导率地层)，地层 B 的电导率为 5S/m(即高电导率地层)。图 2.30(b)为钻铤与地层层界面相对位置的示意图，图 2.30(b)中直线箭头为接收线圈的磁矩方向，环形箭头为钻铤的旋转方向。为分析分段组合线圈绕钻铤旋转一周时的测量响应，分段组合线圈系每旋转 $\pi/6$ 对分段组合接收线圈处的感应电动势信号进行一次正演模拟计算，并采用基于正交采样的感应电磁波信号幅度比和相位差计算方法求解分段组合线圈系相邻接收线圈处感应电磁波信号的幅度比和相位差随钻铤旋转时的变化曲线，如图 2.31 所示。

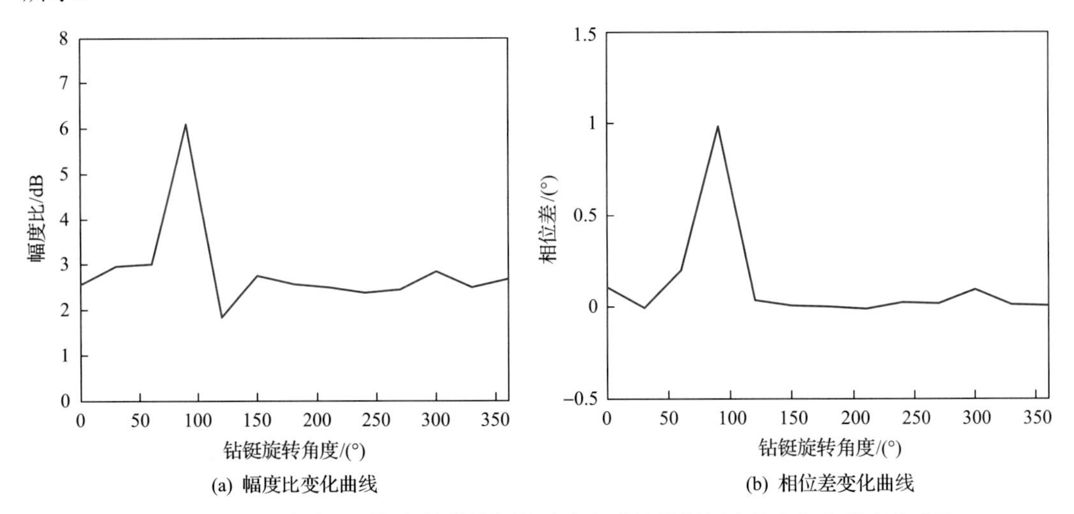

图 2.31　分段组合线圈系相邻接收线圈处感应电磁波信号幅度比和相位差变化曲线

由图 2.31 可见，当钻铤旋转 $\pi/2$ 时(即分段组合接收线圈的磁矩方向垂直于地层的层界面)，分段组合线圈系的幅度比和相位差曲线均达到峰值。由电磁波信号在地层中的传播特性可知，电磁波信号在高电导率地层中的衰减较大，当钻铤钻遇高电导率地层时，相邻接收线圈处感应电磁波信号的幅度比和相位差会急剧增大。

因此，图 2.31 中分段组合线圈系的幅度比和相位差达到峰值时的角度即为地层层界面相对于井眼的方位，由此可验证分段组合线圈系可实现地层层界面的检测。

2. 地层方位电阻率检测灵敏度对比分析

在随钻方位电磁波电阻率测井过程中，测井仪接收线圈处感应电动势信号越强，测井仪的地层方位电阻率检测灵敏度越高。为此，在均匀介质的地层条件下，分别建立常规倾斜线圈系和分段组合线圈系模型，通过对比相同线圈系参数条件下不同接收线圈处感应电磁波信号的幅值，分析分段组合线圈能否提高测井仪的地层方位电阻率检测灵敏度。在均匀介质条件下，常规倾斜接收线圈系模型及分段组合线圈系模型如图 2.32 所示。

根据图 2.32 均匀介质下常规倾斜线圈系和分段组合线圈系的模型，采用有限元法分别对不同线圈系接收线圈 R_1 处的感应电磁波信号进行正演模拟计算，得到不同线圈系接收线圈 R_1 处的感应电磁波信号如图 2.33 所示。

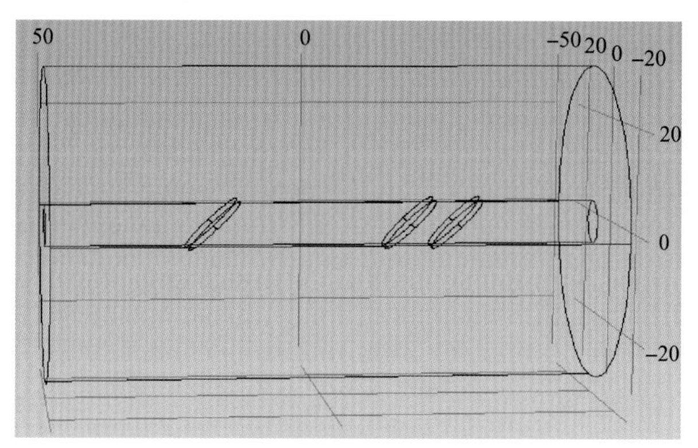

(a) 常规倾斜接收线圈系模型

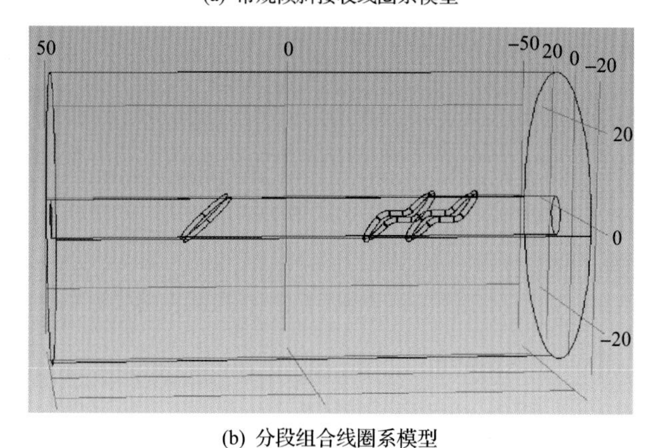

(b) 分段组合线圈系模型

图 2.32 均匀介质条件下的不同线圈系模型示意图(单位：in)

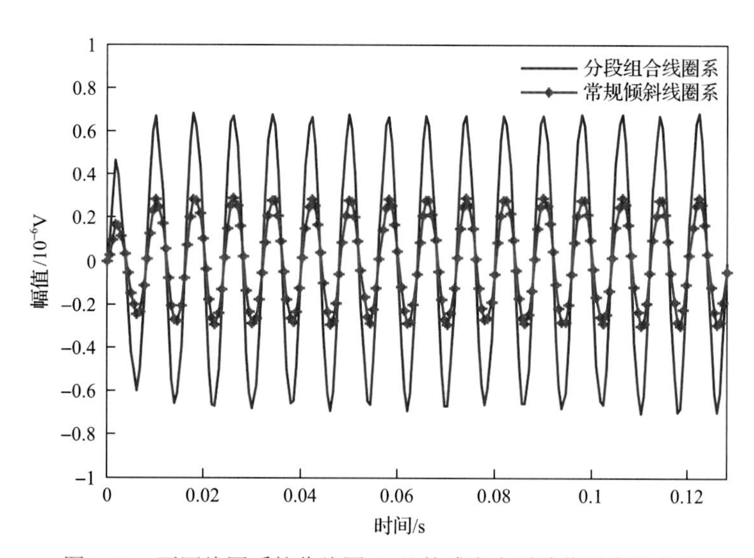

图 2.33 不同线圈系接收线圈 R_1 处的感应电磁波信号变化曲线

由图 2.33 可见，在相同地层条件下，采用分段组合线圈系可提高测井仪接收线圈处感应电磁波信号的幅值，使测井仪可精确地检测地层周围电阻率参数的变化，从而提高随钻方位电磁波电阻率测井仪的地层方位电阻率检测灵敏度。

3. 地层层界面探测深度对比分析

为对比分析不同线圈系结构测井仪的层界面探测深度，在层状地层介质的条件下分别建立常规倾斜线圈系及分段组合线圈系模型，并通过改变线圈系与层界面之间的相对距离，计算并分析线圈系测量响应随地层层界面距离的变化规律。建立的线圈系及层状地层模型如图 2.34 所示。

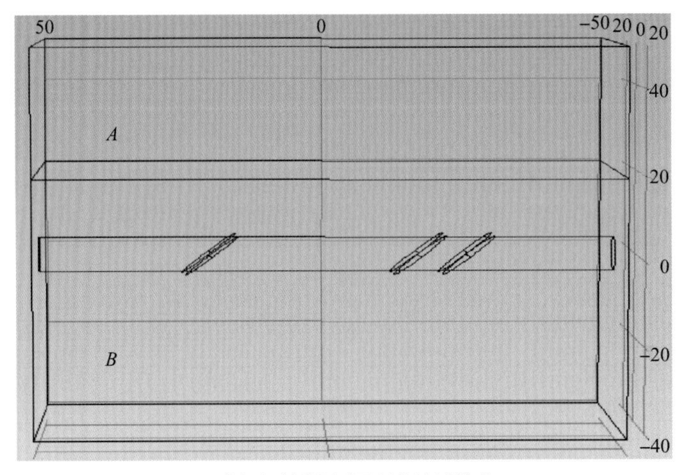

(a) 常规倾斜线圈系及层状地层模型

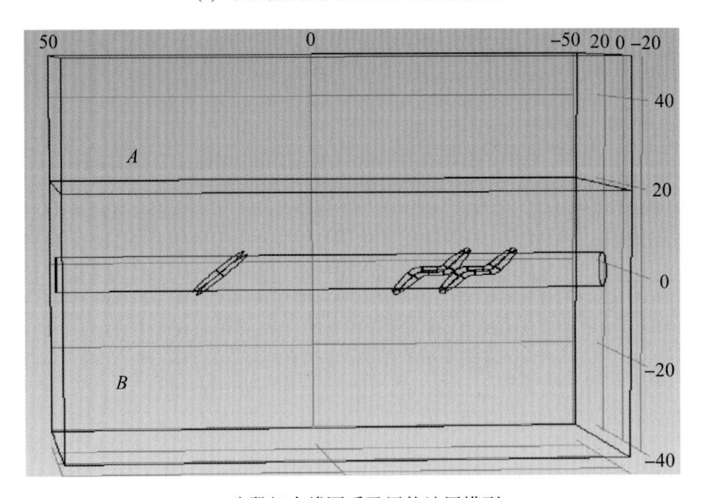

(b) 分段组合线圈系及层状地层模型

图 2.34　层状地层条件下不同线圈系的模型示意图(单位：in)

如图 2.34 所示，对比分析不同线圈系测井仪的径向探测深度时，需改变测井仪与层界面的相对距离，钻铤与层界面的相对位置如图 2.35 所示。

如图 2.35 所示，层状地层模型中，地层 A 和地层 B 的电导率分别取 5S/m 和 0.1S/m。仿真分析时，钻铤与层界面之间的距离每增大 10in，对不同线圈系接收线圈处的感应电磁波信号进行一次正演模拟计算，并采用正交采样的方法分别计算常规倾斜线圈系和分段组合线圈系相邻接收线圈处感应电磁波信号的幅度比随地层层界面距离的变化曲线，如图 2.36 所示。

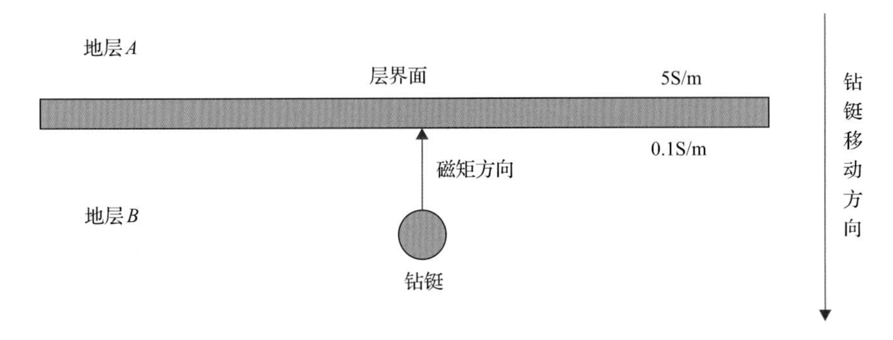

图 2.35 钻铤与层界面相对位置示意图

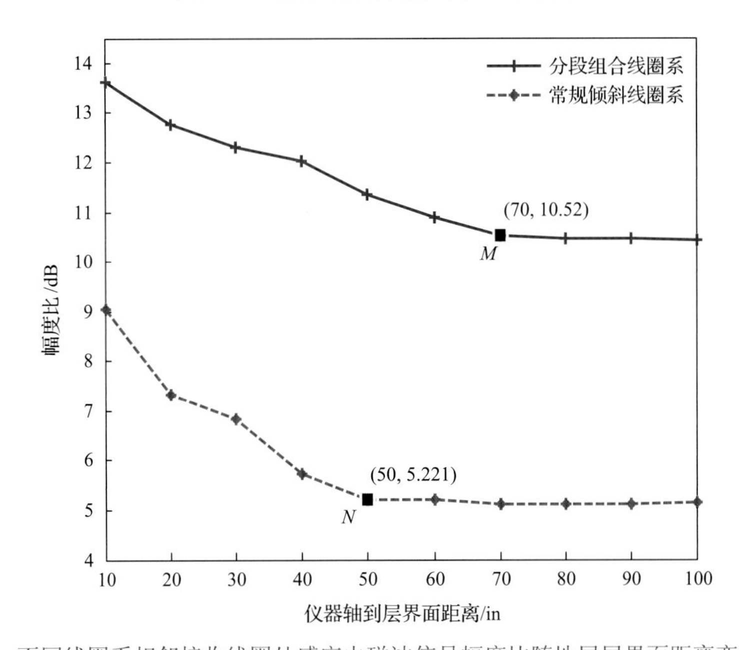

图 2.36 不同线圈系相邻接收线圈处感应电磁波信号幅度比随地层层界面距离变化的曲线

由图 2.36 可见，常规倾斜线圈系与分段组合线圈系接收线圈处感应电磁波信号的幅度比均随地层层界面距离的增大而减小，且距离高电导率地层层界面越远，感应电磁波信号的幅度比越小。

此外，根据图 2.36 常规倾斜线圈系感应电磁波信号的幅度比变化曲线可知，当地层层界面的距离大于 50in 时(如图 2.36 中点 *N* 所示)，感应电磁波信号的幅度比变化较小，并逐渐趋于稳定，可知其层界面探测深度约为 50in；同时由分段组合线圈系感应电磁波信号的幅度比变化曲线可见，当地层层界面的距离大于 70in 时(如图 2.36 中点 *M* 所示)，感应电磁波信号的幅度比变化曲线趋于稳定，可知其层界面探测深度约为 70in。由以上分析可知，分段组合线圈系可提高测井仪的地层层界面探测深度。

第 3 章　随钻侧向成像电阻率测井技术

3.1　随钻侧向成像电阻率测井原理

电法测井是一类重要的测井技术。在电法测井领域，地层的电性参数主要包括自然电位、电阻率、介电常数等。其中，电阻率测井是利用地层的导电性获得地层特性的一类测井方法，主要又可分为普通电阻率测井、侧向电阻率测井、感应电阻率测井和电磁波电阻率测井(沙峰, 2010)。其中，侧向电阻率测井的范畴是基于普通电阻率测井而提出的。

3.1.1　普通电阻率测井

普通电阻率测井的原理很简单，它是将普通的电极系放入井内，测量井眼周围地层的电阻率随井深变化的曲线，从而探知钻铤穿过地层的地质剖面和油气水层分布等信息。普通电阻率测井的基本原理如图 3.1 所示。

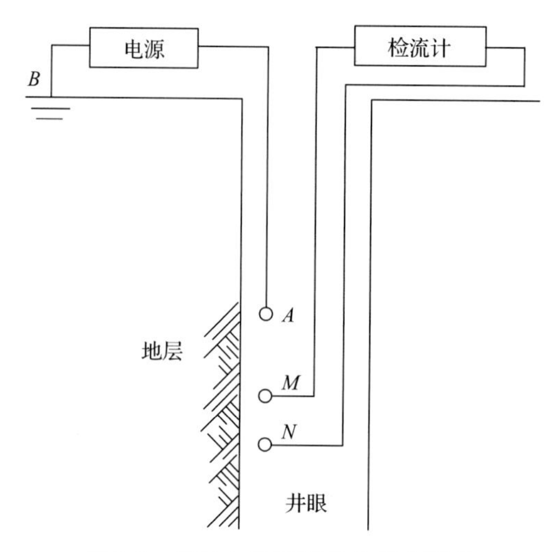

图 3.1　普通电阻率测井的基本原理

图 3.1 中，A 为供电电极，B 为供电回路电极，M、N 为测量电极。假设在均匀无限大地层中有一个点电极 A，供以强度为 I 的电流，则电流将以该点电极为中心呈辐射状向各方向均匀流出。设任意点的电位为 U，则它与地层电阻率 R 及供电电流 I 成正比，与该点与电源点的距离 r 成反比，即

$$U = \frac{RI}{4\pi r} \tag{3.1}$$

在点电极 A 形成的电场内，两个测量电极 M、N 之间的电位差为

$$\Delta U_{MN} = U_M - U_N = \frac{RI}{4\pi}\left(\frac{1}{\overline{AM}} - \frac{1}{\overline{AN}}\right) = \frac{RI}{4\pi}\left(\frac{\overline{MN}}{\overline{AM} \cdot \overline{AN}}\right) \tag{3.2}$$

于是地层电阻率 R 可以表示为

$$R = \left(4\pi \frac{\overline{AM} \cdot \overline{AN}}{\overline{MN}}\right) \frac{\Delta U_{MN}}{I} \tag{3.3}$$

可以记 K 为只与电极距离有关的常系数，称为电极对系数，它可以表示成

$$K = 4\pi \frac{\overline{AM} \cdot \overline{AN}}{\overline{MN}} \tag{3.4}$$

在实际测井时，电极系放置在充满钻井液的井眼内，井眼周围是厚度、电阻率均不同的非均匀介质地层。在这种非均匀介质地层中，仍采用针对均匀介质地层的测量装置和计算公式，则可以获得地层视电阻率 R_a 。由于地层真电阻率 R_t 对 R_a 的影响最大，因此可以认为只要电极系选择适当，就能利用视电阻率随井深变化的曲线直接划分地层剖面。

然而，普通电阻率测井采用直流电场，当钻井液的矿化度高或围岩电阻率较低时，电流受到的分流作用明显，测量效果十分受限。因此，普通电阻率测井往往只适用于低阻地层测井，且其探测深度较浅。

3.1.2 侧向电阻率测井

侧向电阻率测井也叫聚焦测井，它是在普通电阻率测井的基础上发展而来的一种新测量技术，弥补了普通电阻率测井的缺点。侧向电阻率测井根据电极系数量和结构的不同可分为双侧向测井、三侧向测井、七侧向测井、微球聚焦测井等(Bala et al., 2001)，根据探测范围的不同又可分为深侧向测井、浅侧向测井。相比于普通电阻率测井，侧向电阻率测井通过电流聚焦的方式迫使主电极电流不能在井眼中上下流动，而是只沿侧向流入地层。因此，钻井液和低阻围岩的分流作用减弱，电流具有了方向选择性，测量结果能够很好地反映出深层地层的电性特征。

以三侧向电阻率测井为例，如图 3.2 所示是其基本原理。其中，A_1 和 A_2 是一对环形屏蔽电极，A_0 是环形主电极，两个屏蔽电极对称地分布在主电极两侧。A_0、A_1 和 A_2 具有相同的电位，A_1 和 A_2 的屏蔽电流使得 A_0 的主电流垂直于电极流入地层，从而降低了钻井液或低阻围岩的分流作用，提高了探测精度和探测深度。设 3 个电极的电位均为 U，主电流为 I_0，则地层视电阻率 R_a 为

$$R_a = K \frac{U}{I_0} \tag{3.5}$$

式中，K 为电极对系数，它的定义为

$$K = \frac{4\pi L}{\ln\left(2L_0 / r_0\right)} \tag{3.6}$$

式中，L 为主电极长度的一半；L_0 为电极系长度的一半；r_0 为电极系半径。

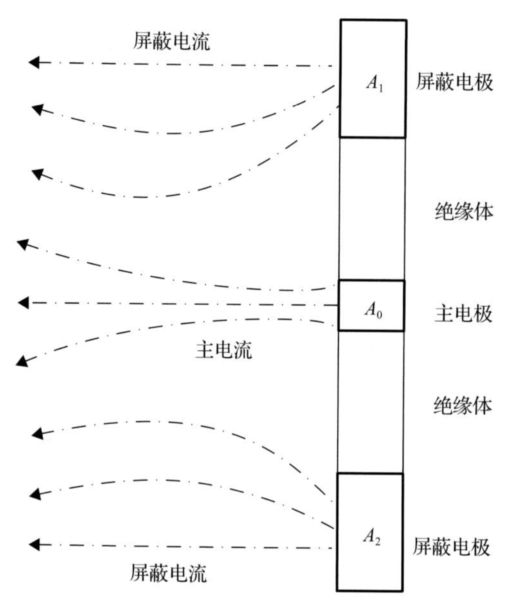

图 3.2　三侧向电阻率测井的基本原理

侧向电阻率测井是普通电阻率测井的延伸，能够获得更多的地层信息。例如，可以利用三侧向和七侧向电阻率测井获得更真实的地层电阻率，在轴向上更准确地划分岩矿层厚度；可以利用双侧向电阻率测井得到井眼径向上的电阻率变化情况，并进一步获取岩层孔隙度、渗透性等指标信息。

3.1.3　电感耦合侧向测井

根据电磁感应定律，在一个螺旋激励线圈上施加一个交流激励电压，会在线圈内产生交变电流，而穿过该线圈的导体两端也会产生一个感生电动势，这种现象称为电感耦合，或称为磁耦合。传统的侧向电阻率测井的激励方式是直接激励，即直接在电极系上施加直流或低频的激励电压。将电感耦合原理应用于侧向电阻率测井中，则属于间接激励方式。

如图 3.3 所示，在螺旋激励线圈上施加交流电压u_i，则在线圈两侧的钻铤上会产生一个感生电势u。设激励线圈的匝数为N_{t}，钻铤被看成匝数为 1 的导体，则有

$$\frac{u}{u_i}=\frac{1}{N_{\mathrm{t}}} \tag{3.7}$$

假设钻井液和地层的等效阻抗为Z，则测井回路中会产生一个感生电流i。通过测量该电流，可以获得地层视电阻。

1967 年，Arps 首次将电感耦合原理应用于侧向测井中，设计了感应电阻率聚焦测井仪（inductive resistivity guard logging apparatus，IRGLA），其基本结构如图 3.4 所示。IRGLA 具有一对激励线圈和一对检测线圈，两个激励线圈对称地安装在检测线圈两侧。钻铤穿过线圈并分别作为激励线圈的次边和检测线圈的原边工作。当螺旋激励线圈施加正弦交流电压时，在由钻铤、井眼、地层构成的回路中会产生感生电流。存在于相邻的激励线

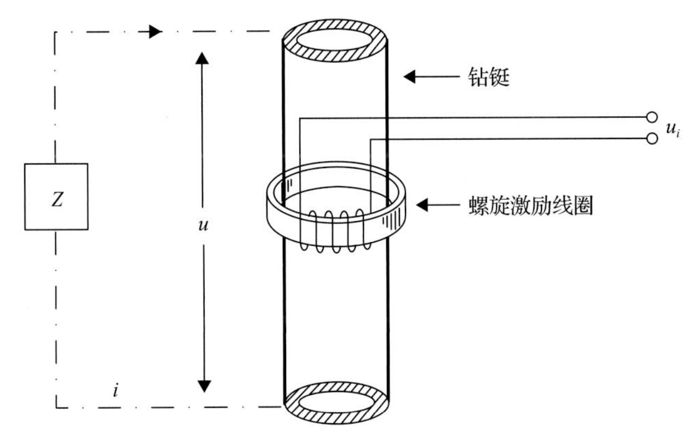

图 3.3　侧向电阻率测井中的电感耦合原理

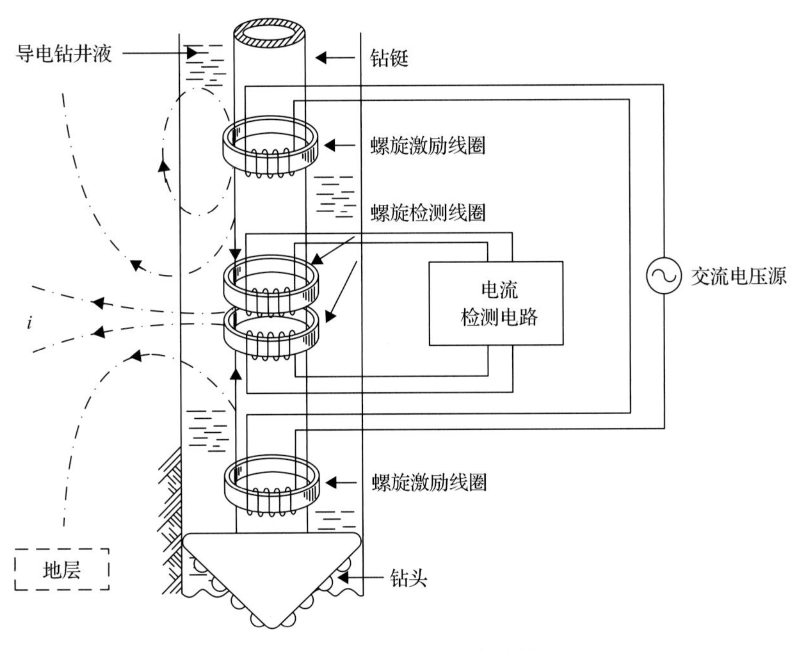

图 3.4　IRGLA 的基本结构

圈和检测线圈间的电流作为聚焦电流，而存在于检测线圈间的电流 i 受到聚焦作用，垂直于钻铤轴向流入地层。通过测量检测线圈之间的电流差得到电流 i，它反映了检测线圈间地层的电阻率信息。

如图 3.4 所示，上下两个螺绕环作为发射电极，在导电杆产生相位相反的电流。电流在导电杆轴向相向流动，于两发射电极中间某一点汇流，垂直射入地层中。两接收螺绕环作为电流监督和测量电极，调节发射电极的激励电压，使得两接收螺绕环测得电流大小相等。此时电流汇流于两接收螺绕环中点，并垂直射入地层。此时测得的电流和地层电阻率有关

$$R_{\mathrm{t}} = K\left(\frac{U_1}{I_1} + \frac{U_2}{I_2}\right) \tag{3.8}$$

式中，R_t 为地层电阻率；K 为仪器系数；U_1 和 I_1 分别为上发射电极的电压和在导电杆中形成的电流；U_2 和 I_2 分别为下发射电极的电压和在导电杆中形成的电流。

当监督电流 $I_1=I_2$ 时，式(3.8)简化为

$$R_t = \frac{K\left(U_1 + U_2\right)}{I_1} \tag{3.9}$$

式(3.8)和式(3.9)是所有随钻侧向电阻率成像仪器的测量基础，也是最早的电流聚焦原理，而后的所有仪器都在此基础上改进而来。

这种电极相比常规电极具有独特的优点：

(1)可以将螺绕环安置在钻铤上，实现近钻头电阻率测量。

(2)不必对钻铤表面进行电极分隔，钻铤的结构不被破坏，其强度得以保障。

(3)螺绕环具有电流放大作用，通以较小的激励电流，即可在地层中感应出较大的回路电流，尤其适合在随钻测井中降低宝贵的电源功率消耗。

基于以上三个特点，这种利用螺绕环作为发射电极的方式广泛应用于随钻电阻率测井仪中。

基于 Arps 原理的多种改进的测井仪相继提出，比较有代表性的测井仪有 Dual Resistivity MWD tool(DRMWD)和 Resistivity at Bit tool(RAB)等。Arps 原理的随钻侧向电阻率测井方法只适用于导电钻井液工况，其基于感应耦合原理的激励方式为构建油基钻井液随钻侧向电阻率测井交流测量回路的激励源提供借鉴。

1985 年，Gianzero 等提出了一种能同时随钻测量侧向电阻率 R'_a 和近钻头电阻率 R'_b 的双电阻率随钻测井仪 DRMWD，其装置测井原理如图 3.5 所示，其测量系统由一个螺线环形线圈 T_1 提供正弦交流激励电压 u_i，该电压 u_i 在钻铤及地层回路中感生电流 i_1。两个螺线环形线圈 T_2 和 T_3 分别检测通过线圈内的轴向电流 i_2 与 i_3，i_2 与 i_3 的电流差即为两个

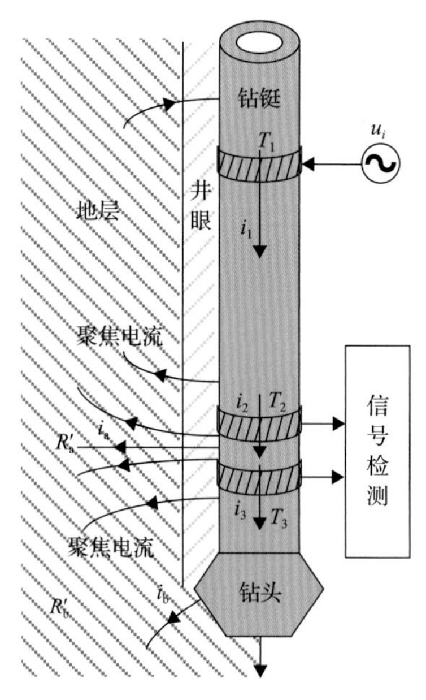

图 3.5　DRMWD 测井原理

检测线圈间钻铤侧向电流 i_a，检测线圈 T_3 的轴向电流 i_3 即为由钻头附近流入地层的电流 i_b。于是有 $i_a = i_2 - i_3$，$i_b = i_3$。因此，测得两个检测线圈 T_2 和 T_3 的感应信号，即可测量侧向电阻率 R_a' 和近钻头电阻率 R_b'。

20 世纪 90 年代，斯伦贝谢公司推出 RAB 测井仪(Bonner et al., 1993)，其装置测井原理如图 3.6 所示，RAB 测井仪由一个螺线环形线圈 T_1 提供正弦交流激励电压 u_i，该电压 u_i 在钻铤上感生电压 u，并产生电流 i_1。该测井仪可随钻测量 5 个地层电阻率信息：环形检测电极 H 类似普通电极系侧向电阻测井原理，可直接测得环形检测电极的侧向地层电阻率 R_a'；螺线环形线圈 T_2 可测得近钻头地层电阻率 R_b'；三个电极扣 B_1、B_2 和 B_3 可测得不同径向深度的侧向地层电阻率 R_{B1}、R_{B2}、R_{B3}，且随着钻铤的转动可测量不同方位的侧向电阻率。同时，RAB 测井仪也可以将螺线环形线圈 T_2 作为激励线圈，T_1 作为检测线圈，从而测得不同深度的侧向电阻率。RAB 是一种比较成熟的测井仪，已经实现了商业化用途。

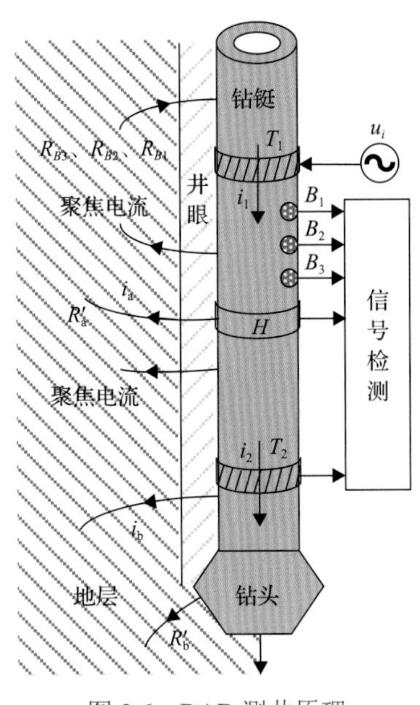

图 3.6　RAB 测井原理

3.2　随钻侧向电阻率成像解析解法

本节利用分离变量法推导等效的磁流源和电偶极子在径向两层阶跃介质(井眼和原状地层)中的解析解，为后续复杂模型的数值解验证提供理论依据。

3.2.1　螺绕环等效磁流源

对实体发射螺绕环进行简化，作出如下假设：

(1) 钻铤在纵向上无限长。

(2) 井轴与柱面坐标系 Z 轴相一致。

(3) 发射实体螺绕环为单位长度磁矩的理想化磁流环 M。

(4) 地层模型在纵向上为均匀介质，在径向上为阶跃介质。

螺绕环简化模型示意图见图 3.7。图中设仪器的半径为 ρ_0，井内泥浆的电导率为 σ_m，井外原状地层的电导率为 σ_t。

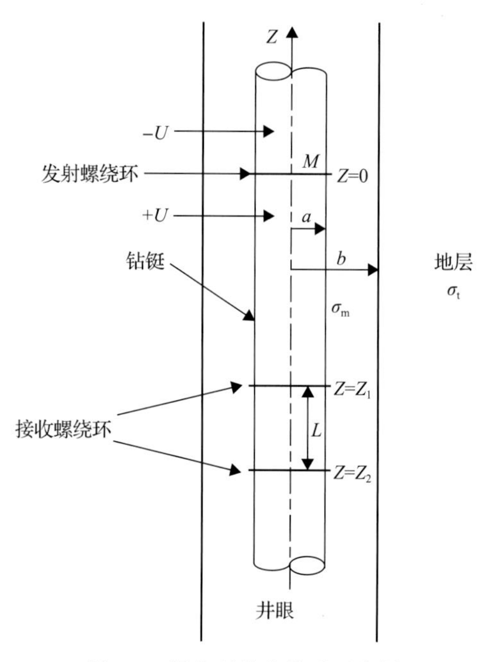

图 3.7 螺绕环简化模型示意图

由于仪器形状为圆柱体，且具有轴对称性，因此可简化为二维空间，采用圆柱坐标系求解。设发射螺绕环等效的磁流源激励电流为 $I = I_0 e^{i\omega t}$，在不考虑位移电流的情况下，不含源的区域中的空间似稳电磁场用式 (3.10) 所示麦克斯韦方程组描述：

$$\begin{cases} \nabla \times H = \sigma E \\ \nabla \times E = -i\omega\mu H \\ \nabla \cdot D = 0 \\ \nabla \cdot H = 0 \end{cases} \tag{3.10}$$

式中，ω 为角频率，rad/s；D 为矢量电位。

对式 (3.10) 中第二个公式两端取旋度并将式 (3.10) 中第一个公式代入，引入赫兹向量 π，根据算符的运算公式 (3.11) 及规范条件

$$\nabla \times (\nabla \times A) = \nabla (\nabla \cdot A) - \nabla^2 A \tag{3.11}$$

式中，A 为矢量磁位。可得赫兹向量满足的波动方程式 (3.12)：

$$\nabla^2 \pi + k^2 \pi = -M \tag{3.12}$$

式中，k 为电磁场传播系数。

电磁场的各量可由赫兹向量表达，即

$$\begin{cases} E = \mathrm{j}\omega\mu_0 \nabla \times \pi \\ H = k^2\pi + \nabla(\nabla \cdot \pi) \end{cases} \tag{3.13}$$

式中，μ_0 为相对磁导率。

将 E 和 H 的表达式代入麦克斯韦方程的复数形式，可得到赫兹向量的波动方程的齐次形式。

由于函数 π 只有 φ 方向的分量并且不随 φ 的变化而变化，故可以把 π 设为与 ρ、z 相关的函数，得到 $\pi = \pi(\rho, z)e_\varphi$，其中仪器螺绕环的半径为 ρ_0，纵坐标为 z=0，若忽略发射线圈的截面尺寸，则式(3.12)可表示为

$$\frac{\partial^2\pi}{\partial\rho^2} + \frac{1}{\rho}\frac{\partial\pi}{\partial\rho} + \frac{\partial^2\pi}{\partial z^2} - \frac{\pi}{\rho^2} + k^2\pi = -M\delta(\rho-\rho_0)\delta(z) \tag{3.14}$$

在无源区域，即 $z \neq 0$，则式(3.14)可以表示为

$$\frac{\partial^2\pi}{\partial\rho^2} + \frac{1}{\rho}\frac{\partial\pi}{\partial\rho} + \frac{\partial^2\pi}{\partial z^2} - \frac{\pi}{\rho^2} + k^2\pi = 0 \tag{3.15}$$

利用分离变量法，求解该齐次方程的解析解，过程如下：

首先，讨论该情况下的边界条件。径向阶跃介质满足如下边界条件：

(1) 当 $\rho \to \infty$ 时，$E \to 0$，$H \to 0$。

(2) 当 $\rho \to 0$ 时，E 和 H 为有限值。

(3) 在界面上，由介质的连续性可知磁场强度和电场强度的切向分量要连续，即

$$\begin{cases} H_{1\varphi} = H_{2\varphi} \\ E_{1\rho} = E_{2\rho} \end{cases} \tag{3.16}$$

取发射线圈作为坐标原点，Z 轴、线圈轴、圆柱面共轴，Z 轴向上为正，如图 3.7 所示。设 $\pi(\rho, z) = R(\rho)\cdot Z(z)$，$Z(z)$ 为纵轴数值 z，代入式(3.15)，可以得到式(3.17)：

$$R''Z + \frac{1}{\rho}R'Z + RZ'' - \frac{RZ}{\rho^2} + k^2RZ = 0 \tag{3.17}$$

在径向阶跃介质中，k 在 ρ 方向上有变化，故将 k^2 与 $R(\rho)$ 函数放在同一端，得到式(3.18)：

$$\frac{R''}{R} + \frac{1}{\rho}\frac{R'}{R} + \left(k^2 - \frac{1}{\rho^2}\right) = -\frac{Z''}{Z} \tag{3.18}$$

设分离常数为λ^2，可以得到式(3.19)：

$$\begin{cases} Z'' + \lambda^2 Z = 0 \\ R + \dfrac{1}{\rho} R'' - \left(\beta^2 + \dfrac{1}{\rho^2} \right) R = 0 \end{cases} \tag{3.19}$$

式中，β为空间任意一点距离井轴的距离，$\beta^2 = \lambda^2 - k^2$。

式(3.19)中第一个公式的解为

$$Z(z) = A\cos(\lambda z) + B\sin(\lambda z) \tag{3.20}$$

而式(3.19)中第二个公式是一阶虚宗量贝塞尔方程，其解是第一类和第二类一阶虚宗量贝塞尔函数$\mathrm{I}_1(\beta\rho)$和$\mathrm{K}_1(\beta\rho)$，其解为

$$R(\rho) = C\mathrm{I}_1(\beta\rho) + D\mathrm{K}_1(\beta\rho) \tag{3.21}$$

函数$Z(z)$关于Z轴的平面对称，所以$Z(z)$应是关于z的偶函数，即应有$Z(z)=Z(-z)$，这必须使式(3.20)中的A=0才行，又λ可为任意实数，应取λ为自变量的积分作为通解，因而有

$$\pi = \int_0^\infty \left(C\mathrm{I}_1(\beta\rho) + D\mathrm{K}_1(\beta\rho) \right) \cos(\lambda z) \mathrm{d}\lambda \tag{3.22}$$

式(3.22)即径向阶跃介质中不含源区的赫兹矢量π的表达式。式(3.22)中系数C和D写为$-\dfrac{\mathrm{i}\omega\mu M}{2\pi^2}C$和$-\dfrac{\mathrm{i}\omega\mu M}{2\pi^2}D$，$M$为磁矩。

在井眼范围内，半径ρ的取值可以取到0，当$\rho \to 0$时，$\mathrm{K}_0 \to \infty$，$\mathrm{K}_1 \to \infty$，为满足边界条件，在σ_m区，必须使D=0。同时，发射线圈在σ_m内，σ_m区是含源区，因此场的表达式中还需要加上原始激励，即井眼介质中的场。根据贝塞尔函数的已知公式，均匀介质中的磁场表达式可以写成

$$H_\varphi = -\frac{\mathrm{i}\omega\mu k_\mathrm{m}^2 M}{2\pi^2} \int_0^\infty \beta \mathrm{K}_1(\beta\rho) \cos(\lambda z) \mathrm{d}\lambda \tag{3.23}$$

在σ_m区域中，β和k写为β_m、k_m，因此有

$$\begin{aligned} H_{1\varphi} &= -\frac{\mathrm{i}\omega\mu k_\mathrm{m}^2 M}{2\pi^2} \int_0^\infty \left(\beta_\mathrm{m} \mathrm{K}_1(\beta_\mathrm{m}\rho) + C\mathrm{I}_1(\beta_\mathrm{m}\rho) \right) \cos(\lambda z) \mathrm{d}\lambda \\ E_{1z} &= -\frac{\mu k_\mathrm{m}^2 M}{2\sigma_\mathrm{m}\pi^2} \int_0^\infty \left(\beta_\mathrm{m} \mathrm{K}_0(\beta_\mathrm{m}\rho) + C\mathrm{I}_0(\beta_\mathrm{m}\rho) \right) \beta_\mathrm{m} \cos(\lambda z) \mathrm{d}\lambda \end{aligned} \tag{3.24}$$

在σ_t区域中，ρ可以趋于无穷，当$\rho \to \infty$时，$\mathrm{I}_1 \to \infty$，$\mathrm{I}_0 \to \infty$。为满足边界条件，

在σ_t区域中，必须使公式中的D=0，故在σ_t区域中有

$$\begin{aligned} H_{2\varphi} &= -\frac{\mathrm{i}\omega\mu k_{\mathrm{m}}^2 M}{2\pi^2}\int_0^{\infty} D\mathrm{K}_1(\beta_{\mathrm{t}}\rho)\cos(\lambda z)\mathrm{d}\lambda \\ E_{2z} &= -\frac{\mu k_{\mathrm{m}}^2 M}{2\sigma_{\mathrm{t}}\pi^2}\int_0^{\infty} D\beta_{\mathrm{t}}\mathrm{K}_0(\beta_{\mathrm{t}}\rho)\cos(\lambda z)\mathrm{d}\lambda \end{aligned} \tag{3.25}$$

应用边界条件得到方程组，即

$$\left(\beta_{\mathrm{m}}\mathrm{K}_1(\beta_{\mathrm{m}}\rho)+C\mathrm{I}_1(\beta_{\mathrm{t}}\rho)\right)=D\mathrm{K}_1(\beta_{\mathrm{t}}\rho) \tag{3.26}$$

$$\frac{\sigma_{\mathrm{t}}}{\sigma_{\mathrm{m}}}\left(\beta_{\mathrm{m}}\mathrm{K}_0(\beta_{\mathrm{m}}\rho)-C\mathrm{I}_0(\beta_{\mathrm{m}}\rho)\right)\beta_{\mathrm{m}}=-D\beta_{\mathrm{t}}\mathrm{K}_0(\beta_{\mathrm{t}}\rho) \tag{3.27}$$

解此方程组得到

$$\begin{cases} C=-\dfrac{\Gamma_{\mathrm{ac}}(\lambda)}{\mathrm{K}_0(\beta_{\mathrm{m}}\rho)+\Gamma_{\mathrm{ac}}(\lambda)\mathrm{I}_0(\beta_{\mathrm{m}}\rho)} \\ D=\dfrac{1}{\mathrm{K}_0(\beta_{\mathrm{m}}\rho)+\Gamma_{\mathrm{ac}}(\lambda)\mathrm{I}_0(\beta_{\mathrm{m}}\rho)} \end{cases} \tag{3.28}$$

代入式(3.22)并取$\rho=\rho_0$可得

$$\pi(\rho_0,z)=\frac{M}{2}\rho_0\frac{2}{\pi}\int_0^{\infty}\mathrm{d}\lambda\cos(\lambda z)\frac{\left(\mathrm{K}_1(\beta_{\mathrm{m}}\rho_0)-\Gamma_{\mathrm{ac}}(\lambda)\mathrm{I}_1(\beta_{\mathrm{m}}\rho_0)\right)}{\left(\mathrm{K}_0(\beta_{\mathrm{m}}\rho_0)+\Gamma_{\mathrm{ac}}(\lambda)\mathrm{I}_0(\beta_{\mathrm{m}}\rho_0)\right)} \tag{3.29}$$

式中，井眼界面的反射系数$\Gamma_{\mathrm{ac}}(\lambda)$为

$$\Gamma_{\mathrm{ac}}(\lambda)=\frac{\dfrac{\sigma_{\mathrm{t}}}{\sigma_{\mathrm{m}}}\beta_{\mathrm{t}}\mathrm{K}_1(\beta_{\mathrm{m}}b)\mathrm{K}_0(\beta_{\mathrm{t}}b)-\beta_{\mathrm{m}}\mathrm{K}_0(\beta_{\mathrm{m}}b)\mathrm{K}_1(\beta_{\mathrm{t}}b)}{\dfrac{\sigma_{\mathrm{t}}}{\sigma_{\mathrm{m}}}\beta_{\mathrm{t}}\mathrm{I}_1(\beta_{\mathrm{m}}b)\mathrm{K}_0(\beta_{\mathrm{t}}b)-\beta_{\mathrm{m}}\mathrm{I}_0(\beta_{\mathrm{m}}b)\mathrm{K}_1(\beta_{\mathrm{t}}b)} \tag{3.30}$$

磁矩M为

$$M=\frac{NIA}{2\pi\rho_0} \tag{3.31}$$

式中，N是环上的总圈数。

由楞次定律可以得到接收螺绕环感生的电压为

$$U=-\mathrm{j}\omega\mu_0 N\int_A H_{\varphi}\mathrm{d}A\cong-\mathrm{j}\omega\mu_0 NH_{\varphi}A \tag{3.32}$$

式中，A是如图3.8所示的截面面积，$H_{\varphi}=k_{\mathrm{m}}^2\pi$。

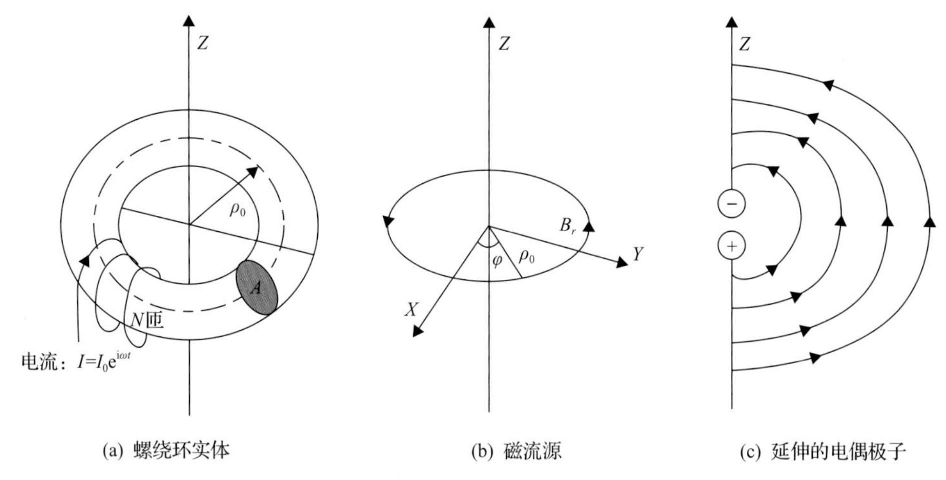

(a) 螺绕环实体　　(b) 磁流源　　(c) 延伸的电偶极子

图 3.8　发射螺绕环的简化与等效

所以，将式(3.29)应用到式(3.32)就能求出接收螺绕环的耦合电压，对所得的感生电压 U 进行刻度，即可得到视电阻率 R_a。

3.2.2　螺绕环等效电偶极子

在 3.2.1 节中我们考虑了频率的影响，将螺绕环等效为磁流源。根据螺绕环在钻铤上产生的电压机理，发射螺绕环上方的钻铤部分是电位差为$-U$ 的等电位面，其下方相应部分的电压为$+U$。如果发射频率较低(f=1kHz 左右)，可以将其等效为延伸的电偶极子。发射器下方的电极所起的作用是电流源，而发射器上方的电极则起电流返回电极的作用。描述上述现象的基本方程是由延伸的电偶极子源推导出的拉普拉斯(泊松)方程：

$$\nabla^2 U = -R_m \tag{3.33}$$

取发射线圈圆心为坐标原点，Z 轴、线圈轴和圆柱面共轴，取 Z 轴向上为正，建立柱坐标系，将式(3.33)在柱坐标系下展开，可得

$$\left[\frac{1}{\rho}\frac{\partial}{\partial\rho}\left(\rho\frac{\partial}{\partial\rho}\right)-\left(\lambda^2+\frac{m^2}{\rho}\right)\right]U(\rho,z)+\frac{\partial^2 U}{\partial z^2}=-R_m\delta(\rho-\rho_0)\delta(z) \tag{3.34}$$

式中，m 为与仪器有关的常数。

在无源区域，即 $z\neq 0$，则式(3.34)可以表示为

$$\left[\frac{1}{\rho}\frac{\partial}{\partial\rho}\left(\rho\frac{\partial}{\partial\rho}\right)-\left(\lambda^2+\frac{m^2}{\rho}\right)\right]U(\rho,z)+\frac{\partial^2 U}{\partial z^2}=0 \tag{3.35}$$

同样的，利用分离变量法，求解该齐次方程的解析解，设 $U(\rho,z)=R(\rho)\cdot Z(z)$，代入式(3.35)，同时考虑到边界条件，可得在满足电位和法线方向电通量保持连续的井眼中，$\rho=b$ 处的电位 $U(\rho,z)$ 为

$$U(\rho,z)=\frac{2}{\pi}V\int_0^{\infty}\frac{\mathrm{d}\lambda\left(\mathrm{K}_0(\lambda\rho)-\Gamma_{\mathrm{dc}}(\lambda)\mathrm{I}_0(\lambda\rho)\right)}{\lambda\left(\mathrm{K}_0(\lambda a)+\Gamma_{\mathrm{dc}}(\lambda)\mathrm{I}_0(\lambda a)\right)}\sin(\lambda z) \tag{3.36}$$

式中，反射系数 $\Gamma_{\mathrm{dc}}(\lambda)$ 为

$$\Gamma_{\mathrm{dc}}(\lambda)=\frac{\left(\dfrac{R_{\mathrm{t}}}{R_{\mathrm{m}}}-1\right)\mathrm{K}_0(\lambda b)\mathrm{K}_1(\lambda b)}{\dfrac{R_{\mathrm{t}}}{R_{\mathrm{m}}}\mathrm{I}_1(\lambda b)\mathrm{K}_0(\lambda b)+\mathrm{K}_1(\lambda b)\mathrm{I}_0(\lambda b)} \tag{3.37}$$

在等效磁流源情况下一对螺绕环之间的电压差与在钻铤中传导电流大小成正比(安培定律)，所以在等效电偶极子情况下，取图 3.7 中 Z_1 和 Z_2 的两接收螺绕环之间的电压和采集到的电流之比作为电阻率测量结果。

采集的电流为

$$I_{测量}=\frac{2\pi a}{R_{\mathrm{m}}}\int_{z_1}^{z_2}\mathrm{d}z\frac{\partial U}{\partial\rho}(a,z) \tag{3.38}$$

式中，a 为螺绕环线圈的外径。

测量视电阻率 R_{a} 为

$$R_{\mathrm{a}}=\frac{U}{I_{测量}} \tag{3.39}$$

对于均匀地层，即 $R_{\mathrm{t}}=R_{\mathrm{m}}$，则有 $\Gamma_{\mathrm{dc}}(\lambda)=0$。此时电流可表示为

$$\begin{aligned}I_{测量}&=\frac{4a}{R_{\mathrm{m}}}U\int_{z_1}^{z_2}\mathrm{d}z\frac{\partial}{\partial\rho}\left(\int_0^{\infty}\frac{\mathrm{d}\lambda}{\lambda}\frac{\mathrm{K}_0(\lambda\rho)}{\mathrm{K}_0(\lambda a)}\sin(\lambda z)\right)\\ \Rightarrow I&=\frac{4a}{R_{\mathrm{m}}}U\int_0^{\infty}\frac{\mathrm{d}\lambda}{\lambda}\frac{\partial}{\partial\rho}\left(\frac{\mathrm{K}_0(\lambda\rho)}{\mathrm{K}_0(\lambda a)}\int_{z_1}^{z_2}\sin(\lambda z)\mathrm{d}z\right)\\ \Rightarrow I&=\frac{4a}{R_{\mathrm{m}}}U\int_0^{\infty}\frac{\mathrm{d}\lambda}{\lambda^2}\frac{\cos(\lambda z_1)-\cos(\lambda z_2)}{\mathrm{K}_0(\lambda a)}\frac{\partial\left(\mathrm{K}_0(\lambda\rho)\right)}{\partial\rho}\end{aligned} \tag{3.40}$$

3.3 螺绕环收发器优化研究

目前所有的随钻电阻率成像仪器都是利用内置铁芯环形线圈(以下简称螺绕环)在钻铤和地层回路中激发电流的方式进行测量的。

发射螺绕环和接收螺绕环实际上都可以等效为变压器，理想变压器电压变比 n 为初级线圈匝数与次级线圈匝数之比，即 $N_{\mathrm{p}}/N_{\mathrm{s}}$，电流比为电压比的倒数，即 $1/n$，但这只限于理想变压器。而理想变压器是有前提条件的。

条件 1：无损耗，两绕组的导线无电阻(无铜损)，做芯子的铁磁材料无磁滞损耗和涡流损耗(无铁损)。

条件 2：没有漏磁，即两绕组完全耦合，耦合系数 k=1，也即互感系数 $\mathrm{CMI}=\sqrt{L_1L_2}$ 。

条件 3：初次级绕组感抗无穷大，即磁芯磁导率无穷大，从而励磁电流趋于 0。

实际的变压器只能做到不断接近理想变压器的效果，而永远无法成为理想变压器，因此在对螺绕环进行深入研究时，就不能把它单纯看作理想变压器，必须建立实际等效模型进行分析。磁芯的尺寸、磁导率及磁滞损耗等关键参数也需考虑在内。

图 3.9 给出了套装在钻铤上的铁磁环形线圈(以下称为螺绕环)及钻铤和地层回路。这种配置形成了变压器结构，其中变压器初级为螺绕环上的环形绕组，次级为钻铤和地层组成的回路。当初级线圈外加交流电压时，在螺绕环上下两部分钻铤之间感应出电势差。钻铤上的电势差 U_{tool} 等于初级激励电压 $U_{\mathrm{transmitter}}$ 与初级绕组上的匝数 N 的比值，从而构成了发射电极。以 RAB 电阻率测井仪为例，工作频率设定为 1500Hz，其发射电极感应出的电压在几百毫伏级别。

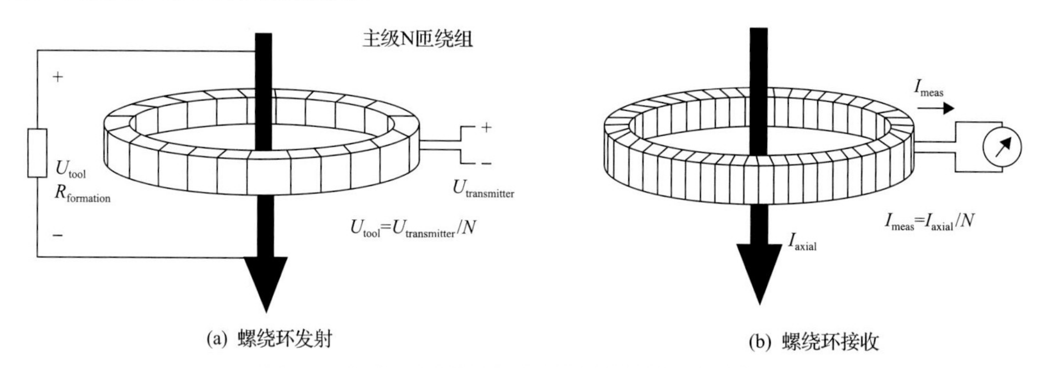

图 3.9　在磁环上缠绕线圈形成环形发射器和接收器

为检测回路电流，必须设置接收电极，接收电极可分为轴向电流接收电极和径向电流接收电极。

图 3.9(b)给出了套在钻铤上作为成像电流接收电极的螺绕环。这种配置构成了电流互感器，其初级为钻铤和地层组成的回路，次级为螺绕环上的环形绕组。

次级线圈接入低输入阻抗检测电路，当电流穿过螺绕环在钻铤中向下流动时，在互感器次级线圈中感应出电流，感应电流 I_{meas} 等于钻铤中流经螺绕环的轴向电流 I_{axial} 与线圈匝数的比值。以 GVR 电阻率成像仪为例，接收螺绕环主要作为电流聚焦的监督电极及近钻头电阻率测量电极。

螺绕环用于将信号源产生的激励耦合到钻铤上，实现在钻铤上的电势分布，用于代替传统测井仪中的环状或柱状发射电极。与传统的电极结构不同的是，在随钻井壁电阻率成像仪器中，激励信号并非经由电极直接输出，而是经过螺绕环进行电磁变换后在钻铤上产生电势差，导致电流的产生。螺绕环类似于换能器的能量转换装置，其本身也具有输入输出特性。而磁芯的材料、尺寸形状及线圈的匝数都会对螺绕环输入输出特性造成影响，因此需要探究螺绕环的影响因素，进行精心设计，明确其输入输出特性，选择适合应用环境的最优化方案。

所以，首先探究螺绕环的电气特性，试图用变压器对其进行等效，接着从磁芯材料入手，对磁芯的物理特性进行调研，实验探究影响螺绕环电气性能的原因。选择合适的磁芯材料、尺寸及线圈匝数，最终完成螺绕环的优化设计。

3.3.1 螺绕环电气特性

为了探究螺绕环的电气特性，设计实验测试螺绕环的输入特性和输出特性，根据实验结果和现象进行分析，试图找到一种等效模型。

1. 理想变压器等效

在随钻井壁电阻率成像仪器中，用于信号发射的螺绕环套接在钻铤上，形成类似于一种变压器的信号发射结构。在一开始的研究中，姑且直接将其简化为理想变压器，变压器初级绕组为螺绕环上的多匝线圈，次级绕组为钻铤与地层形成的单匝回路。简化过程如图 3.10 所示。

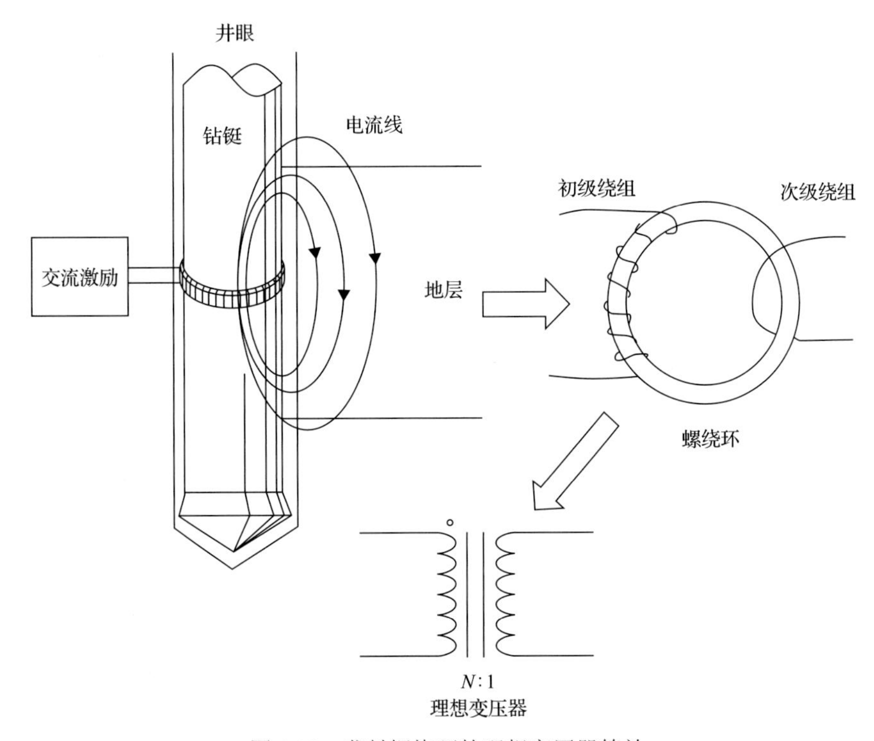

图 3.10 发射螺绕环的理想变压器等效

简化后的发射螺绕环理论上具有理想变压器的电气特性：

(1) 初次级绕组端电压 U_1、U_2 与线圈匝数 N_1、N_2 成正比，即

$$\frac{U_1}{U_2}=\frac{N_1}{N_2}=n \tag{3.41}$$

(2) 初次级绕组中电流 I_1、I_2 与线圈匝数成反比，即

$$\frac{I_1}{I_2}=\frac{1}{n} \tag{3.42}$$

(3) 初级输入功率 P_1 等于次级输出功率 P_2，变压器没有功率损耗，即

$$P_1=P_2 \tag{3.43}$$

(4) 初级输入阻抗 R_1 与次级输出阻抗 R_2 的比值等于初次级线圈匝数比的平方，即

$$\frac{R_1}{R_2}=n^2 \tag{3.44}$$

为了验证发射螺绕环与等效为理想变压器的合理性，设计实验进行验证。如果实验测得数据与理想变压器电气特性相符合，说明该等效是合理可行的；如果数据不具有相符性，则说明理想变压器等效方法不可行或者有待改进。

仿照仪器结构搭建了简易的实验装置，采用常见的锌锰铁氧体磁环作为磁芯，采用漆包铜线进行均匀绕制 53 匝，得到简易的螺绕环，如图 3.11 (a) 所示。用一根长直铜棒来模拟无磁钻铤，将螺绕环套接在铜棒上，来模拟仪器的发射装置，如图 3.11 (b) 所示。该实验目的只是对理想变压器等效模型的验证，因此忽略了磁芯及装置尺寸等参数的影响，只对初次级电压与电流进行观测。

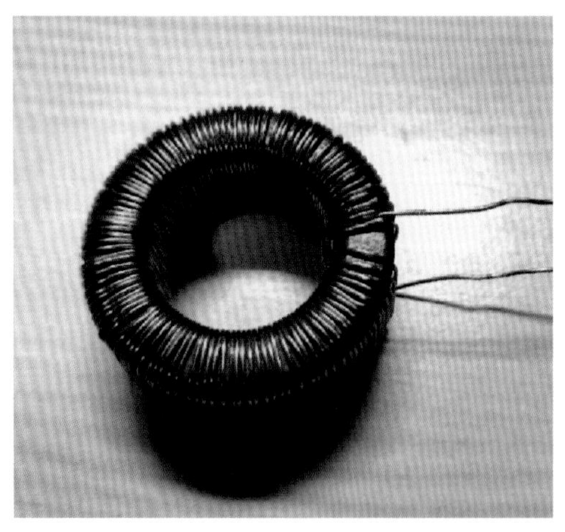

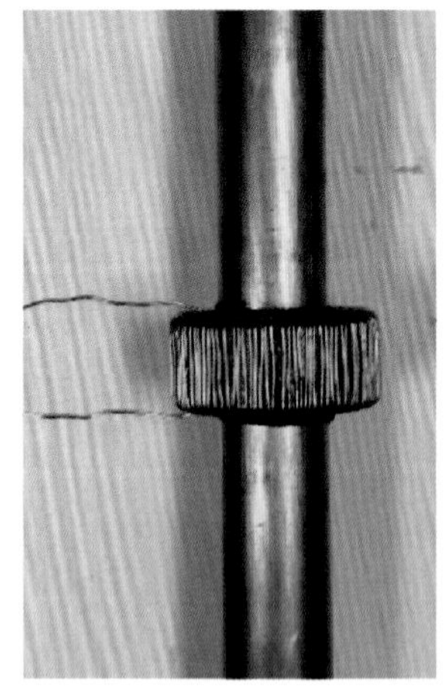

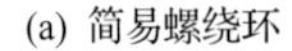

(a) 简易螺绕环　　(b) 模拟发射装置

图 3.11　变压器等效实验装置实物图

螺绕环直接使用信号发生器提供初级激励信号，在铜棒两端并接 10Ω 电阻 R_L 与其构成次级回路，设定激励信号频率，并从小到大调节信号发生器输出电压幅度，用万用表分别测量记录初次级电压与电流，并使用示波器观察波形情况。实验测量过程如图 3.12 所示。测量结果如表 3.1 所示。

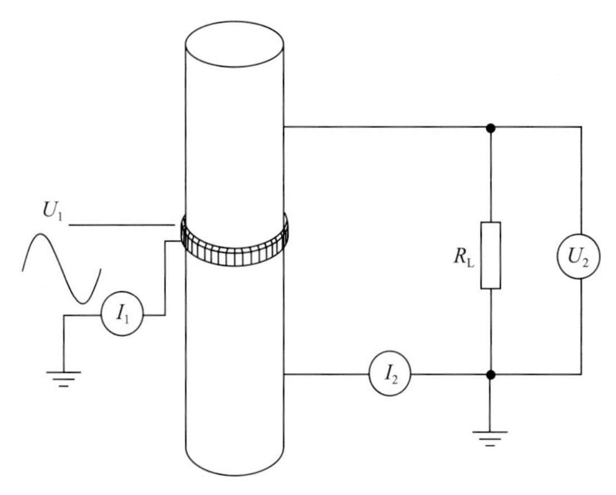

图 3.12　变压器等效验证实验测量原理

表 3.1　变压器等效验证实验数据（1kHz 激励下测量）

初级电压 U_1/mV	初级电流 I_1/mA	次级电压 U_2/mV	次级电流 I_2/mA	电压比 U_1/U_2	电流比 I_1/I_2	功率比 P_1/P_2
744.1	0.62	13.9	1.39	53.53	0.45	23.87775
2229.2	1.57	41.8	4.18	53.33	0.38	20.0307
2973.0	1.93	56.0	5.60	53.09	0.34	18.29684
3710.8	2.18	69.8	6.98	53.16	0.31	16.60402
5928.5	2.61	112.2	11.22	52.84	0.23	12.29135
6675.1	2.70	125.3	12.53	53.27	0.22	11.47941
7418.5	2.83	138.6	13.86	53.52	0.20	10.92889
8897.3	3.10	166.5	16.65	53.44	0.19	9.949275
10373.6	3.44	196.7	19.67	52.74	0.17	9.223149
11860.2	3.97	223.6	22.36	53.04	0.18	9.417571
13326.0	4.94	249.7	24.97	53.37	0.20	10.55819
14069.0	5.81	264.8	26.48	53.13	0.22	11.65745
14807.0	7.22	279.4	27.94	53.00	0.26	13.69467
15547.0	10.60	294.3	29.43	52.83	0.36	19.02707

将螺绕环发射装置的实验测量结果与理想变压器电气特性进行比较，首先观察初次级电压的比例关系 U_1/U_2：随着信号发生器激励从小到大调节，初次级电压幅度同时增大，其比例基本为一定值，等于螺绕环线圈匝数比，这与理想变压器初次级的电压关系基本符合；而初级电流 I_1 与次级电流 I_2 的比值 I_1/I_2 确并非一恒定值，这与理想变压器的电流关系不相符合；再观察功率比 P_1/P_2，发现其始终是一个大于 1 的值，并且随着激励的增加，比值先减小后增大，这说明螺绕环在进行功率转换的同时，也消耗功率，并且随着转换功率的增加，自身损耗也急剧增加。同时还观察到次级输出功率似乎存在一个饱和值，达到该饱和值后，继续增大初级输入功率，此后只会增加螺绕环自身的功率损耗，并不会使次级功率得到明显提升。

经过上述实验可以得出结论，与理想变压器电气特性相比，螺绕环信号发射装置具有初次级电流不成比例、输出功率具有饱和上限等特性。所以不能将其简单等效为理想变压器，需要进一步深入研究螺绕环电气特性的成因及影响因素。

2. 励磁电流与感生电势的非线性

进一步分析表 3.1 中的数据发现，螺绕环信号发射装置的初级电压 U_1(感生电压)与初级电流 I_1(励磁电流)不成比例，为了探究其关系，将 I_1-U_1 拟合成曲线，如图 3.13 所示。由于螺绕环发射装置相当于一个四端口的输入输出网络，所以将初级电流与电压变化关系曲线 I_1-U_1 称为输入特性曲线。进行拟合后发现输入特性曲线并不是一条简单的直线，具有明显非线性特征。从曲线上可以看出，一开始 U_1 随 I_1 的增加近似线性增加，当 I_1 增加到一定程度时，U_1 的增势开始变缓，继续增加 I_1，电压 U_1 几乎不再变化，趋于一个定值。

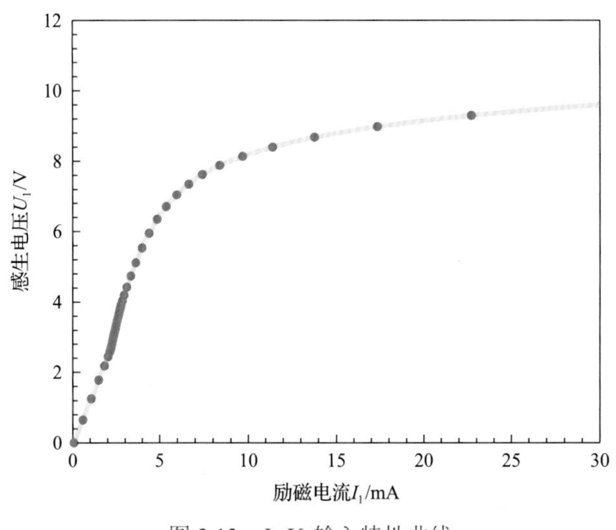

图 3.13 I_1-U_1 输入特性曲线

为探究非线性产生的原因，用示波器观察被测电压和电流信号。U_1 即是信号发生器提供的 1kHz 电压激励信号，同时使用电流测量探头来测量观察电流 I_1。发现 I_1 随着 U_1 的增大逐渐发生畸变，波形不再是一条正弦曲线，而是在顶部和底部出现明显的尖峰，继续增加激励信号 U_1，电流 I_1 畸变越发明显，而且波形变得不再对称，同时可以听见螺绕环发出明显的啸叫声，其变化过程如图 3.14 所示。

进而可以得出这样的结论：

(1) 发射螺绕环在正弦交流电压的激励下，随着激励电压的线性增加，电流具有明显的非线性变化关系。

(2) 发射螺绕环的输出具有饱和输出电压限制，也就是说达到螺绕环的饱和输出电压后继续提升输入电压，只会使输入电流畸变得更明显，而不会继续提升输出电压。

以上两个现象也是造成螺绕环发射装置初次级电流不成比例的原因，目前只是通过实验观察到了这一现象，也观察到了初级电流的畸变波形，要进一步探究螺绕环非线性及电流波形畸变的起因，就要深入螺绕环内部，了解其发生电磁转换的过程原理，从电磁理论的角度上研究并解答这一现象。

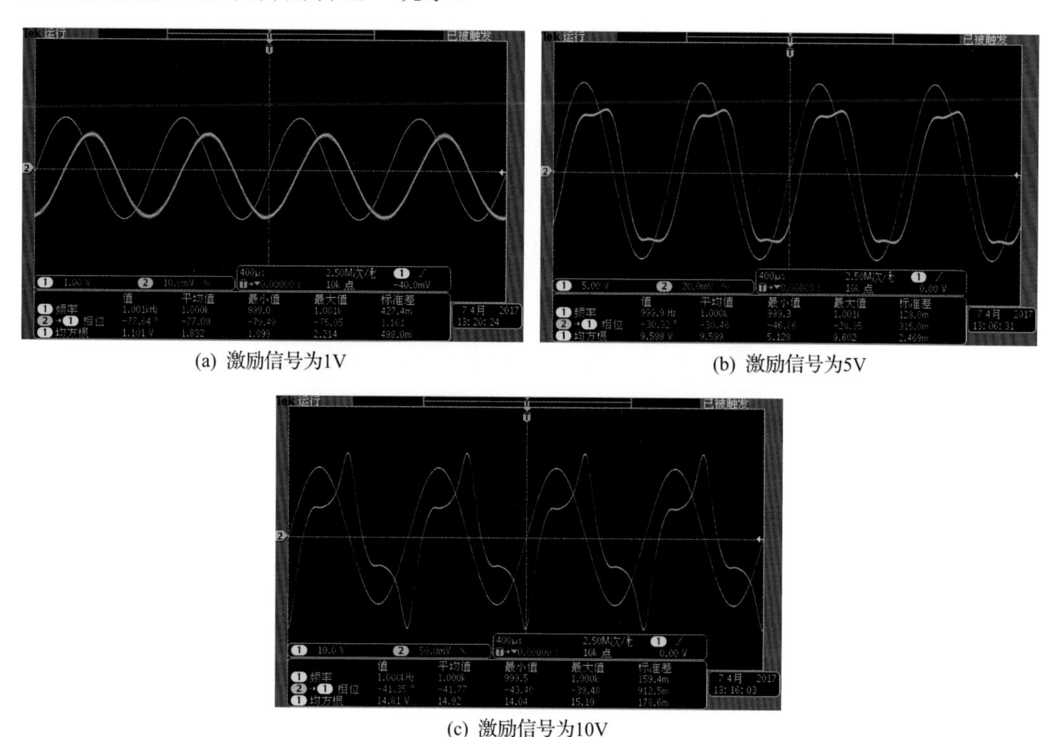

(a) 激励信号为1V

(b) 激励信号为5V

(c) 激励信号为10V

图 3.14 从小到大逐渐增加信号激励时，示波器记录的 U_1 和 I_1 波形

3.3.2 磁芯物理特性研究

根据 3.3.1 节实验，发现了螺绕环输入特性呈现非线性的关系，而且其输出电压也不是随着输入激励幅度的增加而无限增加，所以不能简单地把螺绕环等效为理想变压器，直接将初次级电压电流成比例的结论应用于螺绕环上。需要从电磁理论入手，研究螺绕环的电磁转化过程。磁芯是螺绕环最主要的组成部分，所以本节就从磁芯的磁化过程入手，深入探究螺绕环产生特异现象的原因。本节详述了磁芯的磁化特性、磁滞特性、不同磁芯材料的差异，对螺绕环的电气性能的影响。根据相关理论和实验，选择出最合适的磁芯材料和尺寸。

1. *磁芯的磁化过程*

在磁场作用下能发生变化并能反过来影响磁场的介质称为磁介质，磁介质在外部磁场作用下的变化称为磁化。按照磁化特性的不同，磁介质可分为顺磁质、抗磁质和铁磁质三类。顺磁质和抗磁质感生的内磁场与外磁场方向平行(对于顺磁质，外磁场与内磁场同向；对于抗磁质，外磁场与内磁场反向)，大小成正比。铁磁质的磁化特性与顺磁质和抗磁质有很大的不同，其具有特异的磁化性能，磁化曲线具有非线性、特殊的磁饱和性和磁滞性、超高的磁导率等，是一种用途非常广泛的磁介质。铁、钴、镍及其许多合金和含铁的氧化物大都属于铁磁质，本节中构成螺绕环的磁芯材料就是一种软磁合金，属于铁磁质。在铁磁质内部存在许多自发磁化的小区域，称为磁畴。每个磁畴都会产生一个磁矩，该磁矩是电子自旋产生的，没有固定的方向。在无外磁场作用下，这些磁畴的磁矩方向是杂乱无章的，磁畴间的磁场相互抵消，所以在宏观上对外界表现出整体磁矩为零，因此不呈现磁性。若给该介质外加一定的磁场，在外磁场作用下，介质中的一些磁畴的磁矩方向发生转动，内部的磁场平衡被打破，产生了一定的磁场，如图 3.15 所示。磁畴偏转产生的内磁场与外加磁场相互叠加，从而产生了感生磁场。

将无磁(对外不显磁性)状态下的铁磁质置于均匀磁场 H 中，逐渐增加磁场强度 H，然后测量其磁通密度 B，进而得到 B 随 H 变化的一条曲线，称为初始磁化曲线，即 B-H 曲线，如图 3.15(e) 中曲线 3 所示。

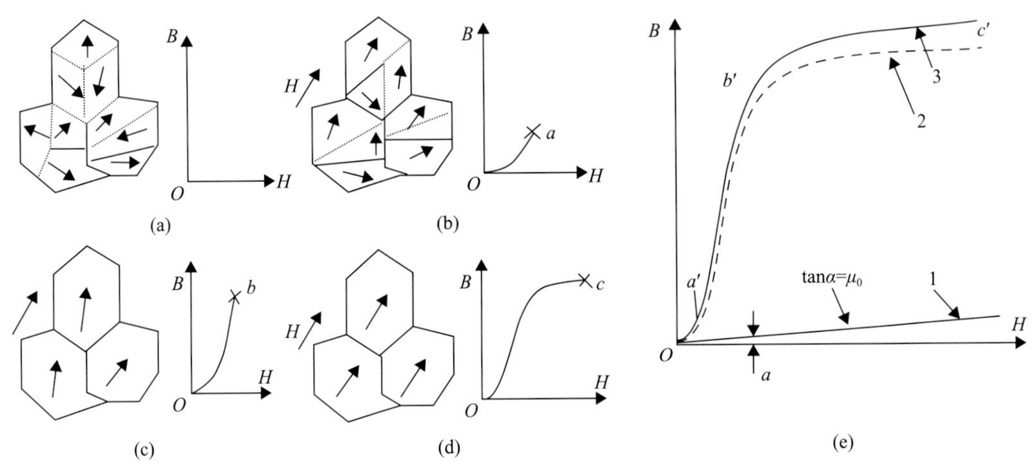

图 3.15 铁磁质的磁化特性

在没有外加磁场时，铁磁质中的磁畴转向完全是随机的，在宏观上对外不显磁性，如图 3.15(a)所示。外加磁场从零开始增加，初始状态下，外加磁场比较微弱，此时铁磁质中与外磁场方向相近的磁畴逐渐扩大自己的体积，如图 3.15(b)所示。磁感应强度也随之增大，如图 3.15(e)中 Oa'段所示。在 Oa'段，一旦撤去外磁场，磁通密度 B 仍能沿曲线 $a'O$ 回到原点，即这一段磁化过程是可逆的，相当于磁畴发生了“弹性”转动。如果继续增大外磁场强度，与外磁场方向不同的磁畴也开始不同程度地向外磁场方向偏转，外磁场越强，发生偏转的磁畴就越多，体积也会变大，如图 3.15(c)所示。B 随 H 急剧上升，如图 3.15(e)中 $a'b'$段所示。如果在 $a'b'$段上撤去外磁场，曲线将不能再沿曲线 $b'a'$ 返回到原点，即这一段磁化是不可逆的，相当于磁畴发生了“刚性”转动。磁化曲线到达 b'点后，继续增加外磁场强度，磁通密度 B 只是缓慢上升，此时介质中大部分磁畴的磁矩取向与外磁场相同或相近，所以增速变缓，最终趋于真空磁导率，届时介质中所有磁畴与外磁场方向相同，称为磁饱和。

从磁芯的磁化曲线上可以得到两条结论：

(1)磁芯的磁化过程不是线性的，但可以看成是分段线性的。将磁化过程分解为三段：初始磁化段(图 3.15(e)中 Oa'段)、线性磁化段(图 3.15(e)中 $a'b'$段)、饱和磁化段(图 3.15(e)

中 $b'c'$段），这样分段线性处理有利于进一步的分析和计算。

(2) 磁芯的磁化曲线的斜率比真空中磁化曲线的斜率大得多(前者可达后者的几千倍、几万倍)。也就是说同等条件下，磁芯的存在可以极大地提高磁通密度 B，极高的磁导率是其用途广泛的原因之一。

2. 磁滞特性

如果将铁磁质从完全无磁状态磁化至磁饱和状态，如图 3.16 所示，即磁化曲线从 O 至 S。在 S 点处，若将外磁场 H 减小，B 将不再回落至 OS 曲线上，而是缓慢地沿着更高的 B 值逐渐减小。这是由于介质内部发生“刚性”转动的磁畴保留无法回转，保留了外磁场的方向。即使外磁场 H 降为零，B 值仍不等于零，而是保持一个原磁化方向的磁通密度，如图 3.16 中的 R 点所示，这部分剩余的磁感应强度 B_r 称为剩磁。磁化过程与退磁过程 B-H 曲线的不重合性称为磁化的不可逆性。磁通密度 B 的变化滞后于磁场强度 H 的现象称为磁滞。

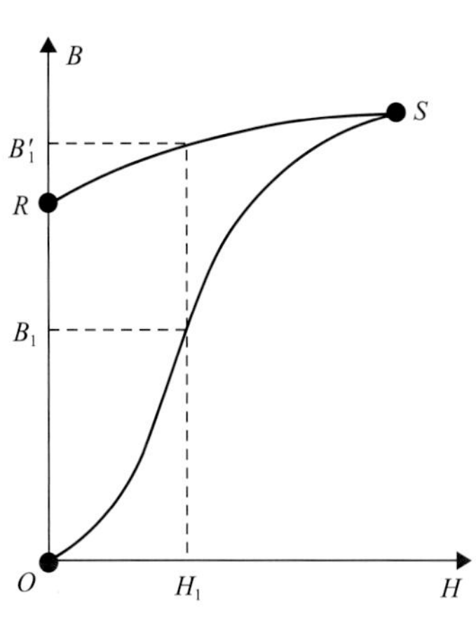

图 3.16　同一 H 对应多个 B 值

电磁感应定律 $E=-\dfrac{\mathrm{d}\Phi}{\mathrm{d}t}$ 告诉我们，为了实现磁场到电势的转换，必须改变磁通量 Φ，由 $\Phi = B\cdot S$，磁通量的改变可以通过改变 B 或 S 实现，这是一切互感或自感器件工作的基础。将螺绕环通以交变电流，产生交变磁场，进而在磁芯中感应出交变磁通密度 $\tilde{B}$，感生出电动势。当外加磁场交替变化时，磁场强度 H 由 $-H_s$ 到 H_s 周期性变化，B 随 H 的变化表示为一滞回曲线，如图 3.17 所示。图 3.18 为磁场强度摆幅 H 线性变化时得到一簇滞回曲线，该簇滞回曲线顶点的连线即为初始磁化曲线。

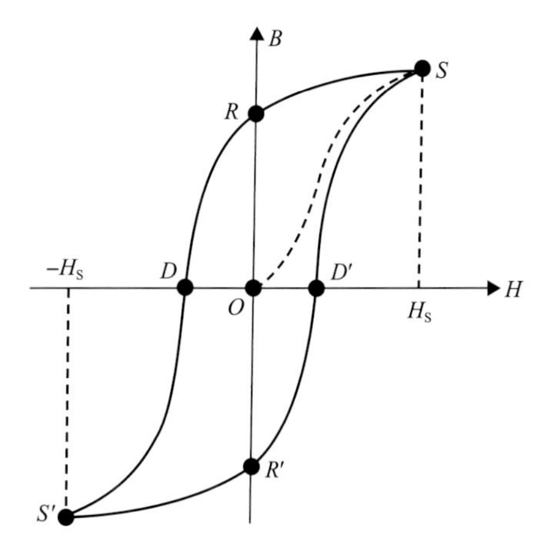

图 3.17　磁滞回曲线

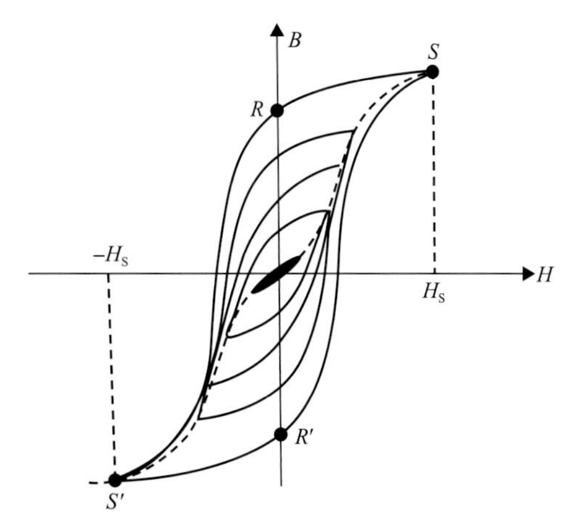

图 3.18　同一磁芯的一簇磁滞曲线

3. 磁芯的物理参数

磁芯具有很高的磁导率，可用来增大感应磁通量，也就是说可以用较小的激励电流就可以感应出较大的感应电动势。因此，磁导率越高的磁芯应用效果越好，除了磁导率之外，磁芯的其他参数对螺绕环的工作效果也有不同程度的影响。

在饱和磁滞回线上可确定的特征参数主要有：

(1) 饱和磁通密度 B_s：当外加磁场强度 H 逐渐增强，磁化曲线接近水平时，外磁场继续增大，B 值变化不再明显。此时磁介质进入磁饱和，此时的 B 值称为饱和磁通密度 B_s。

(2) 剩余磁通密度 B_r：磁性材料被磁化至饱和后，撤去外磁场，此时磁介质中的磁通密度 B 仍保持一定的磁感应强度 B_r，简称剩磁。

(3) 矫顽力 H_c：磁性材料被磁化到饱和后，要使磁介质中 B 再次回落到零值，需要施加一定的反向磁场强度 H，称为矫顽力 H_c。

由于磁芯存在饱和磁通密度上限，这也就造成了发射电极具有发射强度上限。在设计螺绕环时，首先要选定磁芯的最大工作磁通密度。也就是说，假定励磁电流为 I，当电流达到最大值 I_m 时，对应磁芯的磁通密度极大值 B_m 要设置在磁芯饱和磁通密度 B_s 以下，即图 3.15 (e) 中 b 点以下线性度较好的区域。所以应选用高饱和磁通密度的磁芯，B_s 的值决定了螺绕环的功率容量，即使实际测量中只使用了容量中的一部分，但还是希望它越高越好。饱和磁通密度 B_s 由材料成分和加工工艺决定，可通过出厂参数获得。

材料矫顽力 H_c 可以看成一个惯性参数，它反映了材料磁化和退磁的难易程度，正是矫顽力的存在造成了磁滞效应，H_c 的大小表征了磁芯在磁场偏转时的能量损耗。矫顽力还与磁芯的磁导率有关，相对磁导率越大，B 随 H 的变化越迅速，磁滞回线与横轴的交点越小，即 H_c 越小。综上所述，磁芯的矫顽力 H_c 选择要尽可能小，减少在电磁转换时的能量损耗。

4. 磁芯选用

在 Bonner 等的专利书中，采用坡莫合金（一种镍铁合金）制作螺绕环磁芯，这种材料的磁导率可以达到真空磁导率的几万倍。高磁导率磁芯可以增大初级线圈的电感量，减小励磁电流，这样就可以减少螺绕环的无功损耗。理想变压器磁芯就是视为磁导率无限大的特定情况，导致其励磁电流可以忽略不计，此时初次级电流才呈现比例关系。而现实中磁导率无限大的材料是不存在的，因此在选用磁芯时应尽可能去接近这一理想状态，选用磁导率高的材料。在随钻电阻率测井的应用中，发射螺绕环相当于多匝对单匝的非理想变压器，无法通过增加次级匝数提升输出电压幅度。所以为了尽可能提高螺绕环在钻铤上的输出电压幅度，需要保证磁芯具有足够大的饱和磁通密度 B_s。另外，磁滞回线的面积主要由磁芯的饱和磁通密度 B_s 和矫顽力 H_c 决定，其面积大小影响着磁芯的功率损耗程度，为了尽可能降低磁芯的自身损耗，提高转换效率，在保证足够大的磁导率 μ 及饱和磁通密度 B_s 的同时，应选择矫顽力 H_c 小的磁芯材料。

综上所述，在磁芯的选择上应该选用磁导率大、饱和磁通密度大、矫顽力小的磁性材料作为磁芯。

图 3.19 给出了常见的软磁合金的性能图，从图中可以看到坡莫合金和纳米晶合金的性能比较均衡，铁基纳米晶合金材料是目前综合性能最好的软磁合金，具有饱和磁通密度大、磁导率高、矫顽力小等特点。坡莫合金性能稳定可靠，是应用最为广泛的高性能软磁合金材料。

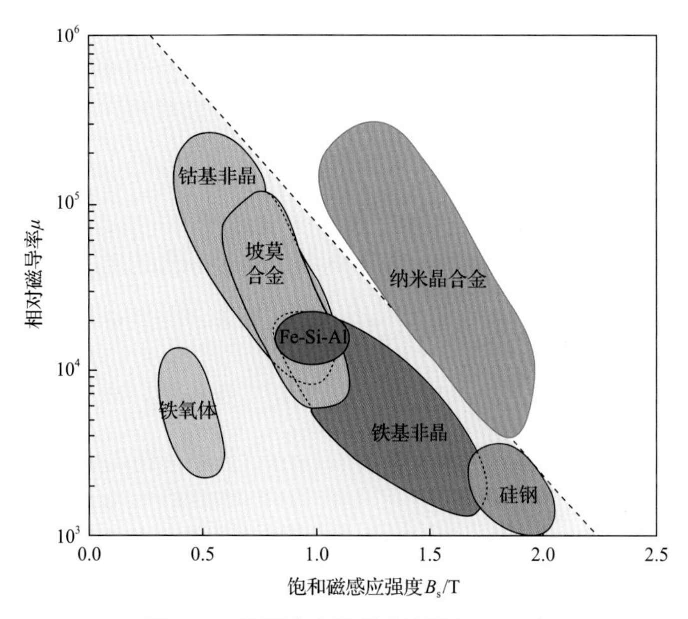

图 3.19　软磁合金性能对比图(f=1kHz)

为了比较两种磁芯材料的性能差异，制作了两种同尺寸、同匝数、不同磁芯材料的螺绕环，设计实验测定螺绕环的饱和磁通密度 B_s、磁导率 μ 及矫顽力 H_c。对比两种磁性材料的差异，并分析其差异对激励螺绕环电学参数的影响。

待测磁芯线圈：铁基纳米晶合金(1k107)，尺寸为 62mm(外径)×52mm(内径)×8mm(高)，匝数为 115 匝。坡莫合金(1J85)，尺寸为 62mm(外径)×52mm(内径)×8mm(高)，匝数为 115 匝。

实验测量原理如图 3.20 所示，用于测量磁芯中磁场强度 H 和磁通密度 B。通入激励

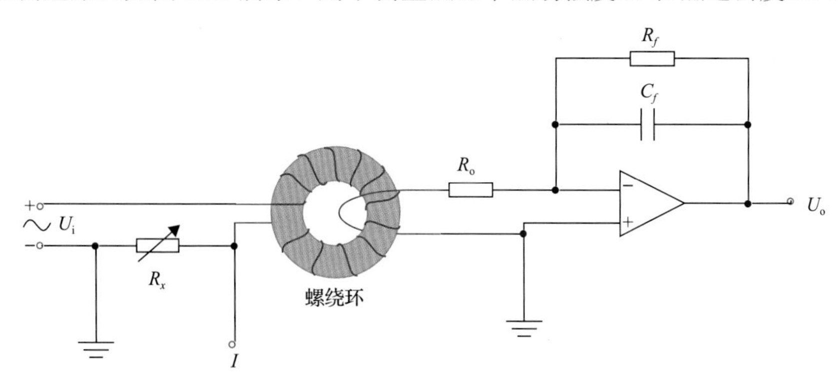

图 3.20　磁芯 B-H 曲线实验测量原理

为 1kHz 正弦交流电压信号，逐渐增大激励，使磁芯逐渐达到饱和，可以用示波器观察到此时的磁滞曲线。在磁滞曲线上读取饱和磁通密度 B_s 和矫顽力 H_c，并粗略计算磁芯的相对磁导率 μ 。

(1) 磁场强度 H 的测量。根据安培环路定理可得 $H = \dfrac{NI}{l}$ ，式中 I 为初级回路中的电流，N 为螺绕环匝数，l 为等效磁路长度。可见磁场强度 H 和电流 I 成正比，只要检测初级回路电流即可。在初级回路中串联采样电阻 R_i，阻值设置为10Ω ，测量电阻两端电压 U_i。则 $H = \dfrac{U_i N}{R_i l}$ 。采用低端检测，使信号发生器和示波器共地，将采集到的信号输入到示波器通道 A。

(2) 磁通密度 B 的测量。在螺绕环幅边缠绕单匝线圈，模拟钻铤回路。R_f 为惯性反馈电阻，其与$1\mu F$ 陶瓷电容并联，用来平衡输入偏置电流和失调电压的影响，阻值设置为$100k\Omega$ 。则此时线圈两端的感应电压 $U_e = \dfrac{S \cdot dB}{dt}$ ，和 B 呈现微分关系，利用积分电路对上式积分，输出电压 $U_o = \dfrac{BS}{R_o C}$ ，此时 B 可由输出电压检测，即 $B = \dfrac{U_o R_o C}{S}$ 。其中，R_o 为限流电阻，阻值设置为100Ω 。由于 $R_o \gg 1/(\omega c)$ ，反馈回路仍可近似为电容 C 单独作用。将输出 U_o 接示波器通道 B。

(3) B-H 曲线耦合。将测量到的信号在直角坐标下拟合为一条曲线，以反映 H 的通道为横轴，反映 B 的通道为纵轴，设置示波器显示模式为 X-Y 显示，生成李萨如图形并显示出来，调整两坐标轴合适的量度，就可以观察到磁滞曲线，如图 3.21 所示。

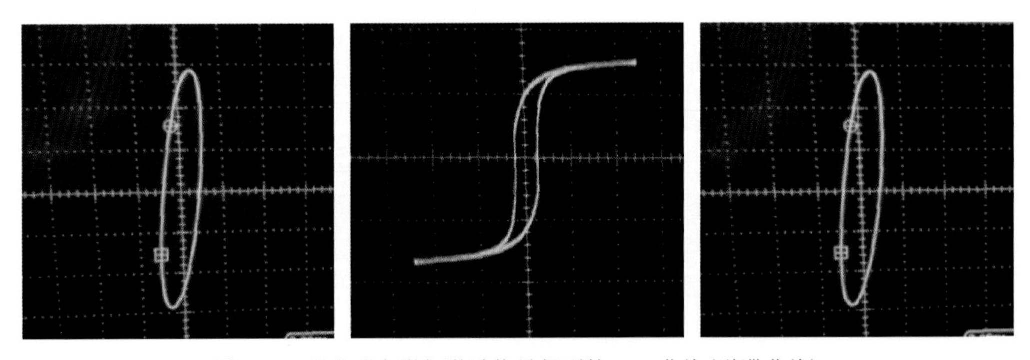

图 3.21 从小到大增加激励信号得到的 B-H 曲线（磁滞曲线）

通过计算测量数据，得到表 3.2。从表 3.2 中可以看到，纳米晶合金的各项性能都优于坡莫合金，所以选择纳米晶合金作为螺绕环磁芯的材料。

表 3.2 1kHz 频率下磁芯参数数据表

磁芯材料	饱和磁通密度 B_s/T	矫顽力 H_c/(A/m)	初始磁导率	最大磁导率
坡莫合金	0.8	7.6	约 40000	约 80000
纳米晶合金	1.2	3.2	约 80000	约 150000

3.3.3 线圈匝数及激励条件分析

螺绕环的电气特性除了和磁芯参数密切相关外，还与线圈匝数及激励条件密切相关。假定给发射螺绕环初级加简谐变化的电压激励 $e_s = E_s\sin(\omega t)$，电压峰值为 E_s，有效值为 $E_m = \frac{E_s}{\sqrt{2}}$。由于初级励磁线圈的作用会产生一个反向的电势 $e_m = E_m\sin(\omega t)$。由基尔霍夫电压定律，$e_s = -e_m$，即发射螺绕环初级线圈的感应电势与激励源等大反向。由法拉第电磁感应定律，$e_m = \frac{\mathrm{d}\Phi_m}{\mathrm{d}t}$。故 $\Phi_m = -\frac{E_m}{\omega}\cos(\omega t)$，也是简谐变化的量，进而得

$$B_m = -\frac{E_m}{\omega NS}\cos(\omega t) \tag{3.45}$$

式中，S 为磁芯的截面积；N 为初级线圈匝数。

假设磁芯内部均匀磁化，即磁通密度 B_m 处处相等。根据安培环路定理 $B_m = \frac{N\mu i_m(t)}{l}$，$l$ 为磁芯的磁路长度，由于磁导率 μ 的非线性（非定值），励磁电流 $i_m(t)$ 不再是一简谐量，故在示波器观察初级线圈中的电流波形发生了畸变。而畸变的电流 $i_m(t)$ 正是为了维持磁芯中磁通密度 B_m 进行简谐规律变化，使励磁电势等于激励电压。

现探究磁芯磁通密度峰值 B_{max} 与励磁电压有效值 E 的关系，由式(3.45)可得

$$E = \sqrt{2}\pi fNB_{max} \tag{3.46}$$

式中，f 为频率。

式(3.46)对次级感生电势同样适用，只不过在发射螺绕环装置中，次级相当于单匝线圈，所以其电势为

$$E = \sqrt{2}\pi fB_{max} \tag{3.47}$$

正因为磁芯的磁通密度具有饱和上限 B_s，即 $B_{max} \leqslant B_s$，所以对于给定螺绕环，其在次级产生的电势也同样具有上限，这个电势即为发射螺绕环的饱和输出电压。为了增大测量信号的信噪比，有必要提升发射螺绕环的信号输出幅度，从式(3.47)中可以看到有三种解决办法：①选择高饱和磁通密度磁芯；②提高信号的激励频率；③增大磁芯的截面积。

在磁芯材料选定的情况下，可以通过后两种方法解决，为了检验这两种方法的可行性，设计实验进行验证。首先验证信号频率对发射螺绕环输出电势的影响。图3.22为同一螺绕环在不同频率下测得的输入输出响应曲线，横轴为初级线圈的励磁电流大小，纵轴表示次级输出电势的大小。从图3.22中可看出，随着频率上升，输出饱和电势随频率呈线性增加，曲线在横向和纵向上均被拉伸。纵向变化反映了频率和输出电势的比例关系。横向拉伸反映了磁芯的自身损耗随频率的增加而增大。

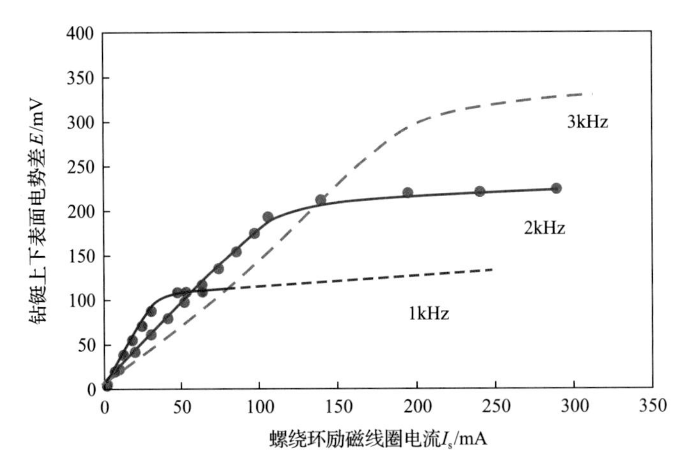

图 3.22　发射螺绕环输出电势的频率响应(坡莫合金磁芯，52mm×62mm×8mm，匝数 100)

图 3.23 考察了不同磁芯截面积对发射螺绕环输出电势的影响。横轴同样为初级线圈的励磁电流大小，纵轴表示次级输出电势的大小。从图 3.23 中可以明显看出，曲线纵向上被拉伸。在线性区域，不同截面积的曲线基本重合；进入饱和区域，曲线分离，饱和输出电势 E 与磁芯截面积 S 成比例。

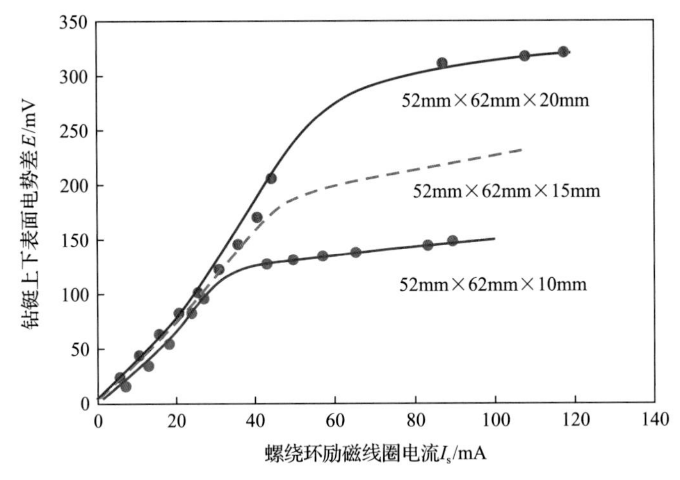

图 3.23　发射螺绕环输出电势对磁芯截面积的响应(f=1kHz，磁芯材料为 1J85 坡莫合金)

经验证，提高激励信号的频率 f 和增大磁芯截面积 S 都可以实现提高螺绕环的输出电势。但从图 3.22 与图 3.23 的对比来看，频率的提升会导致磁芯的自身损耗相应增加，进而降低了转换的效率；而提升磁芯的截面积则不会增加磁芯的自身损耗，但会使螺绕环的尺寸变大。因此，在设计螺绕环时应折中考虑，根据应用条件选择最合适的参数。

在选定发射螺绕环的饱和输出电势的同时，信号激励电压额定幅度也相应被选定，初次级电压的比例为线圈匝数比，这与观察到的实验现象基本相符。一方面，线圈的匝数制约着初次级电压比例；另一方面，匝数的增加也会增加初级线圈的电感量，从而降低励磁电流。励磁电流在磁芯接近饱和时发生畸变，产生尖峰，所以为了尽可能降低尖峰电流对激励源的损害，通过增加初级线圈的匝数以减小励磁电流；而匝数变大也会使初次级电压比例拉大，为了保持同样的输出幅度，匝数多的螺绕环需要加更大的激励电压。综合考虑，设定螺绕环线圈匝数为 100 匝，并采用均匀密绕的方式进行绕制，以将漏磁降到最低。

根据钻铤尺寸，选择尺寸为 180mm（内径）×190mm（外径）×20mm（高）的环形纳米晶合金磁芯，用漆包铜箔进行绕制，均匀绕满磁芯恰为 100 匝，如图 3.24 所示。

图 3.24 发射螺绕环实物图

磁芯的截面积根据其尺寸可知 $S=100\text{mm}^2=10^{-4}\text{m}^2$，由磁芯材料可知其饱和磁通密度为 0.8T，假设频率设定在 1kHz。现根据式（3.45）计算该发射螺绕环在钻铤上产生的最大电势 E=355mV。为防止磁芯饱和造成励磁电流过大，对激励源产生损害，需保留一定的余量，将输出电势设定在 200mV 左右，不至于让磁芯过早地进入饱和状态。那么此时初级需要的激励源电压为 20V 左右，为此需要设计一信号发射电路，提供所需的激励源信号。

3.4 随钻电阻率成像 3D FDTD 数值模拟

3.4.1 3D FDTD 模拟方法

随钻电阻率成像测井仪工作环境复杂，钻进过程中不仅会遇到裂缝和洞穴等复杂地质体，同时也会受到仪器本身结构参数的影响，使得其测井响应变得更加复杂。为了简化模拟条件，考虑仪器结构参数影响且地层模型简单时，采用三维时域有限差分法模拟。而忽略仪器结构影响，考察复杂地层模型时，采用计算精度更高的有限元方法。钻铤、井眼均为圆柱形，因此采用三维柱坐标系下的时域有限差分（three dimensional finite difference time domain，3D FDTD）法模拟仪器结构响应特性，其可以实现对圆形区域的精准剖分，减小了计算误差。无源区域的麦克斯韦方程的微分形式为

$$\begin{cases}\nabla\times H=\varepsilon\dfrac{\partial E}{\partial t}+\sigma E\\ \nabla\times E=-\mu\dfrac{\partial H}{\partial t}-\sigma_{\text{m}}H\end{cases}\tag{3.48}$$

式中，ε、σ、σ_{m}和μ分别代表地层的介电常数、电导率、导磁率和磁导率。

上述方程在柱坐标系下的微分形式为

$$\begin{cases}\dfrac{1}{r}\dfrac{\partial H_z}{\partial\varphi}-\dfrac{\partial H_\varphi}{\partial z}=\varepsilon\dfrac{\partial E_r}{\partial t}+\sigma E_r\\ \dfrac{\partial H_r}{\partial z}-\dfrac{\partial H_z}{\partial r}=\varepsilon\dfrac{\partial E_\varphi}{\partial t}+\sigma E_\varphi\\ \dfrac{1}{r}\dfrac{\partial\left(rH_\varphi\right)}{\partial r}-\dfrac{1}{r}\dfrac{H_r}{\partial\varphi}=\varepsilon\dfrac{\partial E_z}{\partial t}+\sigma E_z\\ \dfrac{1}{r}\dfrac{\partial E_z}{\partial\varphi}-\dfrac{\partial E_\varphi}{\partial z}=\varepsilon\dfrac{\partial H_r}{\partial t}+\sigma H_r\\ \dfrac{\partial E_r}{\partial z}-\dfrac{\partial E_z}{\partial r}=\varepsilon\dfrac{\partial H_\varphi}{\partial t}+\sigma H_\varphi\\ \dfrac{1}{r}\dfrac{\partial\left(rE_\varphi\right)}{\partial r}-\dfrac{1}{r}\dfrac{E_r}{\partial\varphi}=\varepsilon\dfrac{\partial H_z}{\partial t}+\sigma H_z\end{cases}\tag{3.49}$$

1. 激励源等效与网格剖分

由第 2 章可知，仪器发射螺绕环激励源可等效磁流源，此时磁流源激励下的场为时谐磁场，当激励源为恒流源时，式(3.48)可以改写为

$$\nabla\times E=-\mu\frac{\partial H}{\partial t}-\sigma_{\mathrm{m}}H-M_i\tag{3.50}$$

式中，M_i为施加的磁流密度。

在模拟中，将磁流密度M_i均匀分布在一个圆线上每个节点，每个节点的磁流密度都规定其方向为φ，因此总的磁流密度如式(3.51)所示，通过求取 n 个磁流源产生的叠加场，即可达到和上述实体螺绕环激励源相同的效果，如图 3.25 所示。

$$M_i=M_1+M_2+M_3+\cdots+M_n\tag{3.51}$$

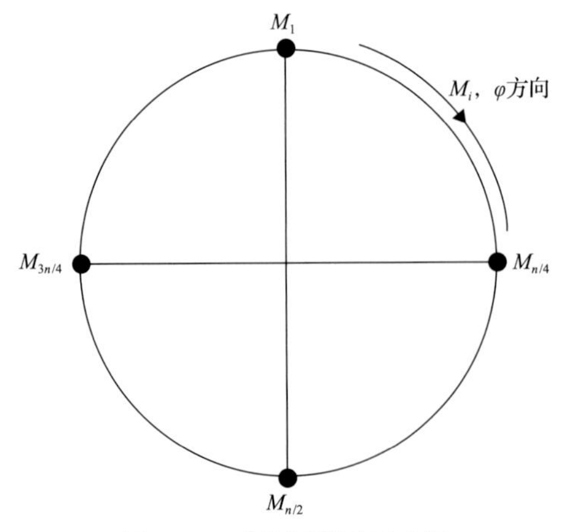

图 3.25　磁流源激励示意图

施加激励源之后，下一步就是对模型进行离散化，尽管采用柱坐标系避免了阶梯性网格带来的误差，但是针对随钻电阻率成像测井仪的特征，还需要进行相关的网格设置，主要包括两个方面，一方面，为了减小整体模型的计算量，采用非均匀网格进行网格剖分；另一方面，对纽扣电极进行局部网格加密。图3.26为采用非均匀网格剖分的地层模型横向切面，井眼、仪器结构部分剖分较细，而地层剖分则较稀疏。

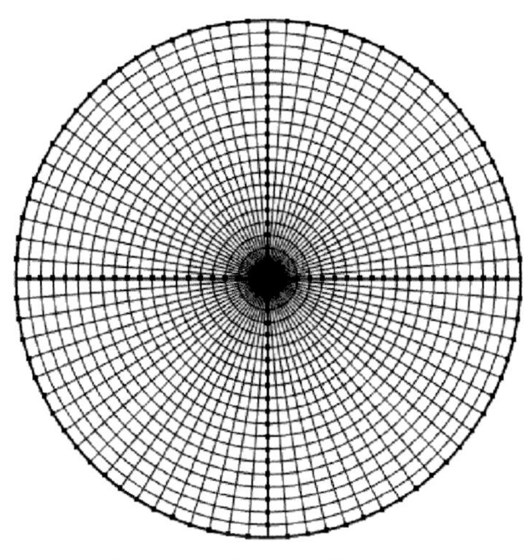

图3.26　模型网格横向切面

2. 数值稳定性和色散条件

由有限差分的基本原理可知，电磁场差分求解中电场和磁场在时间和空间内以离散点进行，因此计算的时间步长和空间步长必须遵守一定的限制，即CFL(Courant-Friedrichs-Lewy)稳定性条件，该条件要求时间增量Δt相对于空间增量满足特定的值，即

$$\frac{\omega\Delta t}{2}\leqslant 1 \tag{3.52}$$

在柱坐标系中其可以改写为

$$\Delta t\leqslant\frac{1}{c\sqrt{\dfrac{1}{(\Delta r)^2}+\dfrac{1}{(r\Delta\varphi)^2}+\dfrac{1}{(\Delta z)^2}}} \tag{3.53}$$

式中，c为库朗数，为常数。

本节网格采用的是非均匀网格，因此其满足

$$\Delta t\leqslant\frac{1}{c\sqrt{\dfrac{1}{(\min\Delta r)^2}+\dfrac{1}{(r\Delta\varphi)^2}+\dfrac{1}{(\min\Delta z)^2}}} \tag{3.54}$$

利用3D FDTD法求解随钻电阻率成像测井响应过程中，还需要考虑数值色散问题，

前人已经证明，当离散空间间隔$\Delta X \leqslant \lambda/12$时，色散已经可以满足工程的需求，同时也满足了随钻电阻率成像测井的模拟要求。

3. 模拟结果验证

现提出一种新型随钻电阻率成像测井仪，进行参数优化、探测特性计算和环境影响因素的分析。该仪器的基本结构如图 3.27 所示，其中 T_1、T_2 为发射螺绕环，R_3 为接收螺绕环，而 R_1 和 R_2 既可以作为发射螺绕环，又可以作为接收螺绕环。B_1 和 B_2 是用于井壁电阻率成像的纽扣电极，其成像分辨率不同(B_1 为小纽扣电极，成像分辨率高，B_2 为大纽扣电极，成像分辨率低)，分别具有 4 个扇区，上下两排纽扣电极在周向上分布位置相差 90°，滑动测量时可形成 8 个扇区，仪器旋转时可以实现周向 128 个扇区的测量。同时，不同扇区的方位电阻率可以合成两条具有不同探测深度的环状侧向电阻率曲线，B_1、B_2、R_2 分别构成了浅、中、深不同探测深度的侧向电阻率测量，R_3 用于测量钻头电阻率。因此，该仪器可测量侧向电阻率、钻头电阻率，并进行井壁电阻率成像。此处只模拟了 T_1 发射时的情况，钻铤直径为 6.75in。需要注意的是，图 3.27 仪器结构为随钻电阻率成像测井的基本结构，且本身测量模式较多，以其为例进行理论方法研究，可实现同类仪器的深入理解，本节所有的模拟仪器结构都是在此仪器结构基础上进行的。

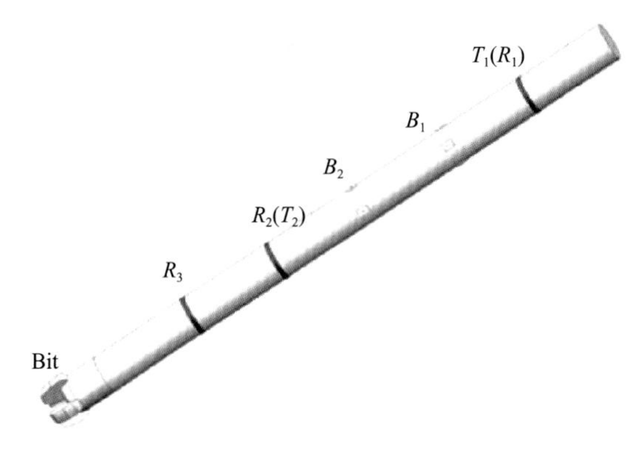

图 3.27　模拟中采用仪器结构示意图

利用上述仪器结构中的侧向测量模式，对 3D FDTD 程序结果进行验证，模拟均匀地层中侧向模式 R_2 的测量电流和地层电阻率之间的关系，通过图 3.28 可以看出，3D FDTD 模拟结果与利用磁流源计算的解析解一致性较好，经过计算相对误差小于 1%，满足了工程计算需求。

3.4.2　参数优化及探测特性

1. 频率的影响

随钻电阻率成像测井较侧向测井频率高，其测量频率为千赫兹左右，因此其测量结果会受到趋肤效应的影响。但是，测量频率与接收螺绕环的电流信号、钻铤表面的电压及地层电阻率的关系尚不明确。因此，在优化其他仪器参数之前，测量频率是首先需要考虑的因素。

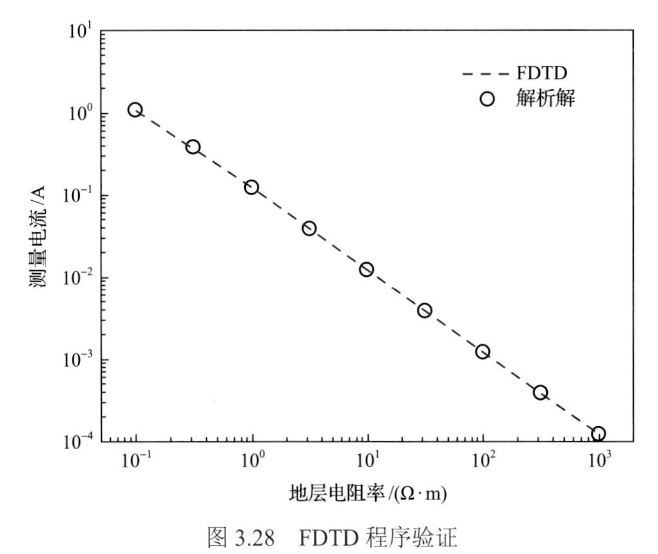

图 3.28 FDTD 程序验证

图 3.29 和图 3.30 分别为测量频率对电流和钻铤表面电压的影响。模型中，钻铤半径为 6.75in，钻铤电导率为 10^7S/m，磁芯磁导率为 40000H/m，频率从 0.5kHz 到 5kHz 变化，接收距离为 0.75m，地层为均匀地层。以接收螺绕环 R_2 为例可以看出，随着测量频率的增大，电流信号线性增加，而螺绕环上下产生的钻铤表面的电压变化较小。

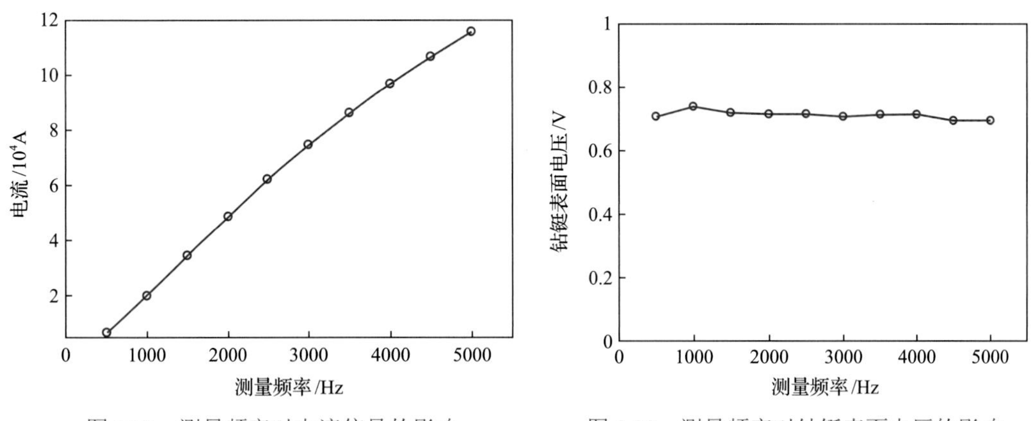

图 3.29 测量频率对电流信号的影响

图 3.30 测量频率对钻铤表面电压的影响

基于上述模型参数，固定测量频率为 4kHz，进一步模拟不同地层电阻率情况下测量电流信号与钻铤表面电压的变化。从图 3.31 可以看出，由于测量频率的影响，当地层电阻率小于 1Ω·m 时，测量电流与地层电阻率呈非线性关系；当地层电阻率大于 1Ω·m 时，电流与地层电阻率逐渐呈线性变化。图 3.32 为不同地层电阻率情况下钻铤表面电压值，可以看出地层电阻率对钻铤表面电压的分布没有影响，因此随钻电阻率成像测井测量频率的影响的校正，主要是对低电阻情况下接收线圈电流进行校正，使之与地层电阻率的变化呈现出线性关系，满足欧姆定律。

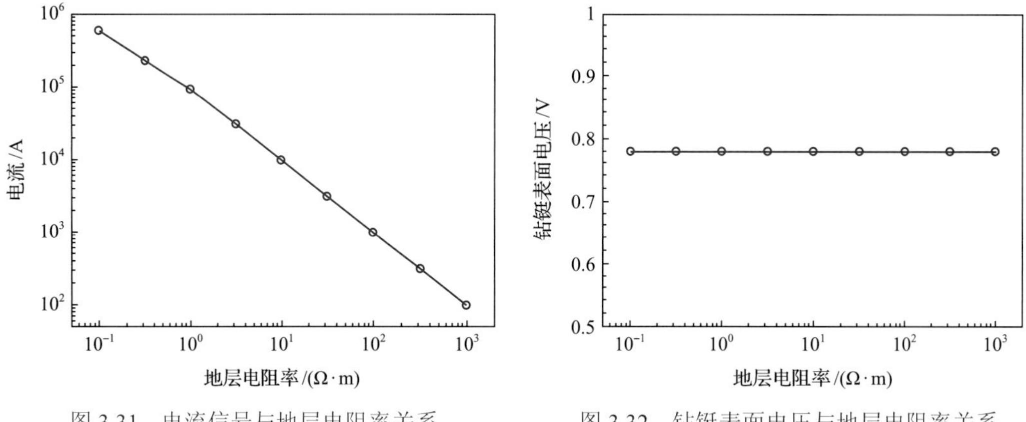

图 3.31 电流信号与地层电阻率关系

图 3.32 钻铤表面电压与地层电阻率关系

建立均匀地层模型考察频率和源距的影响，模型中，地层电阻率 R_t 从 0.1Ω·m 到 1000Ω·m 变化，源距 L 分别取 20in、30in、40in、50in，频率为 1kHz、2kHz、3kHz、4kHz。图 3.33 为利用模拟结果制作的趋肤效应校正图版，横坐标为视电阻率，纵坐标为校正系数。可以发现，同一频率下，源距越大，地层电阻率越小(特别是视电阻率小于 1Ω·m 时)，校正量越大。固定源距情况下，测量频率越高，校正量越大。

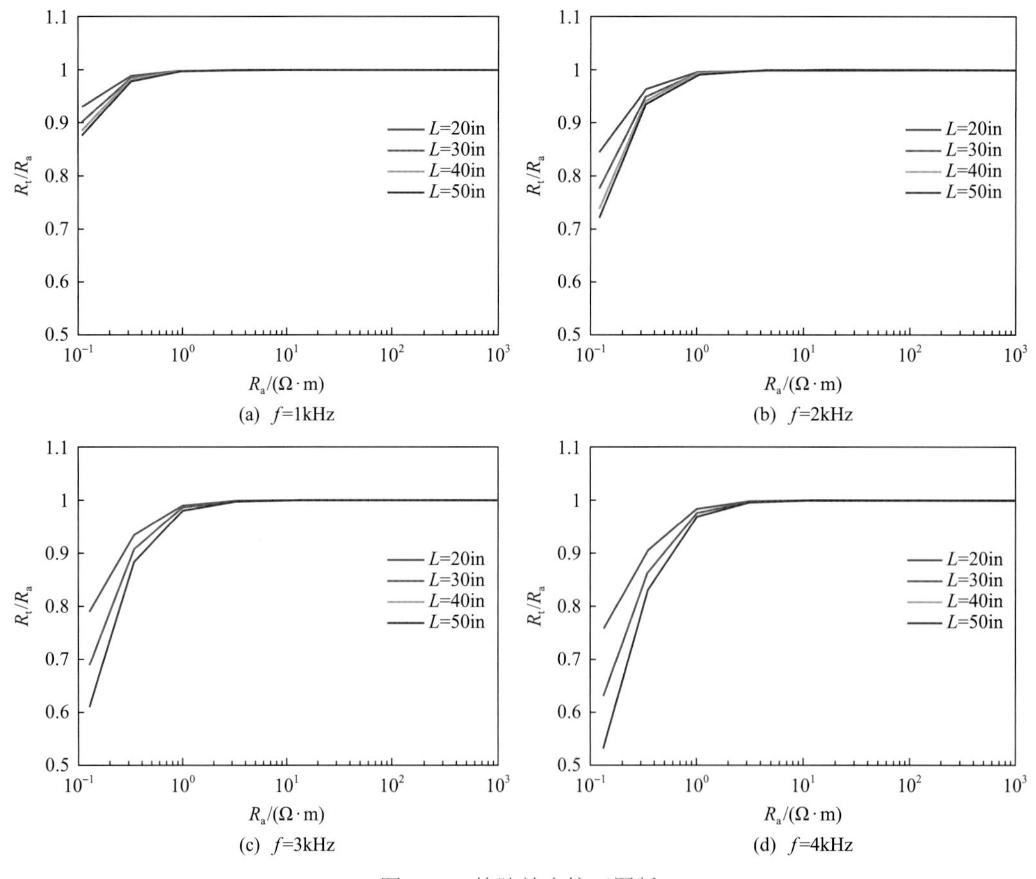

图 3.33 趋肤效应校正图版

2. 钻铤参数的影响

通过对随钻电阻率成像测井原理的介绍可知，仪器是通过螺绕环在钻铤表面感应电流产生的电压进行聚焦。因此，钻铤参数的选择会对钻铤表面电压数值有一定的影响。

模拟均匀地层中发射螺绕环上部和发射螺绕环下部钻铤表面的电压分布，模型中地层电阻率 R_t 为 1Ω·m，钻铤电导率为 10^7S/m，磁芯磁导率为 40000H/m，发射螺绕环处于深度 0m 处。通过图 3.34 可以看出，在发射螺绕环附近，产生的电压实部和虚部较高，且在螺绕环上部和下部钻铤产生正负不同的电压，上部钻铤产生的电压可作为仪器电流的回路。同时，距离发射螺绕环越远的钻铤表面电压值越小，并迅速趋于稳定值，该结果证明了螺绕环在钻铤上聚焦的可行性。

在实际仪器生产中，钻铤为导电性材料，其电导率的取值也会对其表面电压值有一定的影响，在图 3.34 模型参数基础上改变钻铤电导率考察其影响。图 3.35 为模拟结果，纵坐标为电压分布稳定段所取电压实部值，可以看出，随着钻铤电导率的增大，钻铤表面的电压几乎呈线性变小。根据相关报道，随钻电阻率成像测井仪所需的钻铤表面电压为几百毫伏，因此钻铤电导率取值为 10^7S/m 左右较为合适，此电导率接近于黄铜的电导率。

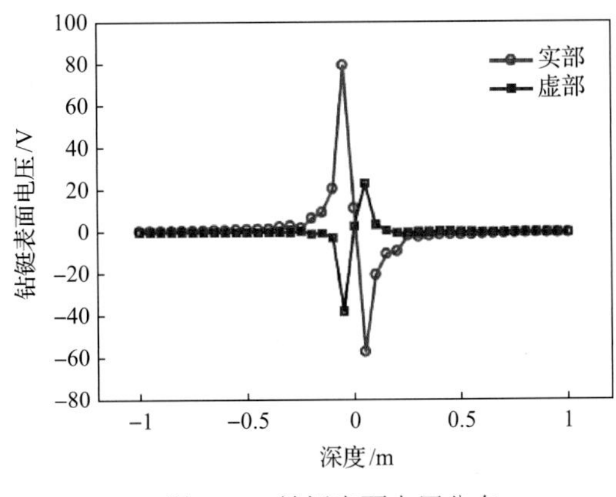

图 3.34　钻铤表面电压分布

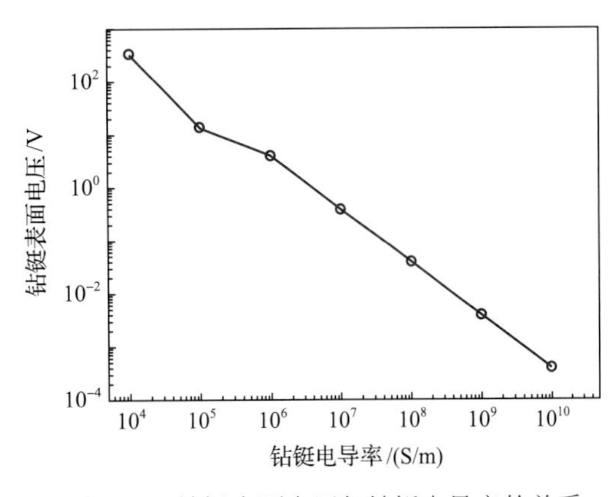

图 3.35　钻铤表面电压与钻铤电导率的关系

国外相关资料显示，钻头下部钻铤长度的变化在一定程度上改变了仪器常数，但是对于不同测量模式影响程度未知，需要进行模拟考察。图 3.36 横坐标为接收线圈 R_3 下部的钻铤长度，纵坐标为仪器常数，图例中，B_1 与 B_2 为纽扣电极，LL 代表侧向模式，Bit 代表钻头测量模式。可以看出随着接收线圈 R_3 下部钻铤长度变大，钻头电阻率仪器常数逐渐变大，而侧向电阻率与方位电阻率仪器常数变化很小。

与上面类似，考察仪器常数与发射线圈上部钻铤长度的关系，从图 3.37 可以看出，发射线圈上部钻铤作为回路电极，其长度对仪器常数的影响不大，在模拟中为了减小计算量可以将上部钻铤长度定义为一个较小的值。

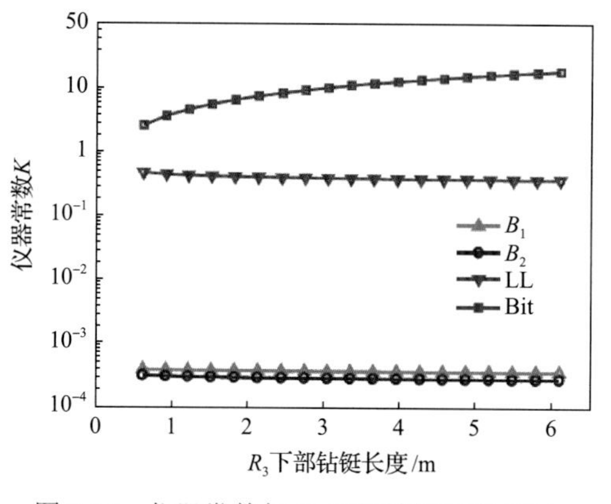

图 3.36　仪器常数与 R_3 下部钻铤长度关系

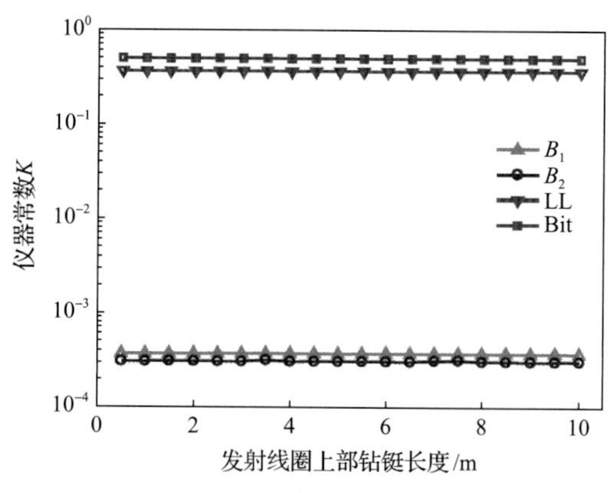

图 3.37　仪器常数与发射线圈上部钻铤长度关系

3. 测量信号分析

建立均匀地层模型分析仪器测量电流信号。因为介质没有方位的变化，所以测量不同方位的测量信号均相同。对于纽扣测量模式，模拟结果代表其一方位电极的响应。首先模拟钻铤表面电压为 1V 时各个接收线圈的信号强度。地层电阻率 R_t 从 $10^{-1}\Omega\cdot m$ 到 $10^4\Omega\cdot m$ 变化。从图 3.38 可以看出，当校正掉频率影响后，对于侧向测量和钻头测量，电流强度随着地层电阻率的增大呈现出线性减小的趋势。当地层电阻率达到 $10^4\Omega\cdot m$ 时，接收到电流强度为 10^{-4}A 左右。而对于纽扣电极 B_1、B_2，随着地层电阻率的增大，电流强度也呈现出线性减小。当地层电阻率大于 $1000\Omega\cdot m$ 时，纽扣电极接收到的电流强度小于 10^{-6}A。B_1 与 B_2 由于距离发射螺绕环距离不同，接收信号大小值不同，相同地层条件下，B_1 接收到的电流强度大于 B_2 接收到的电流强度，但是相差不是很大。当钻铤表面电压为 0.1V 时，接收到的电流强度变为钻铤表面电压为 1V 时电流强度的 1/10。因此，发射螺绕环在钻铤上产生的电压值越大，测量信号越大，仪器可测量地层电阻率范围越大，但不是没有上限，钻铤表面电压值大概为几百毫伏级别。

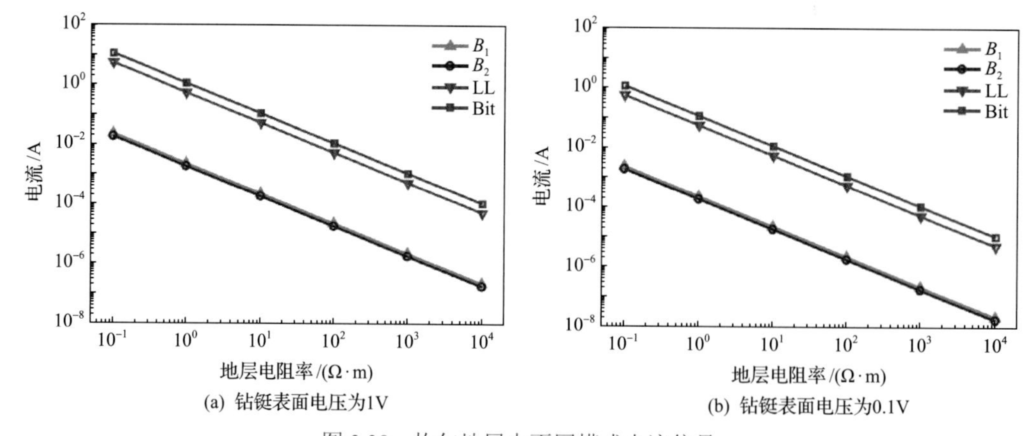

(a) 钻铤表面电压为1V　　(b) 钻铤表面电压为0.1V

图 3.38　均匀地层中不同模式电流信号

模拟纽扣电极直径变化时各个接收线圈的信号强度。地层电阻率从 $10^{-1}\Omega\cdot m$ 到 $1000\Omega\cdot m$ 变化，纽扣电极直径从 5mm 到 50mm 变化，钻铤表面电压为 1V，B_1 与 B_2 源距不同，分别是 15in 和 30in。从图 3.39 可以看出，随着纽扣电极直径的增大，电流强度呈现指数增大，最大变化可达 2 个数量级，因此在设计纽扣电极时需要综合考虑纽扣电极直径(决定成像分辨率)和其测量信号两个因素。

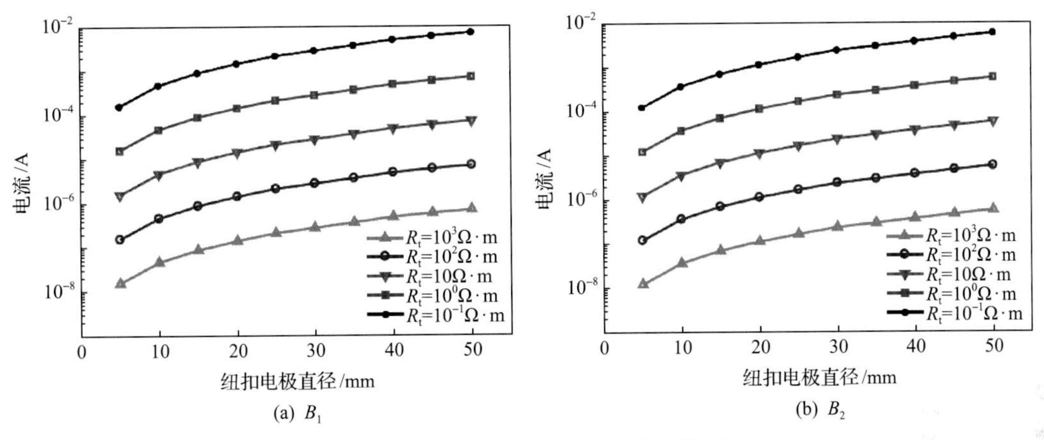

图 3.39 电流信号与纽扣电极直径关系

接收螺绕环和纽扣电极与发射螺绕环的距离即源距对接收信号也有一定的影响。建立均匀地层模型，模型中纽扣电极直径为 25.4mm，两个接收螺绕环距离为 15in。图 3.40 与图 3.41 分别为纽扣模式和侧向模式的电流信号与源距的关系，可以看出，不同电阻率情况，当源距从 0.1m 变化到 1.5m 时，电流变化幅度小于一个数量级。当源距小于 0.5m 时，电流变化较快，之后随着源距增大，变化不大。同时，同一源距下，因为纽扣电极直径较小，所以纽扣电极测量信号小于侧向模式测量的信号。对于侧向测量，两个接收螺绕环之间的距离与接收电流呈线性关系(李铭宇等, 2018)，如图 3.42 所示。

综合上述模拟结果，选取仪器参数：测量频率选取 1kHz，钻铤电导率选取 8.0×10^6S/m 可获得钻铤表面电压为 500mV，即可满足工业需求。接收螺绕环下方钻铤长度选取 15in，发射螺绕环上部钻铤长度设置为 20in，而源距和纽扣电极直径的参数选取要兼顾仪器想要获得的探测特性和测量信号两个因素。下面分析仪器探测深度与环境影响时以此优化参数为基础。

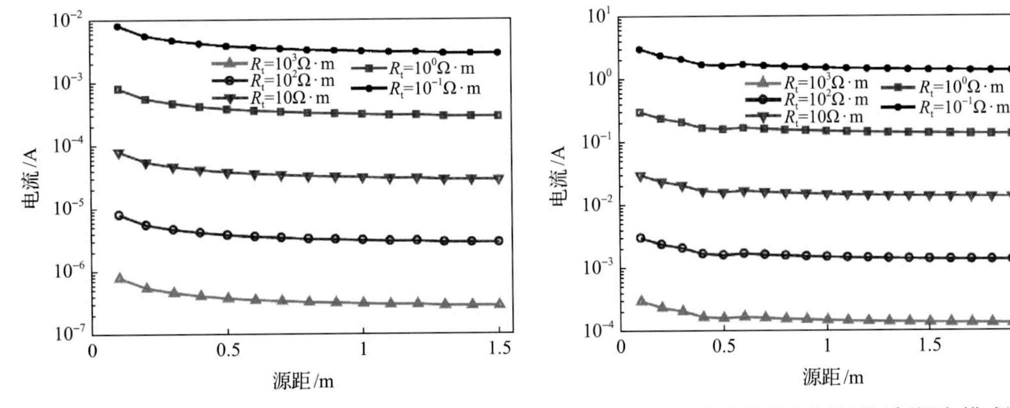

图 3.40 电流信号与源距关系(纽扣模式)

图 3.41 电流信号与源距关系(侧向模式)

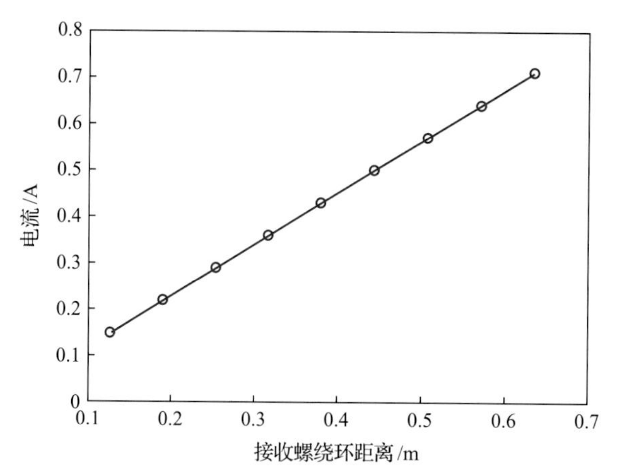

图 3.42　电流信号与接收螺绕环距离关系

4. 径向探测深度分析

利用伪几何因子(PGF)理论计算仪器探测深度。模拟过程中选取井眼泥浆电阻率R_m=1Ω·m，侵入带电阻率R_{xo}=1Ω·m，原状地层电阻率R_t=10Ω·m，纽扣电极半径为10mm，发射螺绕环与接收螺绕环距离L从10in变化到50in，两个接收螺绕环之间距离为15in。图3.43与图3.44分别是纽扣电极测量和侧向测量的侵入半径与PGF的关系，表3.3给出了PGF=0.5时对应的探测深度。可以看出随着源距的增加，纽扣电极测量和侧向测量的探测深度均增大，当源距大于40in时，源距的增大对探测深度的贡献较小。基于上述结论，在后面的模拟中，B_1的源距为15in，而B_2的源距为30in，接收螺绕环R_2的源距为50in。

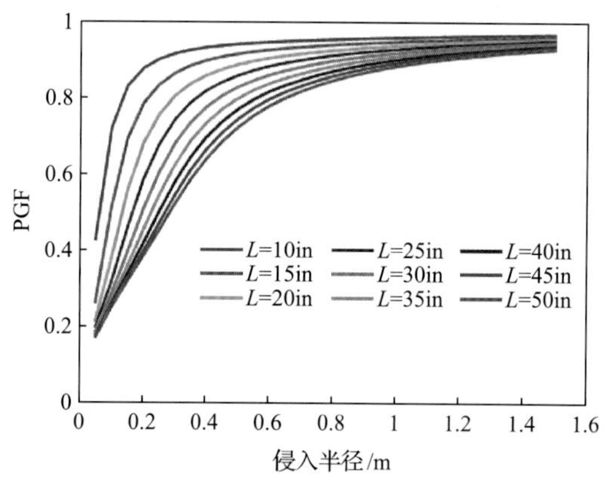

图 3.43　不同源距纽扣电极测量探测深度

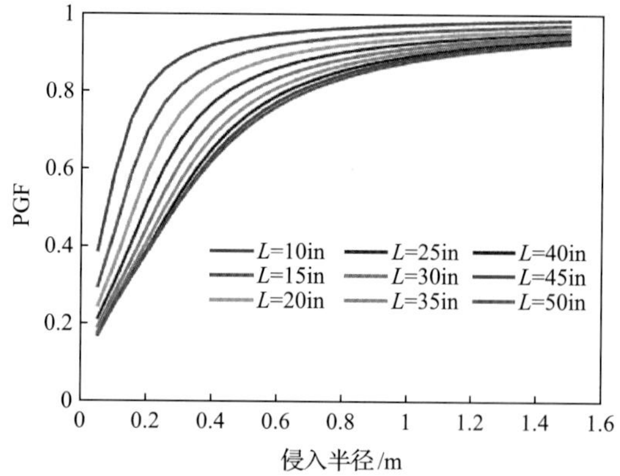

图 3.44　不同源距侧向测量探测深度

表 3.3　不同源距下仪器探测深度　　（单位：m）

仪器	不同源距下的探测深度								
	10in	15in	20in	25in	30in	35in	40in	45in	50in
纽扣电极测量	0.06	0.10	0.13	0.16	0.19	0.22	0.25	0.26	0.27
侧向测量	0.08	0.12	0.16	0.20	0.23	0.25	0.27	0.28	0.28

同理，考察钻头测量的探测深度，R_3 的源距为 65in。分别考虑低阻侵入（$R_t > R_{xo}$）和高阻侵入（$R_t < R_{xo}$）情况下钻头测量的探测深度。从图 3.45 可以看出，对于低阻侵入，当 PGF=0.5 时，仪器的探测深度为 0.21m(8.3in)；对于高阻侵入，仪器的探测深度比较深，此时用 PGF=0.5 无法给出仪器的探测深度。相比于电缆侧向测井，随钻方位电阻率成像测井的各个测量模式探测深度较浅，但是其为实时测量，受到环境影响较小，因此能够满足实际地层评价和电阻率成像需求。

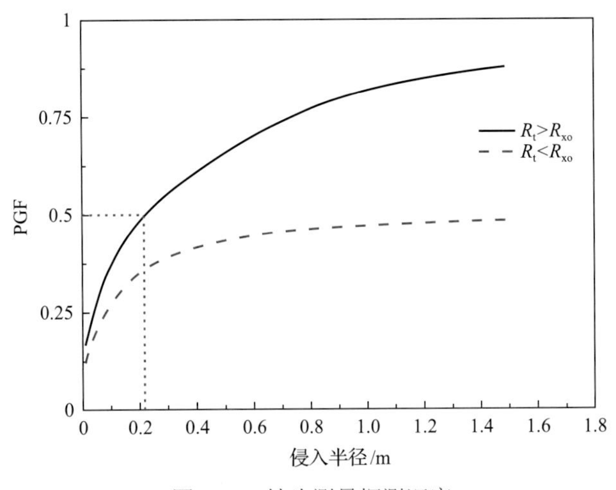

图 3.45　钻头测量探测深度

5. 纵向探测特性分析

随钻电阻率成像测井具有较小尺寸的纽扣电极，因此可以分辨较薄的地层。模拟不同纽扣尺寸(B_1 直径为 10mm、B_2 直径为 25.4mm)下仪器的纵向分辨率，建立 14 层水平层状地层，每层地层坐标、厚度和地层电阻率属性如表 3.4 所示。

表 3.4　水平层状地层模型信息

地层编号	地层坐标/m	厚度/m	地层电阻率/(Ω·m)
1	−100.00	100.00	10
2	0	0.005	100
3	0.005	0.005	10
4	0.010	0.010	100
5	0.020	0.010	10
6	0.030	0.020	100
7	0.050	0.020	10
8	0.070	0.040	100
9	0.110	0.040	10
10	0.150	0.060	100
11	0.210	0.060	10
12	0.270	0.080	100
13	0.350	0.080	10
14	0.430	99.570	10

模型中第 1 层为巨厚层，因此图 3.46 没有显示，图 3.46 只显示了从第 2 层到第 14 层的部分地层。由于成像电极 B_2 的直径为成像电极 B_1 直径的 2.54 倍，明显地，成像电极 B_1 对地层的分辨率高于成像电极 B_2。当地层厚度达到 0.01m 时，成像电极 B_1 的视电阻率值接近模型值，而对于成像电极 B_2，当地层厚度达到 0.02m 时，其视电阻率值才开始接近模型值。当地层厚度大于 0.02m 后，B_1 和 B_2 均能够分辨地层。通过对比成像电极尺寸和其纵向分辨率可以发现，其对地层的分辨率大致为成像电极的直径尺寸。同时模拟中只考虑了一个发射螺绕环的情况，没有对视电阻率进行补偿，因此测量曲线和地层模型不对称，在靠近上下地层界面处，电阻率出现“一高一低”的情况。

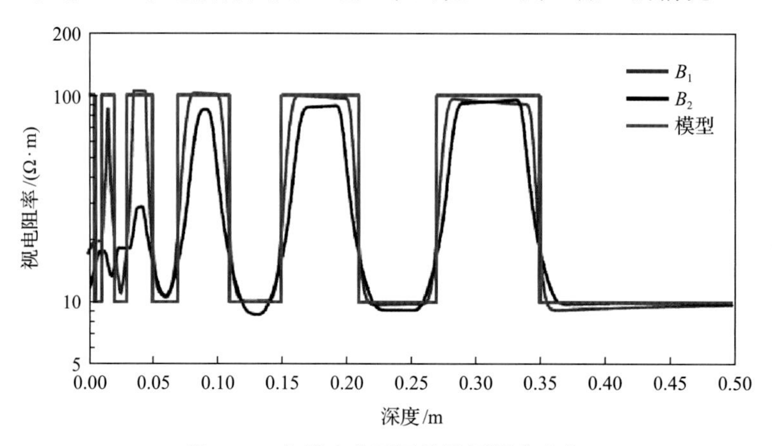

图 3.46 仪器在水平层状地层测井响应

为了研究该侧向模式的纵向分层能力，模拟其在地层对比度为 10 的连续薄互层模型的测井响应。模型中高电阻率目的层厚度从 0.1m 到 0.8m 均匀变化，每一层所处位置的围岩厚度设置为 1m，围岩的电阻率 R_s=10Ω·m，无侵入。图 3.47 为其测井响应，从图中可以清楚地看到，当地层厚度较小时，测井曲线幅度较小，当地层厚度逐渐增大时，仪器测量的视电阻率值也在升高，仪器可以很好地分辨出 0.5m 厚的薄层。事实上，侧向测量模式测量的是两个接收螺绕环之间的电流，因此其纵向分辨率受两个接收螺绕环之间的距离影响较大，但考虑到纽扣电极纵向分辨率已经足够高，因此在实际仪器生产中，可将两个接收螺绕环距离设置远一些。

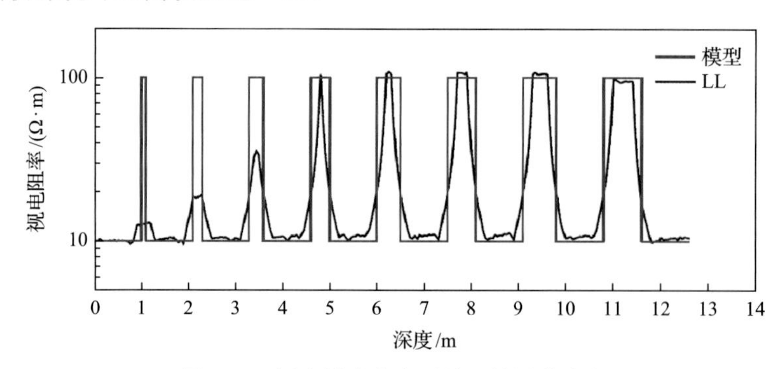

图 3.47 侧向模式在多层地层的测井响应

6. 周向探测特性分析

引入异常体用于考察仪器的方位探测特性。如图 3.48 所示，计算模型由钻铤、井眼、地层和异常体组成。异常体位于正北方位，分布于井眼之外。顺时针方向旋转异常体，可以考察不同方位电极的测井响应。

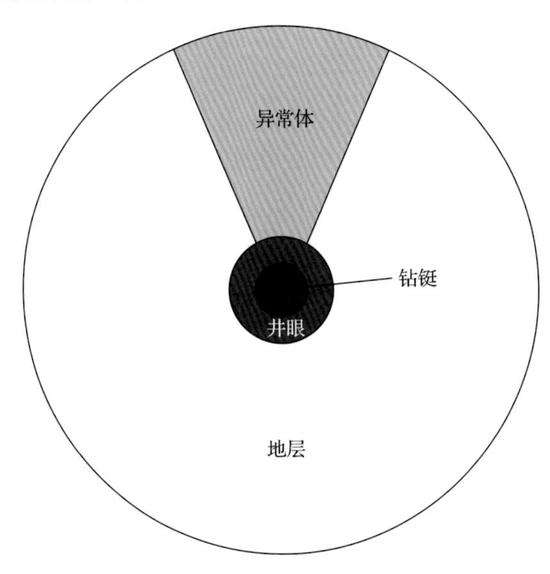

图 3.48　异常体截面示意图

1) 仪器对异常低阻地层的识别

模拟时，井眼直径 D_h=8.5in，泥浆电阻率 R_m=0.1Ω·m，地层电阻率 R_t=1Ω·m。图 3.49 为异常体旋转一周时纽扣电极在不同方位的测井响应。图例中 1、3、5、7 分别代表 B_1 正北、正东、正西和正南方位纽扣电极，图例中 2、4、6、8 分别代表 B_2 东北、东南、西南和西北方位纽扣电极。

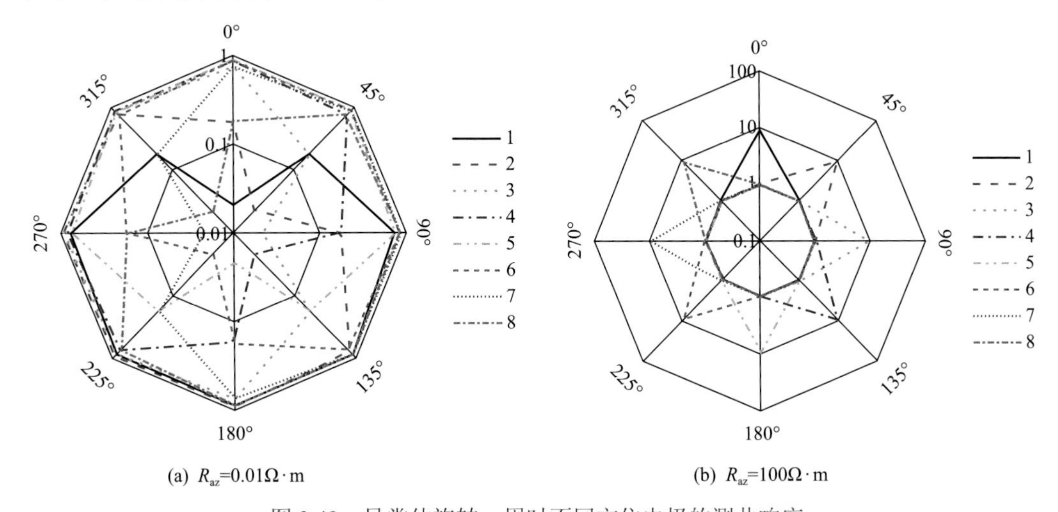

图 3.49　异常体旋转一周时不同方位电极的测井响应

当异常体电阻率 R_{az}=0.01Ω·m 时，以正北方位电极为例(其他方位类似)，当异常体正对其时，该方位视电阻率显示明显的异常，且视电阻率与异常体电阻率相差不是特别大；当异常体旋转 45°时，该方位仪器仍然具有一定的响应，但其视电阻率值与异常体电阻率相差很大；当异常体旋转 90°时，该方位仪器失去对异常体的识别能力(图 3.49(a))。当异常体电阻率 R_{az}=100Ω·m 时，以正北方位电极为例，当异常体正对其时，视电阻率显示异常，但视电阻率与异常体相差很大，只能定性分析；当异常体旋转 45°时，该方位失去对异常体的识别能力(图 3.49(b))。对比图 3.49(a)、(b)可以发现，当异常体电阻率低于地层电阻率时，从纽扣电极流出的电流，更容易绕开旁边的高阻地层流向异常体。因此，异常低阻层更容易识别且方位探测能力更强。

图 3.50 为异常体正对正北方位，异常体电阻率 R_{az} 从 0.01Ω·m 到 1000Ω·m 变化时，各个方位纽扣电极的测井响应。当异常体电阻率小于 1Ω·m 时，正北、东北、西北方位的纽扣电极对异常体均有一定的识别能力；当异常体电阻率大于 1Ω·m 时，东北、西北方位的纽扣电极失去了对异常体的识别能力，只有正北方位纽扣电极可以识别异常体；当异常体电阻率远大于地层电阻率时，正北方位对异常体的识别能力明显降低，验证了上述异常低阻层更容易识别的结论。

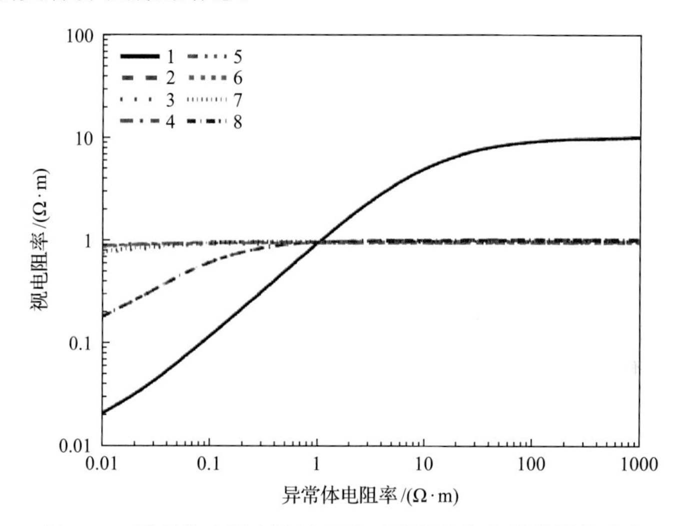

图 3.50 异常体电阻率连续变化时不同方位电极的测井响应

2) 仪器对异常高阻地层的识别

上面模拟中异常体张开角度为 45°，为了进一步验证纽扣电极对异常高阻的识别，下面的模拟中将异常体张开角度增大到 90°，异常体纵向厚度为 2m，异常体电阻率 R_{az}=1000Ω·m，方位为正北，周围地层电阻率 R_t=10Ω·m，井眼直径为 8.5in，泥浆电阻率 R_m=1Ω·m。从图 3.51 中 B_1 的各个方位的模拟曲线可以看出，正北方位纽扣电极测量的视电阻率值接近异常体电阻率值，而东北、西北方位纽扣电极及深侧向电阻率对异常体反应不敏感，视电阻率值与异常体电阻率相差较大，而其他方位纽扣电极对异常体几乎没有任何识别能力，其视电阻率与周围地层真电阻率接近。因此，当异常体张开角度增大时，纽扣电极对异常高阻地层具有较好的识别能力，同时也说明该仪器能够较强地识别出具有特定方位的高阻层，避免该类储层的漏失，这点是传统侧向测井不具备的。

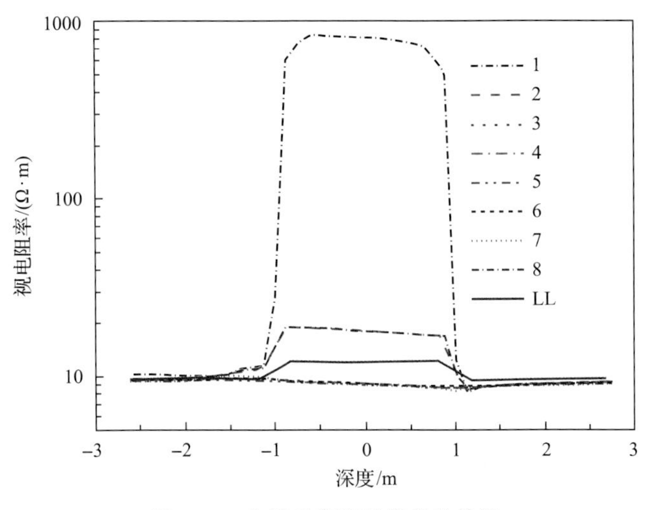

图 3.51 仪器对高阻异常体的检测

3) 小井眼中周向探测特性

上述模拟均在井眼为 8.5in，仪器钻铤直径为 6.75in 的情况下完成的，因此仪器的轴向探测特性受井眼环境的影响较大。下面模拟小井眼中仪器的周向探测特性，模型仍然为上述异常体模型，只是井眼尺寸由 8.5in 变为 7in，异常体张开角度从 0°到 120°变化，地层电阻率为 1Ω·m，异常体电阻率为 100Ω·m，泥浆电阻率为 1Ω·m。

从图 3.52 可以看出，对于正北方向的纽扣电极，视电阻率与异常体张开角度呈正相关，当张开角为 22.5°时，视电阻率与异常体电阻率接近，并保持不变。而对于东北和西北方向的纽扣电极，当异常体张开角度为 110°左右时，异常体的视电阻率与其真电阻率接近。其他方向随着异常体角度的增大，视电阻率保持不变，视电阻率和地层电阻率接近。通过上述曲线变化的趋势来看，该仪器对单一正对纽扣方向的异常体分辨率为 22.5°。

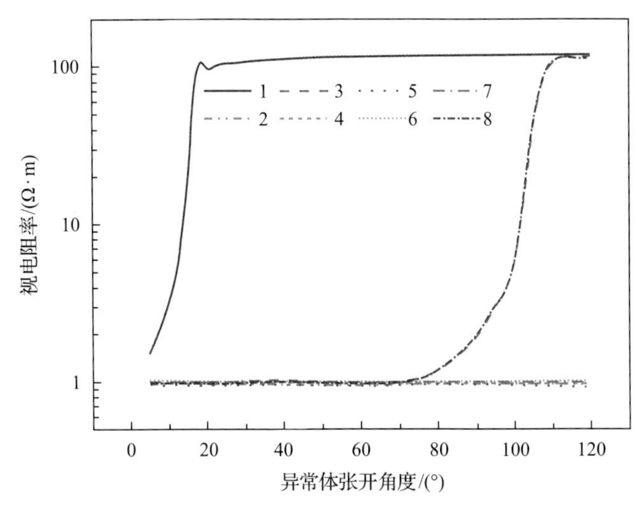

图 3.52 仪器在小井眼中的周向探测特性

3.4.3 环境影响与校正图版研制

1.0 井眼的影响与校正图版

和电缆测井类似，随钻测井在测量过程中仍然会受到井眼、围岩和泥浆侵入等测量环境的影响。前人计算井眼校正图版时，计算模型中井眼在纵向上无限长，这在电缆测井中没有问题，但随钻测井中井眼在钻头处截断，因此在模拟中考虑了井眼和钻杆在钻头处截断和无限长两种情况。计算井眼校正图版时，暂不考虑围岩和泥浆侵入的影响。环境校正图版的计算模型与 Kang 等随钻双感应测井仪的环境校正图版计算模型一致(姜明等, 2016)。

模拟时泥浆电阻率 $R_m=1\Omega\cdot m$，井眼直径 D_h 从 8in 到 16in 变化。图 3.53 为井眼在钻头处截断时的校正图版。从图 3.53 可以看出，井眼直径越大，井眼校正系数越大。当 $R_a/R_m>1$ 时，固定井眼尺寸下，视电阻率受到井眼的影响比较稳定(B_1、B_2 井眼尺寸较大时，不满足此规律)。B_1 由于距离发射螺绕环较近，探测深度较浅，因此校正系数较大。同理，相同井眼直径条件下，B_2 的井眼校正系数大于 R_2，R_3 的井眼校正系数大于 R_2。

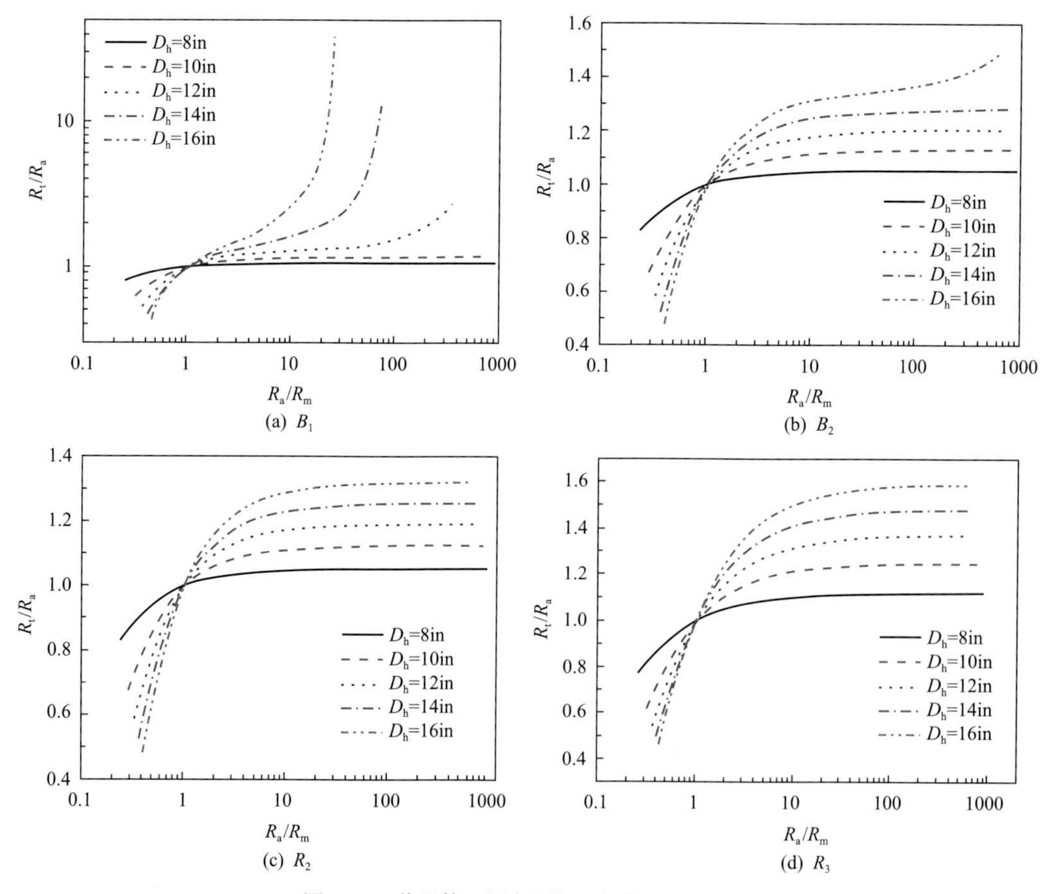

图 3.53 井眼校正图版(井眼在钻头处截断)

当井眼在钻头处未截断时，由图 3.54 可以看出，井眼校正图版和电缆侧向测井的井眼图版十分类似，与图 3.53 对比发现，当 $R_a / R_m < 1$ 时，各个测量模式的井眼校正量均大于井眼在钻头截断时的校正量，这也从另外一个角度说明了随钻电阻率的优势，即其受到的井眼影响要小于电缆测井。同时，当 $R_a / R_m > 1$，随着其比值的增大，纽扣电极 B_2 和侧向测量 R_2 校正系数有所降低，B_1 和钻头测量的井眼校正系数明显大于图 3.53(d) 的校正系数。

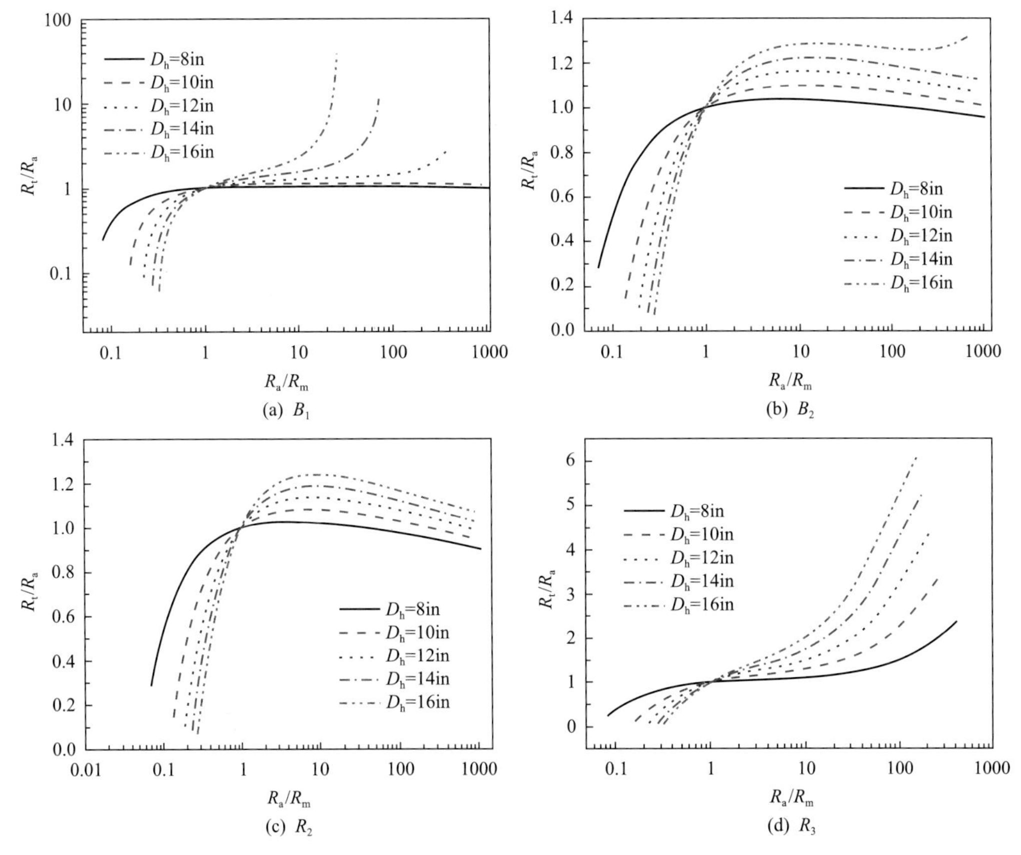

图 3.54 井眼校正图版(井眼在纵向上无限长)

为了接近真实的钻井情况，下面以井眼在钻头处截断的情况考察泥浆电阻率的影响，分别选取地层电阻率 R_t=1Ω·m(图 3.55(a))和 R_t=100Ω·m(图 3.55(b))两种情况进行对比分析。泥浆电阻率 R_m 取值从 0.1Ω·m 到 5Ω·m 变化，从图 3.55(a)可以看出，对于低阻层，随着泥浆电阻率的增大，井眼校正系数(R_t / R_a)逐渐减小，校正量先减小后增大。同理，从图 3.55(b)可以看出，对于高阻层，随着泥浆电阻率的增大，井眼校正系数(R_t / R_a)变化较小，影响视电阻率的主要是井眼尺寸。所以，泥浆电阻率主要影响低阻地层，这与该类仪器适合于中高阻地层的结论是一致的。

钻头测量模式可以用于油基泥浆的测量，但是实际测井资料显示，未经井眼校正的钻头电阻率与电磁波测井测得的电阻率相差 10 倍左右，因此对钻头测量模式进行井眼校正显得尤为重要。图 3.56 为油基泥浆的井眼校正图版，模拟得到的校正图版系数存在为

0.1 左右的情况，验证了上述说法的正确性。

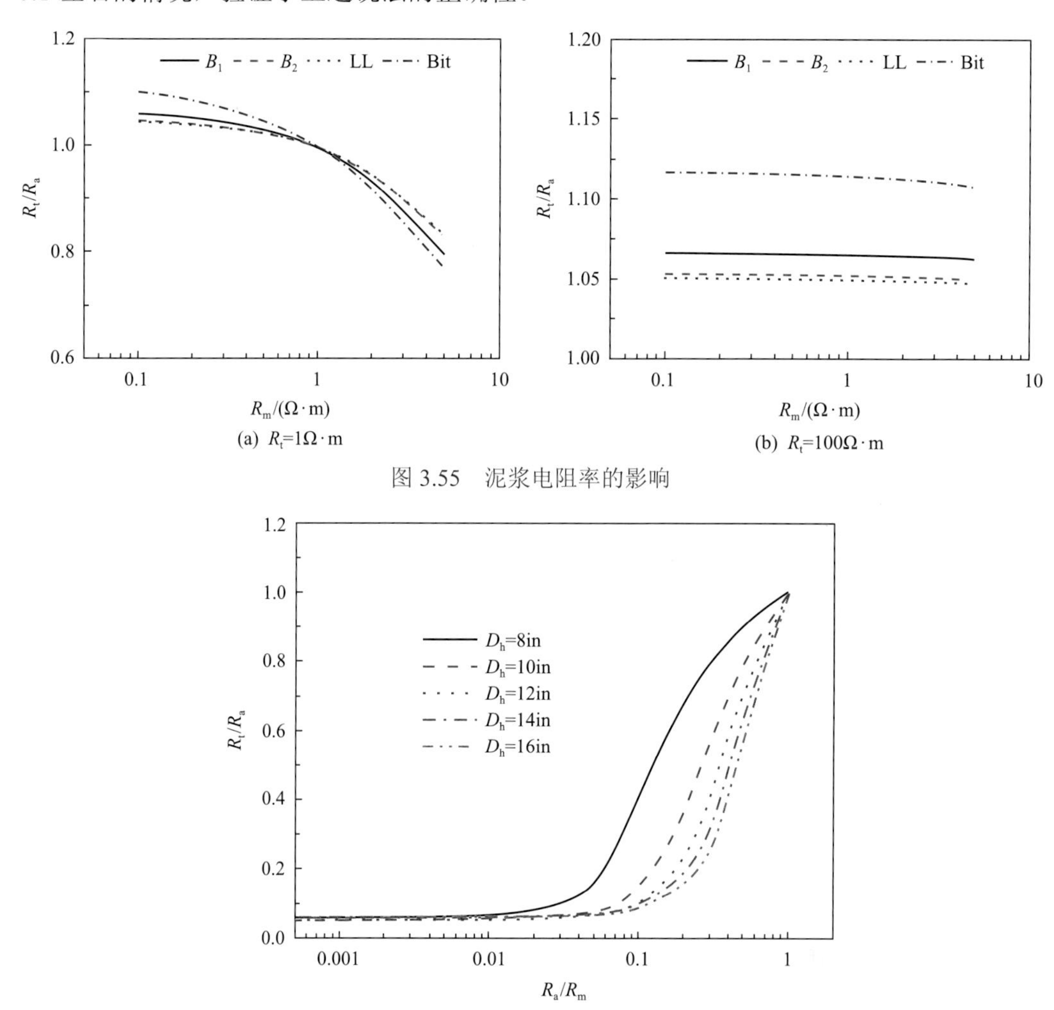

图 3.55 泥浆电阻率的影响

图 3.56 油基泥浆中钻头测量井眼校正图版

2. 泥浆侵入的影响与校正图版

随钻测井测量过程中，泥浆不断渗入储集层会对视电阻率产生一定的影响。为了突出侵入对仪器测井响应的影响，暂忽略井眼和围岩的影响，建立径向上两层地层模型，纵向侵入在钻头处截断。模拟中，侵入带电阻率 R_{xo} 为 10Ω·m，地层电阻率 R_t 为{0.5, 1, 5, 10, 50, 100, 500, 1000}Ω·m，侵入带直径 D_i 从 11in(0.279m)到 20in(0.508m)变化，地层电阻率与侵入带电阻率比值 R_t/R_{xo} 从 0.05 到 100 变化。图 3.57 为地层电阻率与视电阻的比值(校正系数)和侵入带直径的关系，图 3.57(a)、(b)、(c)、(d)分别对应纽扣电极 B_1、B_2、R_2、R_3。可以看出，当 $R_t/R_{xo}<1$(低阻侵入)时，随着侵入带直径的增大，校正系数逐渐减小，校正量逐渐增大，泥浆侵入对不同测量模式的影响接近。当 $R_t/R_{xo}>1$(高阻侵入)时，随着侵入带直径的增大，校正系数逐渐增大，校正量逐渐增大。泥浆侵入对不同测量模式的影响不同，B_1 校正量较其他测量模式较大。当 $R_t/R_{xo}=1$(均匀地层)时，校正系数等于 1，视电阻率与地层电阻率相等，相当于没有泥浆侵入的影响。

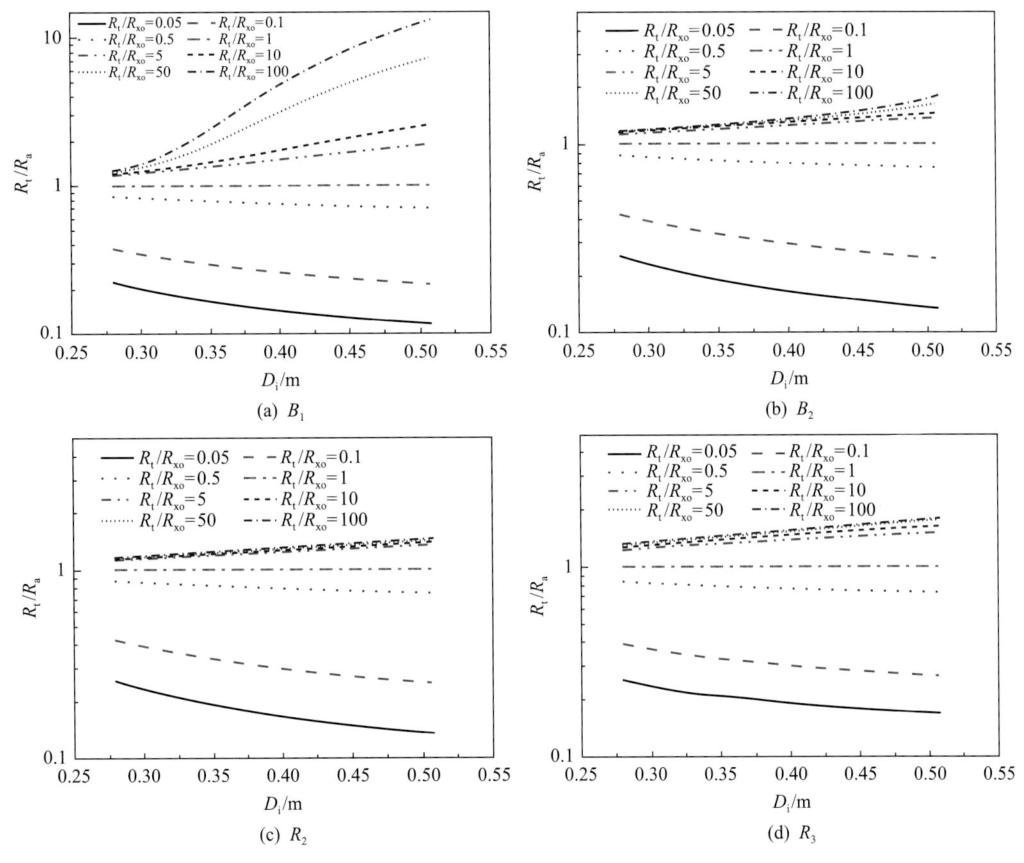

(a) B_1　(b) B_2　(c) R_2　(d) R_3

图 3.57　侵入校正系数与侵入带直径的关系

图 3.58 为随钻电阻率成像测井侵入校正图版，图中侵入直径 D_i 为仪器轴中心至侵入带距离的 2 倍。横坐标为侧向视电阻率 R_{a_u} 与探测深度较浅的纽扣电极视电阻率 $R_{a_{B2}}$ 的比

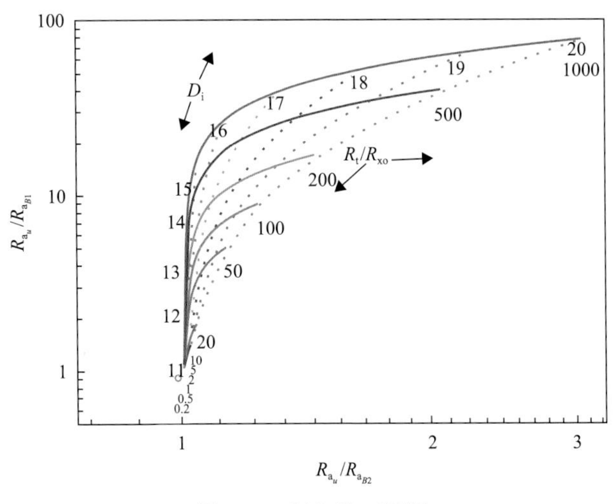

图 3.58　侵入校正图版

值，纵坐标为侧向视电阻率与探测深度较深的纽扣电极视电阻率 $R_{a_{B1}}$ 的比值。侵入直径 D_i 变化范围为 11～20in。模型中侵入带电阻率 R_{xo} 为 1Ω· m，地层电阻率 R_t 变化范围为 0.2～1000Ω· m。当 R_t/R_{xo}<1 时(即泥浆高阻侵入)，视电阻率小于真实地层电阻率，不同侵入半径对地层视电阻率影响不大，其主要受侵入带电阻率的影响。当 R_t/R_{xo}=1 时(即无井眼泥浆侵入影响)，视电阻率均等于真实地层电阻率。当 R_t/R_{xo}>1 时(即井眼泥浆高侵)，视电阻率大于真实地层电阻率，侵入半径和侵入带电阻率对地层视电阻率的影响都比较大。

3. 围岩-层厚的影响与校正图版

随钻方位电阻率成像仪在测井过程中会受到纵向上介质变化的影响，主要包括围岩电阻率 R_s 和目的层厚度 H 两个方面。因此，需要针对不同的围岩和层厚进行校正。计算围岩校正图版时，不考虑井眼的影响和泥浆的侵入影响。由于钻头电阻率测量属于定性分析，因此不需要对其进行围岩校正。图 3.59(a)和(b)分别为围岩电阻率 R_s=0.2Ω· m 时纽扣电极测量 B_1、B_2 的围岩校正图版，由于纽扣电极纵向分辨率高，受到围岩的影响较小，校正系数接近 1，所以在实际测井过程中不需要对其进行围岩校正。而对于深侧向 R_2，图 3.60(a)和(b)分别选取了 R_s=0.2Ω· m 与 R_s=10Ω· m 开展模拟实验。图 3.60(a)中，

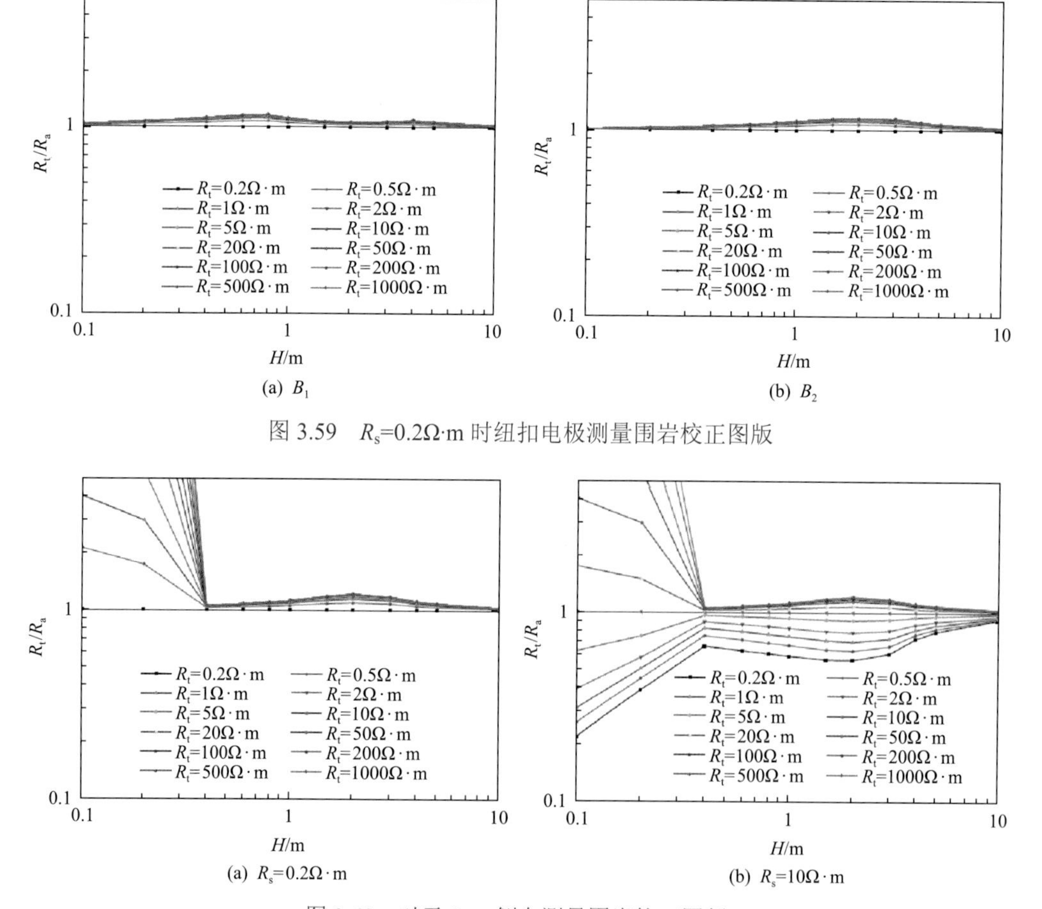

(a) B_1　(b) B_2

图 3.59　R_s=0.2Ω·m 时纽扣电极测量围岩校正图版

(a) R_s=0.2Ω· m　(b) R_s=10Ω· m

图 3.60　对于 R_2，侧向测量围岩校正图版

由于 $R_t \geqslant R_s$，所以校正系数均大于等于 1，当地层厚度 $H>0.5$m 时，校正系数接近 1，视电阻率与地层电阻率几乎相等，这与 R_2 纵向分辨率为 0.5m 的结论一致。图 3.60(b)中，当 $R_t=R_s$(无围岩影响)时，围岩校正系数等于 1。当 $R_t<R_s$时，围岩校正系数小于 1。当 $R_t>R_s$时，围岩校正系数大于 1。同时注意到，目的层为高阻时受围岩的影响较目的层为低阻时小。

3.5 复杂地层随钻电阻率成像测井响应特性

3.5.1 三维有限元法数值方法

不同于一般测井仪的数值模拟模型，随钻电阻率成像测井响应的模拟由于其模型尺寸变化较大，如几厘米的纽扣电极、几毫米的裂缝和洞穴及长达几米的测井仪和地层，因此属于多尺度问题。目前对其模拟大多数还是有限元法，基于 COMSOL 多物理场仿真软件电场模块建立复杂的地层模型，考察随钻电阻率成像测井的响应特性。在 3.2 节中已经介绍，在不考虑频率影响情况下，可以将螺绕环等效为延伸的电压偶极子。此时随钻电阻率成像测井响应的正演类似于侧向测井的正演，即对电流面密度的拉普拉斯方程进行求解，在直角坐标系下，地层电阻率 R 的电流密度 $J(x,y,z)$ 满足泛函表达式(3.55)：

$$F(J)=\frac{1}{2}\iiint_{\Omega}\frac{1}{R}\left[\left(\frac{\partial J}{\partial x}\right)^2+\left(\frac{\partial J}{\partial y}\right)^2+\left(\frac{\partial J}{\partial z}\right)^2\right]\mathrm{d}x\mathrm{d}y\mathrm{d}z-\sum_{C}I_C U_C\rightarrow\min \tag{3.55}$$

式中，$F(J)$ 为 $J(x,y,z)$ 的泛函；Ω 为求解区域；U_C 为钻铤上电压；I_C 为下接收螺绕环接收到的轴向电流值。

钻铤上电压 U 和无限远地层边界满足第 1 类边界条件(康正明等, 2017)：

$$\begin{cases}U=0, & \text{无穷远地层}\\ U=C, & \text{钻铤表面，}C\text{为常数}\end{cases} \tag{3.56}$$

电阻率 R 分布满足

$$R=\begin{cases}R_{\mathrm{m}}, & \text{在井眼泥浆中}\\ R_{\mathrm{xo}}, & \text{在侵入带中}\\ R_{\mathrm{s}}, & \text{在围岩层中}\\ R_{\mathrm{t}}, & \text{在原状地层中}\end{cases} \tag{3.57}$$

通过对 $F(J)$ 进行离散化，可以得到每个单元的表达形式为

$$F(J)=\sum_{e=1}^{e_0}F_e(J) \tag{3.58}$$

式中，e_0 为剖分节点的总个数。

将求解的所有单元的节点合起来形成要求解的刚度矩阵，即

$$KJ = S \tag{3.59}$$

式中，K 为总刚度矩阵；J 为要求解的未知量；S 为施加条件。

式(3.59)为大型稀疏矩阵，采用广义最小余量法对方程组求解，求解上述刚度矩阵即可得到纽扣电极处的电流密度 J，通过对电流密度 J 进行面积分即可获得纽扣电极处的电流 I：

$$I = \oint J\mathrm{d}S \tag{3.60}$$

式中，S 为纽扣电极的面积。

1. 模型建立

此处考察的随钻电阻率成像结构仪器和地层模型均复杂，无法简化为二维轴对称模型，因此基于 COMSOL 软件内置几何建模工具，建立三维模型。模型主要有三种，斜度井模型、裂缝模型和洞穴模型。前面已经对仪器结构影响进行了考察，因此在模拟复杂地层响应时，为了减小计算量，简化了仪器结构，即忽略了螺绕环线圈结构。同时将钻铤结构掏空，只对其面赋予相关物质属性，同时，仪器基本结构仍为图 3.27 中结构。

三种模型中，斜度井模型中地层为长方体，而裂缝模型和洞穴模型中地层均为圆柱形。斜度井和水平井在纵向上均为三层地层模型，通过对不同层设置相应的物质属性，不仅可以实现三层不同地层模型的模拟，同时可以实现两层地层的模拟，在径向上设置仅含表面的圆柱形钻铤和井眼，如图 3.61 所示。图 3.62 为裂缝和洞穴模型，纵向上除了裂缝和洞穴外为背景地层，而径向的设置与斜度井和水平井相同。不同的是，对于裂缝地层，将模型在径向上和纵向上进行分块，方便网格剖分，而对于洞穴地层则用一个圆柱形将其包住，然后对该区域进行网格加密。经过对裂缝和洞穴在模型上特殊的设置，可以大大减小裂缝和洞穴地层的计算量，且精度较高。

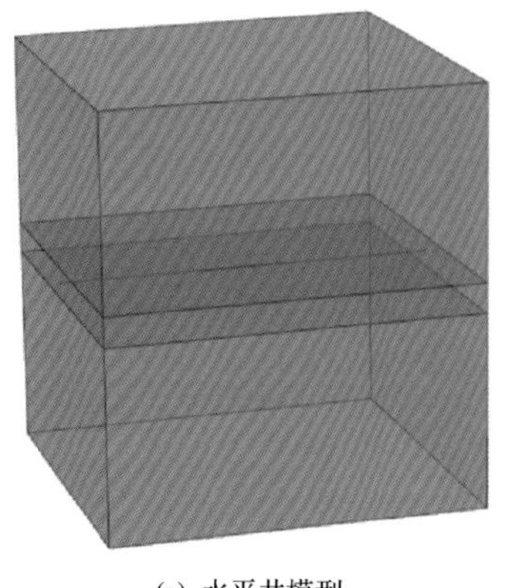

(a) 水平井模型

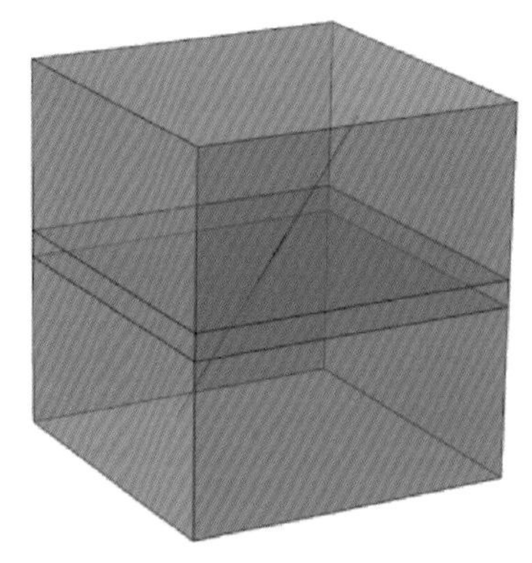

(b) 斜度井模型

图 3.61　水平井和斜度井模型

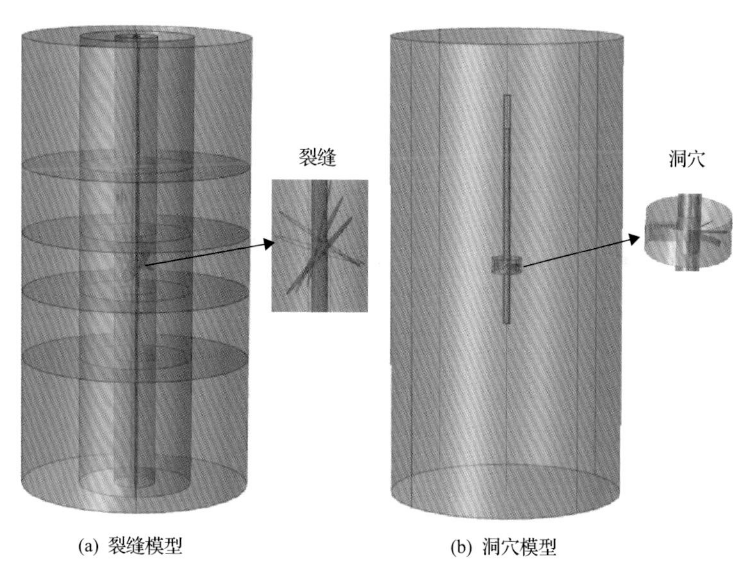

图 3.62　裂缝和洞穴模型

2. *激励源加载*

随钻电阻率成像测井采用螺绕环激励的方式，通过金属钻铤对电流的导通作用达到聚焦效果，这与传统电极型激励方式不同，测量频率也高于侧向测井，一般范围为 1～10kHz。忽略钻铤的电导率，将其视为理想导体，假设发射螺绕环上方和下方的钻铤部分是一对正负等量电位差的等电位面。采用直流法，忽略测量频率的影响，可以将螺绕环在钻铤和地层中产生电流的方式等效为一对延长的电压偶极子。在模拟中，对发射螺绕环下方钻铤表面赋予固定的正电压，将其等效为延伸的正电压偶极子，对发射螺绕环上方钻铤表面赋予负电压作为回路，将其等效为负电压偶极子，二者中间有一个间隔，为发射螺绕环，将其物质属性赋成空气。电流从下方螺绕环下方钻铤出发，流经井眼和地层，然后再返回到其上方的钻铤中。通过采集纽扣电极表面电流，代入欧姆定律公式即可将电流转换为地层视电阻率。图 3.63 反映了其电位场和电流线分布特征，图中色标为电位场，从 0V 到 1V 变化，可以看出这种激励方式的聚焦效果和侧向测井类似。

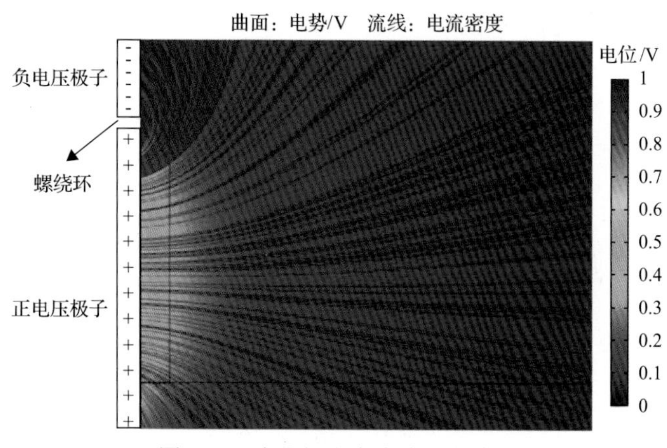

图 3.63　电位场和电流线分布特征

3. 网格剖分

模拟过程中，需要对模型进行区域分解，针对不同区域设置不同的网格尺寸，而且需要控制网格剖分的彼此影响，以达到求解精度并提高求解速度。随钻电阻率成像测井仪纽扣电极尺寸、洞穴尺寸、裂缝尺寸与仪器尺寸和地层模型尺寸对比度较大，若采用传统的结构化网格剖分方法，会产生网格自由度过大或者计算精度不足的问题。因此，此处采用了有限元局部网格细化技术。

网格细化主要的区域包括纽扣表面、洞穴、裂缝、井眼等部分。对于钻铤、井眼、纽扣电极等表面，采用三角形网格进行加密，由于是面网格加密，因此这部分占据网格数量较少，但是对电流采集的精度具有较大的提升，图 3.64 为纽扣电极表面网格剖分结果。对于洞穴和裂缝，网格加密一方面是对研究对象本身进行加密，此外增加了一个全新的柱状体域，将洞穴和裂缝全部包含在内，并对该域进行网格加密。图 3.65 为单裂缝网格加密剖分结果，为了和上述表面三角形网格更好匹配，裂缝、洞穴和地层等区域的网格剖分采用四面体网格。

图 3.64　纽扣电极网格剖分结果

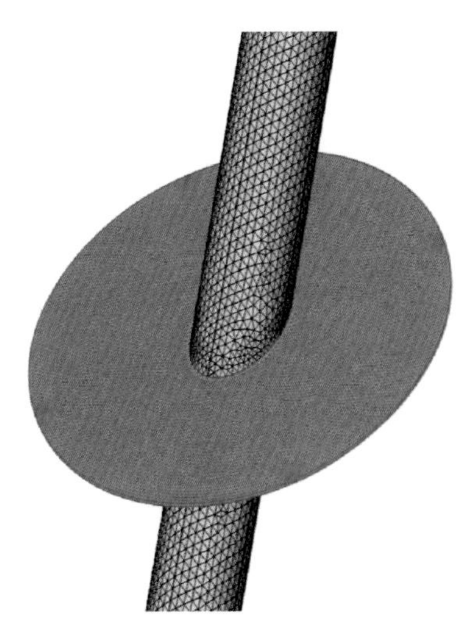

图 3.65　单裂缝网格加密剖分结果

4. 模型验证

为了验证有限元法的准确性，建立了 3D 有限元模型，3D 有限元法是对 Gianzero 等(1985)的方法的扩展。模型为高 40m、半径 20m 的圆柱形地层，地层电阻率从 0.1Ω·m 到 1000Ω·m 变化。以侧向测量为例，考察有限元解与上述公式推导的解析解的计算误差。通过计算侧向电流结果与解析解进行对比，从图 3.66 可以看出，3D 有限元解和解析解在均匀地层中测量电流信号一致性较好，3D 有限元解相对误差小于 1%，说明有限元法可满足计算需要。

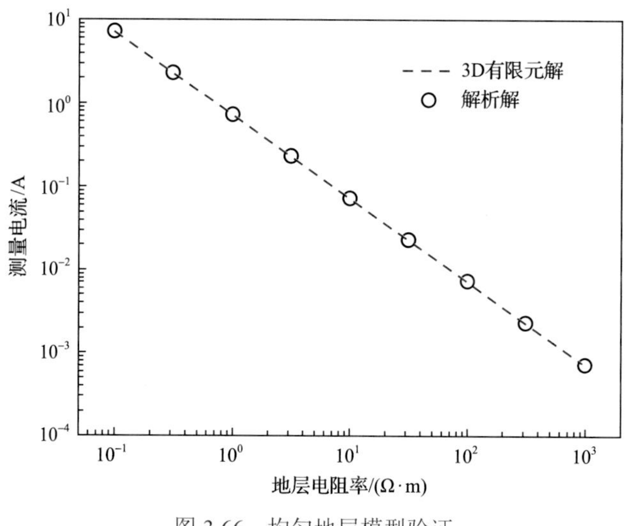

图 3.66　均匀地层模型验证

3.5.2　典型地层测井响应特性与影响因素

随钻电阻率成像测井主要用于水平井和斜度井中，然而其在这类型典型地层的数值模拟研究较少，因此很有必要对其测井响应和影响因素进行考察。为了一次模拟能够获得更多的测井结果，本节中仍然沿用 3.4.1 节的仪器结构参数。同时为了区别不同方位的纽扣电极，将 B_1 的不同方位电极分别定义为 1、3、5、7，而 B_2 的不同方位电极分别定义为 2、4、6、8，数字代表了纽扣在周向上的角度分布差异，越小代表越近，反之亦然。

1. 水平井

随钻电阻率成像测井相比于常规电阻率成像测井的优势是其可以在大斜度井和水平井中应用，为考察仪器在水平井中的测井响应，建立如图 3.67 所示的水平井模型。模型

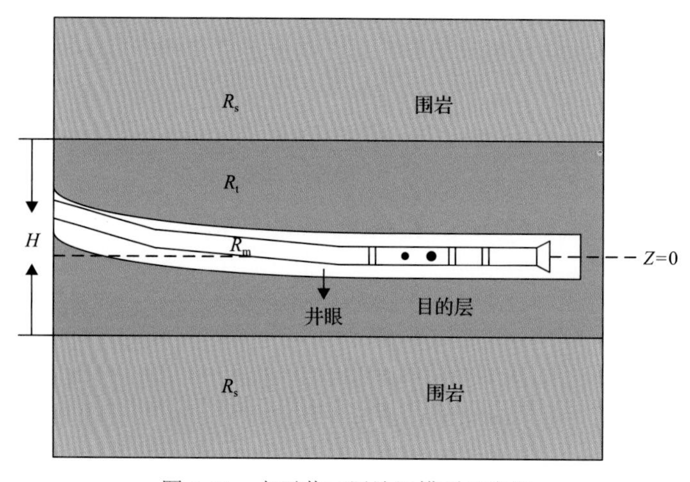

图 3.67　水平井三层地层模型示意图

由三层地层组成，上下层为围岩，电阻率 R_s=1Ω · m，中间层为目的层，电阻率为 R_t =10Ω· m，泥浆电阻率 R_m=0.1Ω· m，仪器位于目的层中，目的层厚度为 H=2m，仪器的初始位置位于目的层中间，坐标为 Z=0，向上靠近地层界面 Z 为正，向下靠近地层界面 Z 为负。仪器在向上接近地层界面过程中，1 号纽扣电极正对地层界面，与地层界面最近，而 5 号纽扣电极距离地层界面最远，向下接近地层界面则情况相反。

图 3.68 为纽扣电极 B_1 和 B_2 不同方位视电阻率与仪器距离地层界面的距离的关系。可以发现 1 号、2 号、4 号、5 号、6 号、8 号纽扣电极与其在直井中的测井响应类似，当仪器靠近地层界面处时，由于电荷的累积，发生“犄角”现象，离开地层界面时也是如此，同时，仪器在地层上下界面处的测井响应不对称。与其相比，3 号和 7 号纽扣电极与地层界面相垂直，仪器接近界面过程中产生的“犄角”现象不明显。八个方位纽扣电极在接近界面时，电阻率变化不同，由此可以实现仪器对地层界面的探测，下面将会对此进行详细介绍。

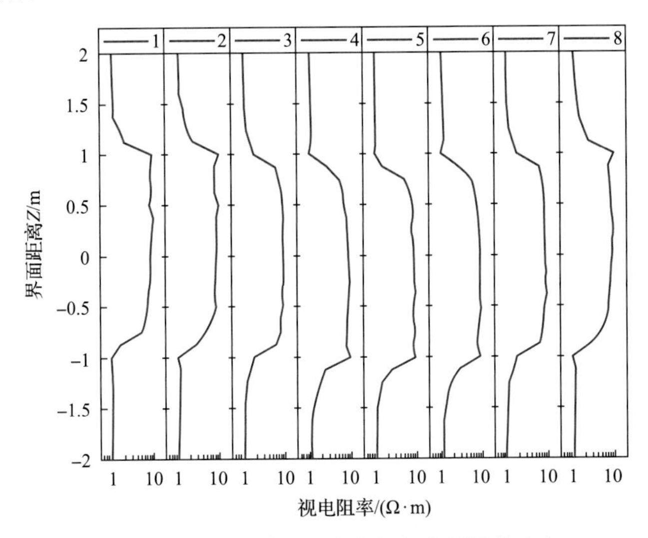

图 3.68　水平井中不同方位纽扣电极测井响应

将 B_1 和 B_2 不同方位纽扣电极测量的视电阻率进行加权平均，可以获得不同探测深度两种电阻率：

$$\begin{cases} R_{a_{B1}} = \dfrac{R_{a_1} + R_{a_3} + R_{a_5} + R_{a_7}}{4} \\ R_{a_{B2}} = \dfrac{R_{a_2} + R_{a_4} + R_{a_6} + R_{a_8}}{4} \end{cases} \tag{3.61}$$

式中，$R_{a_{B1}}$ 、$R_{a_{B2}}$ 为 B_1、B_2 加权平均后的视电阻率；R_{a_1} 、R_{a_3} 、R_{a_5} 、R_{a_7} ，R_{a_2} 、R_{a_4} 、R_{a_6} 、R_{a_8} 分别为 B_1 和 B_2 不同方向的视电阻率。式(3.61)可用于地层电阻率评价。从图 3.69 可以看出，B_1、B_2 和侧向测量的视电阻率相差不大且曲线关于地层对称，该结果与 Shen 等(2000)模拟的双侧向结果类似，钻头测量视电阻率曲线关于地层模型对称，但是模拟视电阻率远远小于目的层真实电阻率(倪卫宁等, 2019)。

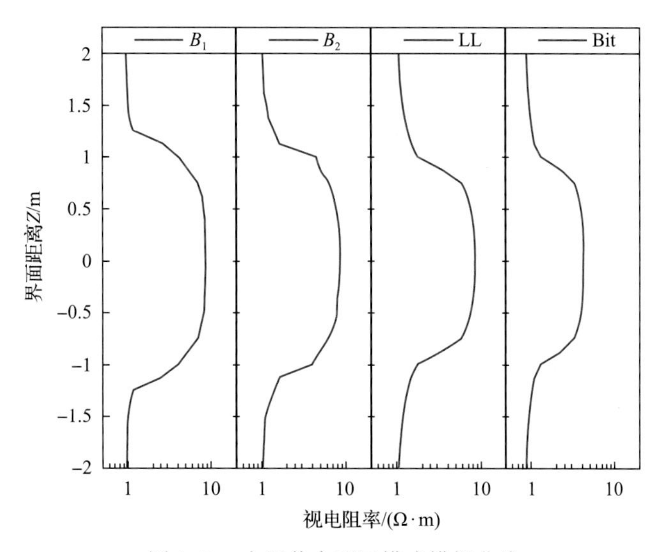

图 3.69 水平井中不同模式模拟曲线

如图 3.70 所示，建立水平两层地层考察仪器对界面的识别能力。地层界面之上地层电阻率 $R_{t1}=1\Omega\cdot m$，地层界面之下地层电阻率为 $R_{t2}=\{1, 10, 100, 1000, 10000\}$，单位为 $\Omega\cdot m$。仪器位于界面之下，逐渐向界面靠近过程中考察仪器的响应特性。式(3.62)定义仪器边界探测参数 DE：

$$DE=\frac{R_0-R_{180}}{0.5\left(R_0+R_{180}\right)}\cdot 100\% \tag{3.62}$$

式中，R_0 为靠近地层界面处纽扣电极测得的视电阻率；R_{180} 为远离地层界面处纽扣电极测得的视电阻率。

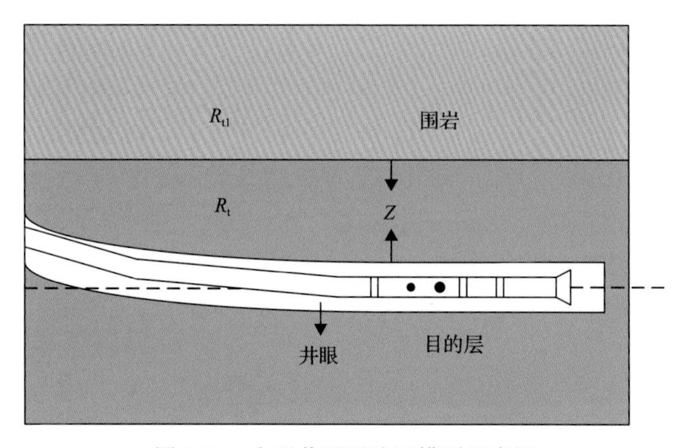

图 3.70 水平井两层地层模型示意图

通过图 3.71 可以看出，当地层对比度为 1，此时相当于均匀地层，理论上 DE=0，但是由于计算误差，DE 值不为 0，但是误差小于 1%。当地层对比度大于等于 10 以后，随着仪器与地层界面的减小，DE 值逐渐增大，且不同地层对比度对 DE 值的影响较小。因此，利用纽扣电极不同方位测得的视电阻率可以预测仪器与水平界面的距离。

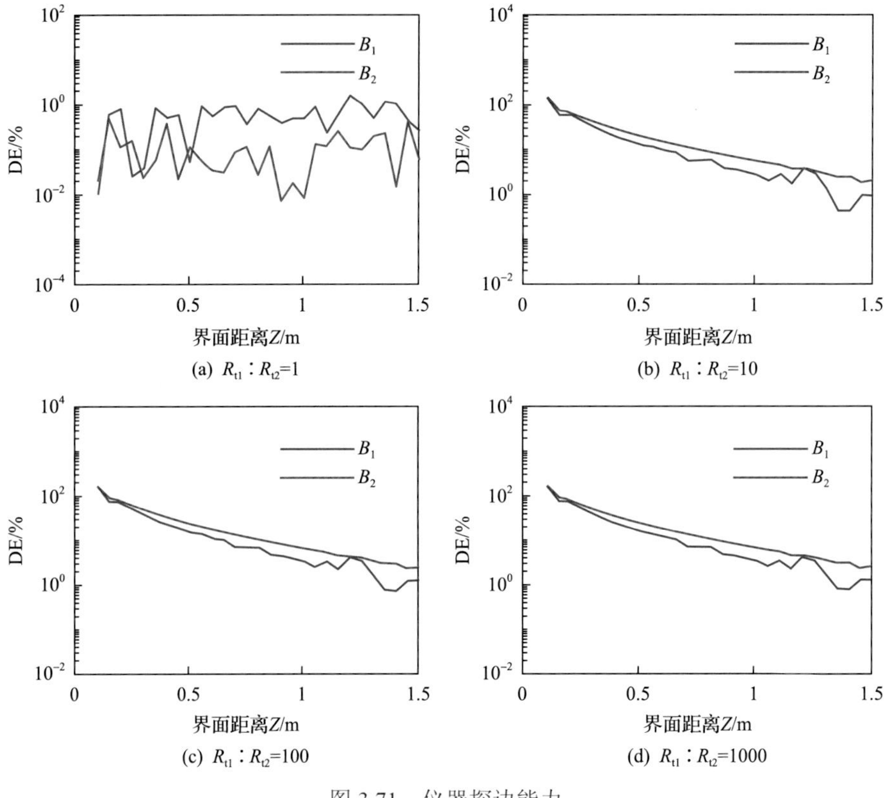

(a) R_{t1} : R_{t2}=1

(b) R_{t1} : R_{t2}=10

(c) R_{t1} : R_{t2}=100

(d) R_{t1} : R_{t2}=1000

图 3.71 仪器探边能力

和直井类似，仪器在水平井中也会受到来自上下层围岩电阻率和其所在目的层厚度的影响。忽略井眼和侵入的影响，利用三层模型计算水平井围岩校正图版，地层电阻率 R_t 取值为 0.2～1000Ω·m，目的层厚度 H 取值为 0.1～10m，上下层围岩电阻率相同，围岩电阻率 R_s 取值为 0.2～1000Ω·m。图 3.72 为围岩电阻率 R_s=5Ω·m 时的水平井围岩校正图版。可以看出，两排纽扣电极合成的两个电阻率测量受到围岩和目的层厚度的影响不可忽略，这与直井不同，直井中纽扣电极纵向分辨率高，因此受到围岩影响小，而水平井中，仪器完全处于目的层中，因此与其纽扣电极分辨率无关，此时纽扣电极受到围岩的影响与其探测深度有关，探测深度越浅，受到的影响越小，因此 B_1 校正系数小于 B_2。同理，侧向测量模式的校正系数小于钻头的校正系数。

2. 斜度井

在钻井过程中，在水平层段钻进之前，需要进行造斜。因此，斜度井在随钻测井中起着非常重要的作用。下面建立纵向三层地层模型，用于考察仪器在斜度井中的测井响应。如图 3.73 所示，模型由三层地层组成，上下层为围岩，电阻率 R_s=1Ω·m，中间层为目的层，电阻率为 R_t=10Ω·m，泥浆电阻率 R_m=0.1Ω·m，仪器位于目的层中，目的层厚度为 H=2m，井斜角从直井的 0°到水平井的 90°变化。在每个井斜角下，仪器沿井轴方向从–5m 到 5m 移动。

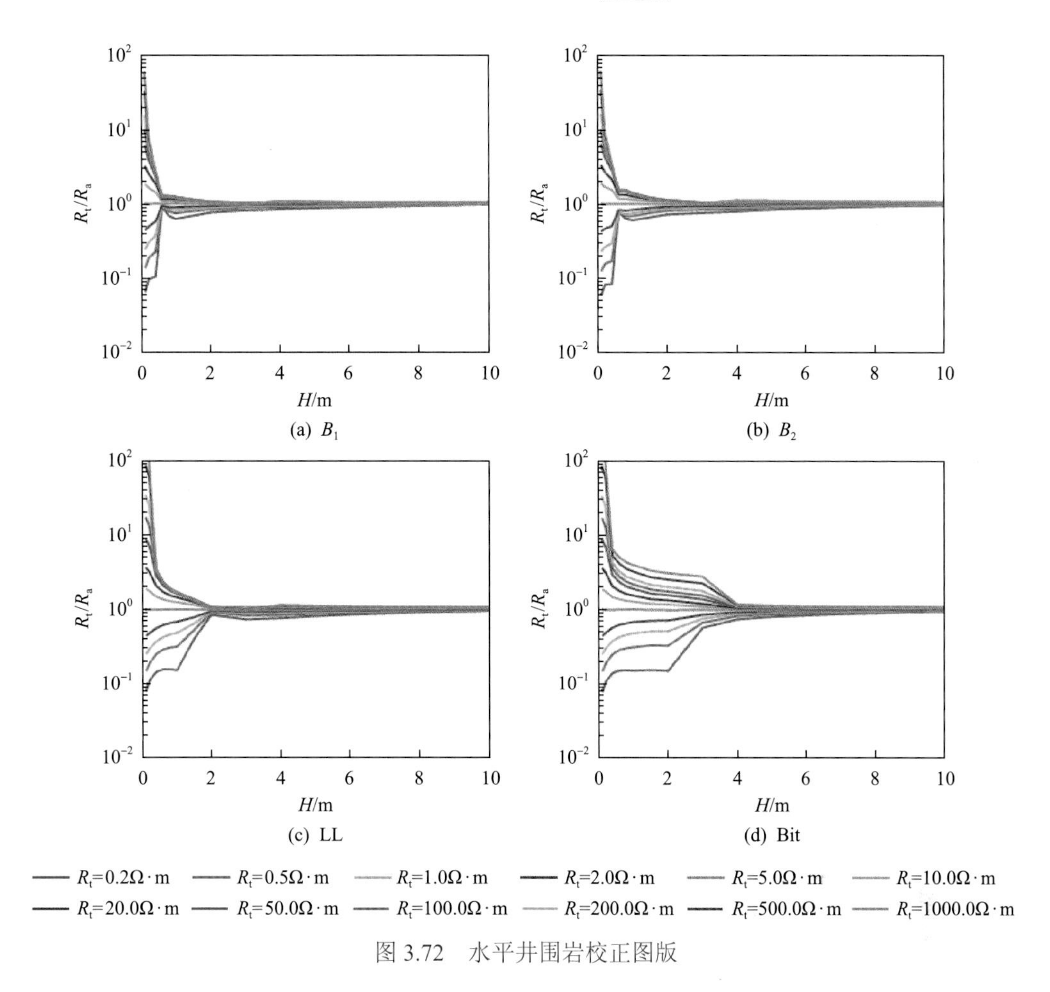

图 3.72　水平井围岩校正图版

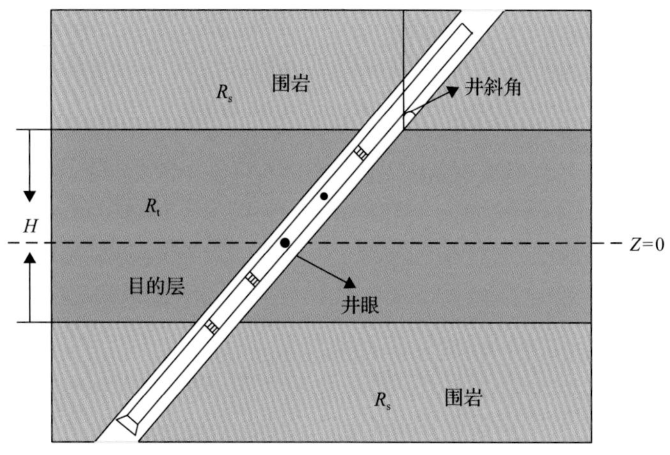

图 3.73　斜度井三层地层模型示意图

图 3.74 为上述模型的测井响应曲线，可以看出，相比于其他两种模式，纽扣电极测量模式在斜度井地层界面处具有较为明显的“犄角”，当井斜角小于 60°时，不同测量模式测量得到的地层视厚度和真实厚度差别较小，而当井斜角大于等于 60°时，测量得

到的视厚度与真实厚度差别较大，特别是井斜角达到 75°时，测量得到的视厚度为真实厚度的 2～3 倍。同时注意到，钻头测量模式受到井眼环境影响较大，测量得到视电阻率和地层电阻率差别较大。当井斜角为 90°时，此时仪器完全处于目的层中，测量曲线为直线。

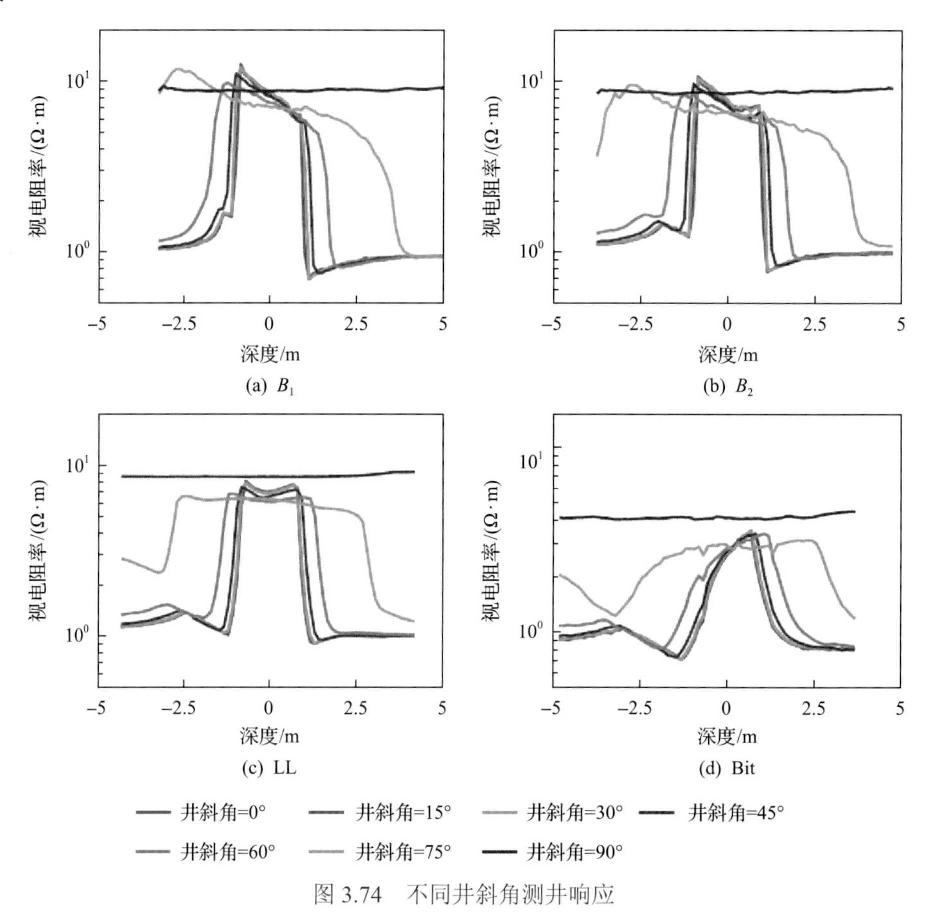

图 3.74　不同井斜角测井响应

同理，建立斜度井两层地层模型考察仪器对界面的响应特性。如图 3.75 所示，界面之上地层为低阻层，其电阻率 R_{t1} =1Ω · m，界面之下地层为高阻层，其电阻率为 R_{t2} =1000Ω · m。仪器从地层上界面逐渐向下钻进，纽扣电极与界面沿着井轴方向的距离定义为 MD。当仪器在界面上定义 MD 为正，当仪器在界面下时定义 MD 为负，仪器与地层界面的夹角为 θ 。

以 B_1 为例，从图 3.76 可以看出，当仪器与界面夹角 θ 为 5°时，距离地层界面最近的 1 号纽扣电极所在方位和距离界面最远的 5 号纽扣电极所在方位的测井曲线之间距离 D_{max} 最大，二者曲线的横坐标在靠近地层界面形成的两个犄角相差 2m。随着夹角 θ 的增大，D_{max} 越来越小，当夹角达到 45°时，不同方向的纽扣电极测量的视电阻率曲线几乎重合，此时不同方位纽扣电极距离地层界面距离增大，因此其测量得到的视电阻率彼此之间差异很小。利用上述结论可知，可以通过绘制不同方位纽扣电极的视电阻率曲线判定仪器和地层之间夹角的大小。

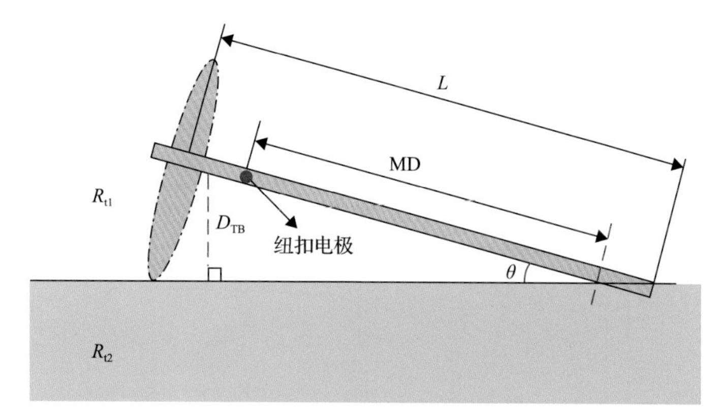

图 3.75　斜井地层界面模型

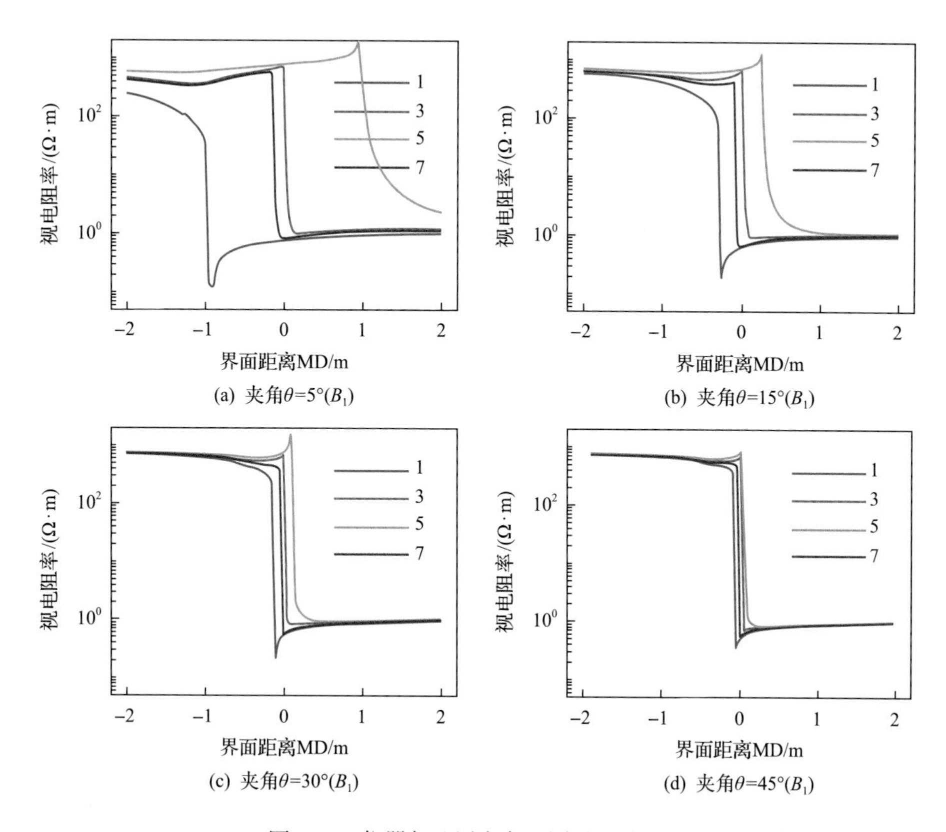

(a) 夹角θ=5°(B_1)　(b) 夹角θ=15°(B_1)

(c) 夹角θ=30°(B_1)　(d) 夹角θ=45°(B_1)

图 3.76　仪器与地层夹角不同时测井响应

为了验证不同地层对比度下该结论的适用性，图 3.75 模型中固定 R_{t2}=1Ω·m 不变，R_{t1} 分别选取 10Ω·m、100Ω·m、1000Ω·m 三个值，即上下地层电阻率对比度 R_{t1} / R_{t2} 分别为 10、100、1000，仪器与地层夹角 θ=5°。从图 3.77 可以看出，界面上下地层电阻率对比度不同时，1 号纽扣电极和 5 号纽扣电极分别获得的犄角位置十分接近，即地层对比度对 D_{max} 影响较小，说明在不同地层情况下均可实现对仪器与地层界面夹角的预测。

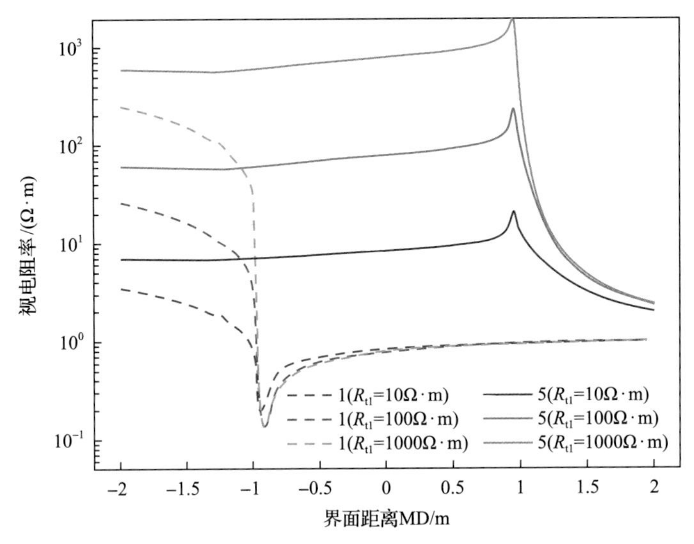

图 3.77　不同地层对比度仪器与地层夹角和地层界面距离 MD 的关系

忽略井眼和侵入的影响，利用图 3.73 所示的三层模型计算不同井斜角下侧向测量模式的围岩校正图版，地层电阻率 R_t 为 0.2～1000Ω·m，目的层厚度 H 为 0.1～10m，上下层围岩电阻率相同，围岩电阻率 R_s 为 0.2～1000Ω·m，井斜角从 0°到 75°变化。

图 3.78 为围岩电阻率 R_s=5Ω·m 时的围岩校正图版。可以看出直井中侧向模式的校正系数最小，当井斜角从 0°到 45°变化时，随着井斜角的增大，校正系数逐渐增大；当井斜角从 45°到 75°变化时，随着井斜角的增大，校正系数逐渐减小。同时，当目的层厚度大于 4m 时，围岩影响显著降低。

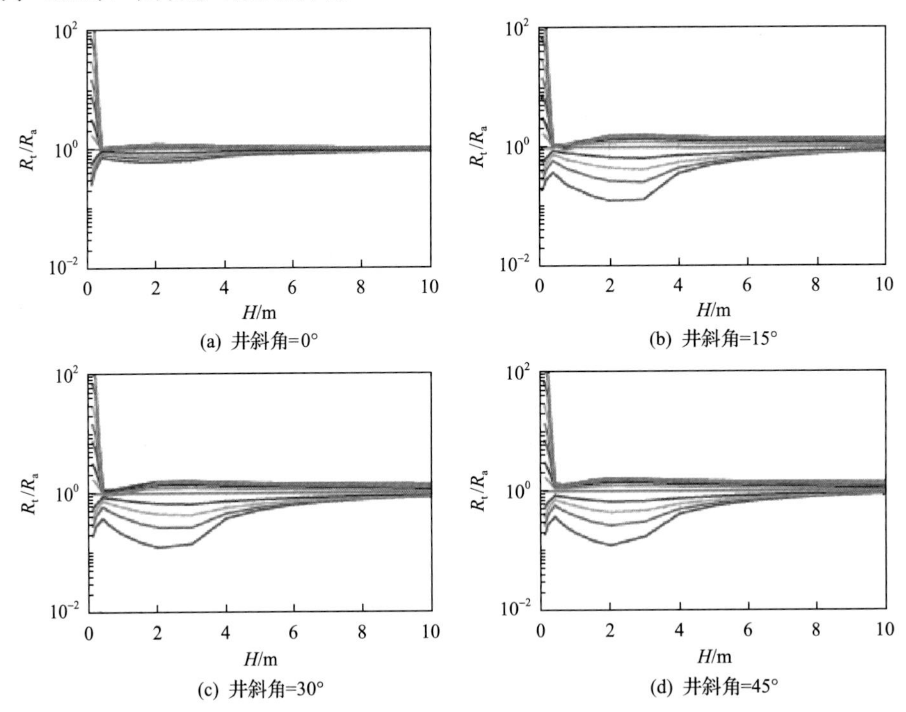

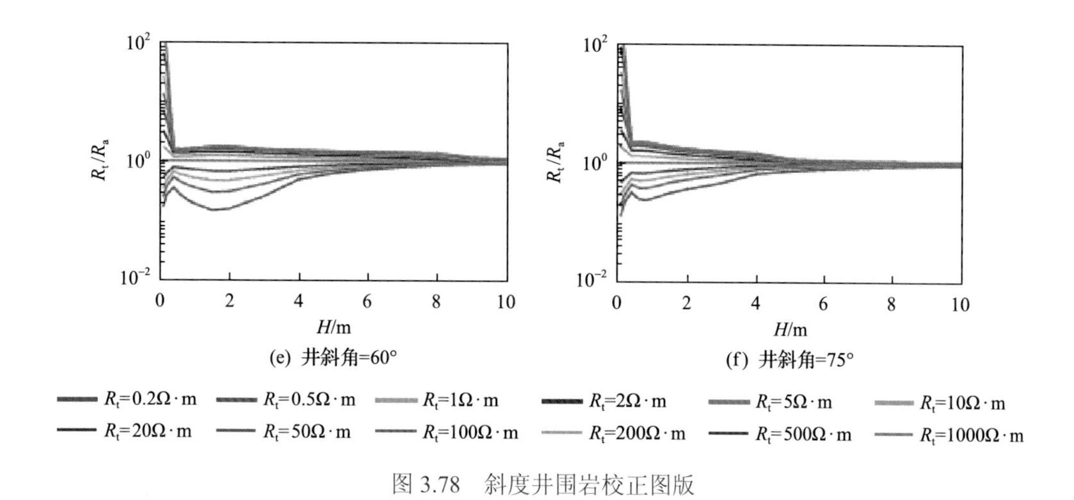

图 3.78 斜度井围岩校正图版

3. 各向异性地层

人们很早就意识到地层具有各向异性这一性质，但是在常规测井中，大多数井为垂直井，地层各向异性对其影响不是很显著，常常被人们忽略。而随着大斜度井和水平井测井活动的增加，地层各向异性成为必须要考虑的因素之一。对随钻电阻率成像测井而言，一般测量的视电阻率为水平视电阻率，在电阻率各向异性地层中，地层的垂直电阻率与水平电阻率不同，因此测量的水平视电阻率会受到垂直电阻率的影响。

所以主要考察地层电阻率各向异性系数对测量结果的影响，此时地层电阻率 R 由常规的标量变为式(3.63)所示的张量：

$$R=\begin{bmatrix} R_{xx} & R_{xy} & R_{xz} \\ R_{yx} & R_{yy} & R_{yz} \\ R_{zx} & R_{zy} & R_{zz} \end{bmatrix} \tag{3.63}$$

模拟中只考虑地层水平和垂直两个方向电阻率，设在地层水平方向上电阻率为 R_h，垂直方向上电阻率为 R_v，于是电阻率张量式(3.63)可以简化为

$$R=\begin{bmatrix} R_h & 0 & 0 \\ 0 & R_h & 0 \\ 0 & 0 & R_v \end{bmatrix} \tag{3.64}$$

首先模拟无限大各向异性地层中，井斜角对地层视电阻率的影响。模拟中地层水平电阻率 R_h 固定为 10Ω·m，地层垂直电阻率 R_v 分别为 10Ω·m、20Ω·m、50Ω·m、100Ω·m，即地层各向异性系数 $\lambda^2 = R_v / R_h$ 为 1、2、5、10，地层井斜角从 0°(垂直井)到 90°(水平井)变化。图 3.79 为不同测量模式的模拟结果，横坐标为井斜角，纵坐标为地层水平视电阻率和模型水平电阻率的比值。可以看出，当 λ^2=1 时，此时为无限大各向同性地层，测量得到的水平视电阻率即为地层真实电阻率，因此纵坐标比值为 1；当 λ^2 分别为 2、5、

10 时且井斜角小于 30°时，测量结果只与地层各向异性系数有关，地层各向异性系数越大，将水平视电阻率看成地层视电阻率带来的误差越大，但水平视电阻率和水平电阻率比值最多不超过 1.55；当 λ^2 分别为 2、5、10 时且井斜角大于 30°时，地层测量结果会受到井斜角度和地层各向异性系数的共同影响，且二者数值越大，影响越明显。但水平视电阻率和水平电阻率比值最多不超过 2。综合上述结果可以看出，随钻电阻率成像测井由于其测量频率低可近似为直流电，因此其受到地层各向异性系数影响较小，说明其在各向异性地层中具有较好的适用性。

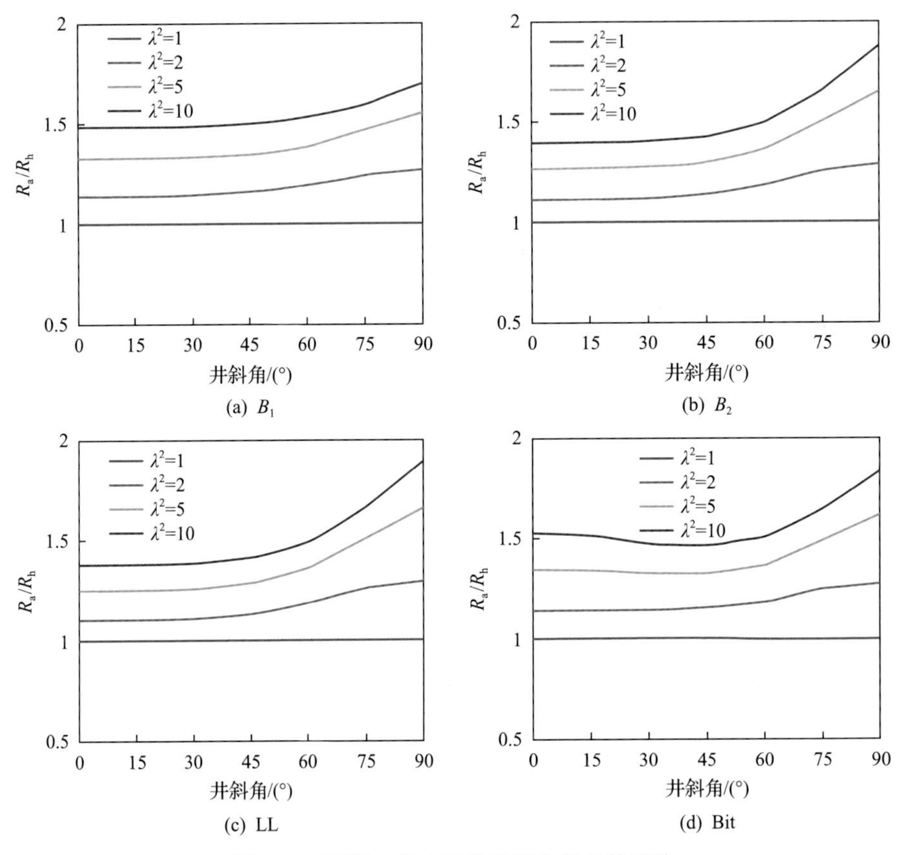

图 3.79 无限大各向异性地层井斜角的影响

同时，模拟不同目的层厚度各向异性地层对水平视电阻率的层厚度 H 分别为 0.1m、0.2m、0.5m、1m，围岩电阻率为 1.0Ω·m，目的层水平电阻率为 10Ω·m，目的层垂直电阻率为 10Ω·m、20Ω·m、50Ω·m、100Ω·m，各向异性参数 λ^2 分别为 1、2、5、10。图 3.80 为纽扣电极 B_1 的模拟结果，可以看出，地层厚度越小，地层水平视电阻率越低，目的层受到围岩的影响越明显，地层各向异性参数越大，目的层地层水平视电阻率越大。值得庆幸的是，地层各向异性参数不同时，测量得到地层的视厚度几乎不变，使得利用电阻率曲线划分地层视厚度时无须考虑地层各向异性参数对其的影响。也从另外一个角度说明，地层各向异性对随钻电阻率测井的影响是有限的。

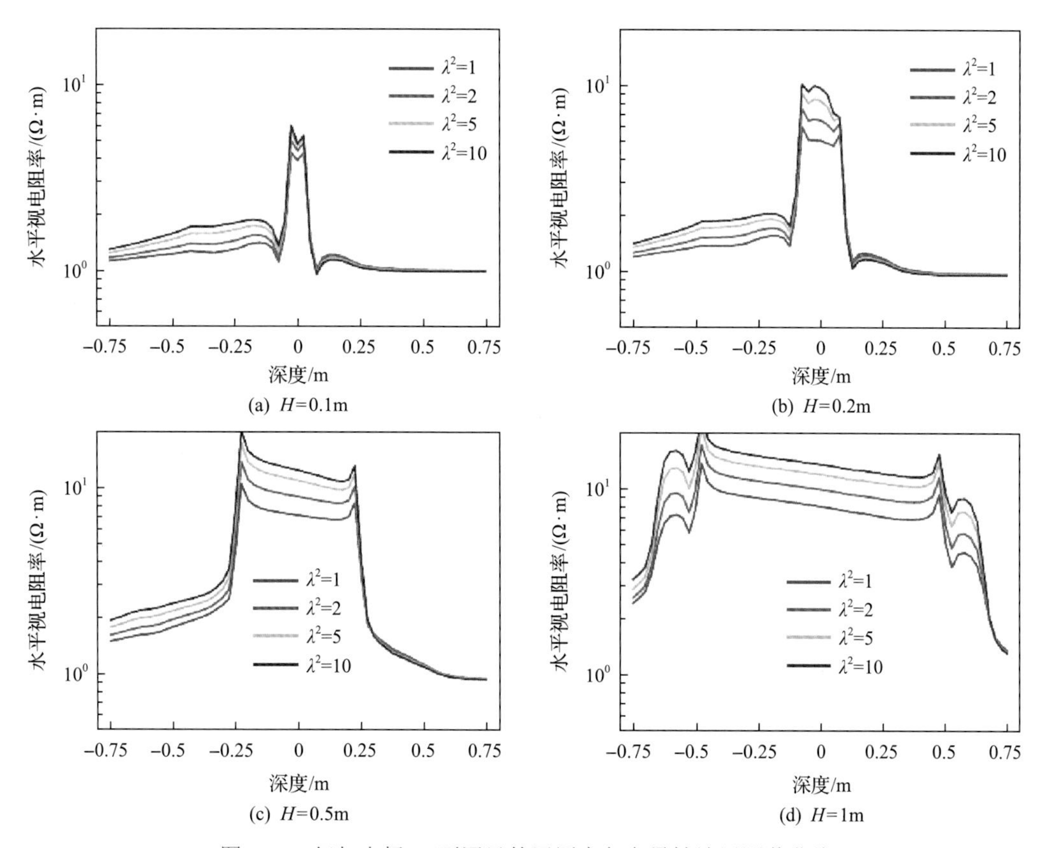

(a) H=0.1m　(b) H=0.2m　(c) H=0.5m　(d) H=1m

图 3.80 纽扣电极 B_1 不同目的层厚度各向异性地层测井曲线

3.5.3 裂缝地层测井响应特性与影响因素

碳酸盐、火山岩等地层具有非均质强、测井预测难度大的特点，随钻电阻率成像测井对该类储层具有较好的应用效果。含裂缝地层非均质较强且测井响应机理复杂，研究其测井响应机理对测井解释具有重要的意义。传统的实验室物理模拟洞穴响应机理历时久，且不经济。基于 3D 有限元法，实现了对单一裂缝和网状裂缝的随钻电阻率成像测井响应模拟。表 3.5 为单裂缝测量信号影响因素模拟参数列表，裂缝倾向为正北方位，考察了裂缝张开度、延伸度、电阻率对比度和倾角对测量信号的影响。

表 3.5 单裂缝测量信号影响因素模拟参数列表

影响因素	张开度/mm	延伸度/m	裂缝电阻率/(Ω·m)	倾角/(°)	泥浆电阻率/(Ω·m)	背景地层电阻率/(Ω·m)
张开度	0.1～5	0.5	1	0～75	1	100
延伸度	5	0.1～0.5	1	0～45	1	100
电阻率对比度	5	0.5	1	0	0.1～20	100
倾角	5	0.5	1	0～75	1	100

图 3.81 为网状裂缝模型展开示意图，裂缝 1 与裂缝 2 倾向为正东，裂缝 3、裂缝 4

和裂缝 5 倾向为正西。五条裂缝具有不同的延伸度和倾角，图 3.81 将对这些影响因素进行直观的分析。

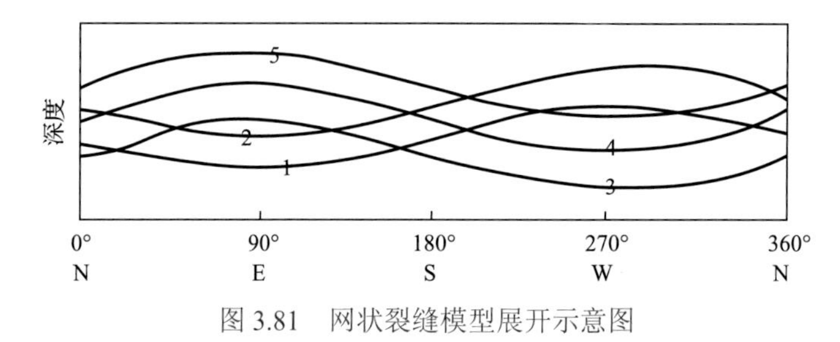

图 3.81　网状裂缝模型展开示意图

表 3.6 为网状裂缝影响因素模拟参数列表。表中某一参数改变时，对应参数顺序分别为编号为 1 的裂缝到编号为 5 的裂缝。

表 3.6　网状裂缝影响因素模拟参数列表

影响因素	张开度/mm	延伸度/m	裂缝电阻率/(Ω·m)	倾角/(°)	泥浆电阻率/(Ω·m)	背景地层电阻率/(Ω·m)
延伸度	5	0.1, 0.2, 0.3, 0.4, 0.5	1	45	1	100
倾角	5	0.5	1	15, 30, 45, 60, 75	1	100

1. 泥浆电阻率和井眼尺寸

图 3.82 为经过电阻率线性刻度的网状裂缝的成像结果。模型中五条裂缝的张开度为 5mm，延伸度为 0.5m，倾角为 45°，裂缝电阻率和泥浆电阻率为 1Ω·m，背景地层电阻率为 100Ω·m，井眼直径为 8.5in，钻铤直径为 6.75in，纽扣电极向钻铤外径延伸 2mm，纽扣电极距离井壁为 0.0182m。可以看出，大小纽扣电极的成像结果类似，而且粗略估算，图像的裂缝张开度与模型的裂缝张开度相差较远，此时纽扣电极对裂缝的成像效果较差。与其相比，电缆式成像测井仪采用贴井壁的测量方式，获得了良好的成像结果。由此推测，图 3.82 的成像结果较差很可能受井眼环境的影响。

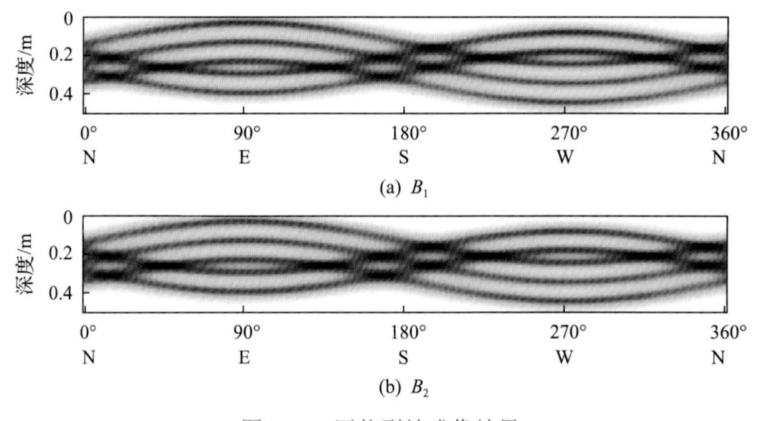

图 3.82　网状裂缝成像结果

为了考察影响成像分辨率的因素，建立水平单裂缝地层模型。裂缝张开度为 5mm，裂缝电阻率和泥浆电阻率一致，从 0.01Ω·m 到 20Ω·m 变化。背景地层电阻率为 100Ω·m，井眼直径为 8.5in。图 3.83 为仪器在纵向上采集数据获得的测井曲线，裂缝位于深度 0m 处。可以看出，不同泥浆电阻率下，测井曲线不同。泥浆电阻率越大，仪器在裂缝处测量的视电阻率越小，仪器对裂缝的分辨率越高。但是在该泥浆电阻率范围内，仪器对裂缝的分辨率较差，距离裂缝张开度 5mm 相差较大，而且小纽扣电极 B_1 和大纽扣电极 B_2 对裂缝分辨率接近。总而言之，泥浆电阻率对裂缝有影响，在大井眼(或者纽扣电极距离井壁距离较大)时，很难获得可观的裂缝分辨率。图 3.84 为固定泥浆电阻率为 1Ω·m，井眼直径从 6.75in(无井眼，仅存在钻铤)到 8.5in 变化时的测井曲线。可以看出随着井眼直径的减小，仪器对裂缝的分辨率不断提高，当井眼直径为 7in 时，纽扣电极距离井壁 1mm，此时仪器对裂缝的分辨率与纽扣电极尺寸接近，其中小纽扣电极 B_1 分辨率为 10mm，大纽扣电极 B_2 分辨率为 25.4mm。

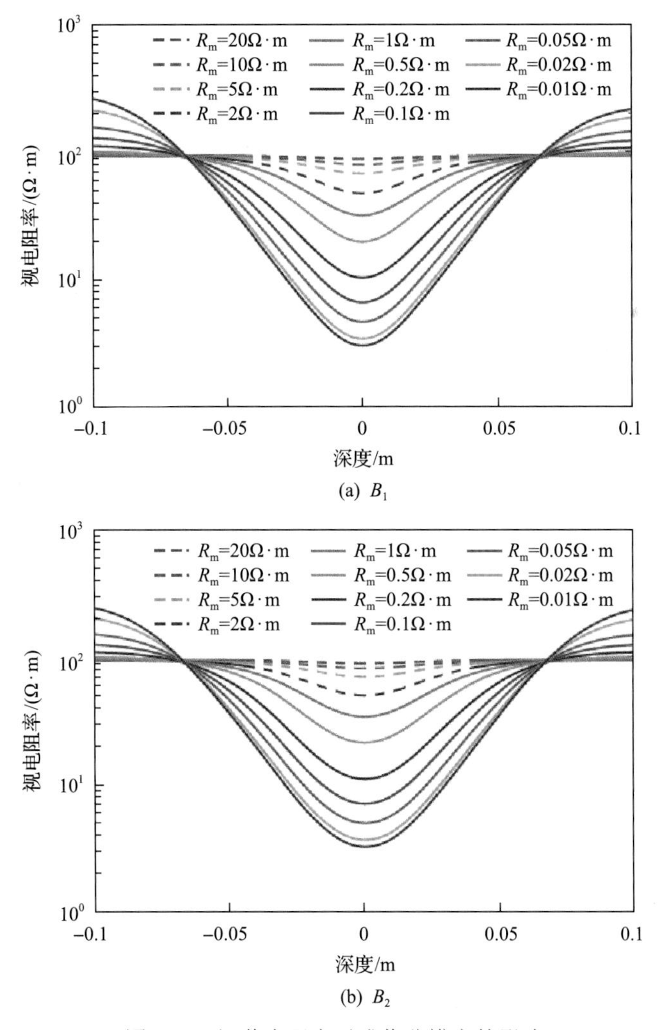

(a) B_1

(b) B_2

图 3.83　泥浆电阻率对成像分辨率的影响

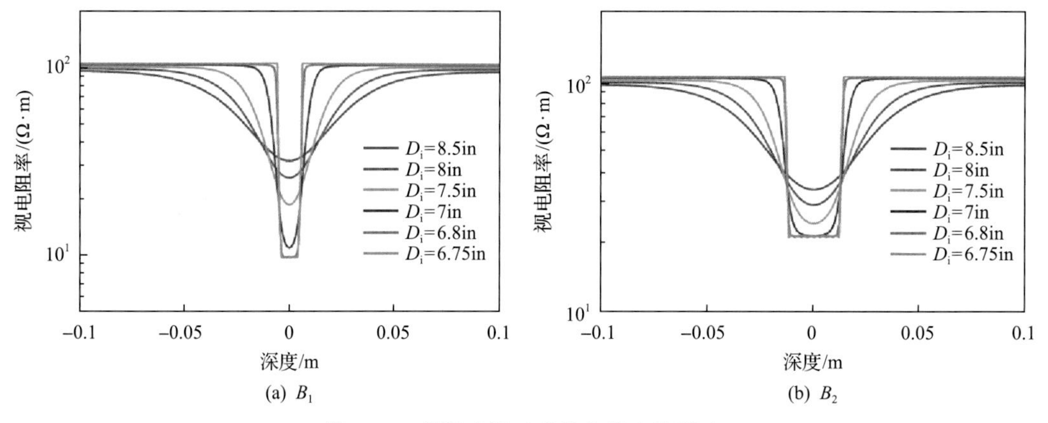

(a) B_1　　(b) B_2

图 3.84　井眼直径对成像分辨率的影响

通过图 3.84 可以看出井眼直径的大小对仪器成像分辨率具有较大的影响，当井壁与纽扣电极距离较小时，仪器对裂缝分辨率较高，在随钻电阻率成像仪器设计中，一般纽扣电极会从钻铤向外延伸几毫米的距离，而在测量中，井眼直径的变化导致纽扣电极不会一直贴在井壁上。图 3.85 为纽扣电极与井壁距离对测量电流的影响，可以看出，对 B_1 而言，当纽扣电极与井壁距离大于 1mm 时，测量电流开始变小，与其相比，当纽扣电极与井壁距离大于 3mm 时，B_2 的测量电流开始变小，说明 B_1 受到井眼环境的影响大于 B_2。

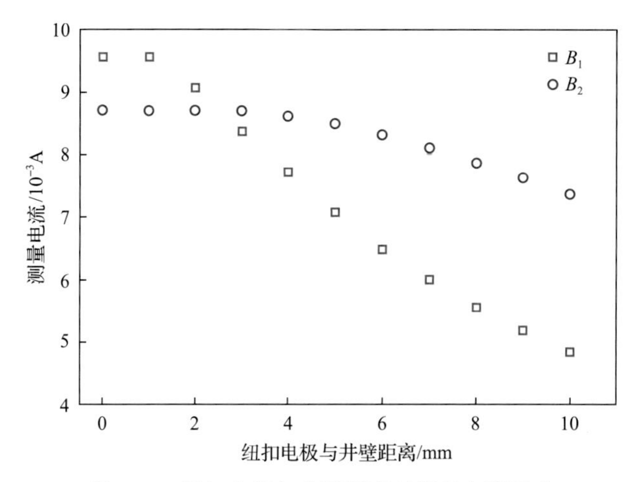

图 3.85　纽扣电极与井壁距离对测量电流影响

同时，建立两条水平裂缝模型(双缝模型)，通过改变二者之间的距离 h 考察仪器对裂缝的分辨率。模型中，双缝的张开度均为 5mm，裂缝和泥浆电阻率为 1Ω·m，井眼直径为 7in，纽扣电极距离井壁 1mm，双缝之间距离分别从 0.1in 到 1.4in 变化，两条裂缝关于深度 0m 处对称分布。图 3.86 为双缝模型模拟结果，可以看出对于 B_1，当双缝间距小于 0.4in 时，测井曲线为一个谷底，此时无法分辨出双缝，而当双缝间距大于等于 0.4in 时，测井曲线为两个谷底，此时可以分辨出双缝的存在。因此，井眼直径为 7in，纽扣电极距离井壁 1mm 时，B_1 的分辨率与其纽扣电极尺寸相同，为 0.4in(10mm)。同理，B_2

的分辨率与其纽扣电极尺寸相同，为 1in(25.4mm)。该结论与单缝模拟结果一致，即当纽扣电极距离井壁距离为 1mm 左右时，仪器对裂缝的分辨率与纽扣电极直径接近。

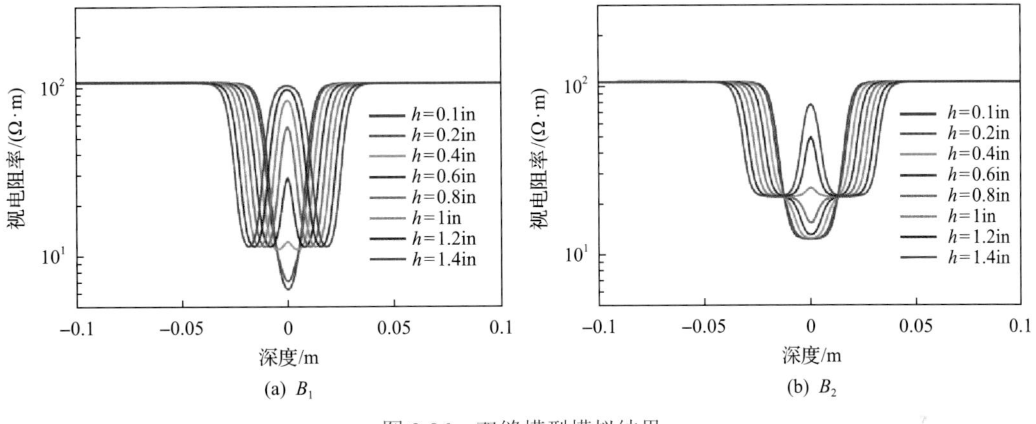

图 3.86 双缝模型模拟结果

2. 裂缝张开度

裂缝张开度作为裂缝的参数之一，在定量描述裂缝中起着重要的作用。通过正演模型建立裂缝张开度解释模型对复杂裂缝地层的测井解释具有指导作用。图 3.87 为不同裂缝张开度情况下水平裂缝测井曲线，其中裂缝延伸度为 0.5m，泥浆电阻率和裂缝电阻率为 1Ω·m，背景地层电阻率为 100Ω·m，裂缝张开度 W 从 0.05mm 到 5mm 变化。可以看出，随着裂缝张开度的增大，在裂缝中心处的测量电流不断增大。裂缝张开度均小于两个纽扣电极的分辨率，因此不同张开度的测井曲线在纵向上形成的曲线宽度较接近，同时与纽扣电极分辨率接近，不同张开度下，小纽扣电极 B_1 测井曲线宽度为 10mm，大纽扣电极 B_2 测井曲线宽度为 25.4mm。

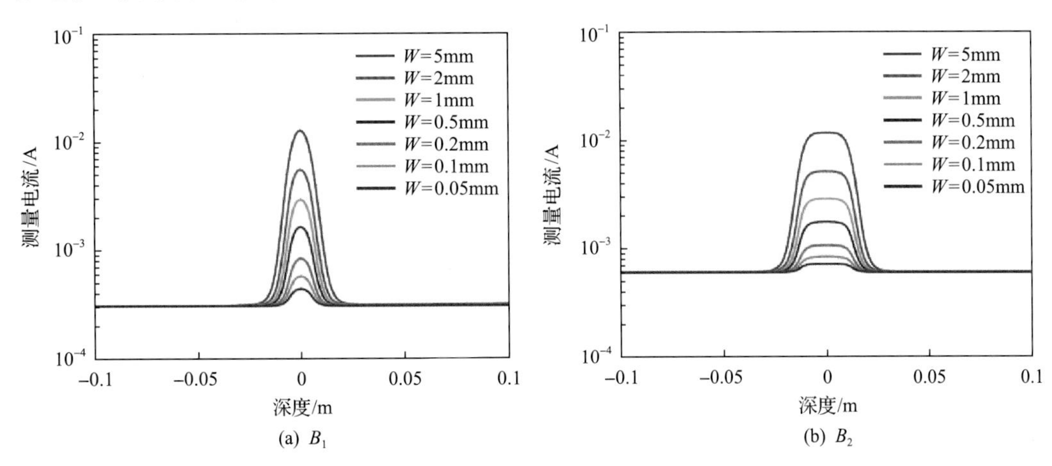

图 3.87 不同裂缝张开度下水平裂缝模拟曲线结果

裂缝的存在导致测量电流在裂缝中心处形成异常，Luthi 和 Souhaite(1990) 建立的张开度解释模型中引入异常体电流面积这个概念。异常体电流面积 A 在计算中为图 3.87 不同曲线的面积积分所得，通过图 3.88 可以看出，异常体电流面积与裂缝张开度 W 具有较好的线性关系，这与电缆井壁电阻率成像测井得到的关系一致。

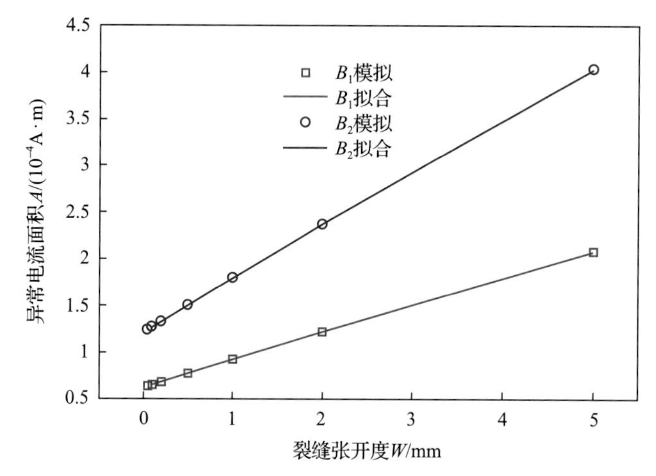

图 3.88　裂缝处异常体电流面积与裂缝张开度关系

除了上述异常体电流面积的概念外，还可以用最大电流对比度分析裂缝引起的测量电流的变化。定义裂缝中心处最大电流为 I_{max}，背景地层处最小电流为 I_{min}，二者比值的大小反映出测量信号的变化幅度。

下面建立不同倾角的单裂缝模型，通过改变裂缝张开度进一步定量研究裂缝张开度与测量信号的关系。模型中，裂缝倾角从 0°到 75°变化，裂缝张开度从 0.1mm 到 5mm 变化，裂缝电阻率和泥浆电阻率为 1Ω·m，背景地层电阻率为 100Ω·m。

图 3.89 为模拟结果，可以看出对于不同倾角的单裂缝，随着裂缝张开度的增大，I_{max}/I_{min} 不断增大，当倾角小于 60°时，二者呈现出线性关系，特别是当裂缝张开度小于 1mm 时，不同裂缝倾角 ψ 均呈现出较强的线性关系，同时，在一般裂缝地层中，裂缝张开度小于 1mm，因此裂缝张开度与测量信号的线性关系对建立裂缝张开度计算模型具有重要的意义。

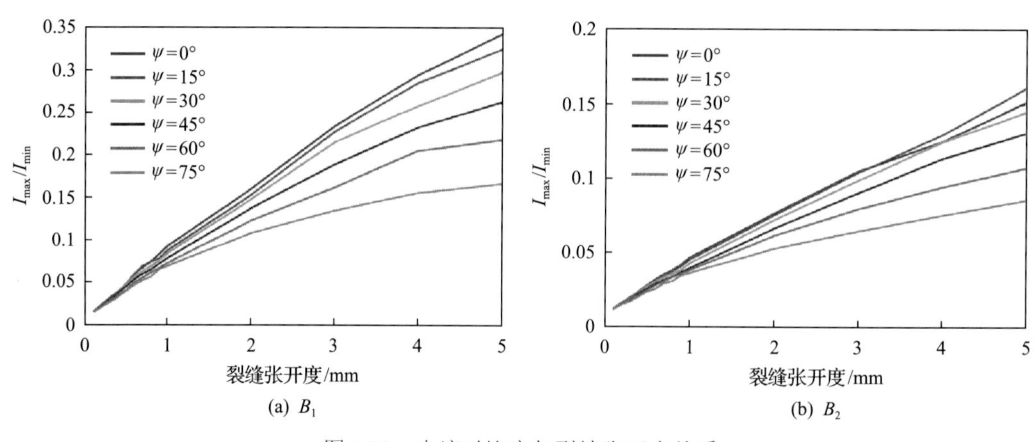

图 3.89　电流对比度与裂缝张开度关系

3. 裂缝延伸度

裂缝延伸度作为裂缝的参数之一，和张开度一起决定油气的储量。模拟不同延伸度的测量信号曲线的模型中，裂缝张开度为 5mm，泥浆电阻率与裂缝电阻率为 1Ω·m，背景地层电阻率为 100Ω·m，裂缝延伸度 E_x 从 0.1m 到 0.5m 变化，模拟水平裂缝、斜裂缝和网状裂缝三种情况下裂缝延伸度对视电阻率的影响。

图 3.90 为水平裂缝不同延伸度下测井曲线，可以看出，在裂缝中心处，随着裂缝延伸度的增大，测量信号逐渐减小，但是减小幅度较小。图 3.91 给出了裂缝异常体电流面积 A 与水平裂缝延伸度的关系。可以直观地看出，异常体电流面积 A 与裂缝延伸度呈幂指数关系，水平裂缝延伸度对测量电流影响有限，特别是延伸度大于 0.3m 后，延伸度对视电阻率的影响可以忽略。图 3.92 是电流对比度 I_{max}/I_{min} 与水平裂缝延伸度的关系，可以看出规律性与图 3.91 一致。

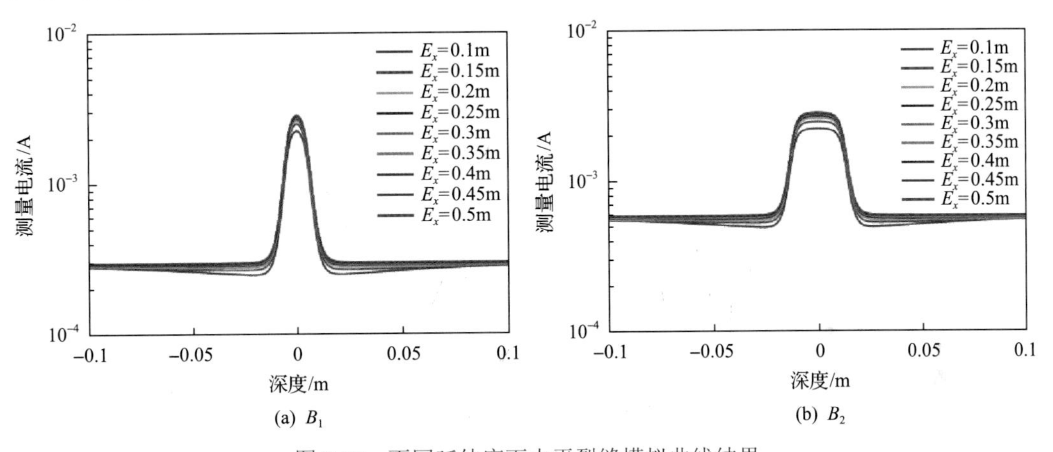

图 3.90　不同延伸度下水平裂缝模拟曲线结果

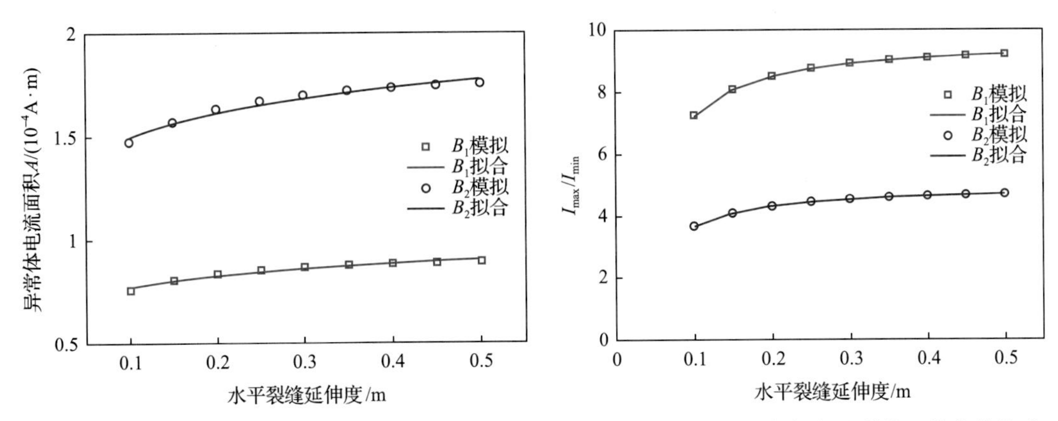

图 3.91　异常体电流面积与水平裂缝延伸度的关系　　图 3.92　电流对比度与水平裂缝延伸度的关系

以 B_1 为例，分析斜裂缝中延伸度对测量电流的影响，模型中，裂缝倾角为 45°，倾向为正北，因此 3 号纽扣电极和 7 号纽扣电极靠近裂缝，而 1 号纽扣电极和 5 号纽扣电极远离裂缝，其他模型参数与上述水平裂缝的情形一致。从图 3.93 可知，随着裂缝延伸度的增大，1 号纽扣电极和 5 号纽扣电极测量电流变化较小，由于对称分布二者曲线重合，而 3 号纽扣电极和 7 号纽扣电极测量电流则变化较大，曲线重合且变化幅度处于一个数量级。相比于水平裂缝，斜裂缝受到裂缝延伸度的影响更大。

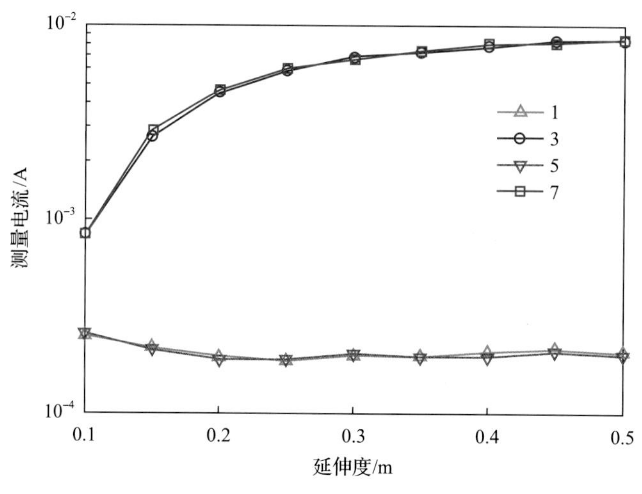

图 3.93　测量电流与斜裂缝延伸度的关系

同时，模拟裂缝延伸度对网状裂缝的影响。裂缝模型与图 3.81 一致，设置裂缝 1 到裂缝 5 的延伸度分别为 0.1m、0.2m、0.3m、0.4m、0.5m。通过图 3.94 成像结果发现，裂缝 1 在图像上未显示，而其他裂缝在图像上均有显示，而且裂缝延伸度越大，裂缝颜色越暗。因此，裂缝延伸度小于等于 0.1m 在图像上无法显示。

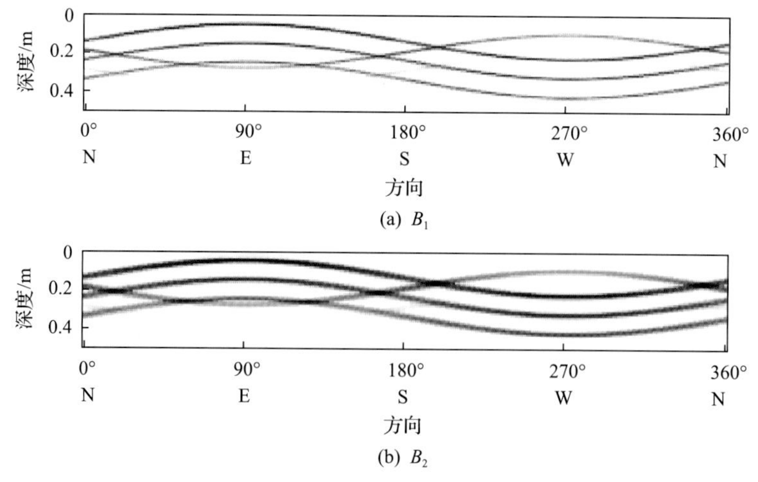

(a) B_1

(b) B_2

图 3.94　不同裂缝延伸度成像结果

4. 电阻率对比度

虽然随钻电阻率成像测井仪纽扣电极距离井壁很近，但是井筒中仍然存在泥浆，同时泥浆侵入裂缝，使得测量范围内的裂缝中充满了泥浆。为了定量研究泥浆电阻率和背景地层电阻率对比度对成像结果的影响，建立水平单一裂缝模型，模型中，泥浆电阻率和裂缝电阻率从 0.1Ω·m 到 20Ω·m 变化，背景地层电阻率为 100Ω·m，裂缝张开度为 5mm。图 3.95 为不同泥浆电阻率的模拟结果，可以看出，随着泥浆电阻率的增大，裂缝处的测量电流逐渐减小。对图 3.95 中的测量曲线进行积分，得到图 3.96。横坐标为泥浆电阻率与背景地层电阻率比值 R_m/R_b，纵坐标为异常体电流面积 A。可以看出，当 $R_m/R_b<0.02$ 时，其与 A 具有较好的线性关系；而当 $R_m/R_b>0.02$ 时，利用线性拟合得到的 A 与实际误差较大。这一关系与电缆式井壁电阻率成像仪不同，电缆式井壁电阻率成像测井可以在 R_m/R_b 较宽范围内保持良好的线性关系。

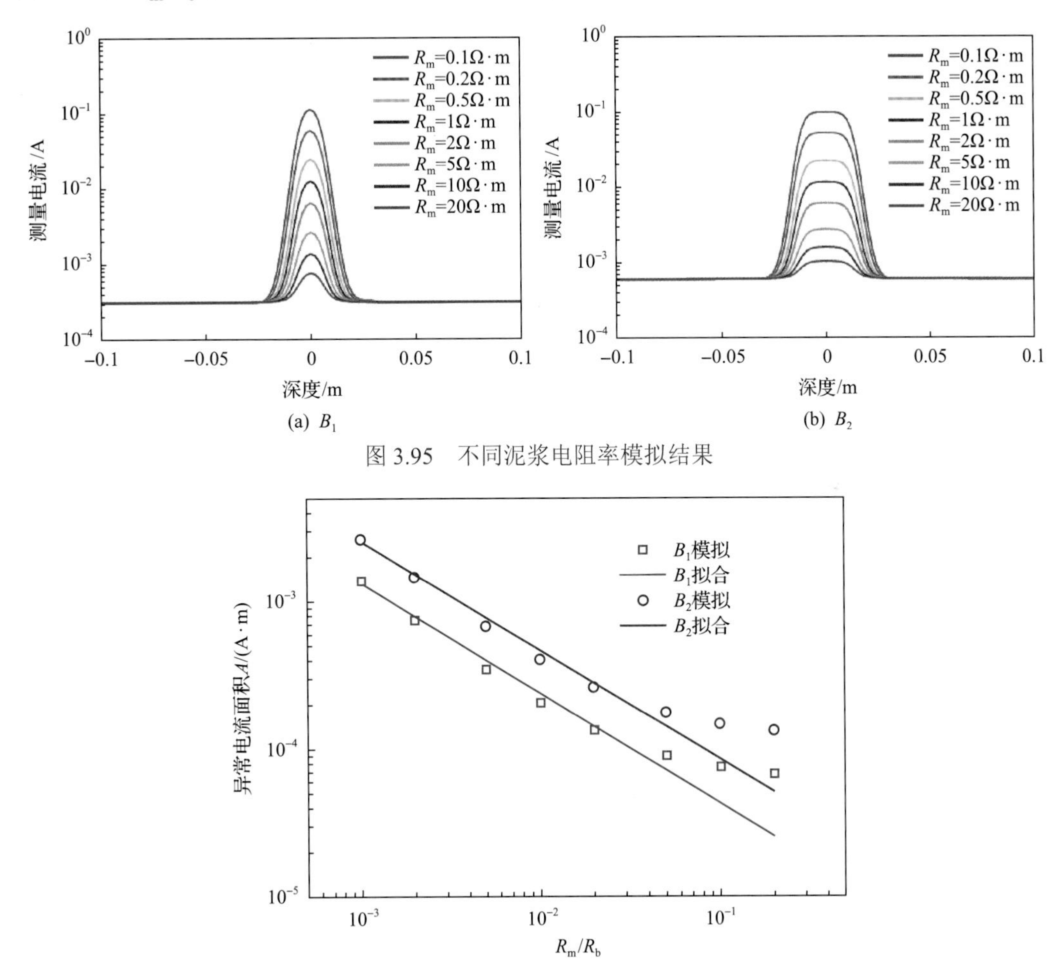

图 3.95 不同泥浆电阻率模拟结果

图 3.96 异常体电流面积与电阻率对比度的关系

为了定量考察泥浆电阻率与背景地层电阻率对比度和最大电流对比度的关系，提取了图 3.95 裂缝处电流对比度，采用双对数坐标系绘制出图 3.97。可以看出，随着电阻率对比度的增大，测量信号的变化呈现出线性变化。图 3.97 是固定背景地层电阻率情况下得到的结果。图 3.98 为固定泥浆电阻率 1Ω·m，背景地层电阻率从 10Ω·m 到 1000Ω·m 变化时的情形。可以看出此时电阻对比度和测量信号仍然呈线性关系。不同的是，前者是线性递减，而此时为线性递增。对比图 3.97 和图 3.98 可以看出，在合适的泥浆电阻率和地层电阻率范围内，电阻率对比度和测量信号的线性关系不受泥浆电阻率和背景地层电阻率的影响。

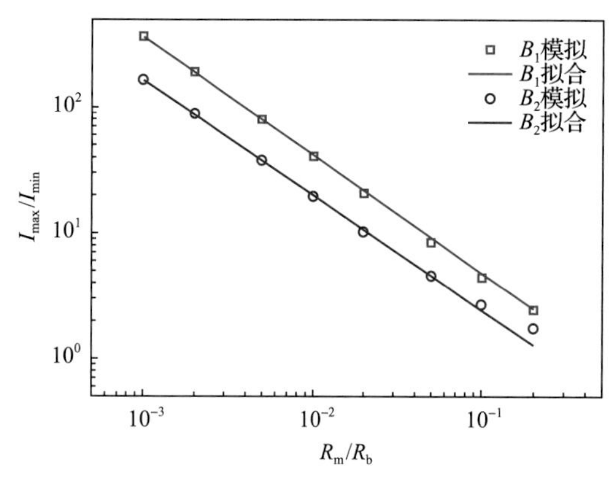

图 3.97　固定背景地层电阻率情况下测量电流对比度与电阻率对比度关系

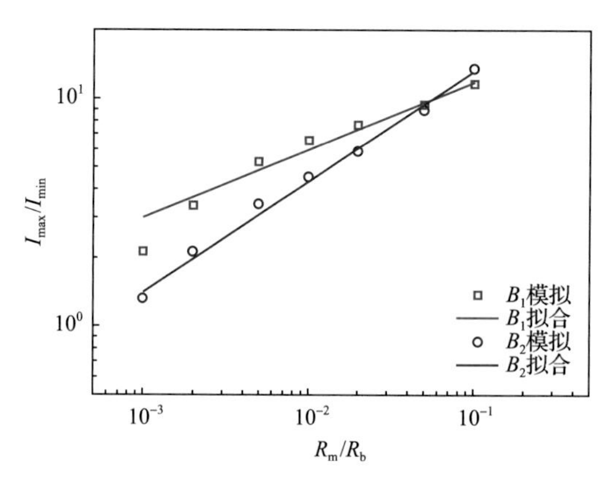

图 3.98　固定泥浆电阻率情况下测量电流对比度与电阻率对比度关系

5. 裂缝倾角

裂缝产状对成像结果有一定的影响，同时也是裂缝张开度模型建立时需要考虑的因素之一。此处主要考察裂缝倾角不同时测量结果的变化。模型中裂缝张开度为 5mm，泥浆电阻率和裂缝电阻率为 1Ω·m，背景地层电阻率为 100Ω·m，裂缝倾角从 0°到 75°变化。图 3.99 为模拟结果，当裂缝倾角小于 45°时，随着裂缝倾角的增大，测井曲线幅度变化较小；而当裂缝倾角大于 45°时，随着裂缝倾角的增大，测井曲线幅度变宽且变化幅度较为明显。

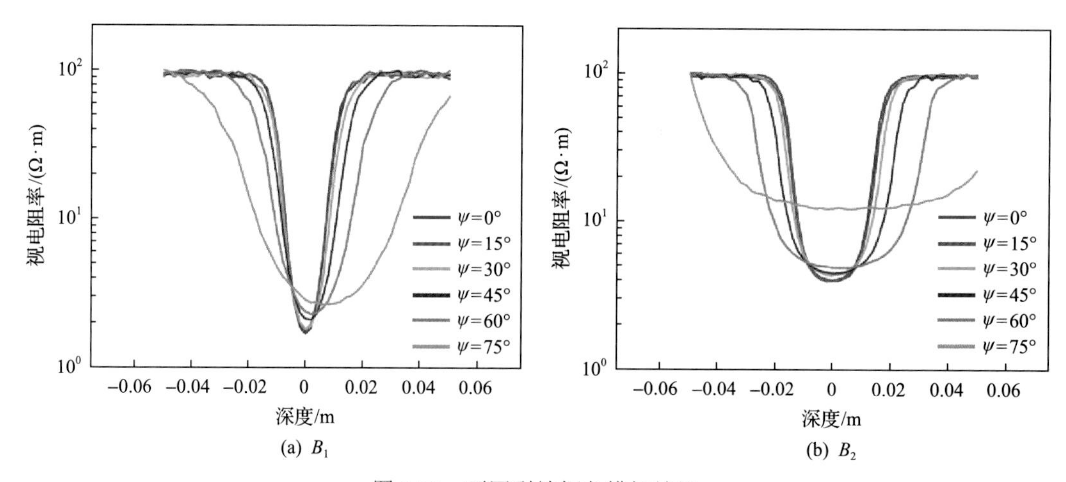

图 3.99　不同裂缝倾角模拟结果

同时，模拟了网状裂缝模型下不同裂缝倾角的成像效果。模型中，裂缝 1 到裂缝 5 产状分别为 15°、30°、45°、60°、75°，其他参数与上述网状裂缝一致。可以通过图 3.100

直观看出，对于裂缝1、裂缝2和裂缝3，其倾斜角度较低，裂缝在图像上的视张开度变化不大；裂缝4和裂缝5相比于裂缝1、裂缝2、裂缝3，随着裂缝倾角的增大，裂缝在图像上的视张开度依次增大。综合图3.99和图3.100来看，裂缝倾角对低角度(小于45°)裂缝的视张开度影响较小，而对于高角度裂缝的视张开度影响较大。因此，在建立张开度计算模型时，应该注意裂缝产状这一关键因素。

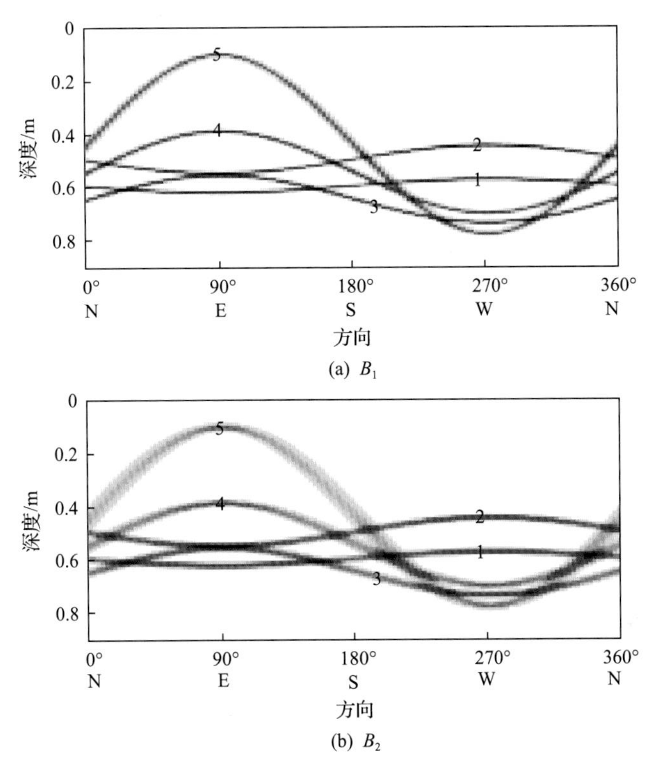

图3.100 不同裂缝倾角成像结果

3.5.4 洞穴地层测井响应特性与影响因素

洞穴不但可以作为储集空间，而且是油气连接通道的一种。研究人员利用电阻率成像测井图像，可以较快地发现洞穴的存在。关于洞穴地层的测井响应的研究，前人做了大量模拟工作，但是大多数都聚焦在双侧向测井仪和电磁波传播测井仪上，对随钻电阻率成像测井仪在洞穴地层的测井响应机理的研究报道却很少，因此很有必要利用数值模拟手段研究其机理。

双侧向测井对洞穴尺寸直径大于1m以上的洞穴具有较好的识别和评价效果，而成像测井对小于这一尺寸的洞穴可以显示出洞穴图像。因此，此处主要聚焦在直径1m以下的洞穴上。

洞穴地层一般不对称，因此需要借助三维模型进行模拟。为模拟单洞穴测量信号和多洞穴测井响应，分别设计单洞穴和多洞穴两种地层模型。图3.101为单洞穴的地层模型截面示意图。模型由随钻电阻率成像测井仪、井眼、基岩和洞穴组成。值得注意的是，

虽然纽扣电极 B_1 和 B_2 在方位上相差 90°，下面模拟中，为了研究二者对洞穴测井响应的差异，分别将 B_1 和 B_2 纽扣电极正对洞穴进行模拟，此时获得的方位为 4 个而不是 8 个。同时，对仪器在多洞穴地层中成像采样过程进行模拟，得到的洞穴成像结果可以更加直观地反映不同因素对洞穴的影响。模拟结果揭示了随钻电阻率成像测井在洞穴地层的测井响应和识别方法。

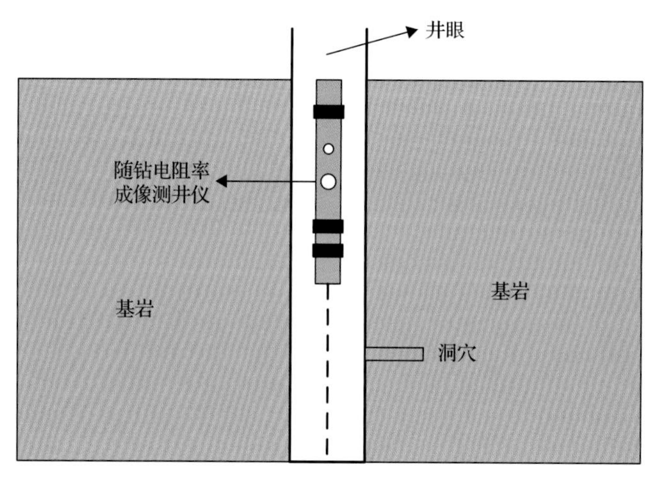

图 3.101　单洞穴模型示意图

在进行洞穴电阻率成像分析之前，首先分析单洞穴模型中洞穴直径、洞穴延伸度、洞穴填充物对测量信号的影响。将洞穴分为中等洞穴(直径为 0.01m)和大洞穴(直径为 0.05m)两种尺寸。表 3.7 为单洞穴测量信号影响因素模拟参数列表，洞穴位于正北方位，考察了洞穴直径、洞穴延伸度、电阻率对比度对测量信号的影响。

表 3.7　单洞穴测量信号影响因素模拟参数

影响因素	洞穴直径/m	洞穴延伸度/m	泥浆电阻率/(Ω·m)	洞穴电阻率/(Ω·m)	地层电阻率/(Ω·m)
洞穴直径	0.002～0.1	0.5	1	1	100
洞穴延伸度	0.01, 0.05	0.02～0.5	1	1	100
电阻率对比度	0.01, 0.05	0.5	0.2～20	0.2～20	100

图 3.102 为多洞穴模型示意图，六个洞穴分布在正北、东北、正东、东南、正南、正西方位，每个洞穴中心在纵向上处于同一深度。本节考察洞穴直径、洞穴延伸度、洞穴电阻率和地层电阻率等参数不同时洞穴图像的差异。

表 3.8 为多洞穴测量信号影响因素模拟参数列表。表中考察洞穴直径、洞穴延伸度、洞穴电阻率和地层电阻率等参数时，参数变化依次与洞穴 1～洞穴 6 相对应。

1. 洞穴直径

洞穴形态为圆柱体，其与井轴正交且被井眼钻穿。洞穴的直径小于井眼直径，因而二者在井壁上形成的交线不规则，在机械行业称之为二者的相贯线。当二者直径相差较大时，相贯线类似于圆，如图 3.103 所示。

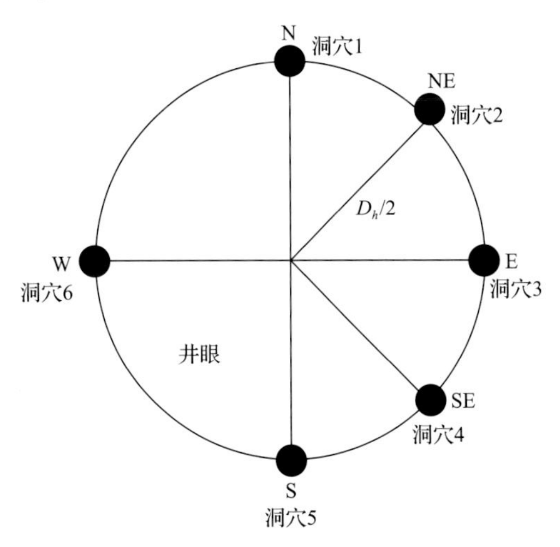

图 3.102　多洞穴模型示意图

表 3.8　多洞穴测量信号影响因素模拟参数

影响因素	直径/m	延伸度/m	泥浆电阻率/(Ω·m)	洞穴电阻率/(Ω·m)	地层电阻率/(Ω·m)
直径	0.002, 0.005, 0.01, 0.0254, 0.05, 0.1	0.5	1	1	100
延伸度	0.05	0.02, 0.05, 0.1, 0.15, 0.2, 0.25	1	1	100
电阻率对比度	0.05	0.5	1000, 500, 200, 100, 10, 1	1000, 500, 200, 100, 10, 1	100

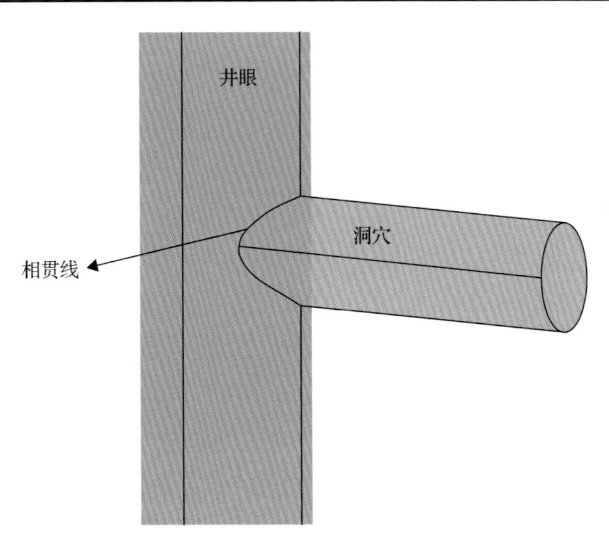

图 3.103　洞穴与井眼相贯线示意图

在地质上，将直径在 0.002m 以上的孔隙称为洞穴。其中，直径为 0.002～0.005m 为小洞、直径为 0.005～0.01m 为中洞、直径大于 0.01m 为大洞。此处研究的洞穴直径介于

0.01～0.1m，此直径范围内的洞穴与井眼正交的相贯线接近圆，方便图像分析。洞穴直径不同对测量信号的影响不同。图 3.104 中，I_{max} 为纽扣电极中心和洞穴中心在同一纵向位置时纽扣电极测量电流信号，I_{min} 为纽扣电极正对基岩时测量电流信号，I_{min} 几乎不变。电阻率成像测井数据最后成像时反映的是电流对比度的变化，因此采用 I_{max}/I_{min} 表示不同因素变化对测量信号的影响。

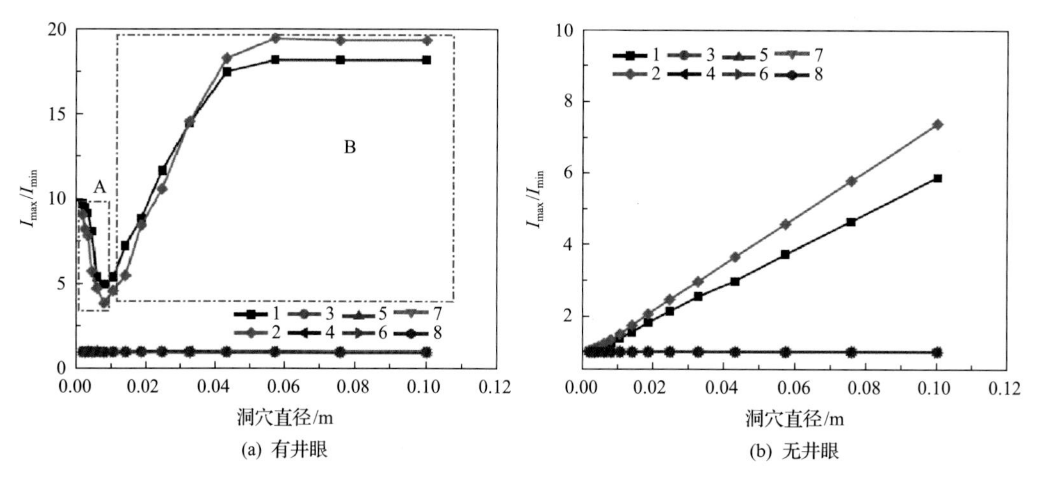

图 3.104 洞穴直径对测量信号的影响

同时，考察井眼存在的情况，从图 3.104(a)可以看出，当存在井眼时，井眼对正对洞穴的纽扣电极测量信号影响较大。当洞穴直径小于 0.01m 时(区域 A)，测量信号较大，随着直径的增大，测量信号逐渐变小，此时，测量信号几乎来自于井眼，受井眼的影响，该方位纽扣电极无法识别洞穴；当洞穴直径大于 0.01m 时(区域 B)，随着洞穴直径的增大，测量信号增大至趋于平稳。图 3.104(b)是不考虑井眼时，测量信号与洞穴直径的关系，可以看出随着洞穴直径从 0.002m 变化到 0.1m，正对洞穴的纽扣电极测量信号逐渐增大，而其他方位纽扣电极信号对洞穴不敏感，几乎无法检测到洞穴的存在。因此，如何有效消除井眼的影响成为准确识别洞穴的关键所在。

为了用图像直观地说明井眼的影响，设置模型参数：固定仪器钻铤直径为 6.75in，井眼直径为 7in 和 8.5in 两种，即纽扣距离井壁较远和纽扣几乎贴在井壁的情况，洞穴尺寸见表 3.8。图 3.105 和图 3.106 分别是井眼直径为 8.5in 和 7in 环境下洞穴的成像结果，可以直观地看出，当洞穴直径小于 0.01m 时，大小纽扣电极均无法识别出洞穴的存在，当洞穴直径大于等于 0.01m 时，大小纽扣电极均可以识别洞穴。洞穴直径越大，成像效果越明显，越能够清楚、完整地显示出洞穴的实际形状。对比图 3.105 和图 3.106 可看出，当纽扣越靠近井壁，洞穴成像分辨率越高(此时大小纽扣对洞穴的分辨率不同)，得到的洞穴图像越接近真实的洞穴尺寸。

2. 洞穴延伸度

电缆微电阻率成像测井可以直观地显示洞穴的分布特征，但其探测范围有限，仅能提供井壁的洞穴信息，很难反映洞穴的径向发育特征，双侧向测井探测深度较深，但是其对于直径小于 1m 的洞穴不敏感。和上述两种仪器相比，随钻电阻率成像测井探测深度较电缆式仪器较深且对直径较小的洞穴具有较好的识别能力。

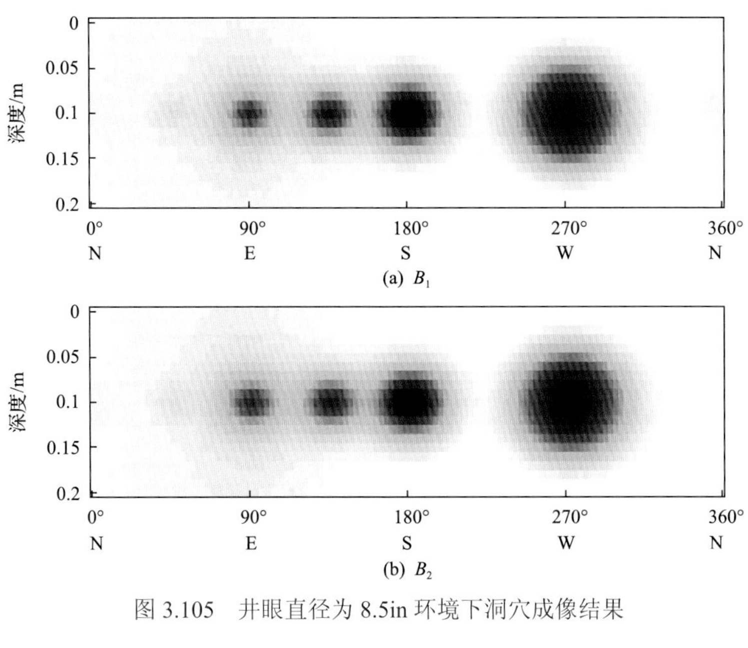

图 3.105　井眼直径为 8.5in 环境下洞穴成像结果

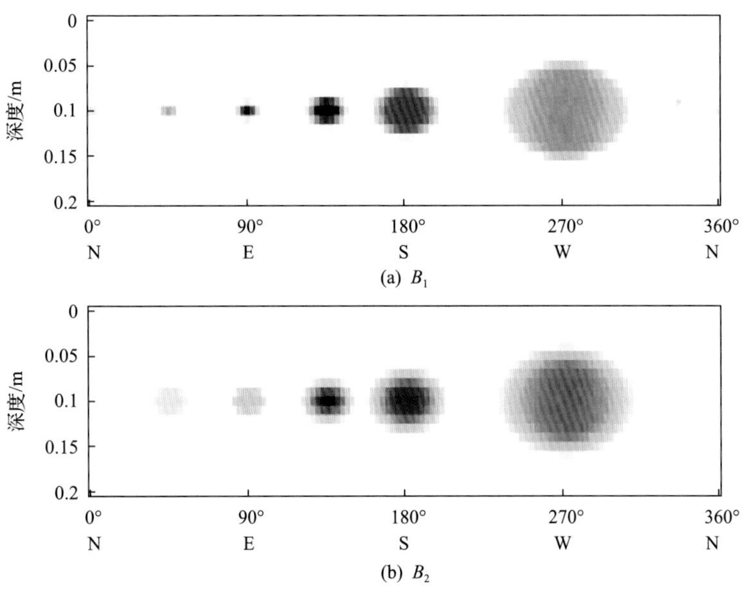

图 3.106　井眼直径为 7in 环境下洞穴成像结果

图 3.107(a)为中洞穴随洞穴延伸度增大不同纽扣电极测量信号的变化幅度，可以看出随着延伸度从 0.1m 增加到 0.5m，B_1 和 B_2 正东、正南、正西信号几乎没有变化，I_{max} 与 I_{min} 比值接近 1，说明洞穴对测量信号几乎没有影响。当洞穴延伸度小于 0.15m 时，正北方位的纽扣电极测量信号与洞穴延伸度具有非线性变化关系，且 I_{max}/I_{min} 比值远大于 1，考虑到洞穴直径较小，因此主要是井眼的影响导致这一关系，当洞穴延伸度大于 0.15m

时，大小纽扣电极测量的电流信号不随洞穴延伸度的变化而变化，说明此时井眼对测量结果的影响趋于稳定。

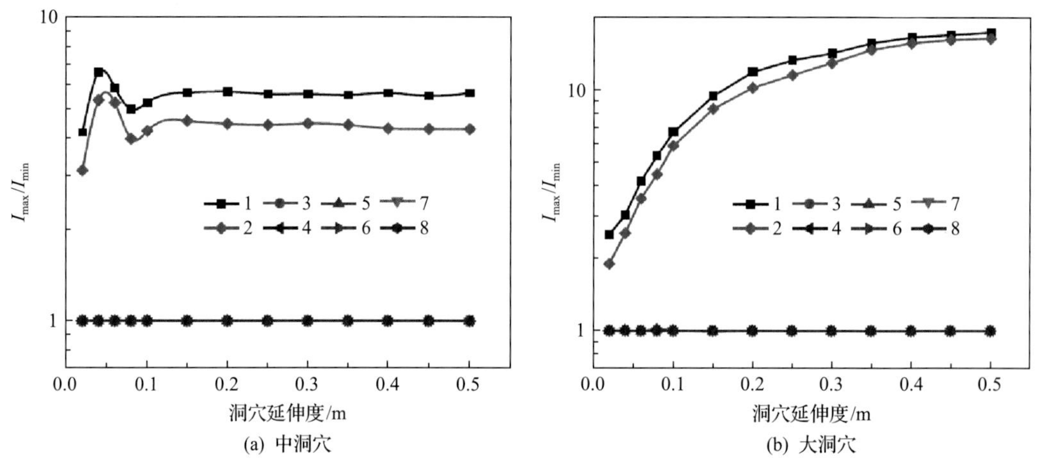

图 3.107　洞穴延伸度对测量信号的影响

图 3.107(b)为大洞穴延伸度与测量信号的关系。可以看出随着洞穴延伸度的增大，洞穴正对的纽扣电极测量信号呈现出幂指数关系变化。式(3.65)拟合了洞穴延伸度 E_x 和测量信号 I_{max}/I_{min} 的关系

$$\begin{cases} B_1 : I_{\max} / I_{\min} = 15.244 E_x^{0.600} \\ B_2 : I_{\max} / I_{\min} = 13.799 E_x^{0.605} \end{cases} \tag{3.65}$$

表 3.9 对比了模拟数据和式(3.65)计算得到数据的误差，可以看出除了个别点，大部

表 3.9　大洞穴延伸度和测量信号关系拟合公式误差分析

洞穴延伸度/m	纽扣电极 B_1			纽扣电极 B_2		
	I_{max}/I_{min}(模拟)	I_{max}/I_{min}(拟合)	相对误差/%	I_{max}/I_{min}(模拟)	I_{max}/I_{min}(拟合)	相对误差/%
0.020	1.594	1.461	8.344	1.464	1.291	11.817
0.040	2.227	2.213	0.629	1.866	1.964	5.252
0.060	2.639	2.822	6.934	2.447	2.511	2.615
0.080	3.244	3.354	3.391	2.861	2.988	4.439
0.100	3.711	3.834	3.314	3.340	3.421	2.425
0.150	4.751	4.888	2.884	4.151	4.373	5.348
0.200	5.729	5.809	1.396	5.004	5.206	4.037
0.250	6.590	6.640	0.759	5.758	5.959	3.491
0.300	7.402	7.407	0.068	6.707	6.655	0.775
0.350	8.214	8.124	1.096	7.334	7.306	0.382
0.400	9.003	8.801	2.244	8.164	7.922	2.964
0.450	9.655	9.445	2.175	8.921	8.507	4.641
0.500	10.413	10.061	3.380	9.575	9.068	5.295

分数据点的误差在5%以内，说明通过随钻电阻率成像测井获得正对洞穴方位的I_{max}/I_{min}，应用到式(3.65)可以求取大洞穴的径向延伸度。通过理论计算不同洞穴直径，可以得到不同洞穴直径对应的延伸度计算公式。不同直径洞穴延伸度和测量信号关系的大量模拟论证了上述结论，但是值得注意的是，只有大洞穴直径介于0.01～0.05m时，洞穴延伸度才可以通过此模型计算。

图3.108为洞穴不同延伸度的成像结果，可以看出当洞穴延伸度小于0.02m时，很难通过图像识别洞穴；当洞穴介于0.05～0.1m时，能够识别出洞穴的存在，但是图像无法还原出洞穴的形状，而当洞穴延伸度达到0.15m时，可以通过图像大致判断出洞穴的形状。

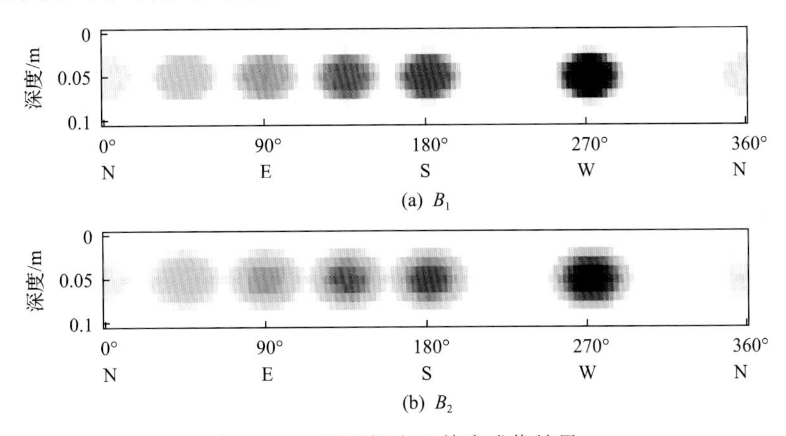

图3.108　不同洞穴延伸度成像结果

3. 电阻率对比度

Tan 等(2011)模拟了不同的填充物对双侧向测井的响应规律，模拟中填充物电阻率变化范围为1～500Ω·m，此处选取的填充物范围为0.2～20Ω·m，洞穴都被泥浆充填，背景地层电阻率R_b固定为100Ω·m。图3.109为洞穴填充无电阻率对测量信号的影响，此处以单洞穴模型下对正对洞穴方向纽扣电极为例，图3.109(a)和(b)分别为中洞穴和大

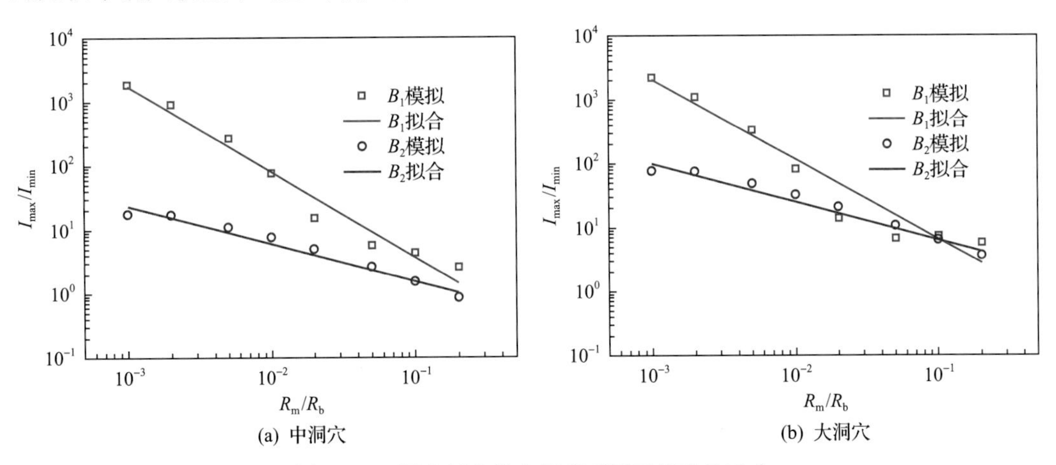

图3.109　洞穴填充物电阻率对测量信号的影响

洞穴的响应特征，可以看出，在双对数坐标系下，随着 R_m/R_b 增大，中洞穴和大洞穴测量的电流对比度呈线性递减趋势(实际为幂指数关系)，这与裂缝地层响应特征一致。

同理，模拟不同洞穴填充物的成像结果，此时控制洞穴的半径和延伸度为定值。如图 3.110 所示，当洞穴填充物电阻率高于基岩时，洞穴图像为亮色，接近白色；当洞穴填充物电阻率等于基岩时，洞穴图像和基岩颜色一致，此时无法判断出洞穴的存在；当洞穴填充物与基岩电阻率对比度为 10∶1 时，可以从成像结果看出洞穴的存在，但是对比不明显；当洞穴填充物与基岩电阻率对比度为 100∶1 时，此时可以清晰识别出洞穴的存在。

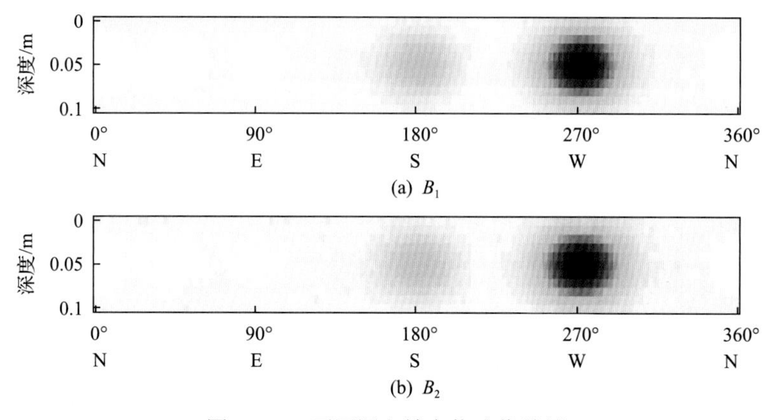

图 3.110　不同洞穴填充物成像结果

第 4 章　油基钻井液随钻成像电阻率测井技术

4.1　油基钻井液随钻测井概述

在钻井作业中，钻井液从地面通过钻铤泵入到钻头处，并将钻头旋进过程中产生的岩屑从井底经由井眼携带至地面(Adolph et al., 2005)，如图 4.1 所示。钻井液是在钻探过程中井眼内使用的循环冲洗介质，它是钻井的血液，又称钻孔冲洗液。钻井液按其组成成分可分为清水、泥浆、无黏土相冲洗液、乳状液、泡沫和压缩空气等。清水是使用最早的钻井液，无需处理，使用方便，适用于完整岩层和水源充足的地区。泥浆是广泛使用的钻井液，主要适用于松散、裂隙发育、易坍塌掉块、遇水膨胀剥落等孔壁不稳定岩层。现阶段，随着钻井工艺的进步，油基钻井液正逐渐取代原先的水基钻井液，在钻井作业中得到越来越广泛的应用。相比于水基钻井液，油基钻井液具有减小油气层损害、增强井壁稳定性等优点。使用油基钻井液，可以有效地防止井眼垮塌，降低钻井作业的危险(朱桂清和章兆淇，2008；邸德家等，2012；侯芳，2016)。

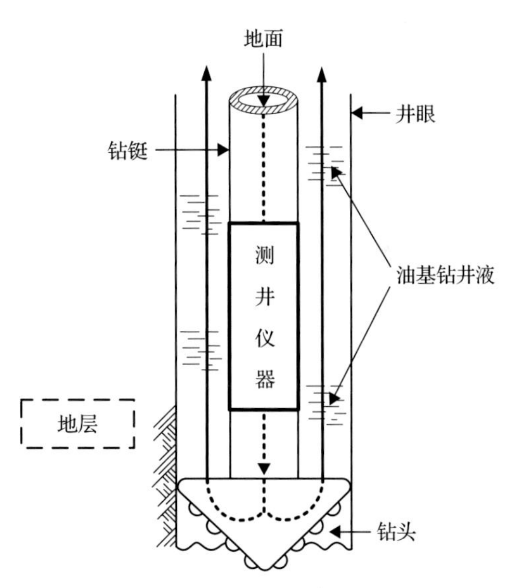

图 4.1　随钻测井示意图

如图 4.2 所示，油基钻井液的存在意味着在原先直接接触的测井传感器检测电极和

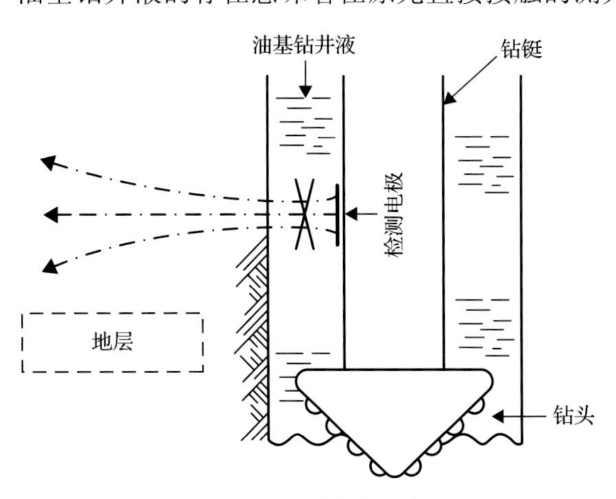

图 4.2　油基钻井液示意图

被测地层之间加入了绝缘介质，它阻断了直流/低频电流通路，使得应用于普通水基钻井液下的直流测井技术不再适用。

油基钻井液的非导电性给测井仪的设计带来了新的挑战，如何设计传感器和解读测量数据变得十分重要。为了解决直流电流在油基钻井液中无法传导的问题，需要采用高频激励电压，此时可以将钻铤上的检测电极与井眼中的油基钻井液等效成电容，形成位移电流并构成回路，从而实现对油基钻井液下地层参数的测量。

4.2 油基钻井液随钻侧向电阻率测井原理

新型油基钻井液随钻侧向电阻率测井的基本原理包括两部分：一是根据测量回路模型在钻铤上建立交流激励源；二是利用该激励源在地层产生电流，通过检测该电流测量地层电阻率。

4.2.1 测量模型的构建

针对提出的油基钻井液随钻侧向电阻率测井新方法，建立相应的油基钻井液随钻侧向电阻率测量模型。该模型为交流测量回路模型，由线圈激励源 u(根据感应耦合原理构建)、两个耦合电容 C_1 和 C_2(分别由螺线环形激励线圈上侧钻铤和下侧环形检测电极与油基钻井液井眼形成)、待测地层电阻 R 串联构成，如图 4.3 所示。其中，图 4.3(a)为新型油基钻井液随钻侧向电阻率测井(简称“新型测井”)模型示意图，图 4.3(b)为新型测井测量回路模型原理图。

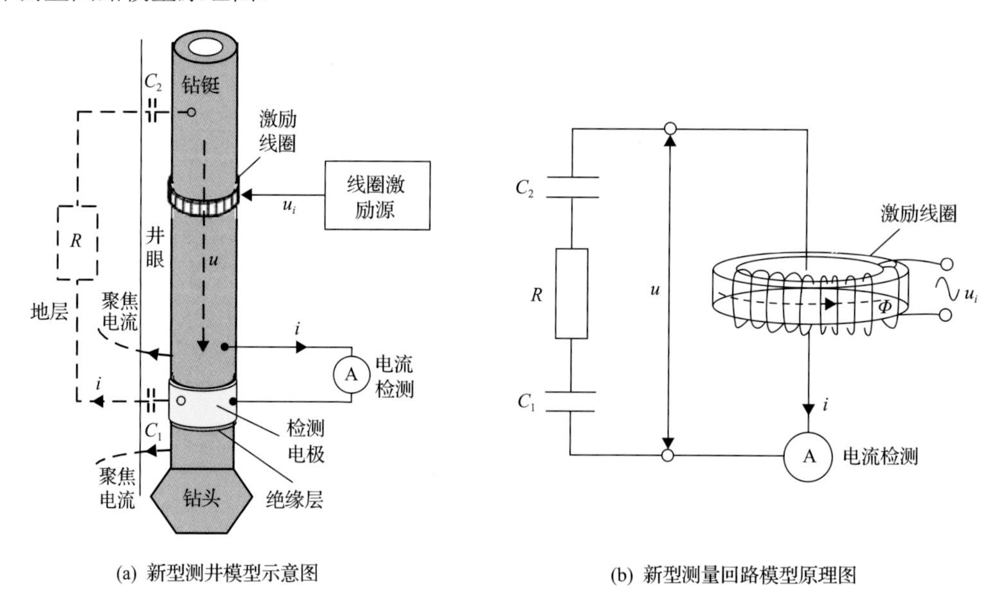

(a) 新型测井模型示意图　　(b) 新型测量回路模型原理图

图 4.3　新型油基钻井液随钻侧向电阻率测井模型

其中，测量回路模型中激励源基于感应耦合原理设计，钻铤为导体并穿过激励线圈磁芯，钻铤通过井眼耦合电容 C_1 和 C_2 及地层电阻 R 构成等效匝数为 1 的电流回路，该回路与激励线圈(匝数为 N_t)通过磁芯构成变压器的副边与原边。为了检测回路中电流 i，图 4.3(a)中将电流回路中检测电极和钻铤之间用绝缘层隔离，将电流检测模块串接入回路中实现对该电流 i 的检测。正弦交流激励信号 u_i 在磁芯中感应产生交变磁场(磁通为 Φ)，该交变磁场在螺线环形线圈两侧导电钻铤上感生交流电压 u，该交流电压 u 构成交流测量回路激励源。根据变压器的感应耦合原理，则有

$$U = \frac{U_i}{N_t} \tag{4.1}$$

式中，U 和 U_i 分别为信号 u 和 u_i 的有效值，理想情况下，电压信号 u_i 与 u 同相(设初相位为 0°)。激励线圈下侧钻铤电势相同，对流经检测电极的电流 i 具有聚焦作用。

4.2.2 测量原理

流经检测电极的电流 i 反映了相关地层的导电信息，检测流经电极的电流 i 即可求得该相关地层的电阻率。电流检测模块中运放可将电流信号 i 转化为电压信号 u_o，然后采用 DPSD 技术检测该信号得到电流 i 的有效值 I 和相位 θ，根据测量模型进而求得地层等效电阻 R。等效电阻 R 与电阻率 ρ 具有一定的映射关系，该映射关系仅与传感器的结构设计有关，一般可通过标定求得该映射关系。作为初步研究，采用有限元仿真方法求得该映射关系。在已知等效电阻 R 与电阻率 ρ 映射关系的前提下，通过测得等效电阻 R 即可求得相应的电阻率 ρ。图 4.4 为新型油基钻井液随钻侧向电阻率测量原理。

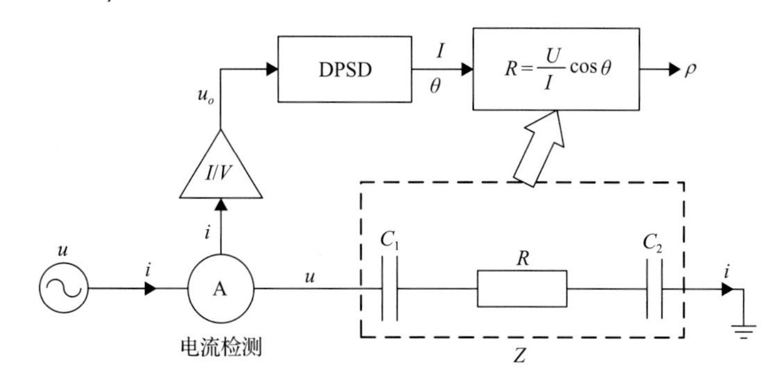

图 4.4 新型油基钻井液随钻侧向电阻率测井测量原理

图 4.4 中，将测量回路总阻抗等效为 Z，可表示为

$$Z = \frac{1}{\mathrm{j}2\pi f C_1} + R + \frac{1}{\mathrm{j}2\pi f C_2} \tag{4.2}$$

式中，f 为激励频率。对式(4.2)化简得到井眼电容 C 与地层电阻 R 的串联模型，如图 4.5 所示。

其中，C 为 C_1、C_2 串联的等效电容，有

$$C = \frac{C_1 C_2}{C_1 + C_2} \tag{4.3}$$

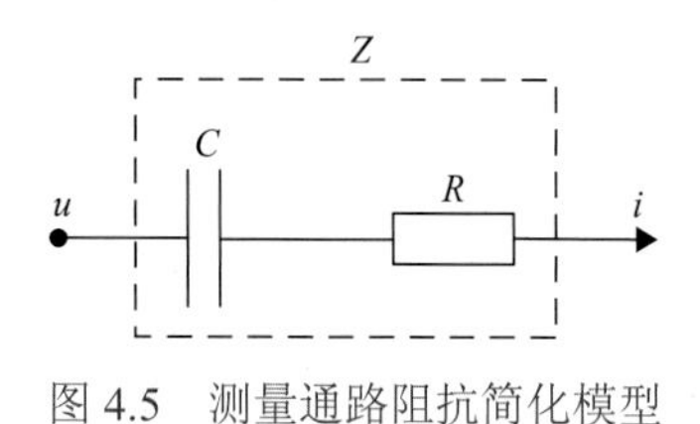

图 4.5 测量通路阻抗简化模型

则 Z 可表示为

$$Z = R + \frac{1}{\mathrm{j}2\pi fC} \tag{4.4}$$

根据式(4.4)，可得

$$R = \frac{U}{I}\cos\theta \tag{4.5}$$

4.3 基于电容耦合的有限元仿真

4.3.1 有限元仿真模型的建立

根据 4.2 节提出的油基钻井液下测井模型，在 COMSOL 5.2 平台上建立三维仿真模型。钻铤的中部安装一个螺旋激励线圈，正弦信号源施加在线圈上，由于电磁感应作用，线圈会在钻铤上产生一个感生电势。环形或纽扣状的检测电极通过导线与钻铤下部短接，从该电极发射的电流穿过油基钻井液和地层，最终回到钻铤上部。通过检测流经该电极的电流，可以获得地层的复电阻率信息。

1. 环形电极侧向测井模型

在 COMSOL 中，根据图 4.6 的模型结构建立环形电极侧向测井模型，其二维剖面图如图 4.7 所示。

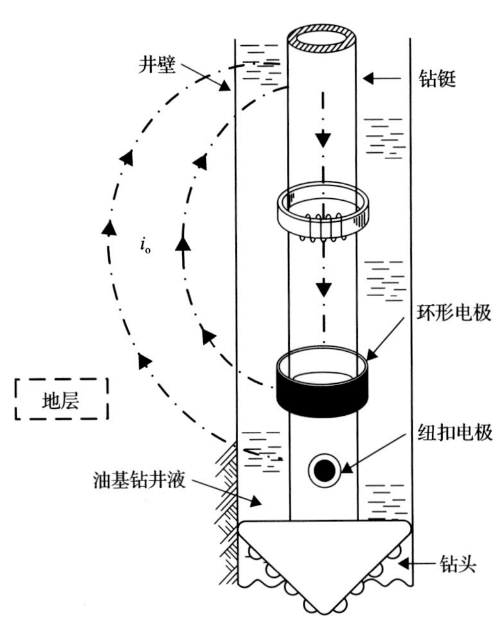

图 4.6　油基钻井液测井模型结构示意图

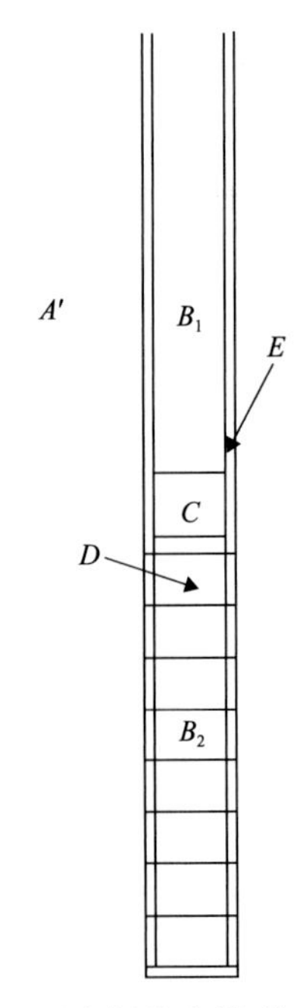

图 4.7　环形电极仿真模型二维平面图

图 4.7 中：

(1) A'为圆柱体地层。

(2) B_1和B_2为钻铤，形状为圆柱体，材料为钢，取其电导率为 4×10^6S/m。钻铤直径取 17.2cm。(实际的钻铤很长，这里为了便于仿真求解，将B_1的长度取 5m，B_2的长度取 1m)。

(3) C 为钻铤中部的绝缘部分。设计的测井传感器是由螺旋激励线圈在钻铤两端产生的感生电压供电的，但在仿真时为了简化过程，暂不考虑激励线圈的存在，而是直接在钻铤上部施加 0V 的电势(接地)，在钻铤下部施加 1V 激励电压。基于此，将钻铤中部定义成绝缘体，用以模拟实际激励线圈的激励效果。C 的电导率取 10^{-15}S/m，直径与钻铤相同(17.2cm)，高度取 15cm。

(4) D 为安装在钻铤上的环形电极，在钻铤下部的外表面建立 8 个尺寸相同的环形电极，每个高度为 12cm。

(5) E 为油基钻井液。模型中井眼直径为 21.6cm，在钻铤与井眼之间的间隙中充满了钻井液。相比于水基钻井液，油基钻井液的电导率很低，但不同成分的钻井液的电学参数也有很大差异，因此仿真时取钻井液电导率为 10^{-10}S/m，相对介电常数取 2.1。

完整的模型参数如表 4.1 所示。

表 4.1　仿真模型参数

模型参数	取值
激励信号幅值 A	1V
激励信号频率 f	20～50kHz
油基钻井液电导率 ρ_1	10^{-10} S/m
油基钻井液介电常数 ε_1	2.1
钻铤直径 d_c	17.2cm
钻铤上部高度 l_a	5m
钻铤中部(绝缘体)高度 l_m	15cm
钻铤下部高度 l_b	1m
(环形)检测电极高度 w	12cm
井眼直径 d_b	21.6cm
地层直径 d_{for}	30m

2. 纽扣电极方位测井模型

与环形电极侧向测井相比，纽扣电极方位测井采用圆形纽扣状电极，但两者的基本检测原理是相同的。在 COMSOL 中建立纽扣电极方位测井模型，如图 4.8 所示。

为了研究纽扣电极响应电流与其安装位置的关系，将下部钻铤外表面分割成周向角度为 10°(约为 1.88cm)、高度为 4cm 的小电极片(在 COMSOL 中，建立圆形曲面较为不便，因此模型中用矩形曲面代替)。下部钻铤长 1m，一共分割为 900 个小矩形曲面，用以表示不同位置上的纽扣电极。

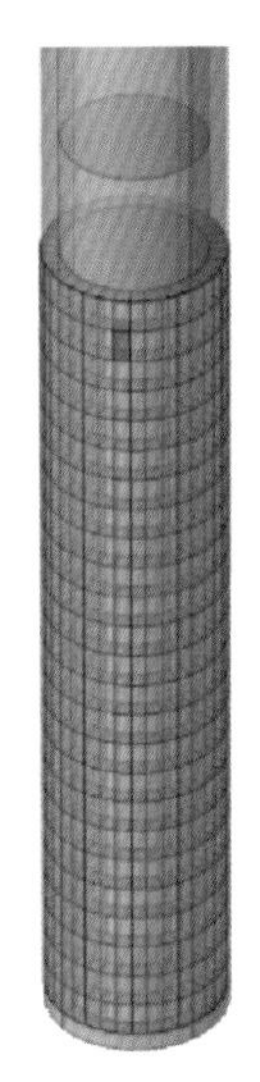

图 4.8　纽扣电极方位测井模型(传感器部分)

3. 边界条件的确立

应用有限元法的第一步是确定求解域和边界条件。模型内部的边界条件应设置为“连续”。测井模型的灵敏场域满足准静态电磁场条件，因此其求解域和边界条件可描述如下：

$$\begin{cases}\nabla\cdot\Big(\big(\sigma(x,y,z)+\mathrm{j}\omega\varepsilon(x,y,z)\big)\nabla\upsilon(x,y,z)\Big)=0, & (x,y,z)\subseteq\Pi\\ \upsilon_1(x,y,z)=U, \quad (x,y,z)\subseteq\Gamma_1 & \\ \upsilon_2(x,y,z)=0, \quad (x,y,z)\subseteq\Gamma_2 & \\ \dfrac{\partial\upsilon(x,y,z)}{\partial n}=0, \quad (x,y,z)\subseteq\Gamma_0 & \end{cases} \tag{4.6}$$

式中，$\sigma(x,y,z)$、$\varepsilon(x,y,z)$和$\upsilon(x,y,z)$分别表示空间电导率、介电常数和电位分布；ω为交流电源角频率；Π表示传感器场域；Γ_1和Γ_2分别表示上、下部钻铤的空间位置；Γ_0表示外围地层边界；n表示其单位法向量。

在真实测井环境中，地层范围被认为是无限大且无限远处电位为零。然而在仿真中无法建立无限大的地层模型，因此还需要确定合适的地层空间范围。合适的地层大小一方面保证仿真结果的正确性，另一方面减小计算的复杂度。此处确定合适地层空间范围的方案如下：首先建立充分大的圆柱体地层模型(直径 200m，高度 100m)，将测井传感器放置在地层模型的中轴处。将钻铤上部接地，钻铤下部接 50kHz 的 1V 激励电压。将地层的顶面也接地，其余面浮空。通过仿真获取等电势面分布，当某等势面的电位远小于激励电位时，就可以认为该等势面以外的地层对整体测量结果的影响很小，可以忽略，不妨在该等势面处直接接地。

通过仿真计算，得到 1mV、5mV、10mV、100mV 等势面的二维剖面图，如图 4.9 所示。

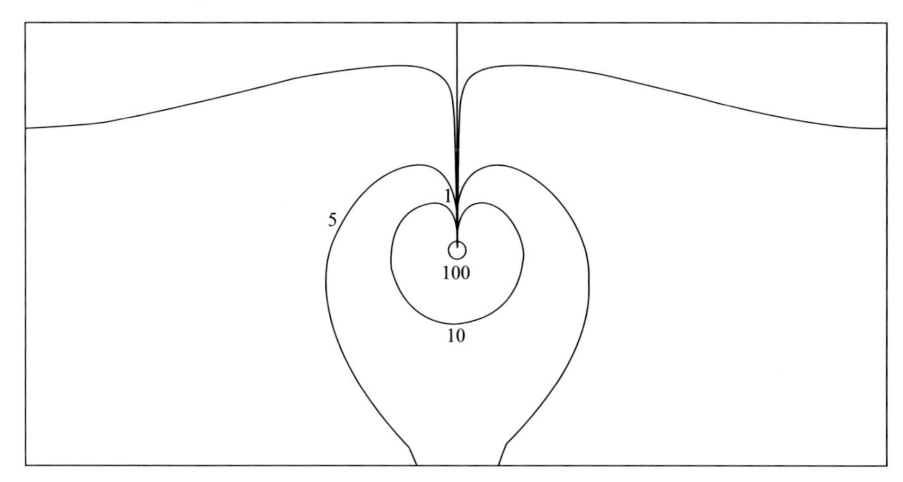

图 4.9 充分大地层的等势面二维剖面图(单位：mV)

电势以钻铤下部的 1V 等势面为中心向四周扩散，在此过程中逐渐下降，不同电势的等势面空间直径如表 4.2 所示。

表 4.2 等势面空间直径

电势/mV	等势面空间直径/m
100	4
10	30
5	60
1	—

由于 10mV 只占 1V 激励电位的 1%，可以认为该电势已足够小，其等势面以外的地层几乎不对测井结果产生影响。10mV 等势面空间的直径约为 30m，因此在后续的仿真中将地层直径统一取 30m。

4.3.2 环形电极侧向测井仿真

1. 地层电导率的影响

在提出的测井新方法中，交流电流从检测电极射出，经过油基钻井液和地层最终回到钻铤上部。当地层电导率不同时，根据测井模型得到的地层视电阻也不同。查阅相关文献发现，常见的地层电阻率范围为 1～2000Ω·m，即电导率范围为 5×10^{-4}～1S/m。此处适当扩大该范围，研究地层电导率在 10^{-6}～1S/m 范围变化的情况。实验只研究单个环形电极，该电极距钻铤中部的绝缘体(表示激励线圈)0.66m。

在钻铤下部施加 1V、50kHz 的激励电压，地层外壳接地，测井模型的等势面分布图如图 4.10 所示。

由图 4.10 可知，钻铤上部是一个等势体，其电势和地层无穷远处都是 0V。钻铤下部是一个 1V 等势体，且电势在向四周扩散的过程中逐渐降低。选取环形电极的某一部分，获得其电场线分布如图 4.11 所示。

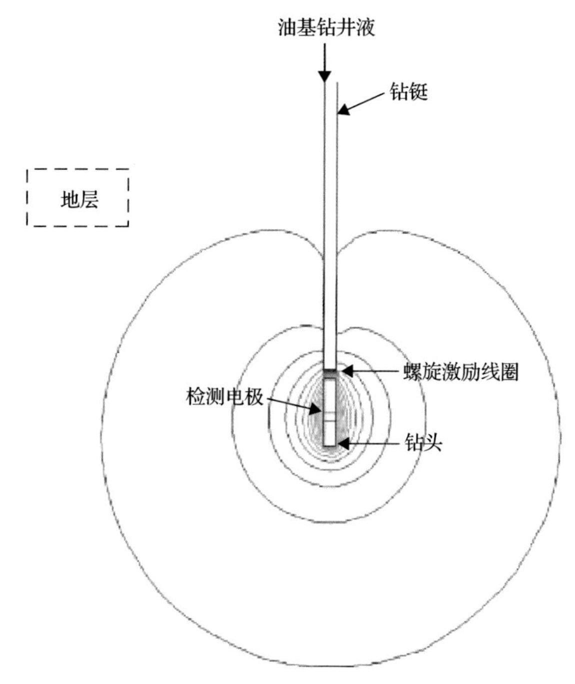

图 4.10　环形电极侧向测井模型的等势面分布图

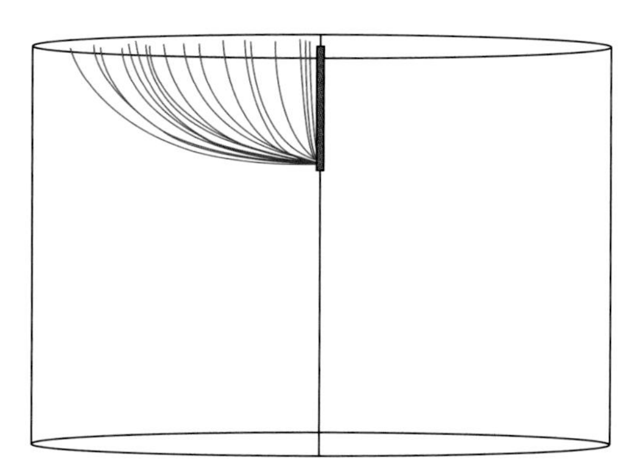

图 4.11　环形电极（部分）电场线分布

由图 4.11 可知，电场线在任意点处都与等势面正交，它们从环形电极出发，穿过地层并终止于 0V 的钻铤上部或地层外壳。在 COMSOL 中选取环形电极的外表面，对其上的电流密度进行面积分，即可得到流经电极的响应电流 I_{m}。

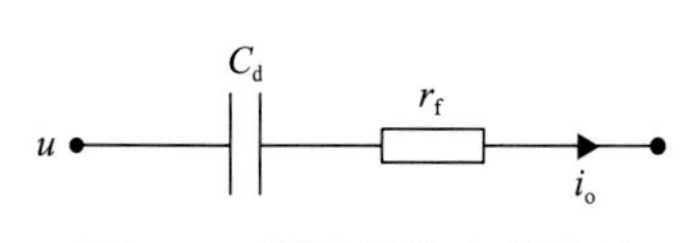

图 4.12　测井等效电路模型

在交流情况下，当地层电导率很低时，地层等效容抗的存在不可忽略；当地层电导率较高时，由于地层视电阻远小于等效容抗，地层几乎呈阻性，所以可以忽略等效容抗对测量结果的影响。此时的测井等效电路模型如图 4.12 所示。

图 4.12 中，设地层等效电阻为 r_{f}，油基钻井液引起的电容为 C_{d}，在交流激励下的等效容抗为 X_{C}，则有

$$r_{\mathrm{f}} = Z_{\mathrm{real}} = \frac{U_{\mathrm{m}}}{I_{\mathrm{m}}}\cos\theta \tag{4.7}$$

$$X_{\mathrm{C}} = Z_{\mathrm{image}} = \frac{U_{\mathrm{m}}}{I_{\mathrm{m}}}\sin\theta \tag{4.8}$$

改变地层电导率，使其在 10^{-6}～1S/m 范围变化，利用电流 I_{m} 计算模型参数，计算结果如表 4.3 所示。

表 4.3　不同地层电导率下的仿真结果

地层电导率/(S/m)	响应电流幅值/μA	响应电流相位/(°)	地层视电阻/Ω	钻井液等效容抗/kΩ
10^{-6}	1.81	82.11	7.58×10^{4}	547
10^{-5}	3.12	37.36	2.54×10^{5}	194
10^{-4}	24.1	36.31	3.34×10^{4}	24.5
10^{-3}	41.4	82.14	3.31×10^{3}	23.9
10^{-2}	41.8	89.21	331	23.9
10^{-1}	41.8	89.92	33.3	23.9
10^{1}	41.8	89.99	3.48	23.9

从以上的仿真结果可以发现：

(1) 电流 I_{m} 的幅值随地层电导率增大而增大，最终趋于定值；相位先随地层电导率增大而波动，然后趋于 90°，此时的等效电路几乎完全呈容性。

(2) 当地层电导率很低 (10^{-6}～10^{-5}S/m) 时，不应该忽略地层等效容抗，否则根据串联模型得到的结果将与真实值存在较大偏差。此时更为准确的测井模型应该如图 4.13 所示。

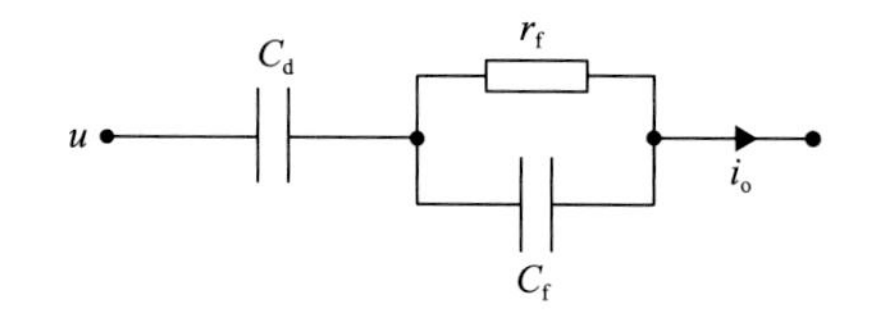

图 4.13　地层电导率较低时的测井等效模型

(3) 当地层电导率介于 10^{-4}～10^{-2}S/m 时，由钻井液引起的等效电容几乎不变，地层视电阻 r_{f} 与地层电导率 σ 的关系可用式 (4.9) 描述，测井结果较理想。

$$r_{\mathrm{f}} = \frac{3.48}{\sigma} \tag{4.9}$$

(4) 当地层电导率很高 (10^{-2}～1S/m) 时，钻井液容抗将起主导作用。此时响应电流的相位变化很不明显，这就对传感器的分辨率提出较高的要求。考虑到真实测井时的噪声和传感器分辨率的限制，地层电导率不能太高。

综合以上这些因素，可以得知该测井系统适用的地层电导率范围是 10^{-4}～10^{-2}S/m。

2. 基于环形电极的地层成像

在真实的地层环境中，储油层厚度差异很大。为研究环形电极侧向测井系统对地层，尤其是储油层的探知能力，制定仿真方案如下：在原有模型的基础上增加一个目标地层，目标地层的直径保持 30m 不变，厚度取 30cm。在实验中改变目标地层的垂直高度，从而相对地模拟出钻铤向下运动的过程。仿真模型如图 4.14 所示。

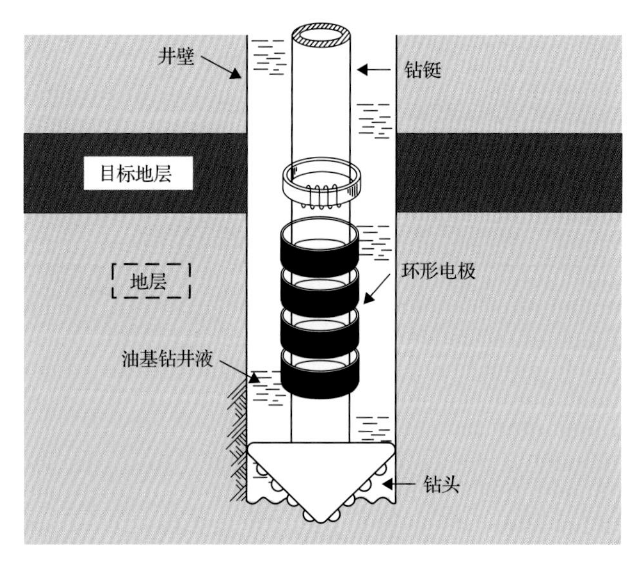

图 4.14　环形电极传感器测井模型

在垂直方向上建立坐标系：以钻铤中部绝缘体(模拟激励线圈)中心为零点，垂直向下作为正方向。建立 8 个环形电极，每个电极宽 12cm，从距零点 0.18m 处起依次分布。

首先研究低阻目标地层。将目标地层的电导率设为 10^{-2}S/m，相对介电常数设为 2.1。目标地层在垂直方向上的–0.7～1.8m 范围移动，考察不同位置环形电极的响应情况。

响应电流幅值与目标地层位置的关系如图 4.15 所示。可以发现，8 个电极的响应电流幅值随目标地层的移动而发生改变。总体而言，电流幅值随与目标地层距离的减小而增大；当目标地层和电极中心重合时达到最大；随后目标地层逐渐远离，电流幅值也

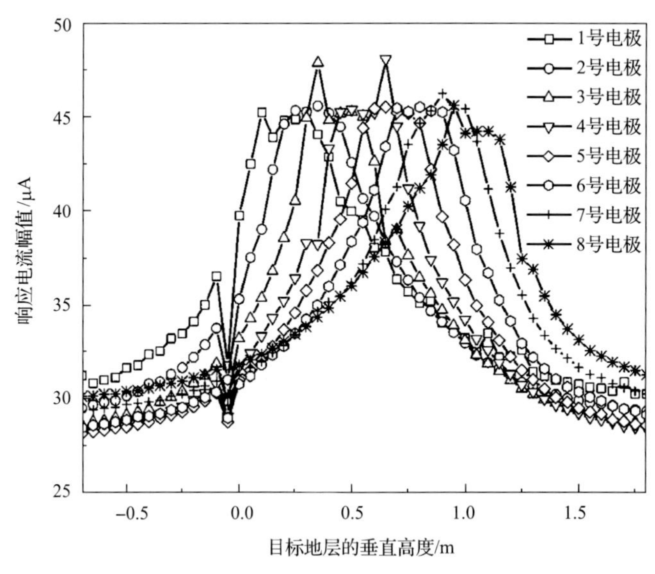

图 4.15　低阻目标地层位置与响应电流幅值的关系

逐渐减小，最终趋于稳定值。可以综合8个电极的响应情况大致判断出目标地层的空间位置。

电流相位与目标地层位置的关系如图4.16所示。可以发现，每个电极的响应曲线都很一致：电流相位先随电极中心与目标地层距离的减小而增大，然后又随之减小。当目标地层与电极中心重合时，相位基本达到最大值。这是因为此时从该电极出发的电流穿过钻井液后直接穿过目标地层到达电势零点。目标地层的视电阻很小，所以电流基本呈容性，相位接近90°。

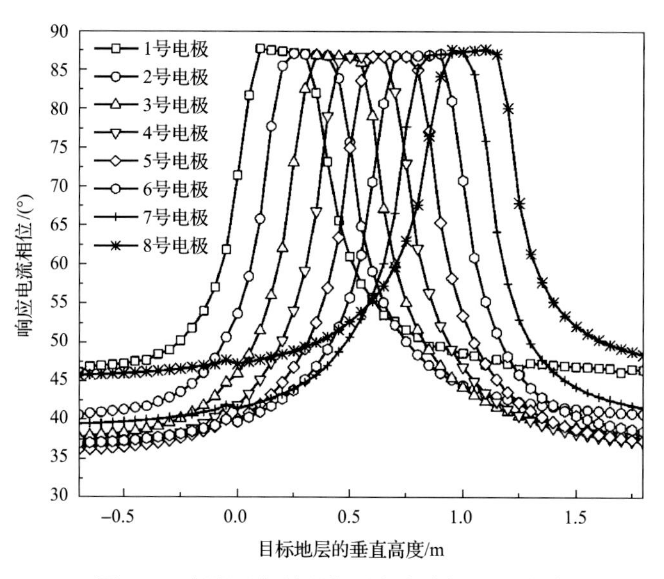

图4.16　低阻目标地层位置与电流相位的关系

下面进一步研究高阻目标地层情况。储油层的电导率总是低于周围地层的，因此可看作高阻目标地层。将目标地层的电导率设为10^{-6}S/m，对应的仿真结果如图4.17和图4.18所示。

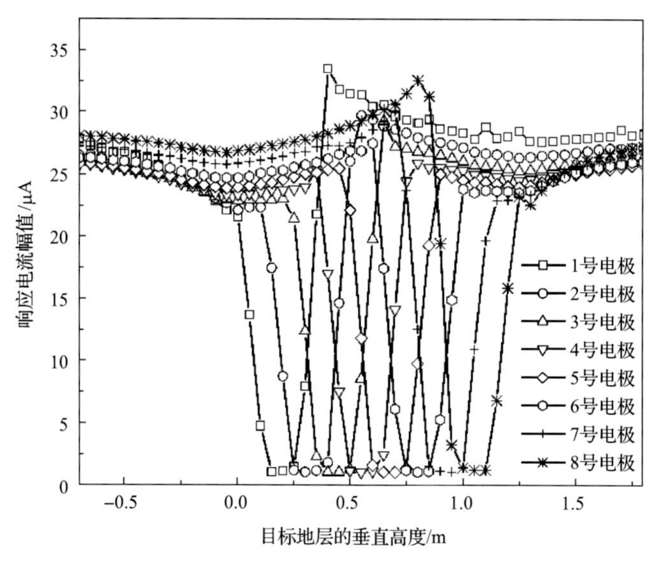

图4.17　高阻目标地层位置与电流幅值的关系

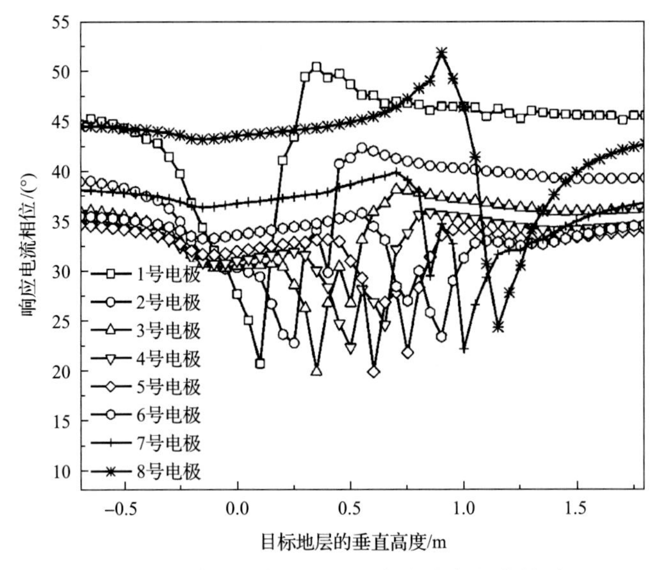

图 4.18　高阻目标地层位置与电流相位的关系

由仿真结果可知，8 个电极的响应电流幅值和相位随目标地层的接近而减小；当目标地层和电极中心重合时，基本达到最小；随后目标地层逐渐远离，电流幅值和相位也逐渐增大，最终趋于稳定值。该结果与低阻目标地层是相对应的。

4.3.3　纽扣电极方位测井仿真

侧向纽扣电极可以反映出钻铤周围不同方位的地层信息，如 4.3.1 节建立的纽扣电极仿真模型，模型中用长约 2cm、高 4cm 的矩形曲面电极代替圆形纽扣电极。

1. 电极位置与响应电流的关系

在实验中针对不同位置的纽扣电极分别进行积分求解，得到其响应电流如图 4.19 所示。

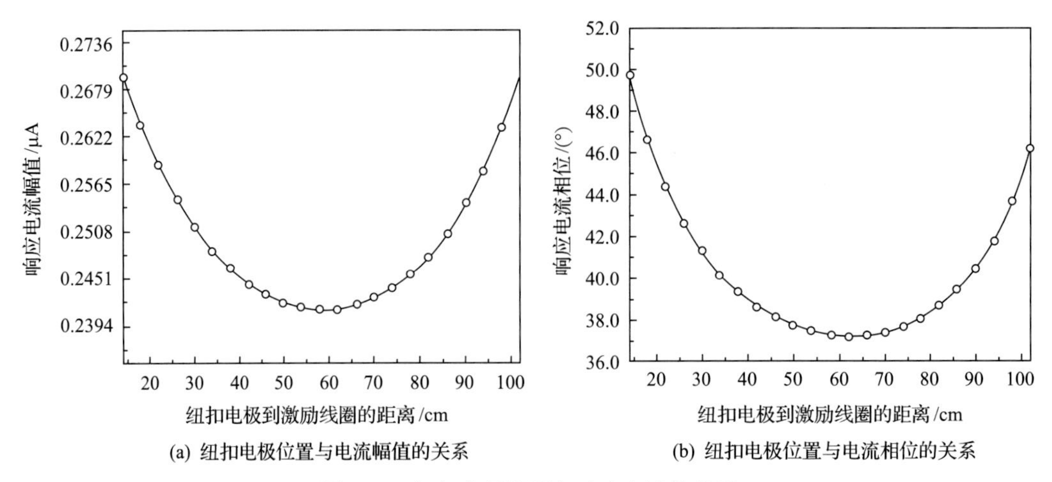

图 4.19　纽扣电极位置与响应电流的关系

由仿真结果发现，纽扣电极响应电流的幅值和相位曲线都近似呈反抛物线形状。基于电感耦合原理，钻铤下部带有相同的感生电势。因此，在纽扣电极向地层发射电流的同时，电极外的钻铤也向地层发射电流，并对电极电流产生聚焦作用。通过聚焦作用，电极电流能够穿透更深的地层，从而探测到更多地层信息。如图 4.20 所示，在仿真实验中纽扣电极按照与激励线圈由近及远的顺序依次排列。对于靠近激励线圈的纽扣电极，其发射电流受到的聚焦作用较弱，电流途经的地层较浅，故电流较大；对于与激励线圈距离适中的纽扣电极，其电流所受聚焦作用最为明显，途经地层部分的截面积最小，因此地层视电阻最大，电流最小；对于远离激励线圈的纽扣电极，其电流所受聚焦作用同样比较微弱，电流线发散。虽然电流穿透的地层较深，但截面积最大，因此电流又逐渐增大。

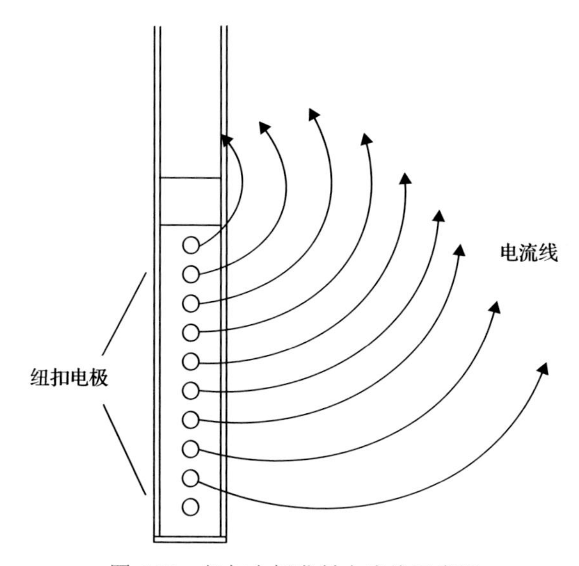

图 4.20　纽扣电极发射电流线示意图

2. 周向纽扣电极测井

当井眼之外存在一块低阻岩体或高阻岩体时，可以利用周向上的一组纽扣电极获得目标岩体的信息。如图 4.21 所示，假设在距井壁 30cm 处有一个 10cm 见方的低阻目标岩体，其电导率为 10^{-2}S/m。值得注意的是，在实际的测井领域，测井传感器并不会在这一工况下工作，但考察传感器此时的响应情况有助于分析其测量性能。

如图 4.21(b)所示，在目标岩体所在高度上，将距目标岩体最远的点定义为周向 0°，并定义逆时针方向为正方向，每隔 10°选取一个电极，共选取 36 个纽扣电极，其响应电流如图 4.22 所示。

由仿真结果可知，低阻岩体对其附近的纽扣电极响应有影响。响应电流的幅值和相位随其与低阻岩体的距离减小而增大。对于正对着目标岩体的纽扣电极，其电流幅值和相位具有最大值。

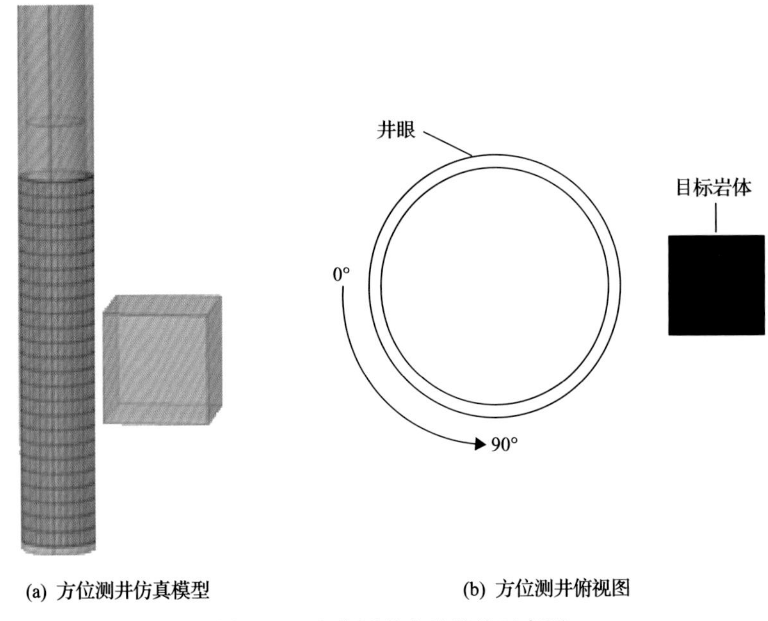

(a) 方位测井仿真模型　　(b) 方位测井俯视图

图 4.21　方位测井实验结构示意图

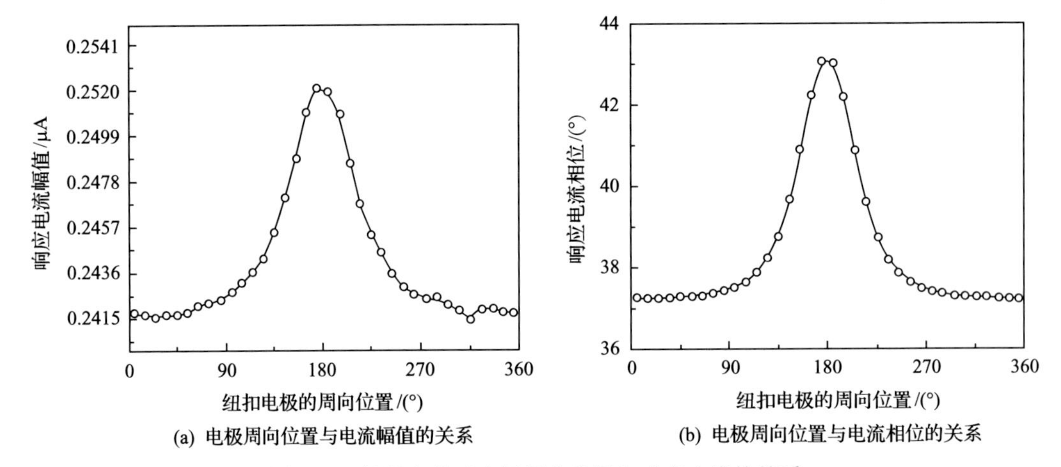

(a) 电极周向位置与电流幅值的关系　　(b) 电极周向位置与电流相位的关系

图 4.22　低阻岩体时电极周向位置与响应电流的关系

若添加一个电导率为 10^{-6}S/m 的高阻岩体，则同一高度处的纽扣电极响应如图 4.23 所示。纽扣电极电流幅值和相位随其与高阻岩体的距离减小而减小。对于正对目标岩体的纽扣电极，其电流幅值和相位具有最小值。该结果与低阻岩体仿真结果是相对应的。

3. 纽扣电极的探测深度

在电法测井中，测井的探测深度定义为“对测量结果起决定作用的那部分介质的范围”。在纽扣电极方位测井中研究不同位置电极的探测深度，可以了解各部分介质对测量结果贡献程度的变化情况。下面制定仿真方案如下：如图 4.24 所示，保持地层电导率为 10^{-4}S/m 不变，在井壁与地层之间增加一个电导率为 10^{-6}S/m 的侵入带(模型中为圆环体

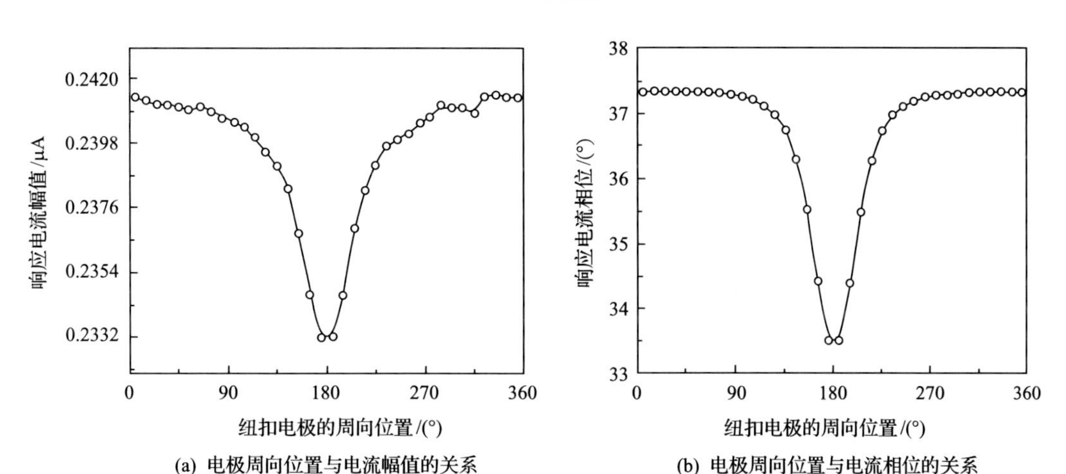

图 4.23　高阻岩体时电极周向位置与响应电流的关系

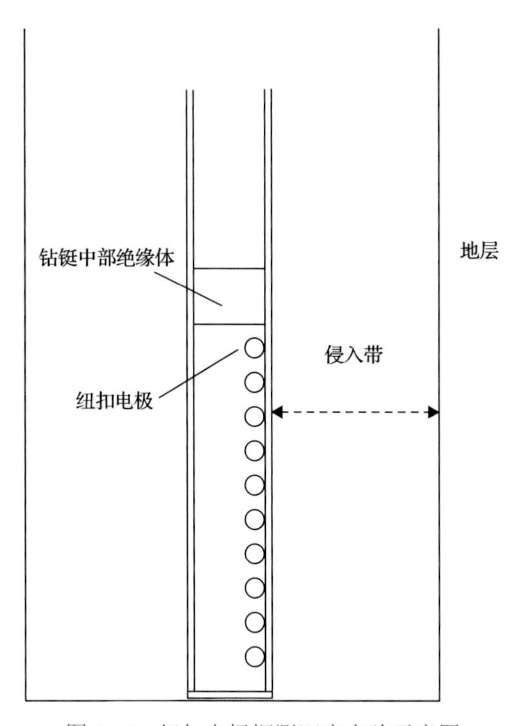

图 4.24　纽扣电极探测深度实验示意图

结构)，改变侵入带外边界(厚度)，其范围为 0 到∞(在模型中即为地层直径)。在不同高度处分别选取纽扣电极，研究该纽扣电极电流响应随侵入带外边界移动而变化的情况，从而确定该电极的探测深度。

定义伪几何因子 J 定量描述探测深度，有

$$J = \frac{r_{\mathrm{a}} - r_{\mathrm{t}}}{r_{\mathrm{x}} - r_{\mathrm{t}}} \tag{4.10}$$

式中，r_a 为侵入带外边界移动时的地层视电阻；r_t 为不存在侵入带时的地层视电阻；r_x 为侵入带厚度为∞时的地层视电阻。将 $J = 0.5$ 时的侵入带厚度定义为该纽扣电极的探测深度。

首先研究单个纽扣电极的探测深度。以距激励线圈 0.6m 的单个电极为例，利用该电极得到的地层视电阻随侵入带外边界移动的变化如图 4.25 所示。

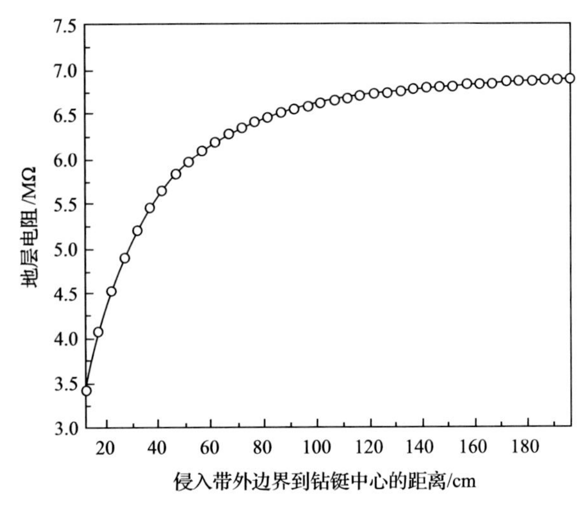

图 4.25　电极视电阻随侵入带外边界移动的变化曲线

由仿真结果可知，依据电极得到的地层视电阻随侵入带外边界的向外移动而增大，但增大速率逐渐减小。当侵入带外边界大于 1.5m 时，视电阻趋于稳定值。对应的伪几何因子变化曲线如图 4.26 所示。根据定义，发现伪几何因子为 0.5 时的侵入带厚度为 0.32m，于是定义该纽扣电极的探测深度为 0.32m。

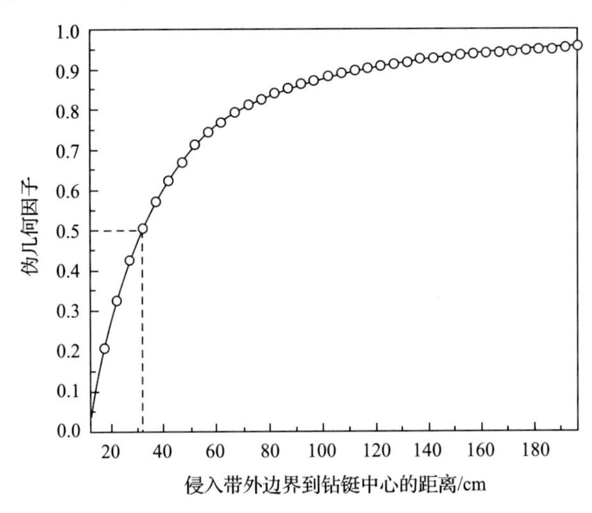

图 4.26　电极伪几何因子随侵入带外边界移动的变化曲线

接着，在不同高度处分别选取一个纽扣电极并计算其探测深度，得到电极位置与其探测深度的关系，如图 4.27 所示。

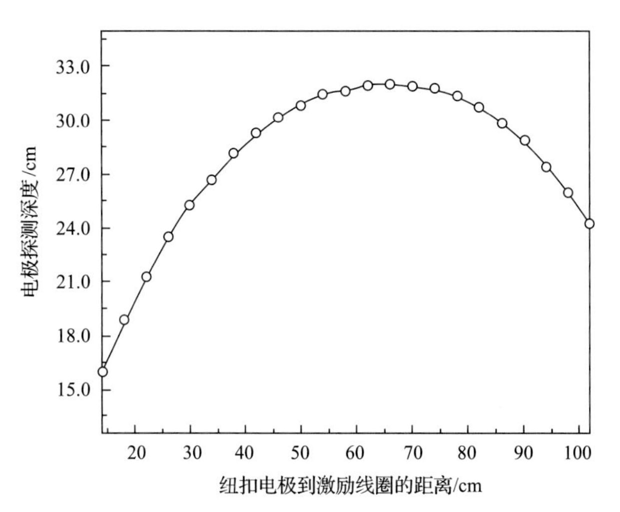

图 4.27 电极位置与电极探测深度的关系

从仿真结果可知，电极探测深度并不是随电极与激励线圈距离的增大而单调增大的。探测深度先随“电极-线圈”距离的增大而增大，然后在约中间位置达到最大值，随后又减小。这是因为电极的探测深度反映了不同部分地层对测量结果的贡献程度。如果以半径等于探测深度的圆柱面作为分隔面，将地层分为内、外两部分，则两者分别对测量结果贡献了 50%。由于居中的纽扣电极发射的电流受到了很强的聚焦作用，这导致穿过内、外地层的电流密度相差不大，内、外地层对测量结果的贡献能力很接近，故探测深度比较大；由于两端的纽扣电极发射的电流所受聚焦作用较微弱，电流线向外发散，外部地层的电流密度明显低于内部地层，也即外部地层的贡献能力比内部地层小，故探测深度反而较小。

4.3.4 纽扣电极地层成像

相比于环形电极，纽扣电极的探测深度浅，探测角度小，故可基于纽扣电极阵列获得地层成像信息。本节的成像原理是把由地层物性变化、裂缝、孔洞、层理等因素引起的视电阻率变化转换为灰度，将地层特性以图像的形式呈现，从而使人们能够直观地看到岩性变化、层面、孔洞、裂缝、断层等地层状况(Ritter et al., 2005)。

1. 水平地层成像

首先利用纽扣电极进行水平地层成像。实际的储油气层厚度可达几米乃至十几米，为了考察该系统的垂直分辨能力，制订仿真方案如下：如图 4.28 所示，在原有模型的基础上增加一个电导率为 10^{-6}S/m 的高阻目标地层，其直径与周围地层相同(30m)，厚度取 10cm，垂直方向上与螺旋激励线圈相距 0.5m。

选取目标地层高度处的 7×12 个纽扣电极，并根据每个电极的响应电流计算出该处的地层视电阻，基于此进行地层成像。水平地层的成像结果如图 4.29 所示。在图中，灰度值为 0(即黑色)区域的地层等效电阻约为 3.3MΩ，灰度值为 255(即白色)区域的地层等效电阻约为 12.4MΩ，其余灰度值代表的等效电阻均匀分布。从成像结果可知，系统可成功分辨出水平地层，且不同电导率的地层分界面明显。

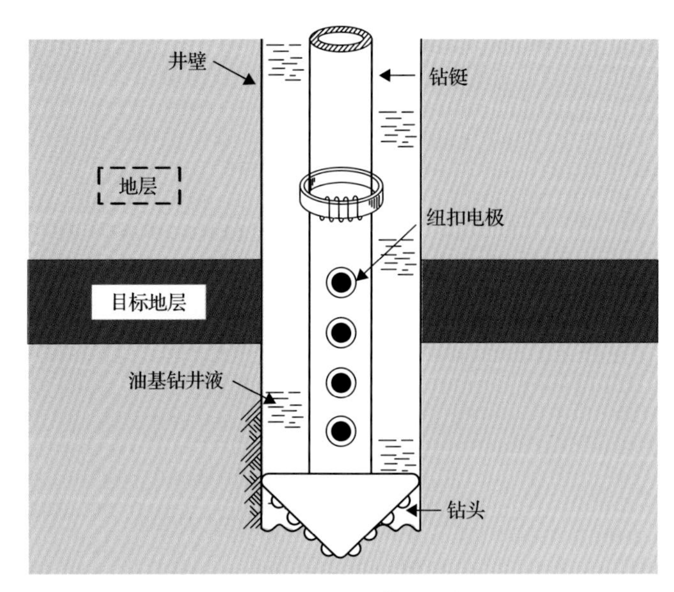

图 4.28　水平地层模型示意图

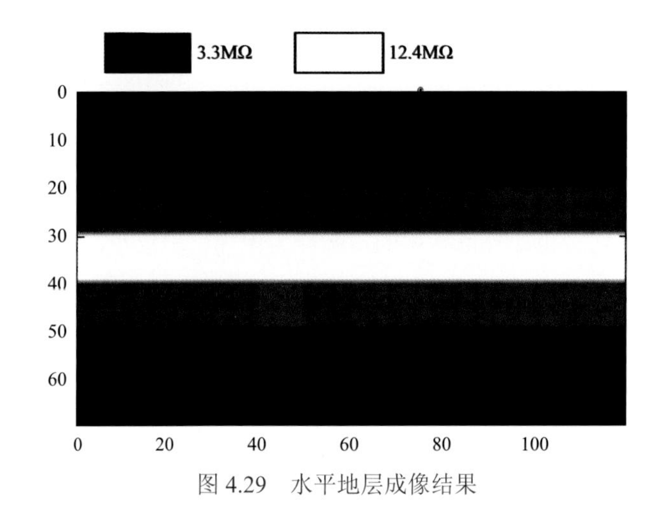

图 4.29　水平地层成像结果

2. 裂缝成像

裂缝是指岩石受到构造变形或物理成岩作用而形成的面状不连续体。裂缝张开度(宽度)一般很小，仅有数毫米至数厘米宽。储层中的裂缝既为储集油气提供了空间，又连通了储层中各个孔隙空间，提高了储层的渗透性(刘文斌等，2016)。对储层裂缝的识别是测井的重要内容之一。现假设在井壁外存在一段油气储层斜交缝，电阻率为 10^{-10}S/m，直径为 10m，其与水平面的夹角为 30°。这里考虑到模型中采用的纽扣电极尺寸，设裂缝宽度为 5cm，如图 4.30 所示。

在仿真模型的每个高度处，周向上选取 36 个纽扣电极，共选取 7 行，则总共选取了 7×36 个电极，根据每个电极响应计算此处的地层视电阻，得到 7×36 的矩阵。基于该矩阵获得此处地层的电学成像结果如图 4.31 所示。在图中，灰度值为 0(即黑色)区域的

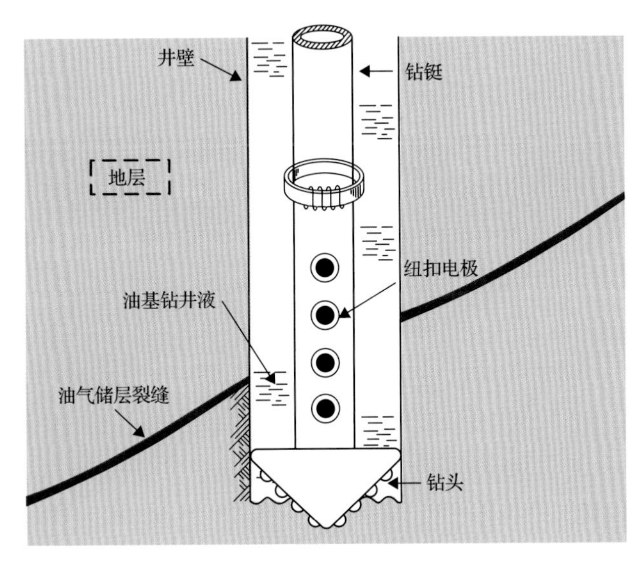

图 4.30　裂缝识别模型结构示意图

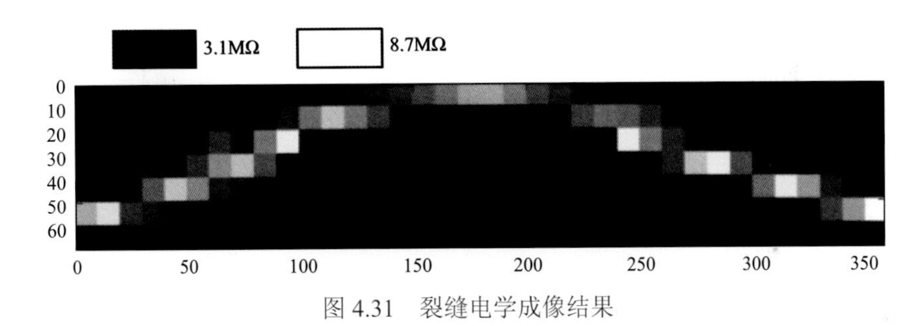

图 4.31　裂缝电学成像结果

地层等效电阻约为 3.1MΩ，灰度值为 255（即白色）区域的地层等效电阻约为 8.7MΩ，其余灰度值代表的等效电阻均匀分布。

由成像结果可知系统基本能够识别出裂缝情形，但存在成像分辨率不高的问题，这主要是受到纽扣电极形状大小的限制。总体而言，成像结果验证了本测井成像系统的可行性。

3. 倾斜地层成像

为进一步仿真研究纽扣电极测井系统的成像能力，进行高低阻倾斜地层成像实验（王敏等，2010），实验方案如下：在仿真模型中增加一对倾斜地层，上层地层设为高阻地层，电导率取 10^{-6}S/m；下层地层设为低阻地层，电导率取 10^{-4}S/m 不变。倾斜地层间形成的水平倾角分别取 30°和 45°。图 4.32 为 30°倾斜地层模型结构示意图。

首先进行 30°倾斜地层仿真。在仿真模型中，周向上共有 36 个纽扣电极。选取分界面附近的 7 行纽扣电极，则总共选取了 7×36 个电极。根据电极响应电流计算出该处的地层视电阻，并基于此实现地层成像。需要说明的是，在真实随钻测井作业中，因为钻头是旋转前进的，所以利用单个纽扣电极就可以实现对周围地层的探测成像。然而 COMSOL 仿真属于静态实验，无法真正模拟出单个纽扣电极旋转探测的动态过程，所以这里采用了纽扣电极阵列的方式，并基于该阵列得到地层成像结果。尽管存在一定的影响，但本仿真方案可以用于理论验证系统成像能力的可行性。成像结果如图 4.33 所示。

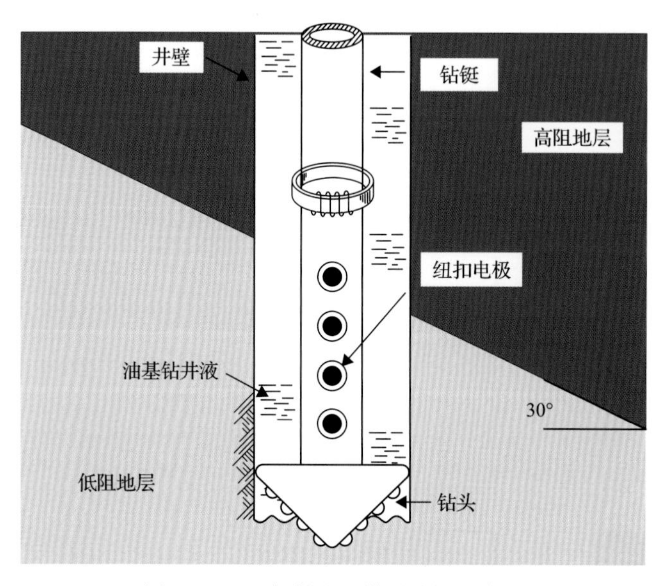

图 4.32　30°倾斜地层模型结构示意图

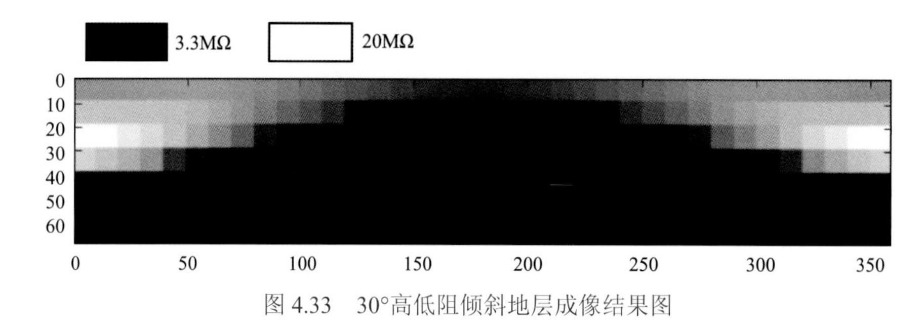

图 4.33　30°高低阻倾斜地层成像结果图

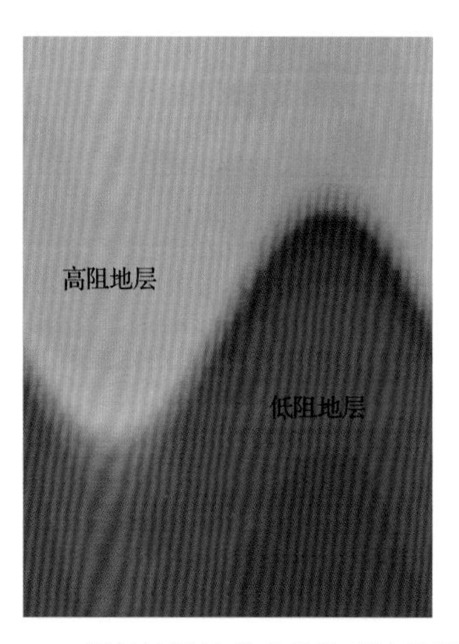

图 4.34　倾斜地层边界成像的理论效果图

图4.33中的每个像素点代表了某个电极探测到的等效地层电阻值，像素灰度值越低，则其电阻值越大；反之亦然。从仿真结果可知，该方法能够获得基本的地层分布信息。

理论上，倾斜地层的分界线是一条三角(余弦)曲线，如图 4.34 所示。定义该三角曲线的两倍振幅(峰谷的垂直高度)为 h，已知井眼直径为 d，则倾斜地层的倾斜角 θ 可以表示成

$$\theta = \arctan \frac{h}{d} \tag{4.11}$$

然而由于仿真精度有限，不能直接根据成像结果得到较为精确的峰谷垂直高度，为了尽

可能精确地确定其值，从而提高反演地层倾角的精度，需要根据成像结果进行三角曲线拟合。

最小二乘法(又称最小平方法)是一种数学优化技术。它通过最小化误差的平方和寻找数据的最佳函数匹配。利用最小二乘法可以简便地求得未知的数据，并使得这些求得的数据与实际数据之间误差的平方和为最小。最小二乘法还可用于曲线拟合，其他一些优化问题也可通过最小化能量或最大化熵的方式用最小二乘法表达。在本节中利用最小二乘法实现三角曲线拟合。

假设仿真中的实际分界面能够表示为

$$f(x) = -A\cos\left(2\pi\frac{x}{360}\right) + b \tag{4.12}$$

式中，A 是该分界面三角曲线的幅值；b 是垂直方向上的偏移，是一个常数项。

最小二乘法拟合的优化准则是使通过拟合数据求解模型获得的计算值与测量值之间的残差 e_i 平方和最小，即令式(4.13)最小

$$J = \sum_{i=1}^{n}\hat{e}_i^{2} = \sum_{i=1}^{n}\left\{y_i - \left[-A\cos\left(2\pi\frac{x_i}{360}\right) + b\right]\right\}^2 \tag{4.13}$$

式中，y_i 是周向位置 x_i 处的分界面测量值。于是问题就变成求解使式(4.13)最小的 A、b 取值，而这可通过式(4.13)对 A、b 求导并令偏导数为零实现，即

$$0 = \frac{\partial J}{\partial A} = 2\sum_{i=1}^{n}\left[y_i + A\cos\left(\frac{\pi}{180}x_i\right) - b\right]\cos\left(\frac{\pi}{180}x_i\right) \tag{4.14}$$

$$0 = \frac{\partial J}{\partial b} = -2\sum_{i=1}^{n}\left[y_i + A\cos\left(\frac{\pi}{180}x_i\right) - b\right] \tag{4.15}$$

在图 4.32 中，由于周向有 36 个电极，所以 x_i 取 $(5°,15°,25°,\cdots,355°)$。在纵向上每个电极的高度为 4cm，而将分界面的点定位在该处电极的中心位置。纽扣电极在周向上有 36 个，因此地层成像图中有 36 列。对于第 i 列像素，定义如下规则确定该列上的分界点：

(1) 记录第 i 列上的最小值(最小等效地层电阻值)为 $r_{\min}$，最大值(最大等效地层电阻值)为 $r_{\max}$。

(2) 从上至下遍历第 i 列，寻找第一个大于 $(r_{\min}+r_{\max})/2$ 的像素点，将它定义为该列上的分界点。

(3) 假设该分界点为第 k 行(最低为第 0 行)，由于每个电极高度为 4cm，故定义该分界点的实际垂直高度为 $(4k+2)$ cm。例如，第 1 列的分界点在第 2 行，其垂直高度取 10cm。

于是，可以得到 36 个分界点数据如表 4.4 所示。

表 4.4　30°地层分界面的位置

周向位置/(°)	5	15	25	35	45	55
垂直高度/cm	10	10	10	10	14	14
周向位置/(°)	65	75	85	95	105	115
垂直高度/cm	14	14	18	18	18	18
周向位置/(°)	125	135	145	155	165	175
垂直高度/cm	22	22	22	22	22	22
周向位置/(°)	185	195	205	215	225	235
垂直高度/cm	22	22	22	22	22	22
周向位置/(°)	245	255	265	275	285	295
垂直高度/cm	18	18	18	18	14	14
周向位置/(°)	305	315	325	335	345	355
垂直高度/cm	14	14	10	10	10	10

可以发现由于电极大小的限制和静态仿真实验的局限性，数据精度比较有限。将该组数据进行最小二乘拟合，得到 A 为 6.36cm，b 为 16.67cm，并据此反演出三角曲线如图 4.35 所示。

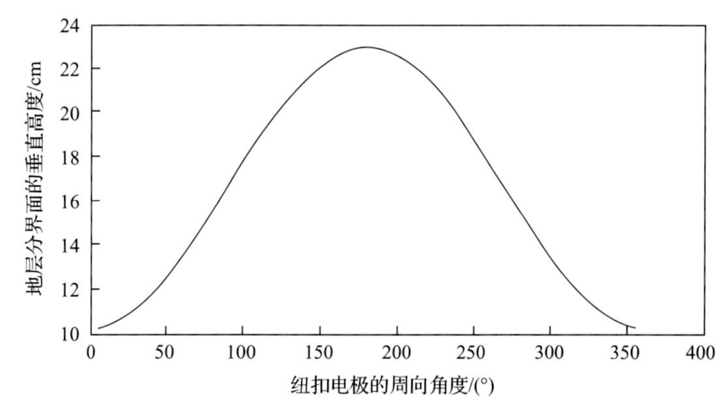

图 4.35　利用最小二乘拟合得到的三角曲线分界面(30°)

值得注意的是，计算得到的分界面绝对高度 b 并不是我们关心的。将 h=2A 代入式(4.11)，有

$$\theta = \arctan\frac{h}{d}\arctan\frac{2A}{d} = \arctan\frac{2\times 6.36}{2\times 10.8} = 30.49° \tag{4.16}$$

这一结果与预设值 30°相符，验证了通过地层成像结果反演地层倾角理论的可行性。

下面保证其他仿真条件不变，将地层倾斜角度改为 45°。为获得完整的成像结果，在分界面附近选取 12 行纽扣电极，总共选取 12×36 个电极。根据电极响应电流计算出该处的地层视电阻，得到地层成像如图 4.36 所示。

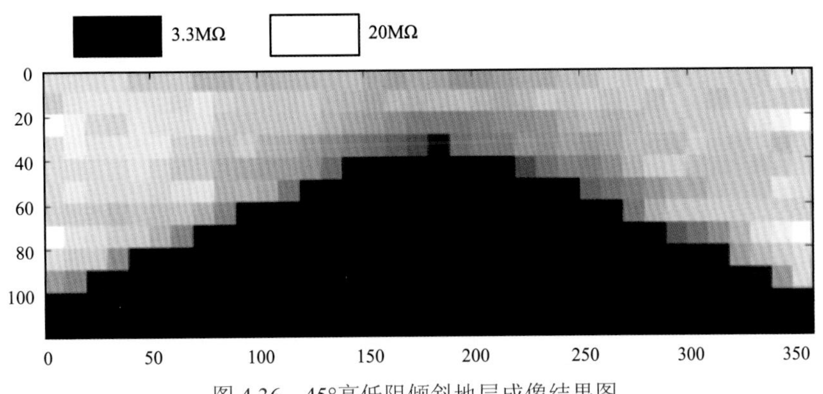

图 4.36　45°高低阻倾斜地层成像结果图

根据前述的规则获得了 36 个分界点数据如表 4.5 所示。

表 4.5　45°地层分界面的位置

周向位置/(°)	5	15	25	35	45	55
垂直高度/cm	6	6	10	10	14	14
周向位置/(°)	65	75	85	95	105	115
垂直高度/cm	14	18	18	22	22	22
周向位置/(°)	125	135	145	155	165	175
垂直高度/cm	26	26	30	30	30	30
周向位置/(°)	185	195	205	215	225	235
垂直高度/cm	34	30	30	30	26	26
周向位置/(°)	245	255	265	275	285	295
垂直高度/cm	26	22	22	18	18	14
周向位置/(°)	305	315	325	335	345	355
垂直高度/cm	14	14	10	10	6	6

将该组数据进行最小二乘拟合，得到 A 为 11.62cm，b 为 19.56cm，并据此反演出三角曲线如图 4.37 所示。

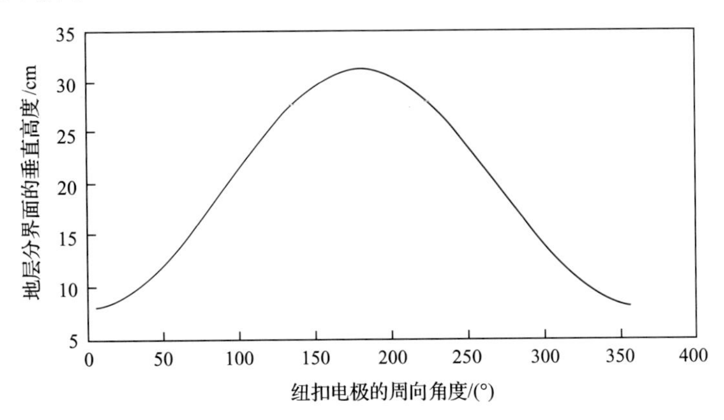

图 4.37　利用最小二乘拟合得到的三角曲线分界面(45°)

将 A 代入式(4.11)，有

$$\theta = \arctan\frac{h}{d} = \arctan\frac{2\times 11.62}{2\times 10.8} = 47.09^\circ \tag{4.17}$$

这一结果与预设值 45°也基本相符。

4.4 油基钻井液模拟测井实验

本节首先介绍模拟测井实验装置，随后在不同地层电导率下进行环形电极模拟测井实验，实验结果表明，该测井系统能够较为准确地反映出地层电导率参数。接着，分别在模拟高、低阻目标岩体和分层地层条件下进行条形方位电极测井实验，实验结果验证条形电极测井系统具有一定的方位探测能力。最后基于纽扣电极进行地层成像实验，实验结果表明纽扣电极测井系统能够实现地层成像，同时具备倾角测量的能力。

4.4.1 模拟测井实验研究

结合电容耦合非接触电导检测(C^4D)技术和电感耦合原理提出一种油基钻井液下随钻侧向电阻率测井新方法，利用环形电极和方位电极分别获取不同维度的地层信息。为验证测井新方法的可行性，利用设计的测井系统进行模拟测井实验。

1. 环形电极测井实验

首先进行环形电极模拟测井实验，设计实验装置如图 4.38 所示，实物图如图 4.39 所示。实验装置主要包括模拟钻铤和测井传感器、模拟井壁、模拟地层及数据采集与处理模块。用一段直径为 17.2cm 的钢管模拟钻铤，在钢管上装有一个带磁芯的螺旋激励线

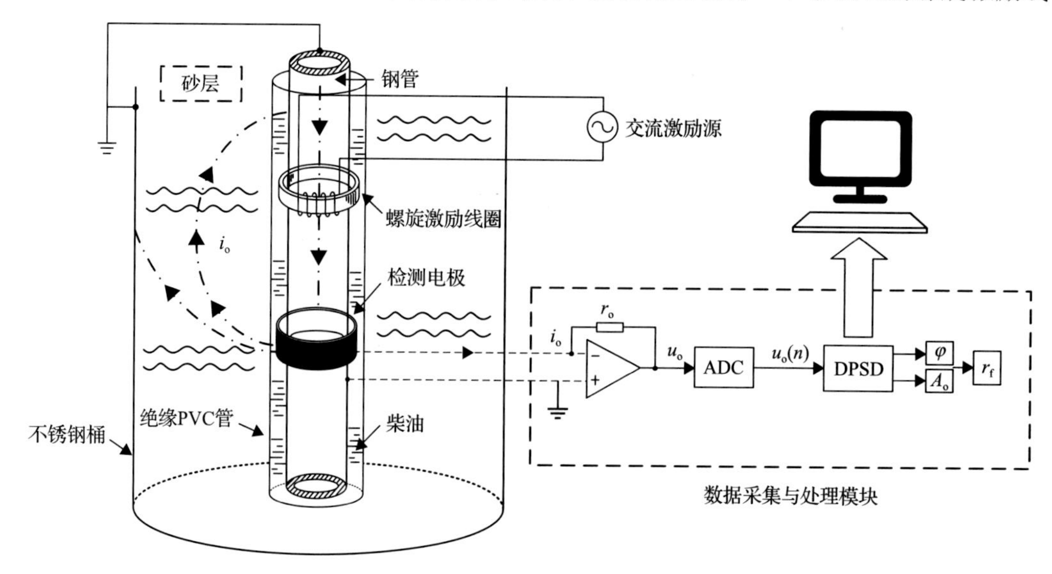

图 4.38 环形电极实验装置示意图

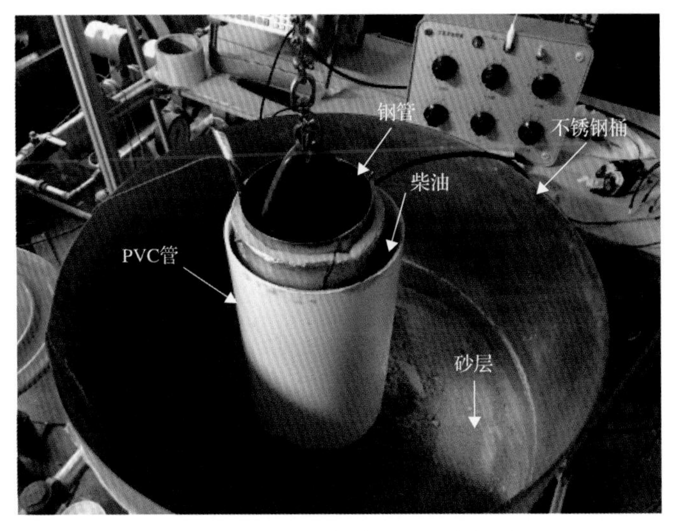

图 4.39　环形电极实验装置实物图

圈。一个交流激励源为螺旋激励线圈提供正弦激励电压，基于电磁感应原理，线圈在其两端的钢管上产生一个同频同相的感生电压。在下端钢管上贴有一圈铜箔(高度为 11.5cm)，用以构成一个环形检测电极，极片和钢管间有一层绝缘胶带，可以保证电极片不与钢管直接短接。在钢管外套有一个直径为 19.2cm 的同轴聚氯乙烯(polyvinyl chloride, PVC)管，用以模拟井壁。在 PVC 管和钢管之间加入柴油，用以模拟油基钻井液。将钢管和 PVC 管置于直径为 56cm 的不锈钢桶中，并在不锈钢桶和 PVC 管间加入模拟地层材料(砂)。将不锈钢桶和上端钢管短接，用以模拟"无限大的地层外壳接地"。测井过程中，从环形电极出发的电流流经由钻井液引起的等效电容和地层，最终回到上端钻铤，构成一条测井回路。环形电极通过一个电流放大电路和下端钢管短接。流经环形电极的电流先被放大成电压信号，再经过 AD 转换和相敏解调处理，最终获得其幅值和相位信息。

环形电极实验方案如下：在砂层中逐量加入电解质(氯化钾)溶液，改变砂层的电导率。通过哈纳 HI98331 笔式电导率测定仪(量程 0～4000μS/cm，测量精度 10μS/cm)获得砂层电导率。在砂层电导率相同的情况下，将激励信号频率分别取为 20kHz、30kHz、40kHz 和 50kHz，测量被测电流的幅值和相位信息，进而根据式(4.7)和式(4.8)计算并获得测井模型信息。

在 20kHz、30kHz、40kHz 和 50kHz 的正弦激励下进行环形电极模拟测井实验，地层电导率为 0～100μS/cm。图 4.40(a)为不同激励频率下，电流幅值随地层电导率的变化曲线。曲线可划分为两段：起初，地层等效电阻 r_f 随电导率增大而明显减小，电流幅值相应增大；然后，当地层电导率大于 10μS/cm 后，测井模型中钻井液等效电容 C_d 占据主导地位，r_f 对整个电路的影响变小，故电流幅值趋于定值。图 4.40(b)为不同激励频率下，电流相位随地层电导率的变化曲线。与幅值曲线相类似，随着地层电导率的增大，r_f 越来越小，C_d 在整个电路中的比重越来越大，电流相位也越来越大。当地层电导率大于

10μS/cm 后，相位便趋于 90°。

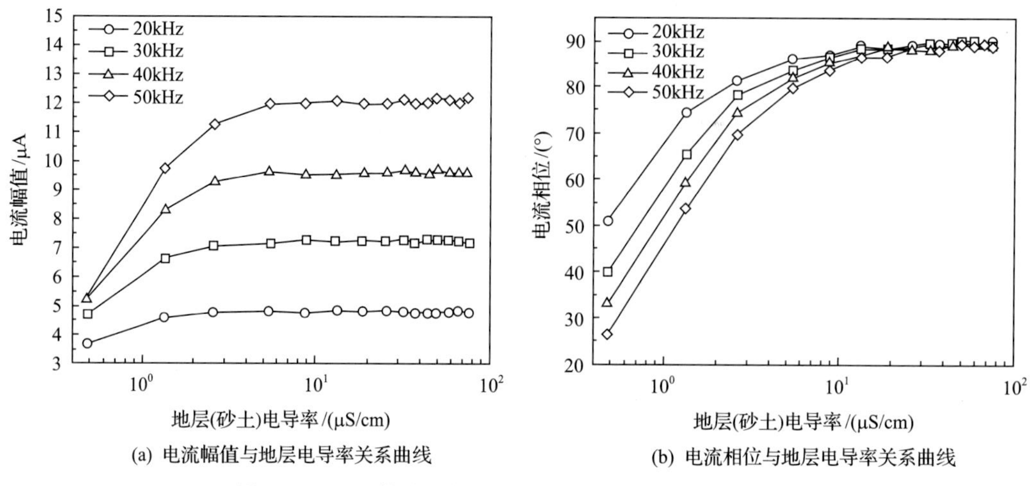

(a) 电流幅值与地层电导率关系曲线

(b) 电流相位与地层电导率关系曲线

图 4.40　不同激励频率下电流信号与地层电导率的关系

另外，由实验数据还可以发现，测井传感器的灵敏度随着激励频率的增大而增大。然而，激励频率受到线圈磁芯的频率特性和数据采集处理模块采样精度的限制，不能无限提高。

以 50kHz 激励频率为例，根据式(4.7)和式(4.8)，可以得到地层等效电阻 r_f 和由油基钻井液导致的等效容抗 X_C，如图 4.41(a)显示出地层等效电阻与地层电导率 σ_f 呈近似线性关系，但当地层电导率大于 13.2μS/cm 时测量结果变得不稳定，这是由于此时钻井液引起的容抗占主导地位，系统对地层电阻的分辨能力不足。以 13.2μS/cm 之前的数据点作拟合，则地层等效电阻可表示为

$$r_f = \frac{2.76}{\sigma_f} \tag{4.18}$$

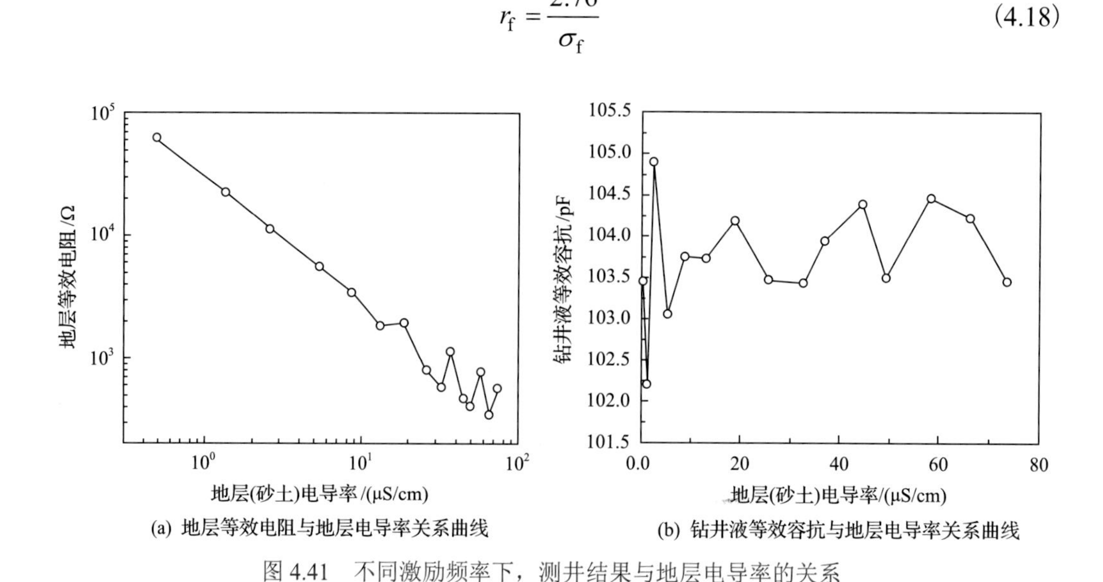

(a) 地层等效电阻与地层电导率关系曲线

(b) 钻井液等效容抗与地层电导率关系曲线

图 4.41　不同激励频率下，测井结果与地层电导率的关系

相对误差约为 7.18%。此外，C_d 约为 103.6pF 且几乎保持不变，与理论结果相一致。

2. 方位测井实验

在环形电极测井传感器的基础上，设计并制作方位电极传感器。考虑到纽扣电极有效面积较小，电流信号微弱，所以首先采用条形方位电极作为检测电极以降低实验难度。由于检测电流受到周围电流的聚焦作用，从方位电极出发的电流能够较为垂直、集中地进入地层，从而获得地层的方位信息。

钻铤在真实钻井过程中是旋转前进的，所以利用单个方位电极就能实现对地层的周向扫描。当井壁外存在一个与周围地层在电导率方面相差很大的目标岩体时，流经方位电极的响应电流也会发生变化。

图 4.42 是方位测井实验装置示意图，其实物图如图 4.43 所示。在现有实验室条件下构建真实的高(低)阻目标岩体比较困难，故采用如下实验方案：在模拟地层中埋有一个空心圆筒，用以模拟绝缘(高阻)的目标岩体，因为从方位电极射出的聚焦电流会受到其明显的阻隔；在圆筒外表面覆上一层铜箔，用以模拟低阻的目标岩体，聚焦电流能够顺利无阻地通过。操作实验台，旋转钢管和方位电极，获取在此过程中的响应电流变化曲线。

1) 模拟高阻岩体实验

为探究不同尺寸的条形方位电极对测井结果的影响，制作长度均为 50cm、宽度分别为 5cm 和 10cm 的两种方位电极进行实验，如图 4.44 所示。

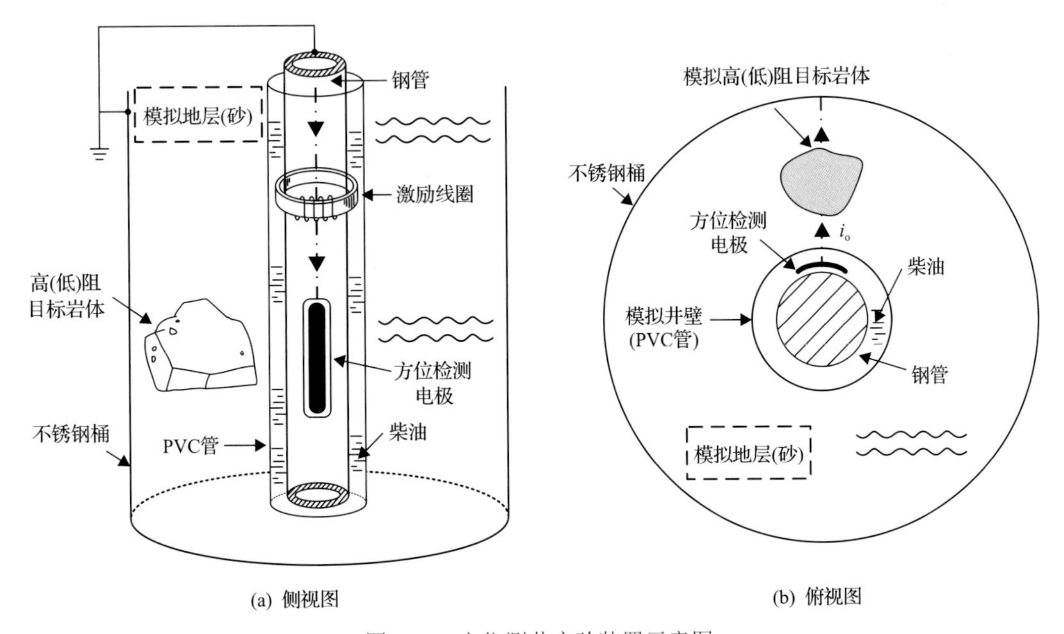

(a) 侧视图

(b) 俯视图

图 4.42 方位测井实验装置示意图

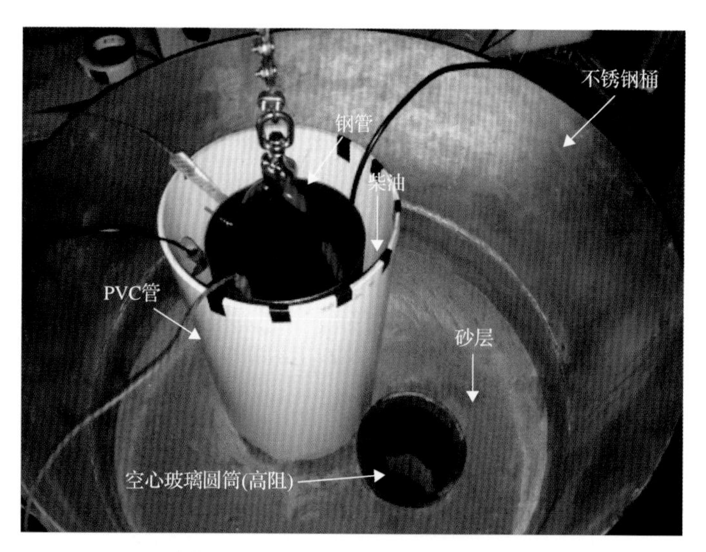

图 4.43　方位测井实验装置实物图

图 4.44　方位条形电极实物图

将正对模拟高阻岩体的周向位置定义为 0°，将方位电极在–90°～90°的周向范围内移动，测量在此过程的响应电流如图 4.45 和图 4.46 所示。其中，图 4.45 反映了模拟高阻岩体时两种电极响应电流幅值与电极周向位置的关系，而图 4.46 反映了响应电流相位与电极周向位置的关系。

利用数字相敏检波(DPSD)进一步求解测井模型，获得每个测量位置上的地层等效电阻和钻井液等效电容分别如图 4.47 和图 4.48 所示。

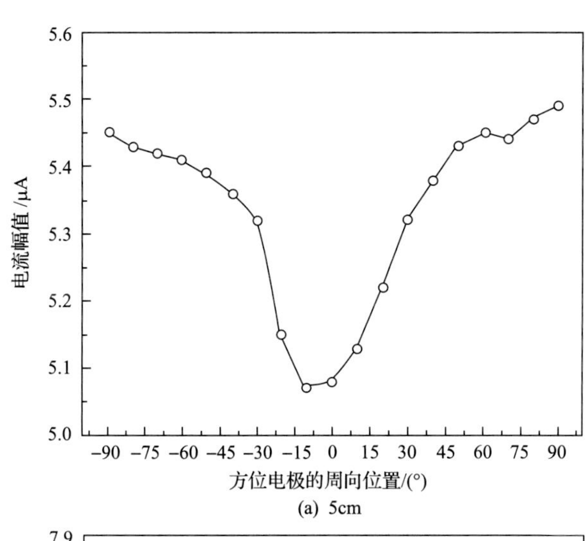

(a) 5cm

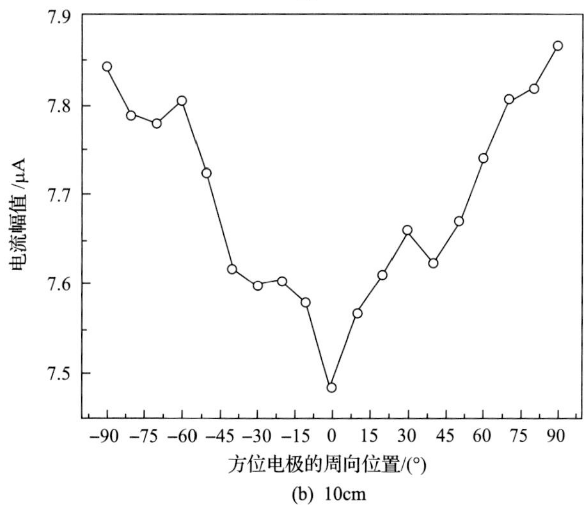

(b) 10cm

图 4.45 模拟高阻岩体时响应电流幅值与电极周向位置的关系

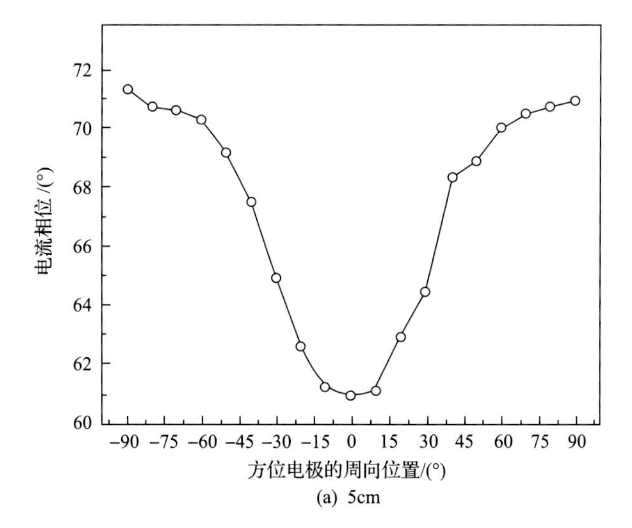

(a) 5cm

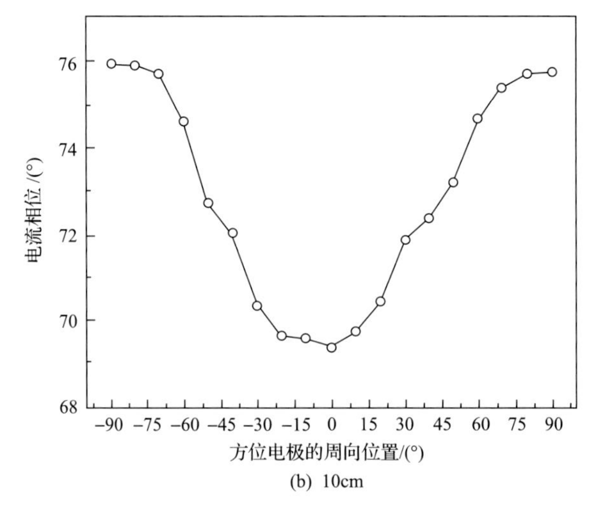

(b) 10cm

图 4.46　模拟高阻岩体时响应电流相位与电极周向位置的关系

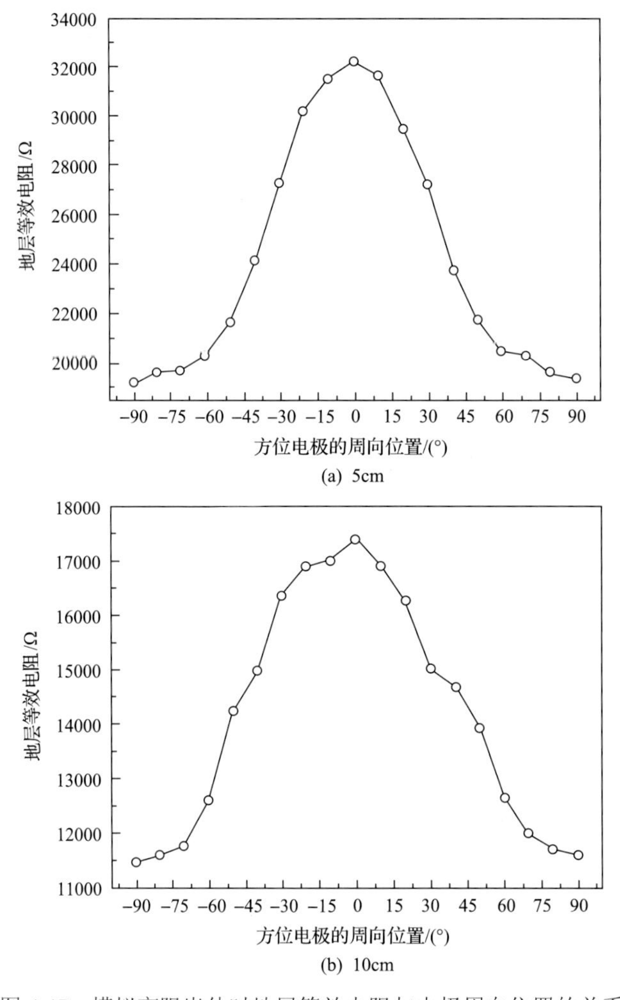

(b) 10cm

图 4.47　模拟高阻岩体时地层等效电阻与电极周向位置的关系

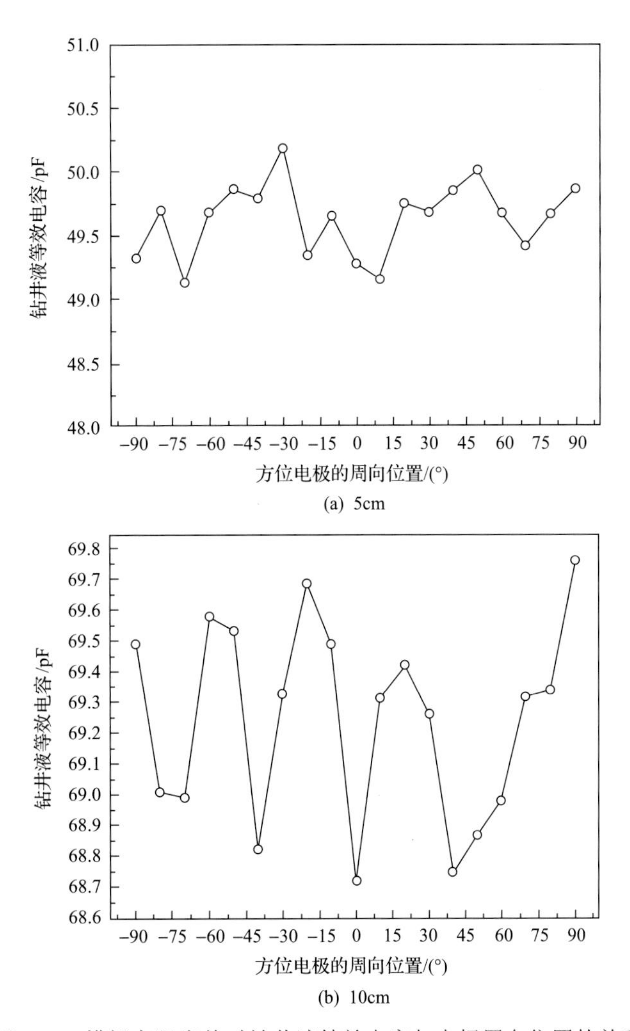

图 4.48　模拟高阻岩体时钻井液等效电容与电极周向位置的关系

由实验结果可以发现：

(1) 当电极处于 0°位置时，地层等效电阻出现最大值，这说明方位电极传感器对模拟高阻岩体具有一定的方位探测能力。

(2) 当周向位置一定时，地层等效电阻与电极有效面积近似呈线性关系。图 4.47 显示 5cm 电极的测量结果约为 10cm 电极的两倍。

(3) 定性分析电极探测目标岩体时的“方位灵敏度”，可以发现电极有效面积越小，其“方位灵敏度”越高。

实验时无法完全保证传感器与井眼始终同轴，因此由钻井液引起的等效电容在测井过程中会发生一定的变化。总体来说，利用 DPSD 技术实现了对测量信号实部与虚部的分离，最终得到的测井结果具有很好的一致性。

2) 模拟低阻岩体实验

在图 4.43 的空心玻璃圆筒外贴上一层铜箔，由于其导电性可以模拟低阻目标岩体。采取与之前相同的实验步骤，模拟低阻岩体实验。

用数据采集处理系统测量流经方位电极的电流信号，利用 DPSD 技术计算电流的幅值与相位信息，分别如图 4.49 和图 4.50 所示。

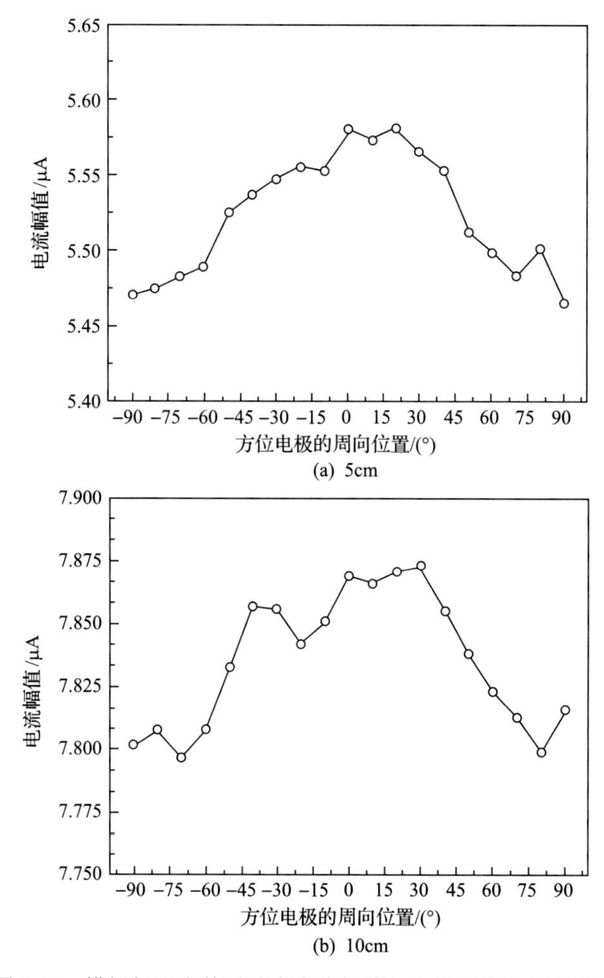

(a) 5cm

(b) 10cm

图 4.49 模拟低阻岩体时响应电流幅值与电极周向位置的关系

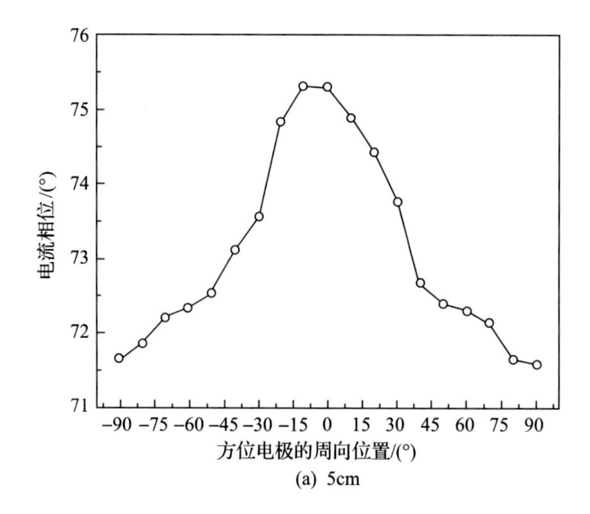

(a) 5cm

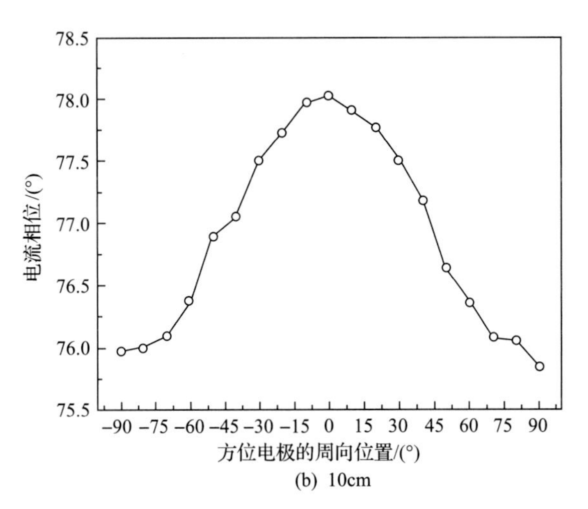

(b) 10cm

图 4.50 模拟低阻岩体时响应电流相位与电极周向位置的关系

根据测井模型，获得模拟地层等效电阻和由钻井液引起的等效电容分别如图 4.51 和图 4.52 所示。

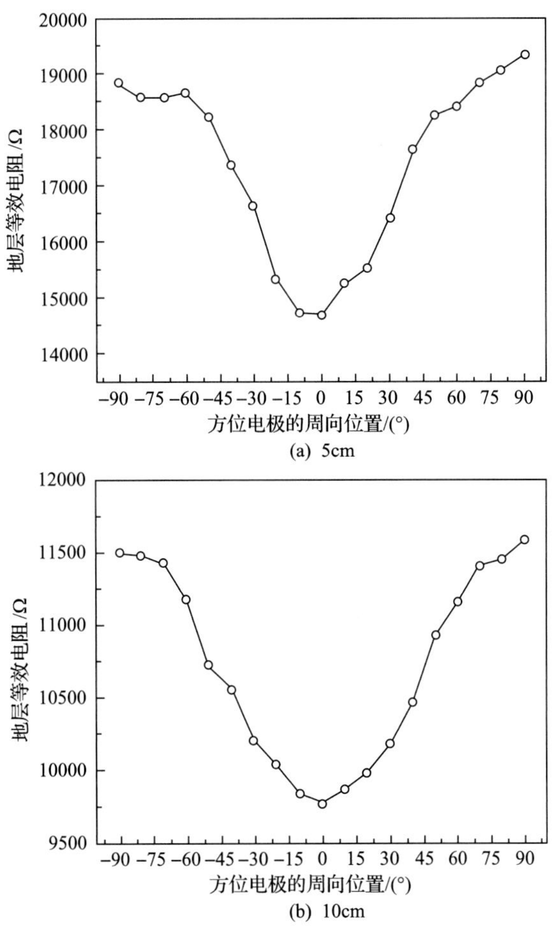

(b) 10cm

图 4.51 模拟低阻岩体时地层等效电阻与电极周向位置的关系

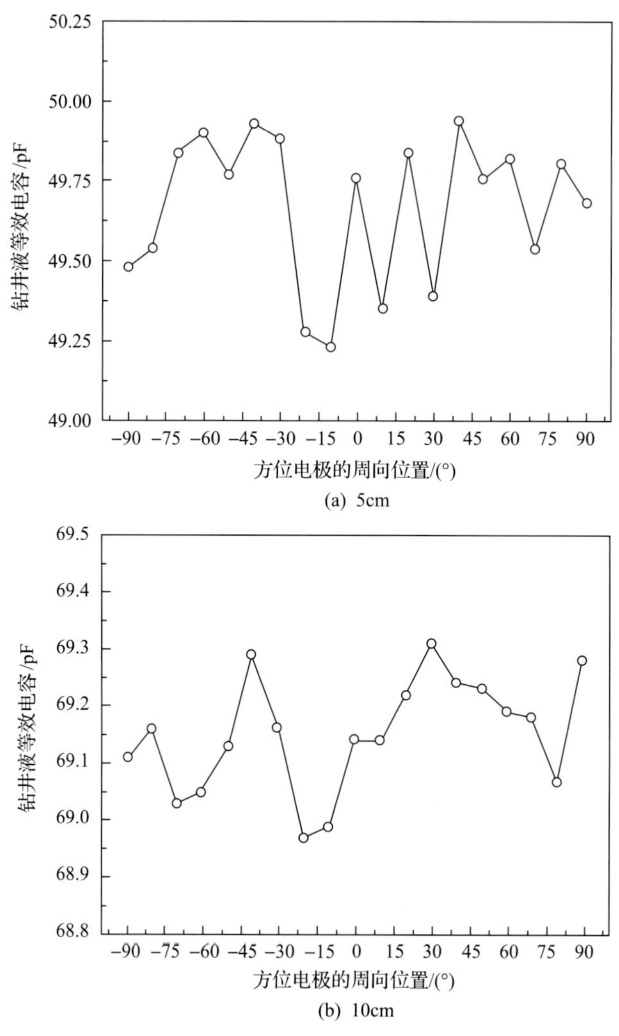

图 4.52 模拟低阻岩体时钻井液等效电容与电极周向位置的关系

由实验数据可以发现：

(1) 当电极处于 0°位置时，地层等效电阻出现最小值，这说明方位电极传感器对模拟低阻岩体同样具有一定的方位探测能力。

(2) 由钻井液引起的等效电容由方位电极尺寸决定，5cm 宽电极的等效电容约为 49.5pF，而 10cm 宽电极的等效电容约为 69.2pF。

3) 模拟分层地层实验

前面的实验初步验证了此处提出的方位测井传感器的可行性。然而在实际的测井作业中，相比于“探测高/低阻目标岩体”，对高低阻分层地层的识别能力更为重要。因此，本实验的目的是考察方位测井传感器对分层地层的识别能力。

参考现有的方位测井实验平台的设计方案(孙振惠等，1987)，模拟构建一个分层地层实验环境，如图 4.53 所示。其中的上、下层地层分别具有不同的电导率特性。

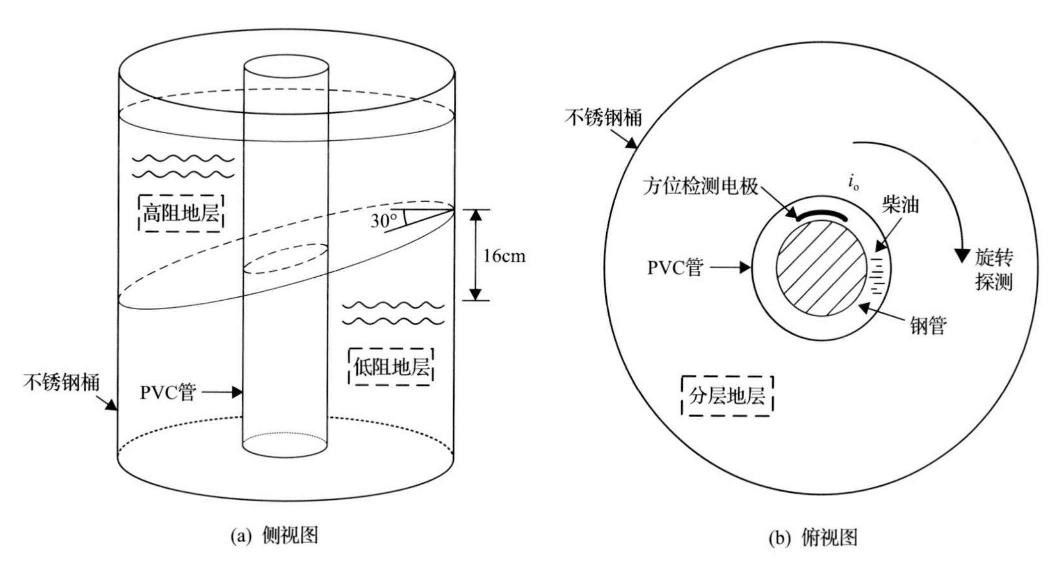

(a) 侧视图 (b) 俯视图

图 4.53 分层地层实验装置示意图

首先构建下方低阻地层：用一定浓度的氯化钾溶液浸润砂层，并通过搅拌使其充分混合均匀，以增大其电导率。低阻地层平面与水平面呈一定的倾斜角度，暂取 30°。然后，未经氯化钾溶液浸润处理的干燥砂层电导率较低，可用以模拟上方的高阻地层。用土壤电导率仪测得低阻地层的电导率为 78.7μS/cm，高阻地层的电导率为 2.4μS/cm。操作实验台架，改变方位电极的周向位置，进行模拟分层地层实验。

方位电极采用 10mm×50cm 的条形电极，实验结果如图 4.54 和图 4.55 所示。由实验结果可知，忽略误差，地层等效电阻随电极周向位置的变化而呈正弦曲线关系，这反映出分层地层在沿周向位置方向的规律性分布。然而，由于条形电极的尺寸原因，无法进行分层界面的电学成像。要提高方位测井的分辨率，需要采用面积更小、探测范围更小的纽扣电极。

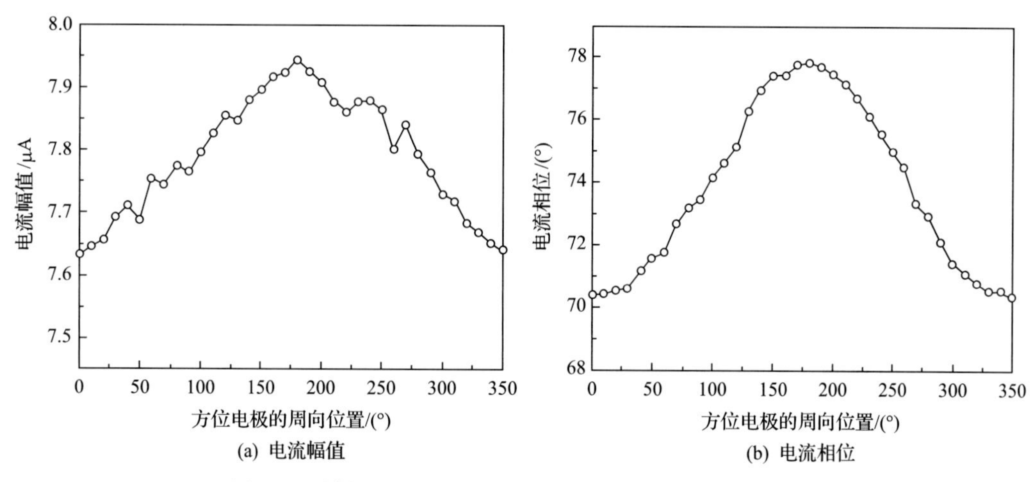

(a) 电流幅值 (b) 电流相位

图 4.54 模拟分层地层时响应电流与电极周向位置的关系

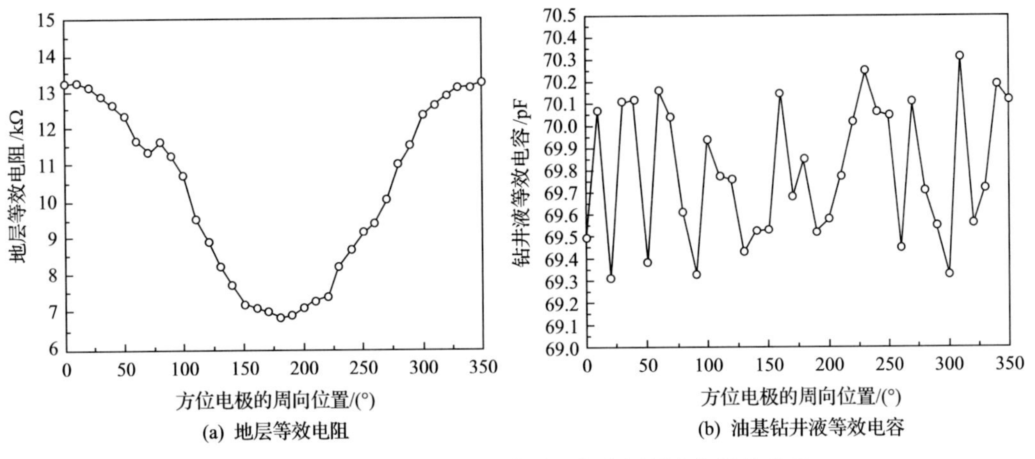

图 4.55 模拟分层地层时测井结果与电极周向位置的关系

3. 纽扣电极成像实验

在之前的方位测井实验中采用了条形电极结构，这是因为条形电极的有效面积较大，响应电流也较大，可以显著降低测井系统检测电流的难度。然而在实际的方位测井系统设计中，电极往往被设计成圆形纽扣形状。从生产制造的角度上来说，圆形电极也更利于加工制作。图 4.56 是实验中采用的纽扣电极实物图，其直径为 5cm，电极中心距激励线圈 25cm。

图 4.56 纽扣电极实物图

基于图 4.53 的分层地层实验平台进行纽扣电极成像实验。本节的实验将纽扣电极的周向位置和垂直高度作为自变量，考察电极在不同位置处的响应情况，并基于测量结果实现分层地层成像。实验方案如图 4.57 所示，其中的三角曲线是分层地层的二维展开分界线，纽扣电极在周向(水平方向)和垂直方向两个方向运动，得到不同位置处的地层等效电阻信息。

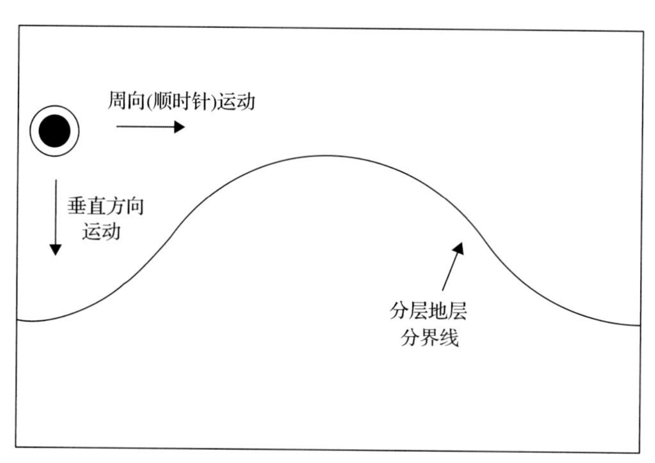

图 4.57 纽扣电极成像实验方案

上、下模拟地层的电导率有所差异，在实验中用土壤电导率仪测得低阻地层的电导率为 83.4μS/cm，高阻地层的电导率为 1.6μS/cm。实验中，由于纽扣电极尺寸限制(直径 5cm)，在周向上均匀取 12 个点，即每个点间隔 30°。垂直方向上取 8 个点，每两点间隔 2cm，一共可以得到 8×12 共 96 个采样点数据。在扫描过程中测量电流信号，获得不同位置上的地层信息。基于此得到地层成像结果如图 4.58 所示。

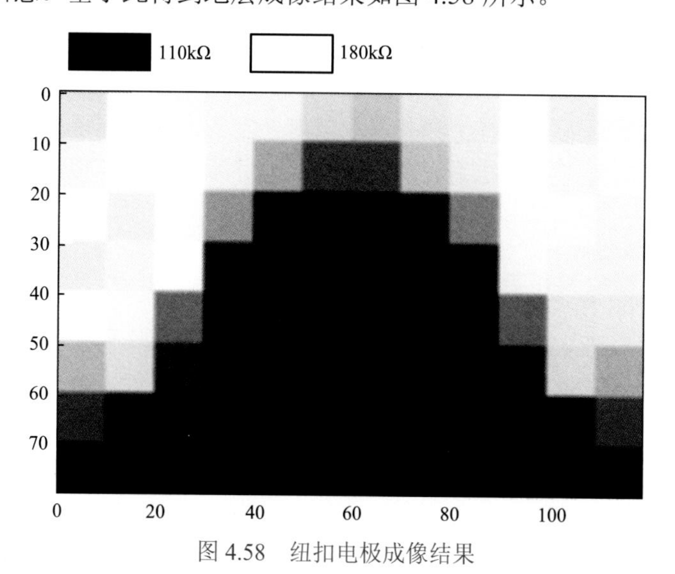

图 4.58 纽扣电极成像结果

图 4.58 中的下方深色区域表示低阻地层，上方浅色区域表示高阻地层。从图中能够

区分出上下地层的分界面，这验证了利用纽扣电极进行地层成像的可行性。然而，由于纽扣电极形状大小的限制，图像分辨率仍有待提高。根据图 4.58 在周向方向上确定了 12 个分界点，数据如表 4.6 所示。

表 4.6 地层分界面的位置

周向位置/(°)	15	45	75	105	135	165
垂直高度/cm	3	3	5	9	11	13
周向位置/(°)	195	225	255	285	315	345
垂直高度/cm	13	11	9	5	3	3

利用最小二乘法进行三角曲线拟合，根据式(4.14)和式(4.15)，得到三角函数的参数为 A=5.45，b=7.33。已知 PVC 管的直径为 20cm，故倾斜地层的倾斜角 θ 的计算值为

$$\theta = \arctan\frac{h}{d} = \arctan\frac{2\times 5.45}{2\times 10} = 28.59° \tag{4.19}$$

与实际值 30°基本相符。

综上，基于最小二乘法，可以根据地层成像结果进行三角曲线拟合，从而较为精确地获得地层倾角的反演结果。模拟实验结果与仿真实验结果是一致的。从以上分析还可以发现：成像分辨率对后续的数据处理具有很大的影响，所以应该尽可能地减小纽扣电极尺寸、提高测量精度，从而提高成像分辨率。

4. 小结

本节基于设计的测井系统进行了模拟测井实验。首先介绍了环形电极实验装置，随后在不同地层电导率下进行了模拟测井实验，实验结果表明该测井系统能够反映出地层电导率参数。随后，分别在模拟高、低阻目标岩体和分层地层条件下进行条形方位电极测井实验，实验结果验证了该方位测井系统具有一定的方位探测能力。最后，基于纽扣电极进行地层成像实验，实验结果表明纽扣电极测井系统能够实现地层成像功能，同时具备倾角测量能力。

4.4.2 油基钻井液模拟测井实验

本节主要内容为油基钻井液下模拟测井实验研究，通过实验进一步验证提出的油基钻井液随钻侧向电阻率测井新方法及其样机的可行性和有效性。本节首先介绍油基钻井液模拟测井实验装置的系统结构设计及其原理；然后介绍模拟测井电阻测量的技术路线；接着介绍模拟测井实验情况，通过实验建立样本库，基于该样本库进行样机的信号采集性能分析，确立最优激励频率，并通过最小二乘法建立电阻测量数学模型；最后进行模拟测井电阻测量实验，并进行结果分析。

传统随钻侧向电阻率测井无法在油基钻井液工况下工作，其主要原因是油基钻井液

不导电，导致低频测井信号难以穿过油基钻井液，常规测井方法难以进行信号检测。本节结合 C^4D 技术原理与感应耦合原理提出油基钻井液随钻侧向电阻率测井新方法，并采用 DPSD 技术进行信号检测，从而实现随钻侧向电阻率测井在油基钻井液工况下的电阻率测量。为了验证提出的方法及设计的测量系统样机的有效性，此处进行油基钻井液下模拟测井实验。

1. 模拟测井实验装置的设计

1) 实验系统原理

基于设计的新型油基钻井液随钻侧向电阻率测井样机搭建一套油基钻井液下模拟测井实验装置系统，如图 4.59 所示。

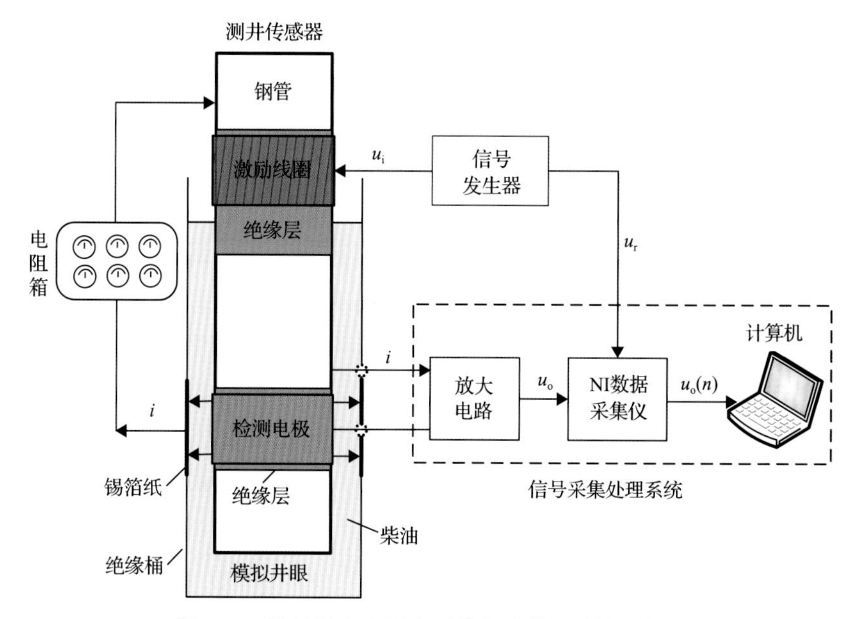

图 4.59　随钻侧向电阻率测井实验装置系统示意图

本节设计了模拟井眼及模拟地层，以便构建油基钻井液随钻侧向电阻率测井的测量模型。模拟井眼用绝缘桶(外径 20cm)对应检测电极处包裹一层锡箔纸模拟井壁，用柴油模拟油基钻井液；该实验采用 ZX38A/11 旋转式交直流电阻箱模拟地层电阻，具有调节方便、可调范围大的优点(可调范围为 0～100kΩ)。ZX38A/11 电阻箱经过特殊设计，适用于 0～50kHz 交流工况。为了降低不确定性以便分析，此处选择在交流电阻箱电阻 0～30kΩ 范围内实验，并忽略电阻箱电感。交流电阻箱一端接锡箔纸，另一端直接连接激励线圈上侧的钢管。

信号采集与处理系统主要包括放大电路、美国国家仪器(National Instruments，NI)有限公司的数据采集仪与计算机。运算放大器(运放)的反向输入端接检测电极，同相输入端接检测电极附近钢管。由于运放的虚短作用，电流流经激励线圈下侧钢管、放大电路、检测电极、井眼、锡箔纸、电阻箱、激励线圈上侧钢管形成交流测量回路。

传感器测量电路如图 4.60 所示。信号发生器一路为传感器激励线圈提供正弦交流激励信号 u_i，u_i 在激励线圈两侧钢管上产生感生交流电压 u，该电压 u 在交流测量回路中通过井眼耦合电容形成位移电流 i，该电流 i 经运放转化为电压信号 u_o。

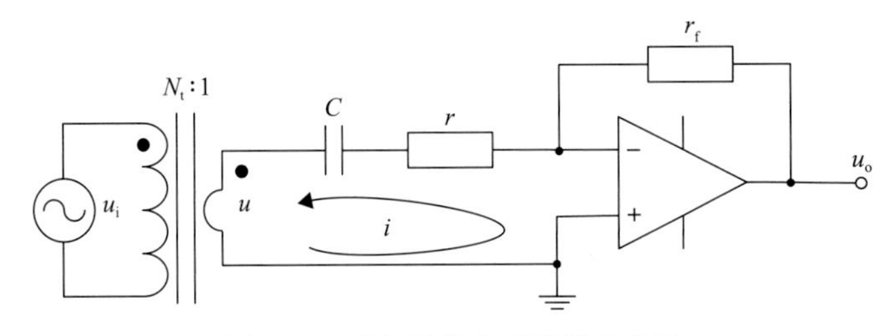

图 4.60　模拟测井传感器测量电路

信号发生器另一路为 NI 数据采集仪触发端口，提供与第一路同步的方波触发信号 u_r，进而实现数字上升沿采样。被测电流经放大电路放大后，由 NI 数据采集仪采集并转化为数字信号，采用 DPSD 技术进行信号检测，进而得到电阻箱电阻 r。

2) 实验台架设计

由于传感器及其整个实验系统相对比较重，对装置的操作调整很不方便，为了便于操作和充分利用实验空间，此处设计实验台架，总的模拟测井实验装置如图 4.61 所示。图 4.61(a)为模拟测井实验装置示意图(侧视图)；图 4.61(b)为模拟测井实验装置实物图

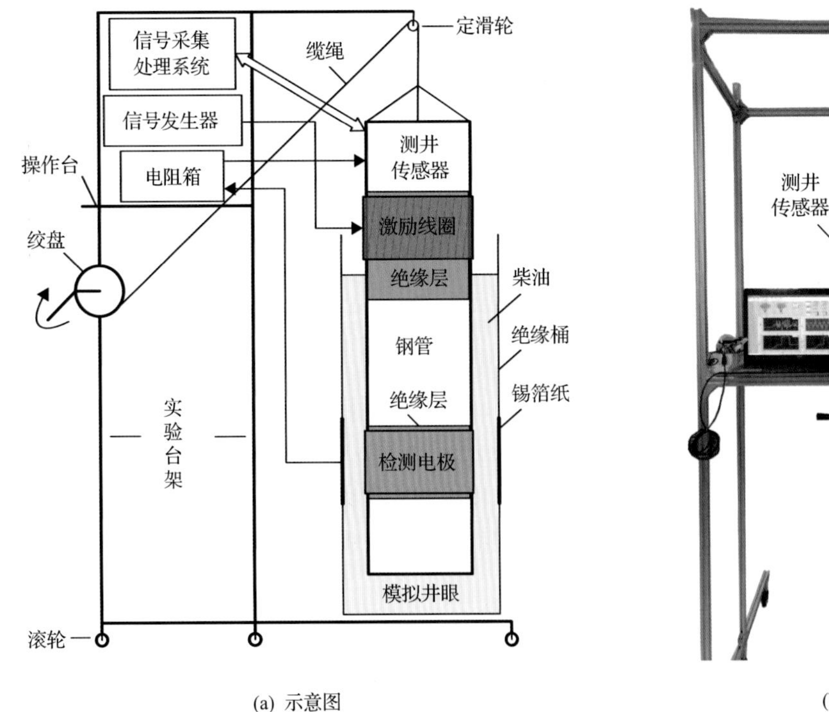

(a) 示意图　　(b) 实物图

图 4.61　模拟测井实验装置

(正视图)。实验台架主要由铝型材支架、操作台、手摇绞盘、钢丝绳、定滑轮、旋转吊钩、万向轮组成。实验台架总尺寸(长×宽×高)为1.1m×1.1m×2.45m，能将直径1m的桶置于支架内部，实验台架最大载重150kg。

普通钢丝绳负载时会有扭力，此处所选钢丝绳为无扭力钢丝绳，直径3mm，可有效避免装置在升降过程中引起的传感器的转动；操作手摇绞盘(带自锁功能)，无扭力钢丝绳通过定滑轮可以将传感器在高度0m到大于1m的范围平稳升降并定位；旋转吊钩可以使传感器轴向自由旋转，方便调节传感器角度，同时为后续研究方位电阻率测井做准备；实验台架底座有六个万向轮(带刹车功能)，可以实现实验台架的水平移动和定位。

信号发生器、电阻箱和信号采集处理系统(计算机、放大电路、NI数据采集仪)可置于操作台上，便于集中操作。

2. 模拟测井电阻测量的技术路线

模拟测井电阻测量的技术路线如图4.62所示。

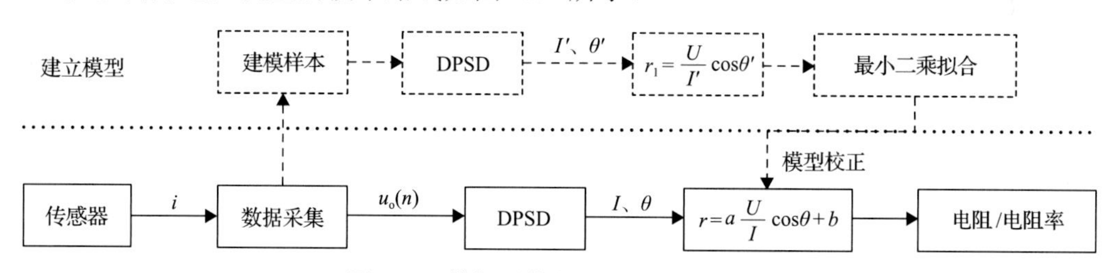

图4.62 模拟测井电阻测量的技术路线

具体实施步骤如下：

(1)采集建模样本。首先对传感器输出的电流信号i进行数据采集并保存，得到建模样本；然后采用DPSD技术求得每一个样本信号的幅值I'和相位θ'，得到理想情况下的电阻测量数学模型：

$$r_1=\frac{U}{I'}\cos\theta' \tag{4.20}$$

(2)进行模型校正。实际测量中需要对该模型进行校正，以相应的电阻箱读数为参考值，通过最小二乘法(least squares method)进行数据拟合，建立校正后的电阻测量数学模型：

$$r=a\frac{U}{I}\cos\theta+b \tag{4.21}$$

式中，a、b为所建模型的校正系数，可通过最小二乘法确定。

此处以电阻箱读数r_c作为参考值，通过最小二乘拟合法对如式(4.20)所示理论数学模型进行校正，求得实测电阻r_1与参考电阻r_c的实际关系。根据式(4.20)和式(4.21)可设校正模型为

$$r_{\mathrm{c}} = ar_{\mathrm{l}} + b \tag{4.22}$$

设样本的 n 个拟合点分别为 $(r_{\mathrm{s1}}, r_{\mathrm{c1}})$，$(r_{\mathrm{s2}}, r_{\mathrm{c2}})$，……，$(r_{\mathrm{s}n}, r_{\mathrm{c}n})$，令

$$Y = \begin{bmatrix} r_{\mathrm{c1}} \\ r_{\mathrm{c2}} \\ \vdots \\ r_{\mathrm{c}n} \end{bmatrix}, \quad X = \begin{bmatrix} 1 & r_{\mathrm{l1}} \\ 1 & r_{\mathrm{l2}} \\ \vdots & \vdots \\ 1 & r_{\mathrm{l}n} \end{bmatrix}, \quad \kappa = \begin{bmatrix} b \\ a \end{bmatrix}, \quad E = \begin{bmatrix} e_1 \\ e_2 \\ \vdots \\ e_n \end{bmatrix}$$

式中，κ 为所建数学模型校正系数向量；e_i 为残差，i=1,2,⋯,n。

根据式(4.22)有

$$Y = X\kappa + E \tag{4.23}$$

最小二乘法拟合的优化准则是使 n 组拟合数据求解模型获得的计算值与真实值之间残差 e_i 的平方和最小，即

$$J = \min\sum_{i=1}^{n} e_i^2 = \min\left[(Y - X\kappa)^{\mathrm{T}}(Y - X\kappa)\right] \tag{4.24}$$

通过式(4.24)对 κ 求导，使

$$\frac{\partial J}{\partial \kappa} = \frac{\partial}{\partial \kappa}\left[(Y - X\kappa)^{\mathrm{T}}(Y - X\kappa)\right] = -2X^{\mathrm{T}}Y + 2X^{\mathrm{T}}X\kappa = 0 \tag{4.25}$$

从而可求得模型的校正系数向量为

$$\kappa = (X^{\mathrm{T}}X)^{-1}X^{\mathrm{T}}Y \tag{4.26}$$

(3)利用设计的实验装置进行油基钻井液下模拟测井电阻测量。首先进行数据采集得到数字信号序列 $u_{\mathrm{o}}(n)$，采用 DPSD 技术分别求得信号的幅值 I 和相位 θ，根据所建电阻测量数学模型测得电阻箱电阻值。

3. 模拟测井实验

1)信号采集与分析

本节分别在 10kHz、15kHz、20kHz、25kHz 激励频率下进行信号采集。在每个激励频率下，从 0kΩ 至 30kΩ 调节电阻箱电阻(参考电阻)r_{c}，每隔 2kΩ 作为一个测量点，每个测量点重复测量 50 次，每次采样数据 15000 个(用时 t=15000/f_{s}=0.06s，f_{s} 为采样频率，f_{s}=250kHz)，建立数据样本。求得样本信号 i 的有效值 I 及其标准差 σ_I 以及相位 θ 和其标准差 σ_θ，采集结果如图 4.63 所示。

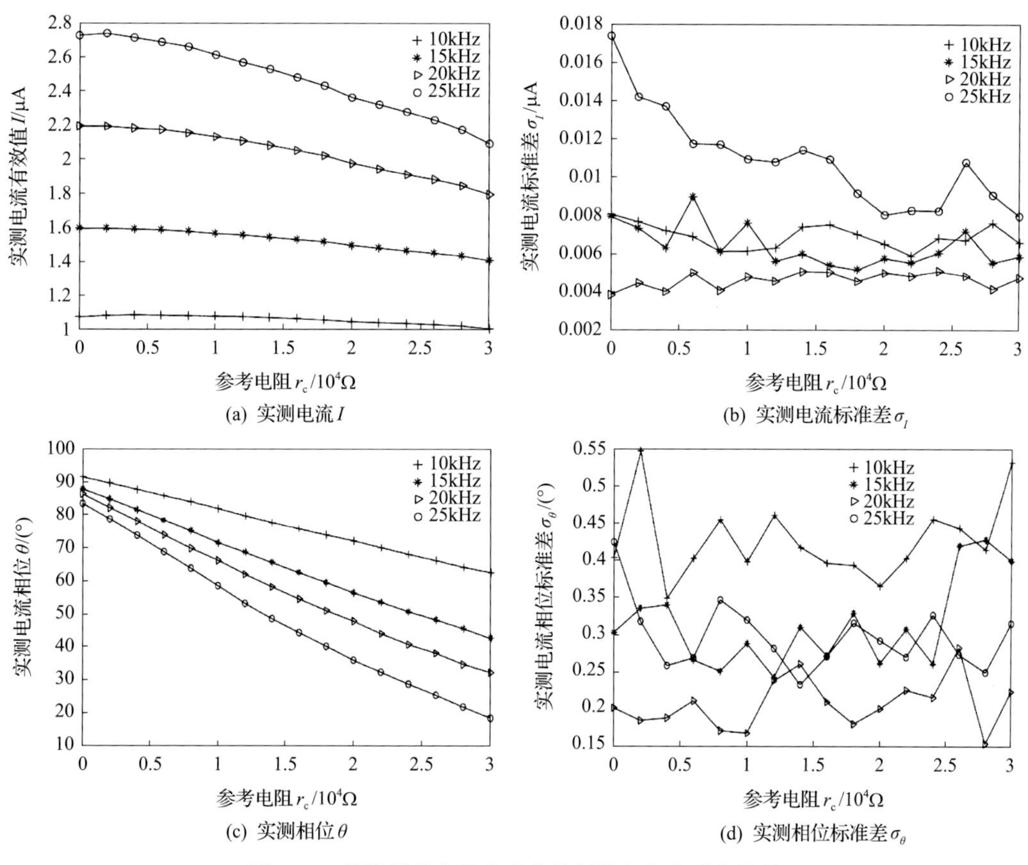

(a) 实测电流I　(b) 实测电流标准差σ_I

(c) 实测相位θ　(d) 实测相位标准差σ_θ

图 4.63　模拟测井实验电流信号幅值与相位采集结果

对测量结果进行单调性、灵敏度和重复性分析，设$[a_I, b_I]$、$[a_\theta, b_\theta]$分别为电流i的有效值I和相位θ的单调区间，其中，a_I和a_θ、b_I和b_θ分别表示单调区间的下限和上限，I_a和I_b、θ_a和θ_b分别为单调区间下限和上限对应的电流i的有效值和相位；k_I、k_θ分别为电流有效值I和相位θ曲线在单调区间内的平均斜率，用以表征测量的灵敏度，其表达式分别为

$$k_I = \frac{I_a - I_b}{b_I - a_I} \tag{4.27}$$

$$k_\theta = \frac{\theta_a - \theta_b}{b_\theta - a_\theta} \tag{4.28}$$

RSD_I、RSD_θ分别表示电流有效值I和相位θ在单调区间内的相对标准偏差，用以表征测量的重复性，其表达式分别为

$$\mathrm{RSD}_I = \frac{\sigma_I}{I} \times 100\% \tag{4.29}$$

$$\mathrm{RSD}_{\theta} = \frac{\sigma_{\theta}}{\theta} \times 100\% \tag{4.30}$$

根据式(4.27)～式(4.30)对测量数据进行计算，得到单调性、灵敏度和重复性分析数据如表 4.7 所示。

表 4.7　不同频率下信号采集的单调性、灵敏度和重复性统计分析结果

实验频率/kHz	单调区间		灵敏度		重复性	
	$[a_I, b_I]$/kΩ	$[a_\theta, b_\theta]$/kΩ	k_I/(μA/kΩ)	k_θ/[(°)/kΩ]	RSD_I/%	RSD_θ/%
10	[6,30]	[0,30]	0.002	0.963	<0.75	<0.60
15	[4,30]	[0,30]	0.006	1.505	<0.57	<0.43
20	[2,30]	[0,30]	0.013	1.799	<0.27	<0.25
25	[2,30]	[0,30]	0.021	2.165	<0.64	<0.47

综上可见：①测得的电流信号有效值为微安级，且曲线相对平缓。当 r_c 较小时，曲线非单调，是因为此时 r_c 相比“井眼”容抗非常小，信噪比很低，而相位 θ 在整个测量区间内单调性较好，灵敏度也较高。因此，引入相位测量可以解决油基钻井液下仅靠幅值无法测量地层电阻率的问题。②激励频率越大，灵敏度越高，但激励频率大小受传感器频率特性制约，由于设计的传感器选用的磁芯饱和频率约为 30kHz，激励频率接近饱和频率时，系统测量结果的重复性反而降低；③电流有效值 I 和相位 θ 的标准差与相对标准偏差均非常小，说明设计的传感器重复性较好。

在激励频率为 20kHz 时，系统测量结果重复性最好，同时其单调性和灵敏度也较好，认为此频率下样机系统性能较佳。

2) 数据处理及电阻测量数学模型的建立

首先，基于理论模型和实测数据求得理论电阻，并与电阻箱参考电阻进行对比，分析测量系统的性能。然后用最小二乘法对采集的训练样本进行数据拟合，求得拟合后的数学模型，根据该数学模型进行电阻箱电阻实测实验，分析实验结果。

根据采集的信号，依据式(4.20)求得不同实验频率下的理论电阻 r_1，如图 4.64 所示。由图 4.64 可见，理论电阻 r_1 明显大于参考电阻 r_c，这是因为传感器激励线圈的传输效率低于 100%(约为 93%)，造成了系统能量损失，所以使得实测电流相对变小，从而导致实测电阻明显大于参考电阻。同时，实测电阻与参考电阻虽然呈线性关系，但随着频率和电阻的增加其线性关系略变差，其曲线斜率略有降低，这是电阻箱电感变大的缘故。因此，为了提高建模的准确度，此处进行分段建模。

在$\left(0.5\mathrm{k\Omega} < \frac{U}{I}\cos\theta \leqslant 10\mathrm{k\Omega}\right)$、$\left(10\mathrm{k\Omega} < \frac{U}{I}\cos\theta \leqslant 20\mathrm{k\Omega}\right)$、$\left(20\mathrm{k\Omega} < \frac{U}{I}\cos\theta \leqslant 30\mathrm{k\Omega}\right)$量程下分段建立模型。在 20kHz 激励频率下，通过最小二乘法拟合得到校正后的模拟测井的电阻测量数学模型：

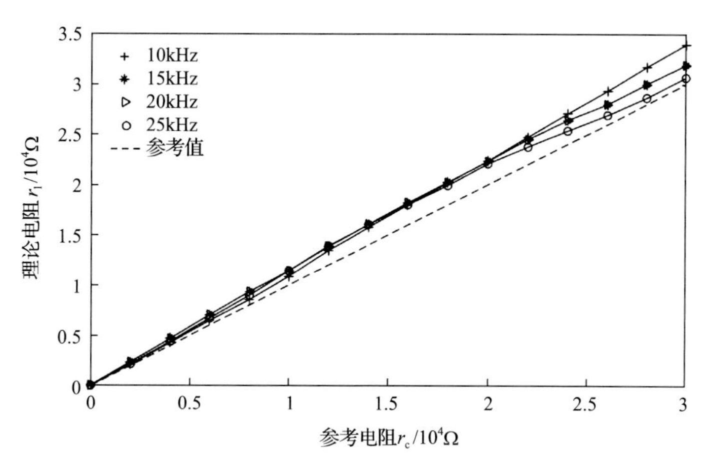

图 4.64　模拟测井理论测量结果

$$
\begin{cases}
r = 0.8734\dfrac{U}{I}\cos\theta - 0.0768, & 0 < \dfrac{U}{I}\cos\theta \leqslant 10\text{k}\Omega \\
r = 0.9472\dfrac{U}{I}\cos\theta - 1.171, & 10\text{k}\Omega < \dfrac{U}{I}\cos\theta \leqslant 20\text{k}\Omega \\
r = 1.0863\dfrac{U}{I}\cos\theta - 4.5972, & 20\text{k}\Omega < \dfrac{U}{I}\cos\theta \leqslant 30\text{k}\Omega
\end{cases}
\tag{4.31}
$$

3) 实验结果与分析

在 0.5～30kΩ 取 16 个采样点，每个采样点采集 5 次数据，利用式(4.31)所示的校正后的模型，求得实测值 r 如图 4.65 所示，实测值 r 与参考值 r_c 的相对误差在不同量程内分别为 5%$(0.5\text{k}\Omega < \frac{U}{I}\cos\theta \leqslant 10\text{k}\Omega)$、2.5%$(10\text{k}\Omega < \frac{U}{I}\cos\theta \leqslant 20\text{k}\Omega)$、1.5%$(20\text{k}\Omega < \frac{U}{I}\cos\theta \leqslant 30\text{k}\Omega)$。

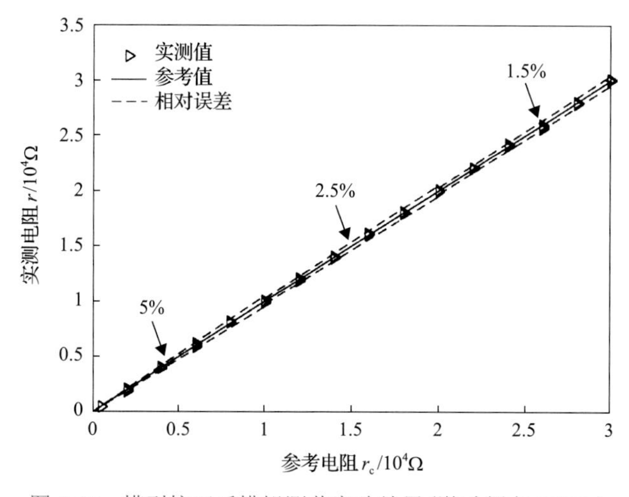

图 4.65　模型校正后模拟测井实验结果(激励频率 20kHz)

根据激励频率 20kHz 时仿真得到的地层电阻与电阻率的映射模型 $R=0.2791r-0.0048$，即可求得相对应的电阻率值。其中，0.5～30kΩ 电阻范围对应的地层电阻率范围为 0.135～8.368kΩ·m。同时，由图 4.65 可见，r_c 越大则测量的相对误差越小，说明该方法比较适用于高阻地层。

实验中，多种因素会影响最终的结果，主要表现在如下几方面：

(1) 实际设计的传感器并非理想的，激励线圈的耦合效率小于 100%，电路中存在内阻，这些因素导致信号在传递中会有能量损失。

(2) 由于实验装置各部件的性能参数受环境影响会给实验结果带来误差，加之一些人为因素造成的误差，计算中所用参数与实际值存在差异。

(3) 由于所建模型忽略了地层的频散特性，与实际模型求得结果难免会略有偏差。

由于难以逐个消除以上影响，此处一方面针对传感器及其测量系统进行优化设计，以提高测量的重复性和准确度；另一方面，根据测量对象的参考值与测量值对模型进行校正，基于该校正模型统一修正各影响因素引起的误差。

4.4.3 小结

根据设计的随钻侧向电阻率测井样机设计了一套模拟测井实验装置，分别在 10kHz、15kHz、20kHz、25kHz 激励频率下进行了实验，基于最小二乘法建立了数学模型。实验表明：设计的实验系统在激励频率 20kHz 时性能较佳，在等效地层电阻 0.5～30kΩ(对应电阻率 0.135～8.368kΩ·m)范围内实测值与参考值相对误差小于 5%。研究表明，此处提出的新型油基钻井液随钻测井方法及针对该方法设计的样机是可行的。

第5章　随钻方位成像电阻率采集技术

5.1　随钻电阻率成像采集总体设计

5.1.1　总体功能要求

随钻电阻率成像仪器需要工作在数千米的井下，工作环境恶劣，需要经受高温、高压、高振动、狭小空间的限制。但是作为完整功能的仪器系统，其功能复杂、数据处理量大、可采用多套数据传输协议。随钻电阻率成像仪器的电路部分主要需要完成如下功能：

(1) 测量信号生成：①生成发射螺绕环所需的固定频率的发射信号(2kHz 模拟信号)；②发射信号幅度调节控制信号(数字信号)；③发射与接收切换控制信号(数字信号)。

(2) 生成的发射信号进行功率放大。根据收发一体螺绕环的数量，需要三路独立的功率放大电路，各路功率放大电路根据固件时序需求可以随时开启或关断。

(3) 接收来自收发一体螺绕环和八路接收电极的信号，并对各路信号进行信号调理。调理电路包括低噪声放大、滤波、可编程放大等。

(4) 仪器工具面检测传感器的复位信号生成，工具面检测传感器响应信号调理。调理电路包括低噪声放大、滤波等。

(5) 高速现场可编程门陈列(field programmable gate array，FPGA)与高速高精度模数转换器完成实时采集、处理接收的信号，获取与井筒周边地层电阻率相关的信号幅度、与工具面对应的信号幅度。

(6) 高速 FPGA 与主控微控制单元(micro control unit，MCU)进行数据信息交换与数据传输协议。

(7) 通过高速串口实现数据的快速读取、仪器配置，通过串口实现在线固件程序修改。

5.1.2　总体技术指标

检测电路是随钻电阻率成像仪器的核心部分，其安装在仪器短节的凹槽和电路骨架上，安装的空间受到严格限制。根据仪器短节的凹槽和电路骨架的机械结构，整个电路系统由 7 块电路板组成，分别为电源板、系统控制板、高速采集板、收发一体板、第一组电极接收板、第二组电极接收板、工具面信号调理板。

系统控制板根据设置产生相应的频率信号源，经过收发一体板进行功率放大，再由配置为发射的收发一体螺绕环向地层输出电流。配置为接收的收发一体螺绕环和两组成像电极分别接收到经过地层流回的电流信号，再经过放大、滤波处理后由高速采集板转换为数字信号。同时在系统控制板的控制下，工具面信号调理板将工具面传感器接收到的工具面变化信号经过放大处理后输出到高速采集板转换为数字信号。系统控制板通过串行外设接口(serial peripheral interface，SPI)总线将高速采集板采集到的信号读取到 MCU 的内存当中，进行计算处理，进一步计算出侧向电阻率和成像电阻率。为了实现随钻地层电阻率成像测量的精度要求，需进一步对地层进行分层，岩性分析，地层走向、裂缝和溶洞识别。电路系统需要达到以下指标：

(1)最高工作温度为 150℃；

(2)最大功耗小于 2W；

(3)采集通道数为 12 通道；

(4)采集精度为 16bit；

(5)采集速度为 200Kbit/s；

(6)发射信号频率为 2kHz；

(7)发射信号幅度为±12V；

(8)发射螺绕环驱动电流大于 0.1A。

5.1.3 核心构架设计

随钻电阻率成像仪器对数据采集和数据处理要求较高，一方面需要高速的前端数据采集，另一方面需要海量的数据存储和处理。例如，为了满足在 200r/min 条件下的 128 个扇区成像数据采集，并行的采样数据通道需要 16 通道以上，每个通道采样频率超过 100kHz，同时需要进行较为复杂的工具面角度计算和信号幅度提取计算。为了满足这些要求，需要对整个仪器的电路硬件平台进行优选设计。

数字信号控制器(digital signal controller，DSC)和 FPGA 是近些年高速发展的芯片，使用 DSC+FPGA 的嵌入式硬件平台构架设计显示出强大的优势，其逐渐成为硬件工程师的最佳选择。通用的 DSC 兼顾了数字信号处理器(digital signal processor，DSP)和 MCU 两方面的特点，既有一定的数字信号处理能力，又小巧灵活，特别适合随钻井下仪器这种特殊的应用场合。DSP 可以通过固件程序设置特有的功能，广泛地应用到各类仪器中，目前主流芯片供应商如美国 Microchip 公司等推出的 DSC 已经能够满足各类控制结构复杂、运算速度要求高、外部寻址灵活方便和外部通信接口丰富等需求。但是 DSC 芯片技术都采用冯 • 诺依曼结构为基础，在其他功能上进行扩展。此种结构本质上都是串行的，因此对于需要高速采集但处理运算相对简单的前端高速采集系统 DSC 芯片，其优势就得不到发挥，这时适合使用 FPGA 芯片。因此，为了满足前端高速采集和后期复杂数据处理需求的复杂仪器系统，采用 DSC+FPGA 的嵌入式硬件平台构架设计，该嵌入式硬件平台构架把两者的优点有机地结合在一起，兼顾了采集速度和灵活性，既满足了前端高速数据转行采集的需求，又满足了后端复杂海量数据处理的要求。

DSC + FPGA 系统最大的优点是结构灵活，有较强的通用性，适用于模块化设计，从而能够提高算法效率；同时其开发周期较短，系统容易维护和扩展，适合实时信号处理。DSC + FPGA 系统的核心由 DSC 芯片和可重构器件 FPGA 组成。另外还包括一些外围的辅助电路，如 FLASH 存储器、先进先出(first input first output，FIFO)器件、时钟电路、复位电路、固件下载电路等。外围电路辅助核心电路进行工作。FPGA 电路与 DSC 通过多个接口相连，包括串行总线、多个通用输入/输出(input/output，I/O)口。利用 DSC

处理器强大的I/O功能可实现系统内部的通信。从DSC角度看，FPGA相当于它的宏功能协处理器。DSC和FPGA各自带有随机存储器(random-access memory，RAM)，用于存放处理过程需要的数据及中间结果。快闪只读存储器(flash read-only memory，FLASH ROM)中存储了DSC执行程序和FPGA的配置数据。FIFO器件则用于实现信号处理中常用到的一些操作，如延迟线、顺序存储等。

DSC的外围电路主要有FLASH、ROM和静态随机存储器(static random access memory，SRAM)，需要连接地址线、数据线和控制线。它需要连接的连线主要包括DSC模式选择、时钟模式选择、选择外部时钟或本机晶振产生的时钟、联合测试工作组(joint test action group，JTAG)接口和电源等。FPGA外围电路主要用于配置可编程只读存储器(programmable read-only memory，PROM)、FLASH ROM、模数转换器和FIFO器件等。它需要连接的连线主要包括FPGA模式选择、全局时钟、选择外部时钟或本机晶振产生的时钟、JTAG接口、输出/输入接口、测试口和电源等。

此外早期采用的DSC+ASIC结构，与通用集成电路相比，专用集成电路(application specific integrated circuit，ASIC)芯片具有体积小、重量轻、功耗低、可靠性高等几个方面的优势，而且在大批量应用时，可降低成本。FPGA是在ASIC的基础上发展出来的，它克服了ASIC不够灵活的缺点。与其他中小规模集成电路相比，其优点主要在于它有很强的灵活性，即其内部的具体逻辑功能可以根据需要配置，对电路的修改和维护很方便。目前，FPGA的容量已经跨过了百万门级，使得FPGA成为解决系统级设计的重要选择方案之一。

实时信号处理系统中，低层的信号预处理算法处理的数据量大，对处理速度的要求高，但运算相对简单，适合用FPGA进行硬件实现，这样能同时兼顾速度和灵活性。高层处理算法的特点是处理的数据量较低层少，但是算法的控制结构复杂，适合用运算速度高、寻址方式灵活、通信机制强大的DSC芯片实现。

5.1.4 核心器件选择

为了使随钻电阻率成像仪器能够在高温、高压的恶劣环境下稳定工作，在仪器电路的设计上一方面要考虑本身的工作温度，另一方面要考虑电路的功耗引起的发热。因此，在随钻电阻率成像仪器电路系统设计中，需要选择热阻小、功耗低的芯片。同时受到短节内部空间的限制，电路板需要设计为长条形，电路板的宽度受到严格限制。因此，芯片的选择需要以小型封装的芯片为主。整套随钻电阻率成像仪器电路系统由核心微控制器芯片协调各个模块实现随钻电阻率成像测量功能。因此，核心微控制器的选择是整个随钻电阻率成像仪器电路系统设计最为关键的部分。根据核心构架的设计，核心微控制器由一个DSC芯片和一个FPGA芯片构成。此外为了满足多通道、高速、高精度模拟/数字转换需求，高性能模拟/数字转换器也是需要仔细优选的核心芯片之一。

dsPIC33EPXXX系列是Microchip公司推出的16位高效代码(C语言和汇编语言)构架DSC芯片。其功耗小、温度范围宽，除具备数字信号处理能力以外，还具备微控制器功能。高温条件下，其功能稳定，特别适合随钻井下的恶劣工作环境，并具有大量数据处理的成像测量要求。因此，随钻电阻率成像仪器采用 Microchip 公司的 dsPIC33EPXXX 系列 DSC 作为其核心控制处理器。

ProASIC3 系列是 Actel 公司推出的价格低廉和功能齐全的 FPGA 芯片。其使用灵活，可以实现各类数字信号处理功能。其并行处理能力优异，可以完成各种控制和软件算法功能，并且带有丰富的串口标准代码。按照其参数标准，其高温性能比其他 FPGA 产品更加优越。因此，随钻电阻率成像仪器采用 Actel 公司的 XA ProASIC3 系列作为其高速采样控制器。

LTC2372-16 是 Linear 公司推出的宽温度范围模拟/数字转换芯片。该芯片是一款低噪声、高速度、8 通道 16 位逐次逼近型模拟/数字转换器。该芯片只需要单 5V 供电，配置灵活，通道间的串扰较低，支持全差分、伪差分输入。因此，随钻电阻率成像仪器采用 Linear 公司的 LTC2372-16 作为其高速多路采样的模拟/数字转换器。

5.2 发射电路设计

5.2.1 发射信号生成电路方案设计

发射信号的频率初始设定为 2kHz 正弦模拟信号，为了提高系统的灵活性，该频率在后续改进版本中还会调整。为了满足上述要求，信号的生成电路一般有以下 3 种方式：

(1) 直接频率合成(direct frequency synthesis，DFS)方式，这种方式通过使用混频器、倍频器或者分频器实现频率的运算产生新的模拟频率信号。该方式的优点是信号频率分辨率高，信号建立时间短，相位噪声小。不足是电路体积较大，硬件电路较为复杂，宽温适应能力较弱。

(2) 锁相环(phase-locked loop，PLL)频率合成方式。这种方式在低相位噪声和低杂散方面具有明显优势，但是它的缺点就是锁定时间较长，此外其在宽温条件下，生成高质量信号频率较为困难。

(3) 直接数字频率合成(direct digital frequency synthesis，DDFS)方式。这种方式的优点是频率分辨率高，输出信号灵活可变，只需要对芯片进行配置即可实现频率变化，响应速度快、体积小。缺点是输出频宽有限，杂散较大。根据其信号产生的原理，生成信号频率在宽温条件下也会变化，但变化只来自系统时钟源的变化。因此，通过合理的采集时序设计，可以抵消温度变化引起的误差。

由于随钻电阻率成像测量的电路板空间非常有限，而且工作的温度范围非常大，又要求能够灵活切换，因此直接频率合成方式和锁相环频率合成方式都不适合作为发射生成电路的设计方案。经过分析比较，这里采用直接数字频率合成方式作为发射生成电路的设计方案。

5.2.2 直接数字频率合成基本原理

如图 5.1 所示，直接数字频率合成器基本结构包括相位累加器、正弦或余弦查询表、数字/模拟转换器(digital to analog converter，DAC)和低通滤波器(low pass filter，LPF)。

相位累加器由一个 n 位的全加器和一个相位寄存器构成。当每次时钟脉冲触发，加在累加器输入端的频率控制字(frequency control word，FCW)和被前一个时钟锁存在相位寄存器的数值相加，得到待合成信号的数字线性相位序列，将其高 P 位作为地址码通过正弦查询表 ROM 变换，产生 S 位对应信号波形的数字序列 $a(n)$，再由 DAC 将其转化为阶梯模拟电压波形 $A(t)$，最后由具有内插作用的低通滤波器将其平滑为连续的正弦波形输出。这就是直接数字频率合成器的基本工作原理。我们又将不包括 DAC 和其后部分的整个数字部分称为数控振荡器(numerically controlled oscillator，NCO)。FCW 和时钟频率 f_{clk} 共同决定直接数字频率合成器输出信号的频率 f_{o}，它们之间的关系满足：

$$f_{\mathrm{o}} = f_{\mathrm{clk}}\frac{\mathrm{FCW}}{2^N} \tag{5.1}$$

式中，N 为累加器的输入位数。

理想的正弦波信号 $A(t)$ 可表示为

$$A(t) = A\sin(2\pi ft+\varphi) \tag{5.2}$$

式中，f 为正弦信号的频率；t 为时刻；φ 为正弦信号的初始相位。

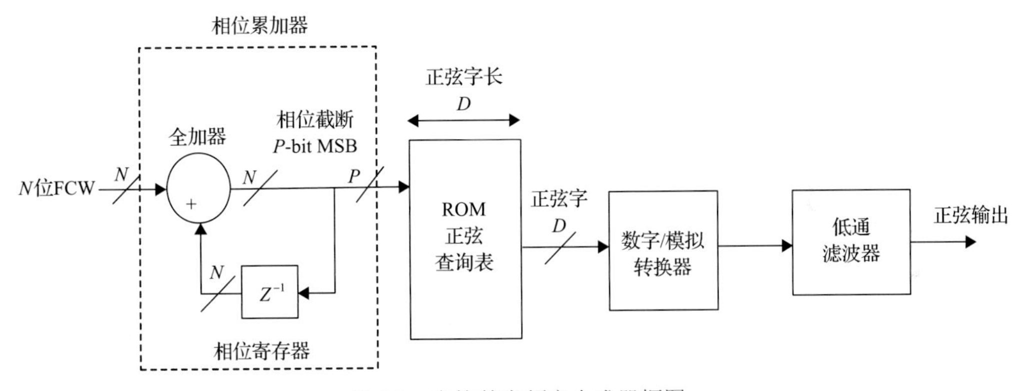

图 5.1　直接数字频率合成器框图

1. 相位累加器

相位累加器是直接数字频率合成器最基本的组成部分，用于实现相位的累加并存储其累加结果。若当前相位累加器的值为 Σ_n，经过一个时钟周期后变为 Σ_{n+1}，则满足

$$\Sigma_{n+1}=\Sigma_n+\mathrm{FCW} \tag{5.3}$$

由式(5.3)可见，Σ_n 为一等差数列，不难得出

$$\Sigma_n=n\mathrm{FCW}+\Sigma_0 \tag{5.4}$$

相位累加器的基本结构如图 5.1 所示，它由一个 N 位的全加器和一个 N 位的寄存器构成，寄存器通常采用 N 个 D 触发器构成。

2. 查询表 ROM

直接数字频率合成查询表 ROM 存储的数据是每一个相位对应的二进制数字正弦幅值，在每一个时钟周期内，相位累加器输出序列的高 P 位对其进行寻址，最后输出为该相位对应的二进制正弦幅值序列。

可以看出，ROM 的存储量为 $2^P \times S$bit。其中，P 为相位累加器的输出位数，S 为 ROM 的输出位数。若 P=12，S=8，可以算出 ROM 的容量为 32768bit。在一块直接数字频率合成器芯片上集成这么大的 ROM 会使成本提高、功耗增大，且可靠性下降，因此就有了许多压缩 ROM 容量的方法。容量压缩后还可以使用更大的 P 值和 S 值，进而使直接数字频率合成器的杂散性能提高。因为正弦函数具有对称性，所以可以用第一象限的幅度值表示其他三个象限的幅度值，最高两位地址码用来表示象限。

3. 数字/模拟转换器

数字/模拟转换器(DAC)的作用是将数字信号转变成模拟信号。而实际上由于 DAC 分辨率有限，其输出信号并不能真正的连续可变，所以只能输出阶梯模拟信号。DAC 是直接数字频率合成器的关键元件，直接影响直接数字频率合成器的性能。DAC 的各项指标直接决定了直接数字频率合成器的输出频谱。

5.2.3 直接数字频率合成器特征参数

综合考虑生成信号的频率范围、时钟频率范围、功耗、芯片尺寸等因素，优选 Analog Device 公司的经典直接数字频率合成芯片 AD9850，该芯片虽然标称最高工作温度为 85℃，当时经过实际测试和筛选，部分芯片能够达到 125℃甚至 150℃以上工作温度需求。AD9850 工作的最高时钟为 125MHz，除了可编程直接数字频率合成器，还内置了高速比较器，能够实现全数字编程控制的频率合成，特别适合作为信号源生成电路。

AD9850 的直接数字频率合成器中包括相位累加器和正弦查询表，其中相位累加器由一个加法器和一个 32 位相位寄存器组成，相位寄存器的输出与外部相位控制字(5 位)相加后作为正弦查找表的地址。正弦查找表实际上是一个相位/幅度转换表，它包含一个正弦波周期的数字幅度信息，每一个地址对应正弦波中 0°～360°范围的一个相位点。查找表把输入地址的相位信息映射成正弦波幅度信号，然后驱动 10bit 的数字到数字/模拟转换器，输出 2 个互补的电流，其幅度可通过外接电阻进行调节。芯片 AD9850 还包括一个高速比较器，将 DAC 的输出经外部低通滤波器后接到此比较器上即可产生一个抖动很小的方波，这使得 AD9850 可以方便地用作时钟发生器。在 20MHz 的时钟频率下，可以达到 0.00466Hz 的频率分辨率。在 3.3V 供电电压条件下，功耗仅为 50mW，这对于高温环境非常有利。

AD9850 还包含 40 位频率/相位控制字，可通过并行或串行方式送入器件：并行方式指连续输入 5 次，每次同时输入 8 位(1Byte)；串行方式则是在一个管脚完成 40 位串行数据流的输入。这 40 位控制字中有 32 位用于频率控制，5 位用于相位控制，1 位用于掉电(power down)控制，2 位用于选择工作方式。

5.2.4　发射信号生成电路设计

根据 AD9850 芯片的参数及控制接口描述，设计图 5.2 所示的发射信号生成电路。AD9850 芯片是电流型输出方式，在输出端连接一个电阻到地，实现电流信号到电压信号的转换。AD9850 芯片的输出端输出电流的大小由 r_{set} 端口连接到地的电阻值决定，其输出电流由式(5.5)计算得出：

$$I_{out}=32\times(1.248/r_{set}) \tag{5.5}$$

电路中 AD9850 的输出端连接到地的负载电阻为 100Ω，电流调节电阻 r_{set} 的默认连接阻值为 3.9kΩ，生成电流为 10.24mA。输出模拟信号幅度为 100Ω×10.24mA=1.024V。AD9850 芯片的输出接入低通滤波器，用于消除高阶次谐波分量。

生成的信号幅度需要调节，因此需要进一步优化改进设计。按照上述电流调节电阻 r_{set} 的大小决定输出电流大小，也就进一步决定输出信号的幅度。因此，通过编程控制，改变电流调节电阻 r_{set} 的大小就可以实现输出信号幅度调节。在设计中采用一个 8 路模拟开关芯片 ADG1408 和 8 个电阻形成可编程电阻率网络，实现等效电流调节电阻 r_{set} 的调节。综上所述，完整的发射信号生成电路设计完成。

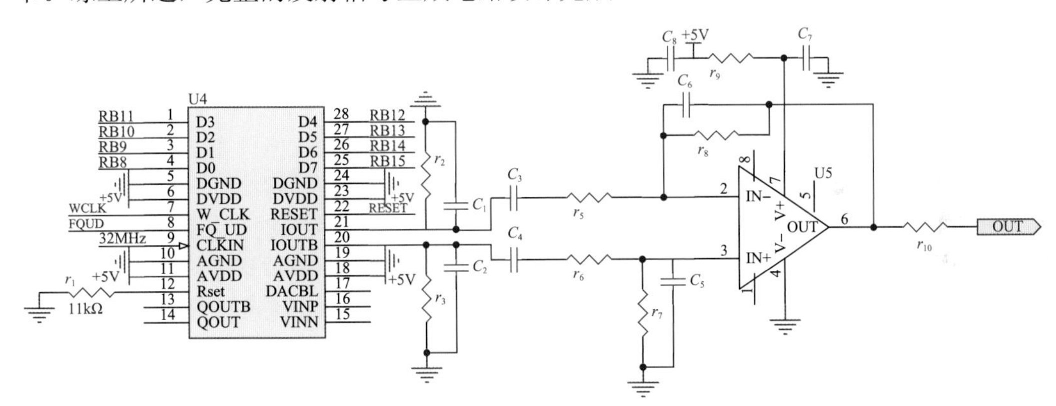

图 5.2　发射信号生成电路图

5.2.5　驱动放大电路

发射信号生成以后，在输入到发射螺绕环以前需要进行功率放大，并且在螺绕环中具备形成一定电流的能力，使得螺绕环两端的钻铤能够形成一定电势差，并且能够与钻井液、地层形成回路电流。由于井下供电较为困难，且环境温度很高，对驱动部分的功耗要求较为苛刻。同时为了采集到较高精度的信号，在钻铤、钻井液和地层中形成回路的信号谐波较小，也就是要求驱动放大的线性度较好。

根据上述分析，直接优选综合指标合适的集成运算放大器 THS4032 作为驱动核心芯片。由信号生成电路生成的信号分别输出到两路 THS4032 的正向输入端和反向输入端。两路 THS4032 集成在一个芯片上，封装在一起，因此对电路板设计非常有利。两路 THS4032 构成两路放大倍数完全相同的放大电路。由于输入信号完全一致，两路 THS4032 输出信号的相位差刚好是 180°,即两个输出可构成一路差分输出。两路 THS4032 的供电都是±15V。两路 THS4032 的输出信号分别连接到发射螺绕环的两端，因此发射螺绕环的两端等效的最大电压差为 60V。如此设计的电路完全满足了驱动螺绕环发射信号的要求。

为了进一步优化驱动电路的功耗，该电路还设置了休眠功能，避免在不需要发射时浪费电能。由于驱动芯片是发热最为严重的电路之一，休眠设计有利于提高高温条件下驱动芯片的寿命。当控制信号无效时，两路 THS4032 的供电±15V 被截断，此时驱动电路停止工作，进入休眠模式。当控制信号有效时，两路 THS4032 的供电±15V 被接通，此时驱动电路进入工作模式。

5.3 接收电路设计

经过总体方案中的分析，为了提高接收电路的信噪比，接收电路采用多级放大和带通滤波相结合的方式实现。接收电路对来自接收电极的微弱电流信号进行放大、带通滤波、可编程增益放大和共模电平转换，最终输出到模拟/数字转换器的输入，转换成数字信号，以便后续进行计算和处理。接收电路主要包括前端放大电路、多路选择电路、滤波电路、可变增益放大器。

5.3.1 前端放大电路

接收电路的噪声来源包括信号生成回路中存在的干扰和接收电路本身固有的噪声。前端放大电路安装在接收电极附近，接收来自接收电极经过转换螺绕环转换过来的微弱电流信号，信号频率即为发射信号频率 2kHz，对该微弱信号进行低噪声放大，以避免该微弱信号在传输过程中又受到外界的干扰。因为信号越微弱，越容易受到外界干扰，特别是来自后端控制电路中的高频数字信号。根据上述分析，经过转换螺绕环转换过来的微弱电流信号以差分结构进行前端放大电路，前端放大电路的放大器采用仪表放大器。

由于整个接收电路需要经过多级放大，为了获得尽可能小的噪声系数、较大的信噪比，整个多级放大接收电路的噪声系数公式即为弗里斯传输公式：

$$F = F_1 + \frac{F_2 - 1}{G_1} + \frac{F_3 - 1}{G_1 G_2} + \cdots + \frac{F_m - 1}{G_1 G_2 \cdots G_{m-1}} \tag{5.6}$$

式中，F_m 和 G_m 分别代表第 m 级放大器的噪声系数和增益。由式(5.6)中的运算关系可知，第一级放大也就是前级放大的增益相对于后续几级的增益如果足够大时，整个接收电路的噪声系数主要由前级放大器的噪声系数决定，所以前级放大器的噪声系数和增益的设计对整个接收电路输出信号的信噪比非常关键。

仪表放大器作为改良的差分放大器，具有输入缓冲级，不需要进行输入阻抗匹配，特别适合作为测量仪器的前端放大。由于仪表放大器有非常低的直流偏移、低漂移、低噪声、非常高的开环增益、非常大的共模抑制比、高输入阻抗的优点，因此井下测量仪器需要的精确性和稳定性，仪表放大器都能满足。仪表放大器内部结构较为复杂，一般有两级结构，包含 3 个运算放大器。第一级输入端由两个运算放大器构成两个电压跟随器，提供输入端的正负高输入阻抗，因此对输入信号的源电阻就不需要进行阻抗匹配。第二级输出由一个差分放大器来做两个输入端的差分放大，但是一般第二级的增益会设计为 1，也就是只进行两个电压的相减运算。

该电路中选用的是 Analog Device 公司的 AD620，该芯片为宇航级，可靠性非常高。AD620 芯片由三个经典的运算放大器 OP07 构成，其原理图如图 5.3 所示。其中，运放 U1、U2 为同相差分输入方式，同相输入可以大幅度提高电路的输入阻抗，减小电路对微弱输入信号的衰减；差分输入可以使电路只对差模信号放大，而对共模输入信号只起跟随作用，使得送到后级的差模信号与共模信号的幅值之比即共模抑制比（common mode rejection ratio，CMRR）得到提高。这样在以运放 U3 为核心部件组成的差分放大电路中，在 CMRR 要求不变的情况下，可明显降低对电阻 r_3 和 r_4，r_f 和 r_5 的精度匹配要求，从而使仪表放大器电路比简单的差分放大电路具有更好的共模抑制能力。该芯片中 $r_1=r_2=r_3=r_4=r_f=r_5=10\text{k}\Omega$，因此该芯片使用时的增益为

$$G = 1 + \frac{49.4\text{k}\Omega}{r_g} \tag{5.7}$$

也可写作

$$r_g = \frac{49.4\text{k}\Omega}{G-1} \tag{5.8}$$

由式（5.7）可见，电路增益的调节可以通过改变 r_g 阻值实现。

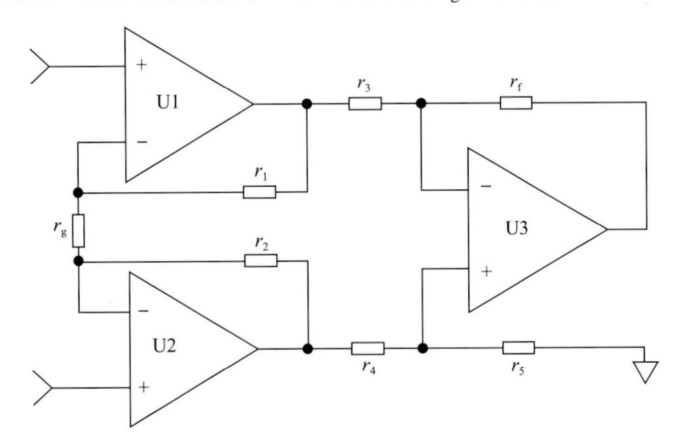

图 5.3 仪表放大器 AD620 原理结构图

5.3.2 多路选择电路

考虑到一共有八个接收电极，如果每一路都单独进行滤波和后续处理，电路的复杂程度和功耗都非常大，不符合随钻井下电路系统的要求。因此，需要设计模拟多路选择器，减少后续滤波电路等硬件的数量。在设计中采用四个一组的方式，即将四个接

收纽扣电极的信号合并成一路信号，然后进行滤波等后续处理。在详细电路设计中采用芯片 ADG1609，该芯片包含两路四选一的多路选择器，因此一个芯片就可以实现两组八个接收纽扣电极的多路选择，完成八路信号到两路信号的转换。详细设计如图 5.4 所示。

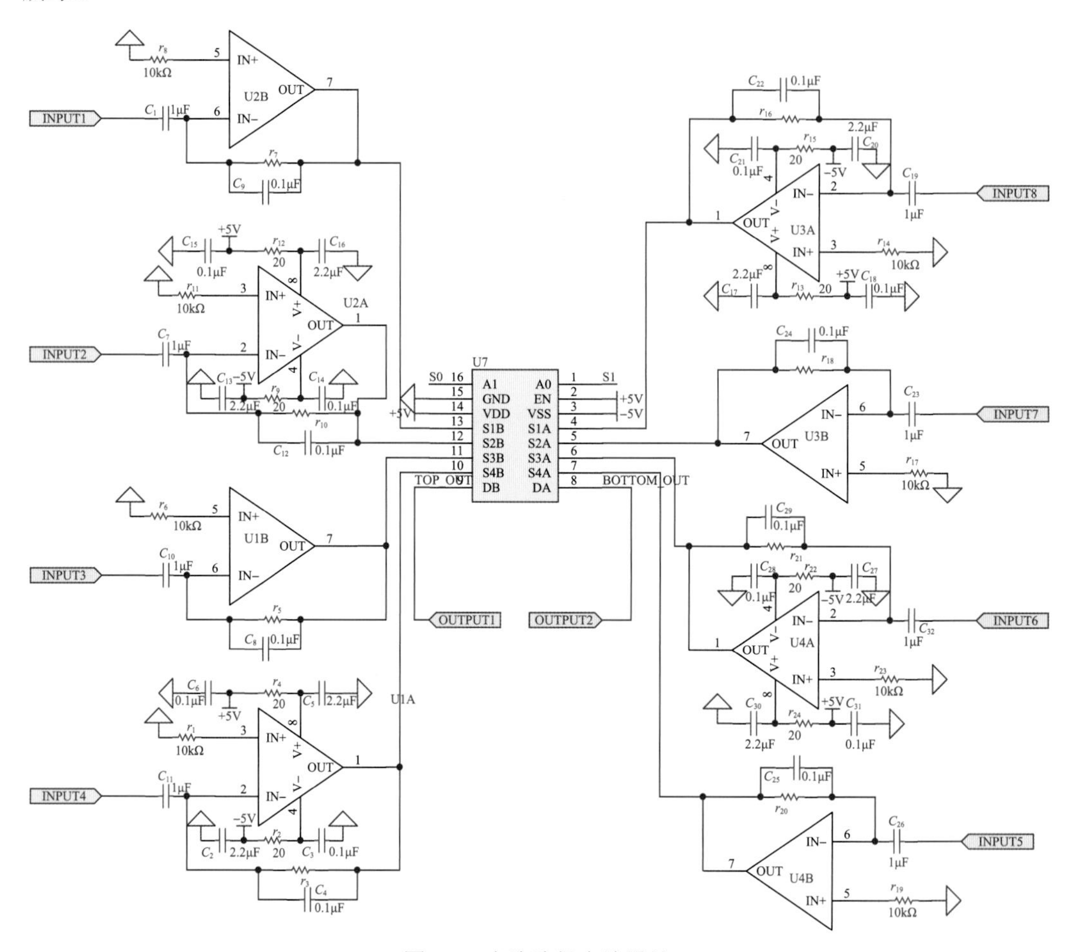

图 5.4　多路选择电路设计

5.3.3　滤波电路

接收信号经过前级放大以后，需要经过多级滤波，才能得到理想的采样信号进行模拟/数字转换。在此设计了一个二阶带通滤波器，如此设计能够更加有效地滤出噪声，提高信噪比。滤波器采用压控电压源二阶滤波器，对接收的 2kHz 地层返回电信号进行滤波。滤波器按照处理信号类型可分为模拟滤波器和离散滤波器，而常用的模拟滤波器又分为有源滤波器和无源滤波器。无源滤波器就是无源器件组成的滤波器，一般由 *RC* 和 *LC* 等分立元件构成。常用的无源滤波器有贝塞尔滤波器、巴特沃思滤波器、切比雪夫滤波器、椭圆滤波器等。而有源滤波器则由有源器件构成，常用的有源器件有运放。滤波器按照频率通带分为低通、高通、带通、带阻、全通滤波器。而对于该电路的要求，则是中心频率为 2kHz 的带通滤波器，带宽为 1kHz 左右，中心频率处有较大的放大倍数。图 5.5 为压控电压源二阶带通滤波器的结构原理图。

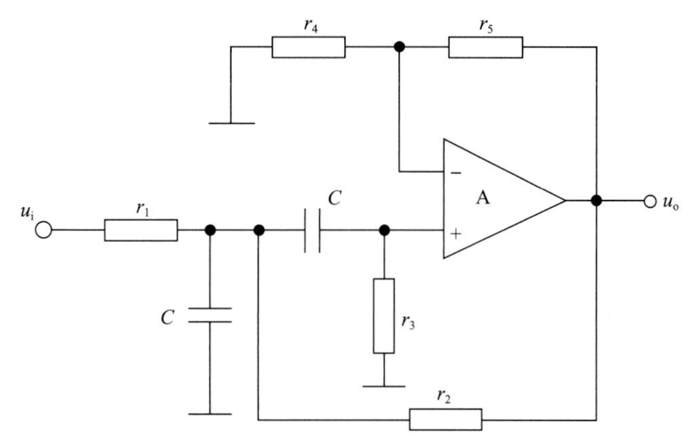

图 5.5　压控电压源二阶带通滤波器

该压控电压源二阶带通滤波器的几个重要参数为：中心频率 f_0 或者中心角频率 ω_0、通带带宽 BW、中心频率的放大倍数 A_{uo} 和品质因数 Q。这几个参数的计算公式如下：

中心角频率为

$$\omega_0 = \sqrt{\frac{1}{r_3 C^2\left(\dfrac{1}{r_1}+\dfrac{1}{r_2}\right)}}, \qquad \frac{\omega_0}{Q} = \frac{1}{C}\left[\frac{2}{r_3}+\frac{1}{r_1}+\frac{1}{r_2}(1-A_f)\right] \tag{5.9}$$

中心频率的放大倍数为

$$A_{uo} = \frac{A_f}{r_1\left[\dfrac{1}{r_1}+\dfrac{1}{r_2}(1-A_f)+\dfrac{1}{r_3}\right]}$$

式中

$$A_f = 1+\frac{r_5}{r_4} \tag{5.10}$$

通频带宽为 $\mathrm{BW} = \omega_2 - \omega_1$ 或 $\Delta f = f_2 - f_1$

$$\mathrm{BW} = \frac{\omega_0}{Q} = \frac{1}{C}\left[\frac{2}{r_3}+\frac{1}{r_1}+\frac{1}{r_2}(1-A_f)\right]$$

$$Q = \frac{\omega_0}{\mathrm{BW}} = \frac{f_0}{\Delta f}, \qquad \mathrm{BW} \ll \omega_0 \tag{5.11}$$

根据上述原理图和计算公式，进行压控电压源二阶带通滤波器的详细设计。在详细设计压控电压源二阶带通滤波器中使用的运算放大器芯片是OP484中的一个运算放大器芯片，OP484芯片包含4个运算放大器，后续还会在第二级滤波器中使用另外3个运算放大器芯片。使用这种集成度高的芯片更加有利于电路板尺寸的控制。根据图5.5进行详细参数设计的电路原理图如图5.6所示，图5.6中详细标注了各个电阻和电容的详细参数。

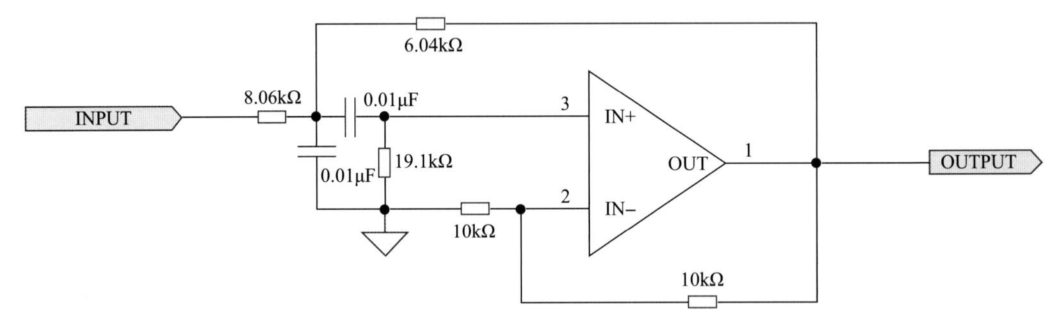

图5.6 压控电压源二阶带通滤波器设计

5.3.4 可变增益放大器

为了调整输入信号的电平大小，适应更大的信号动态范围，在滤波完成以后设计一级可变增益放大器。可变增益放大器可以采用单片集成方案，如PGA103等。采用单片集成方案，电路结构非常简单，只需要加几个增益控制信号即可完成增益变化。但是这种集成芯片的增益是固定的，不能够灵活调整，经过滤波出来的信号性能可能还是不理想。采用运算放大器和模拟开关及精密电阻的组合设计，同样能够实现可变增益放大，而且灵活性更大，可以根据测试情况调整电阻阻值，设计出合适的放大倍数。

本设计中可变增益放大器的放大倍数1～128可调。调节方式为通过微控制器输出数字信号进行选择控制。可变增益放大器中设计一个数字控制模拟信号选择器芯片ADG1408，其选择控制信号A0、A1、A2，输出可选8路，详细设计如图5.7所示。如

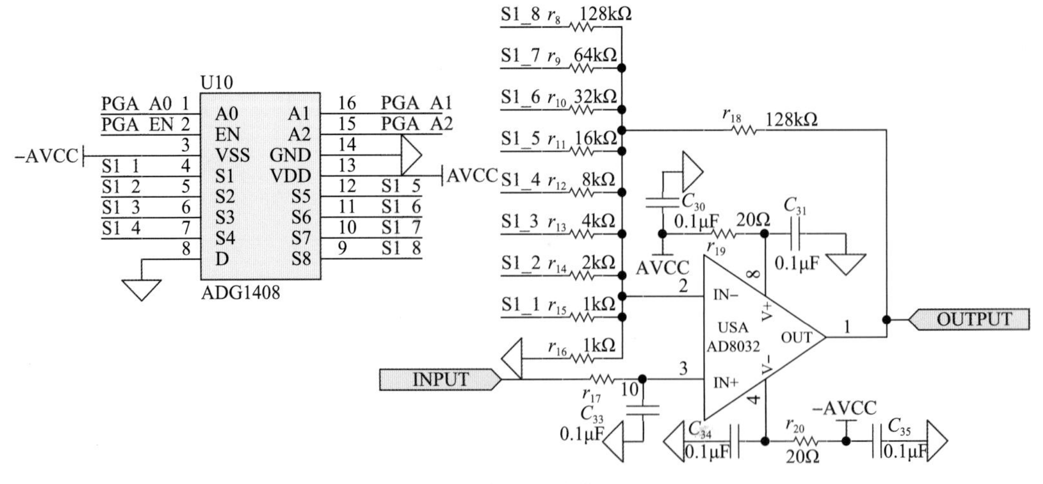

图5.7 可变增益放大器设计

果需要其他增益，只需修改外围电阻阻值即可。模拟多路选择器的导通电阻连接在运算放大器的方向输入口，所以由模拟信号选择器的导通电阻对放大倍数的影响基本上可以忽略不计。在模拟信号选择器通道切换过程中，可能会发生短时的所有通道都断开，相当于运算放大器短时处于开环状态，因此要在运算放大器的反向输入口与地之间连接一个电阻，就可以避免短暂开环状态。

5.4 高边与工具面检测电路

动态工具面角度检测在钻井的应用中是一大难点，尤其是本设计中需要一个高精度的角度检测，传统的基于磁力计的角度检测系统很难满足设计要求，因此本设计采用了基于磁力计、加速度传感器、微机电系统(microelectro mechnical systems，MEMS)陀螺仪组成的综合动态角度检测模块。

5.4.1 MEMS 陀螺仪工作原理

MEMS 陀螺仪利用的是科里奥利力，即旋转物体在有径向运动时受到的切向力。如果物体在圆盘上没有径向运动，科里奥利力就不会产生，在 MEMS 陀螺仪的设计上，这个物体被驱动，不停地来回做径向运动或者振荡，与此对应的科里奥利力就是不停地在横向来回变化，并有可能使物体在横向作微小振荡，相位正好与驱动力差 90°。MEMS 陀螺仪通常有两个方向的可移动电容板。径向的电容板加振荡电压迫使物体做径向运动，横向的电容板测量由横向科里奥利运动带来的电容变化。科里奥利力正比于角速度，所以由电容的变化可以计算出角速度，从而计算出我们所需的测井参数。

MEMS 陀螺仪一般由两个共同振动并不断做反复运动的物体组成，如图 5.8 所示(x 轴为物体反复运动方向，y 轴为科里奥利力方向)，当施加角速度 Ω 时，科里奥利力效应在两个物体上产生相反的力，从而引起两个物体间电容 C 的变化，电容的差值与

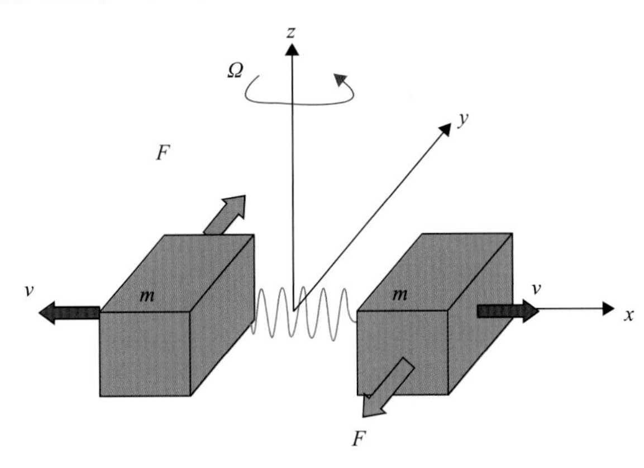

图 5.8 MEMS 陀螺仪原理示意图

角速度成正比。如果在两个物体间施加线性加速度，这两个物体则沿着同一方向运动，不会检测到容值的变化，因此MEMS陀螺仪对振动、倾斜或撞击等线性加速度不敏感。

MEMS陀螺仪一般瞬时检测精度都比较高，在测量范围内一般可达到0.01°/s，但由于随机漂移和温度漂移的存在，连续测量当中误差会累积，因此需要引入外部机制定时进行累积误差的消除(例如，光纤陀螺仪一般会在连续工作2h左右进行一次寻北消除这个累积误差)。

通过引入磁力计和加速度计，动态测量当中通过定时抓取一些特征点进行陀螺仪累积误差的清除，同时以这些特征点计算基准的空间坐标。

针对直井或者小斜度井，陀螺仪随机漂移的清除主要依靠磁力计寻北。钻进过程中与水平面垂直方向的磁力计X、Y输出曲线近似相差为$\pi/2$的正弦波曲线，软件通过查找X极值点与Y零点或者X零点与Y极值点出现的时刻确定磁北的位置，如图5.9所示。

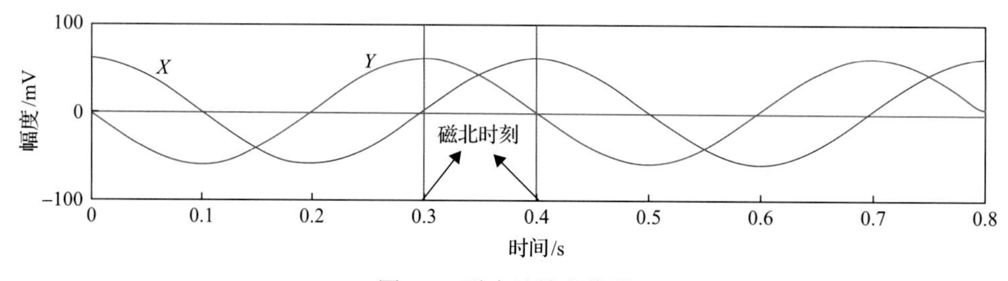

图5.9　磁力计输出信号

与传统的磁力计测方位方法不同，动态的角度测量系统中通过周期性旋转，软件上可以直接消除安装误差、环境磁场对磁力计的影响，相对来说测量计算过程会比较简单。

针对大斜度井或者水平井，陀螺仪随机漂移误差的清除主要依靠加速度计找高边角基准，软件实现过程与磁寻北类似。振动影响的消除通过硬件和软件滤波相结合实现。

5.4.2　MEMS磁阻传感器特征参数与驱动设计

根据电场和磁场的原理，当在铁磁合金薄带的长度方向施加一个电流时，如果在垂直于电流的方向再施加磁场，铁磁性材料中就有磁阻的非均质现象出现，从而引起合金带自身的阻值变化。磁阻传感器基于该原理制成，其一般有如下的特点：高灵敏度、高可靠性、小体积、抗电磁干扰性好、易于安装等。

综合考虑工具面检测精度要求、集成度、响应范围、功耗、芯片尺寸等因素，优选Honeywell公司的经典两轴磁传感器HMC1022，该芯片标称最高工作温度为150℃，完全能够满足随钻井下仪器需求。HMC1022能够检测到30nT的微小变化，灵敏度非常高。由于其采用MEMS技术，封装以后尺寸非常小，且非常可靠，这有利于在随钻井下这种空间非常有限的环境下使用，其内部结构如图5.10所示。“OFFSET+”与“OFFSET−”之间的电阻变化最大范围是3Ω，“S/r+”与“S/r−”之间电阻最大变化范围是2Ω。

由于磁阻传感器输出幅度值随温度变化明显，需要设计低温漂的采集方法，尽量减小温度的影响，提高测量准确性。设计中采用了 Set/Reset 交替采集，除了能减少温度影响外，还可以提高灵敏度，其工作过程如图 5.11～图 5.13 所示。

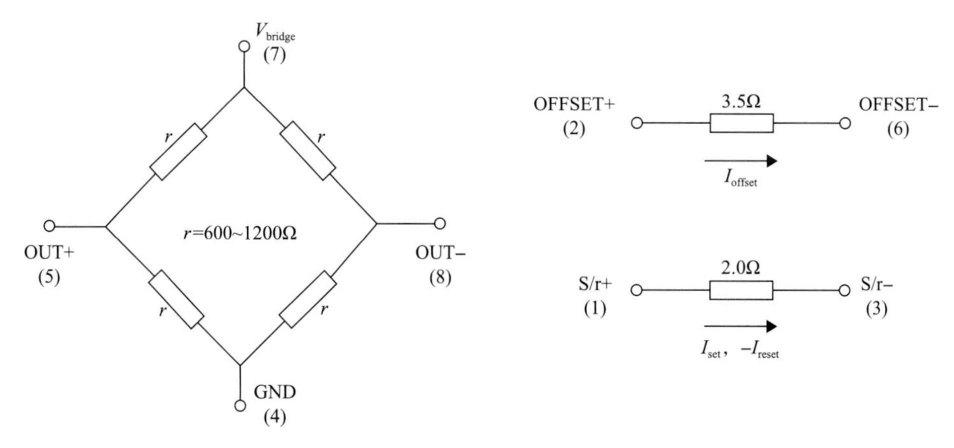

图 5.10 单路磁传感器内部结构图

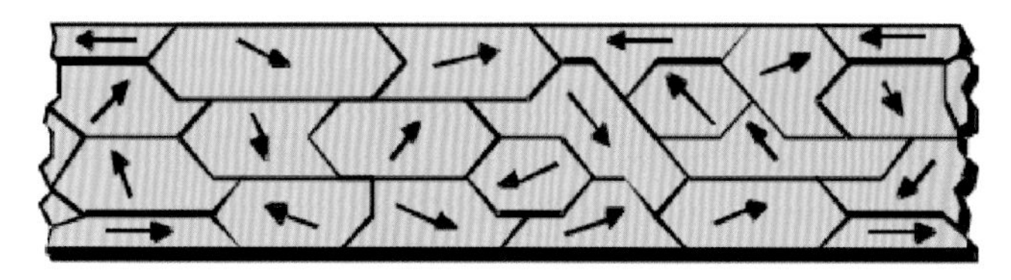

图 5.11 Set/Reset 之前敏感单元随机排列

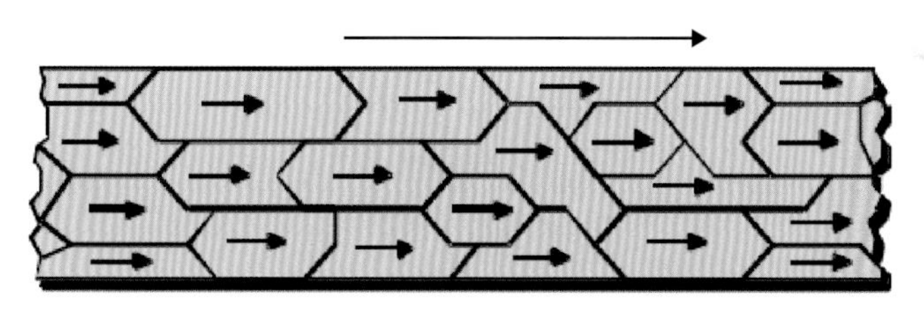

图 5.12 Set 脉冲后敏感单元排列

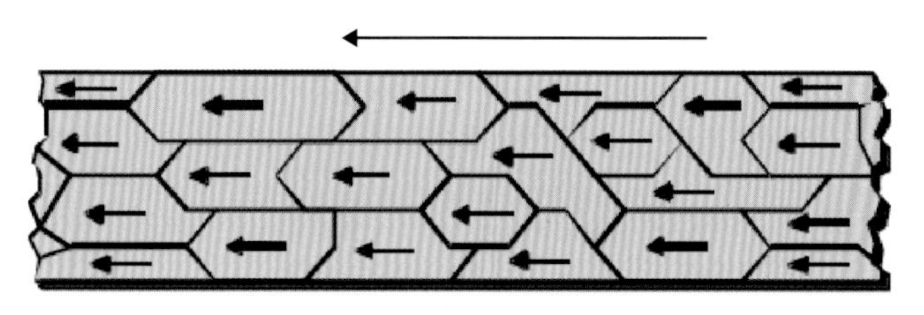

图 5.13 Reset 脉冲后敏感单元排列

Set/Reset 交替采集方式极大降低了零点偏移，由±0.05%/℃下降到±0.001%/℃。另一个干扰因素环境外部偏移依然存在，不随温度变化，通过采集校正即可消除。图 5.14 为在匀速转动两个磁阻传感器条件下，采集的磁阻传感器输出经过放大后的信号。图 5.15 为 Set/Reset 时零点漂移和外部环境漂移的数值。

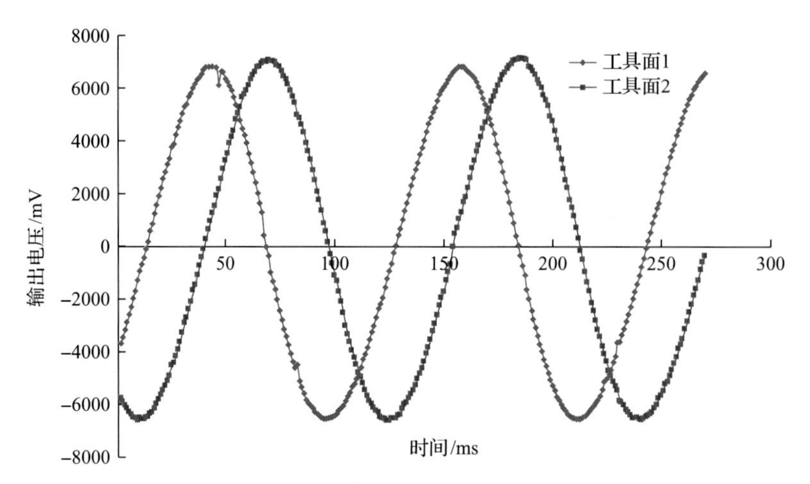

图 5.14　两个正交的磁阻传感器的输出电压

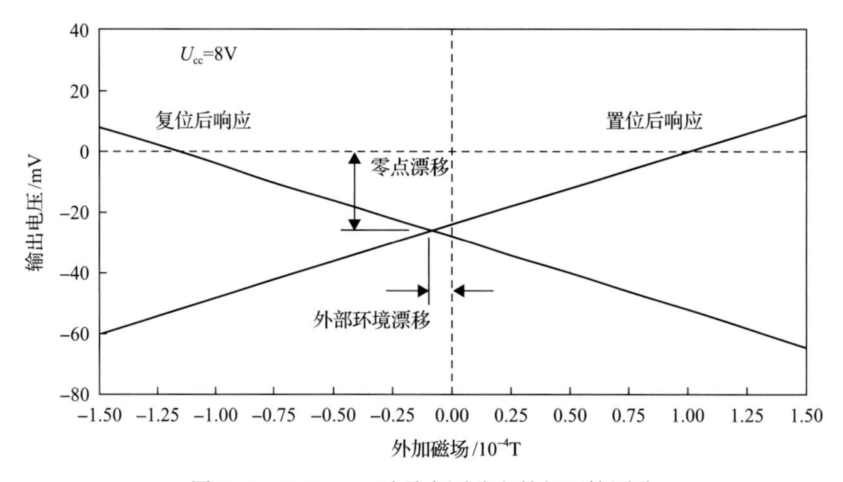

图 5.15　Set/Reset 时零点漂移和外部环境漂移

根据上述原理图和芯片特征，进行工具面采集电路的详细设计。在详细设计工具面采集电路中使用的仪表放大器为 AD8422 芯片，具有高性能、低功耗、轨到轨高精密度等性能。根据 HMC1022 芯片和 AD8422 芯片的特性参数，详细参数设计的电路原理图如图 5.16 所示，图 5.16 中详细标注了各个电阻和电容的详细参数。

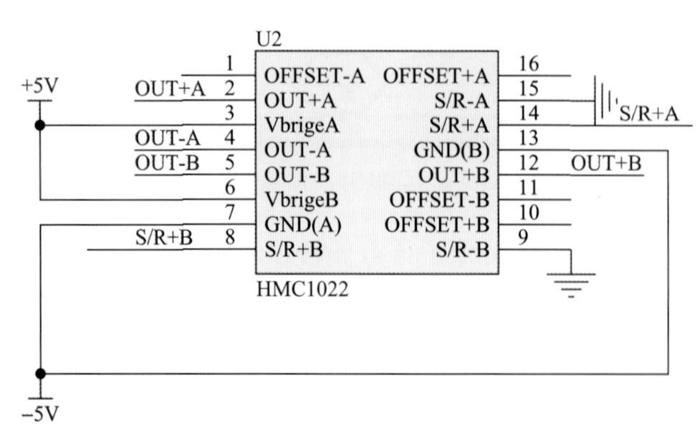

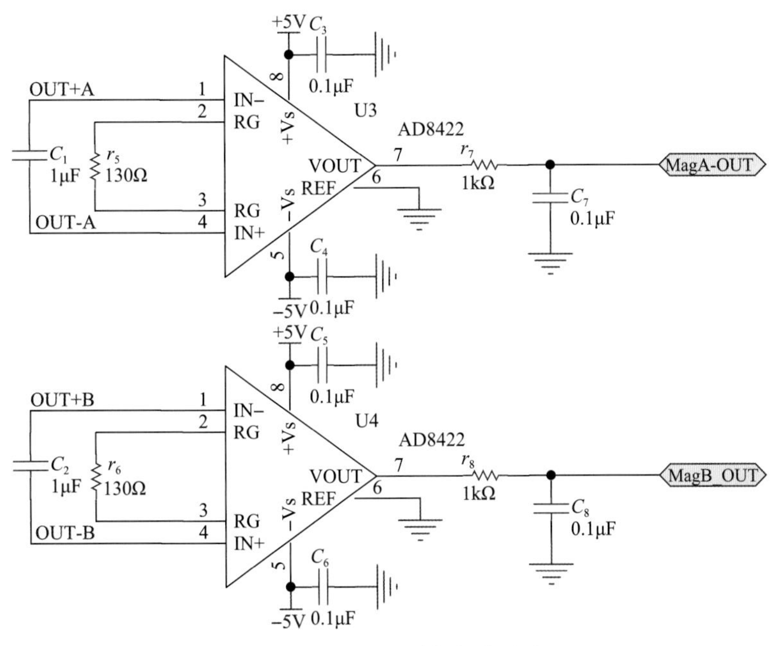

图 5.16 工具面采集电路设计

5.5 采集转换电路

电极接收信号、加速度传感器、磁阻传感器形成五路模拟信号需要进行模拟/数字转换。再结合工具面计算精度和仪器转速，采样速度需要达到 200kHz 以上，采样精度达到 16bit。根据上述要求选择的是 LTC2372-16，该芯片是 Linear 公司推出的宽温度范围模拟数字转换芯片。

5.5.1 高性能模数转换器外围电路

LTC2372-16 是一款低噪声、高速、8 通道 16 位逐次逼近型模数转换器。LTC2372-16 芯片内置有一个低漂移基准源和一个参考缓冲器。因此，外围电路设计时不需要再考虑基准源的设计，外围电路的设计将进一步简化。LTC2372-16 芯片具有高速的 SPI 兼容串行接口，能够支持 1.8V、2.5V、3.3V 和 5V 的数字逻辑信号。因此，除外围的多个各类去耦电容外，外围的主要电路就是输入级的信号调理电路。如图 5.17 所示，输入级由两个运算放大器构成全差分输入，输入信号为 0～4.096V，设计的输入级增益为 1，完全能够满足电极接收信号模拟到数字的转换要求。

5.5.2 高速采集接口电路

为了配合 LTC2372-16 芯片实现高速、高精度的模拟信号到数字信号的转换，需要 LTC2372-16 芯片设计高性能的数字信号传输与存储电路。高性能的数字信号传输与存储电路可以使用微控制器(MCU)、数字信号处理器(DSP)或现场可编程门阵列(FPGA)。

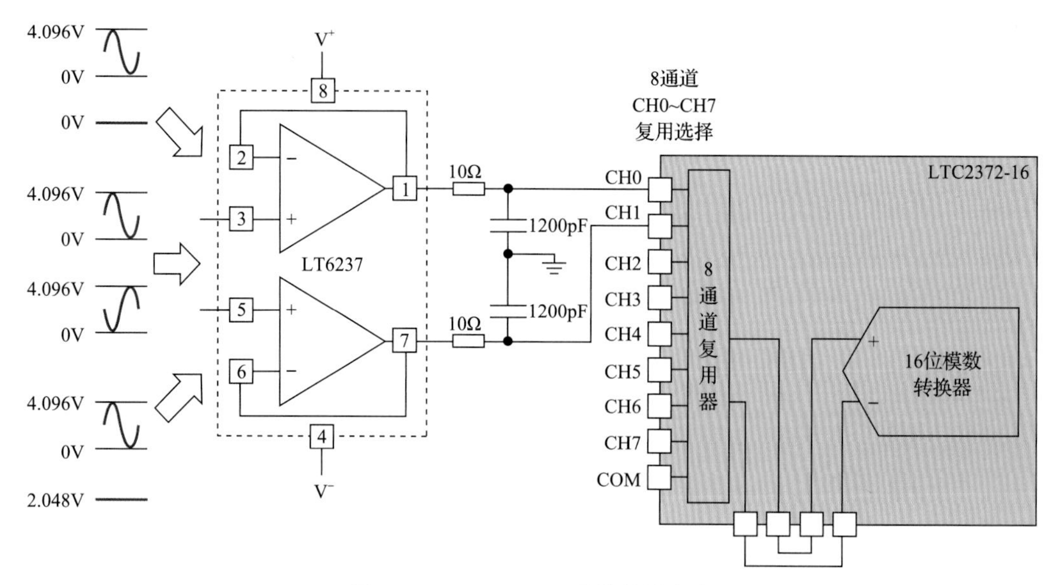

图 5.17 LTC2372-16 芯片外围电路

MCU 硬件上具有多个 IO 端口，同时也集成多个外设，控制能力强，但处理速度和能力有限。LTC2372-16 芯片的接口读写速度需达到 5MHz 以上，实时性要求非常高，采用 MCU 难以满足要求。

DSP 运算能力非常强，速度也非常快，而且固件编程具有高度的灵活性。DSP 集成多种外设，能够完成复杂的控制功能。但是针对 LTC2372-16 芯片的 8 路数据采集只能采用串行方式，实时性也难以满足要求。

FPGA 使用灵活，可以实现任何数字功能，特别是其并行处理能力优越，可以实现各种时序控制和软件算法。而且目前主流的 FPGA 内部都集成了较大的 RAM，可以实现较大数据的缓存，非常适合作为 LTC2372 芯片输出数据的接口与存储。根据实际信号的频率和采集深度的要求，采用 Actel 公司的 ProASIC3 系列作为其高速采样控制器，该芯片耐温性能优越。

5.5.3 FPGA 特征参数与高性能模数转换器接口设计

通过 FPGA 芯片 A3P060 对高性能模数转换器 LTC2372-16 的参数进行配置，并接收来自高性能模数转换器 LTC2372-16 的转换结果。高性能模数转换器 LTC2372-16 和 FPGA 芯片 A3P060 都采用 SPI，因此两个芯片可以实现无缝连接。FPGA 芯片 A3P060 内部有 18Kbit 的 RAM，接收的采样数据可以直接存储在 FPGA 芯片 A3P060 内部。FPGA 芯片 A3P060 通过 SPI 对高性能模数转换器 LTC2372-16 进行参数输入控制，图 5.18 给出了 FPGA 芯片 A3P060 与高性能模数转换器 LTC2372-16 的 SPI 连接结构框图。

由于系统时钟提供的时钟为 20MHz，该时钟作为整个系统的基本时钟，后续各种时序控制信号由该时钟经过 FPGA 芯片 A3P060 分频产生。高性能模数转换器 LTC2372-16 工作参数设定完全由 FPGA 通过 SPI 串行控制口（CNV、SDO、SDI、SCLK）决定。SPI

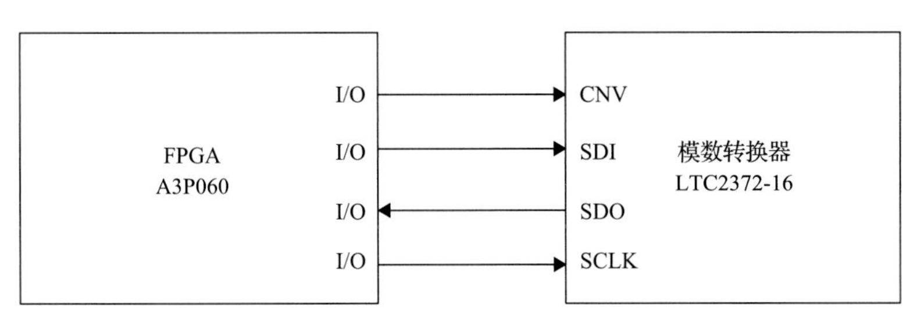

图 5.18 A3P060 与 LTC2372-16 的 SPI 连接结构框图

串口的时钟配置 SCLK 最大限制频率为 25MHz，详细的配置数据由 SDI 输入到高性能模数转换器 LTC2372-16，其指令格式为 16bit，第 1 位为读/写选择信号，第 2、3 位为数据传输字节长度选择，第 4～16 位为操作地址。

5.6 控制单元

经过上述几个部分的分析与设计，整个随钻电阻率成像检测电路关键模块的设计已经完成。但是一个完整的随钻电阻率成像检测电路必须要有一个中央处理器，中央处理器控制各个电路模块按照合理的时序和配置进行工作，这样才能实现整个功能。整个随钻电阻率成像检测电路的单元模块很多，控制较为复杂，中央处理器除控制外，还需要完成接收信号的幅度计算、工具面角计算、成像扇区划分，实时性要求非常高。本设计选用 Microchip 公司推出的 16 位高效代码(C 和汇编)构架 DSC 芯片 dsPIC33EP512GM706。

5.6.1 dsPIC33EP512GM706 的特点与资源

dsPIC33EP512GM706 芯片具备卓越的性能，可在较高的频率下实施更为复杂的控制算法。这些高级算法可令随钻电阻率成像检测电路实现更佳的能效。70MIPS dsPIC33E 核心设计用于执行数字滤波算法、高速精密数字控制环路、数字音频和语音处理。该芯片集成高速脉宽调制(pulse-width modulation，PWM)、运放和高级模拟功能的 16 位数字信号控制器。

dsPIC33EP512GM706 硬件电路的最小系统包含电源电路、时钟电路、复位电路、下载接口电路。时钟电路由 20MHz 的无源晶振产生。复位电路由阻容分离器件组成，JTAG 接口用以仿真、调试和固件下载。两路 LED 为方便调试时指示设计，电路定型以后可以删除或者不焊接。

图 5.19 为 dsPIC33EP512GM706 最小系统。

5.6.2 DSC 与 FPGA 接口设计

DSC 以总线方式与 FPGA 进行数据与控制信息通信，有许多优点，因此在设计中，DSC 与 FPGA 主要以总线方式连接。为了实现部分高速控制逻辑，在总线连接的基础上还增加了 5 条双向数字连线。DSC 与 FPGA 总线接口的设计主要是按照 DSC 的时序设计逻辑电路，利用 DSC 的接口和控制信号完成数据的传输，并对逻辑设计进行功能仿真和时

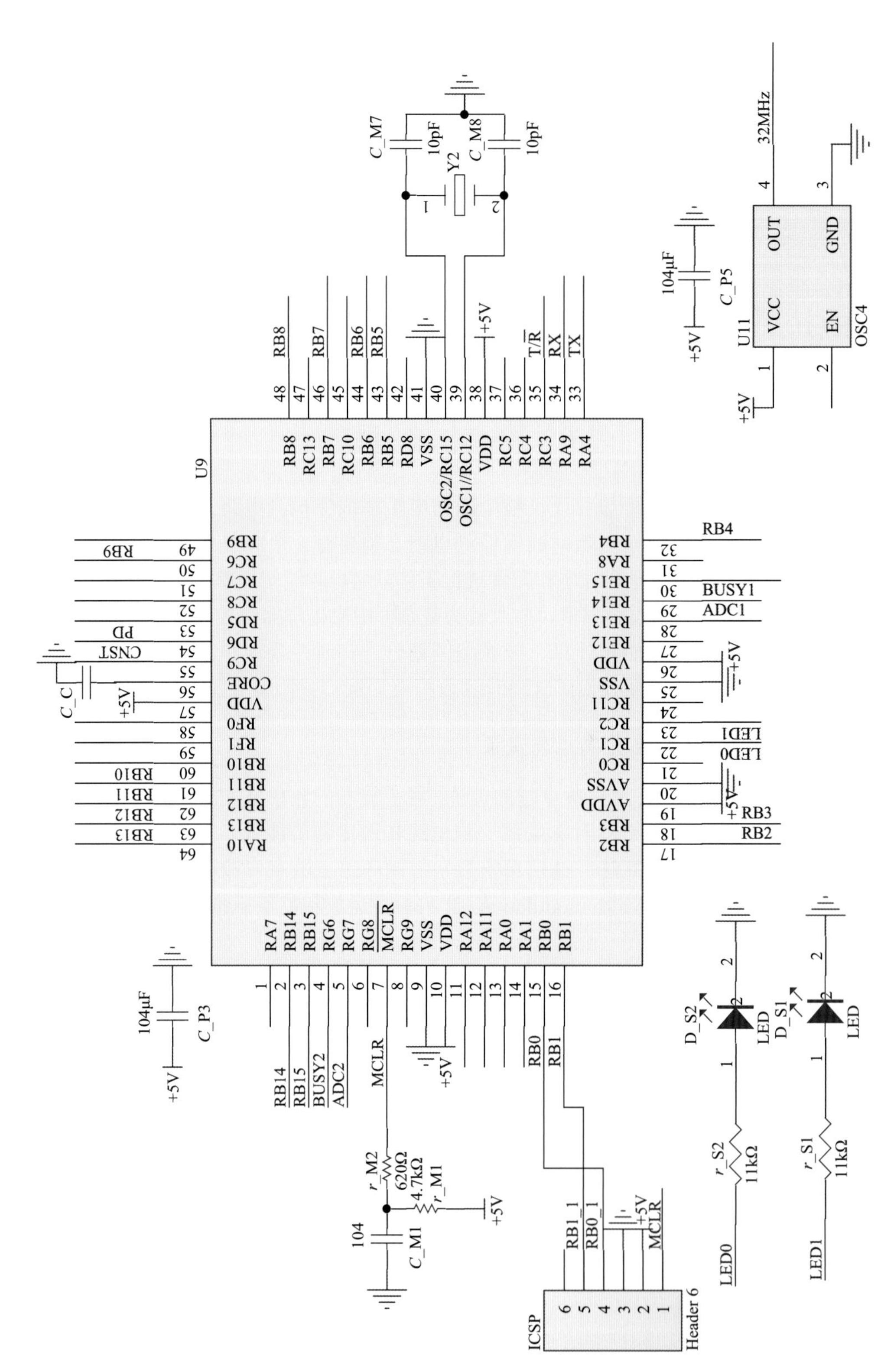

图5.19 dsPIC33EP512GM706最小系统

序仿真及相关分析，得出相应的结果。如果仿真结果显示该接口时序正确，即可以实现其功能。通过 DSC 和 FPGA 两者优势的结合可以很大程度地提高信号采样速度和处理能力。设计中对接口逻辑进行仿真分析，得出的时序结果及占用 FPGA 的内部资源，同时生成下载文件和接口逻辑。但是最终的结果还会受到实际电路的时延、信号毛刺等干扰。图 5.20 给出了 DSC 芯片 dsPIC33EP512GM706 与 FPGA 芯片 A3P060 连接结构框图。

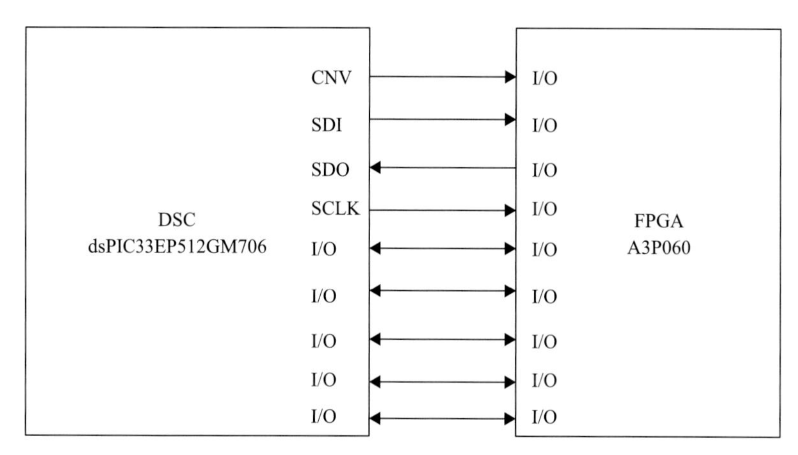

图 5.20　dsPIC33EP512GM706 与 FPGA 芯片 A3P060 连接结构框图

5.6.3　存储器特征与存储数据结构设计

为了将井下实时采集的大量电阻率成像数据存储下来，随钻电阻率成像检测电路设计一个 8Gbit 的闪存(flash memory，FLASH)。闪存是一种长寿命的非易失性(在断电情况下仍能保持存储的数据信息)的存储器。FLASH 按功能特性分为两种：一种是 NOR 型闪存，以编码应用为主，其功能多与运算相关；另一种为 NAND 型闪存，主要功能是存储资料。NOR FLASH 技术改变了原先由 EPROM 和 EEPROM 占有绝对垄断的局面。紧接着，NAND FLASH 的出现，强调降低每比特的成本，具有更高的性能，并且像磁盘一样可以通过接口轻松升级。NOR FLASH 的读速度比 NAND FLASH 稍快一些，NAND FLASH 的写入速度比 NOR FLASH 快很多，NAND FLASH 的 4ms 擦除速度远比 NOR FLASH 的 5s 快，大多数写入操作需要先进行擦除操作，NAND FLASH 的擦除单元更小，相应的擦除电路则更少。NAND FLASH 内部采用非线性宏单元模式，具有容量较大、改写速度快等优点，适用于大量数据的存储。存储器内部示意图如图 5.21 所示。

设计中采用 NAND FLASH，整体容量为 8Gbit，以块(block)为单位进行擦除，以页(page)为单位进行读写。NAND FLASH 芯片出厂时，存在少量坏页，需要在存储处理时辨识和避开。

存储数据结构设计以页为最小写入单元，1 页=(4K+224)Byte，设计如下数据结构，下井前，通过调试口，以块为单位逐个擦除 FLASH。

时间	数据 1	数据 2	数据 3	…	数据 n	CRC16

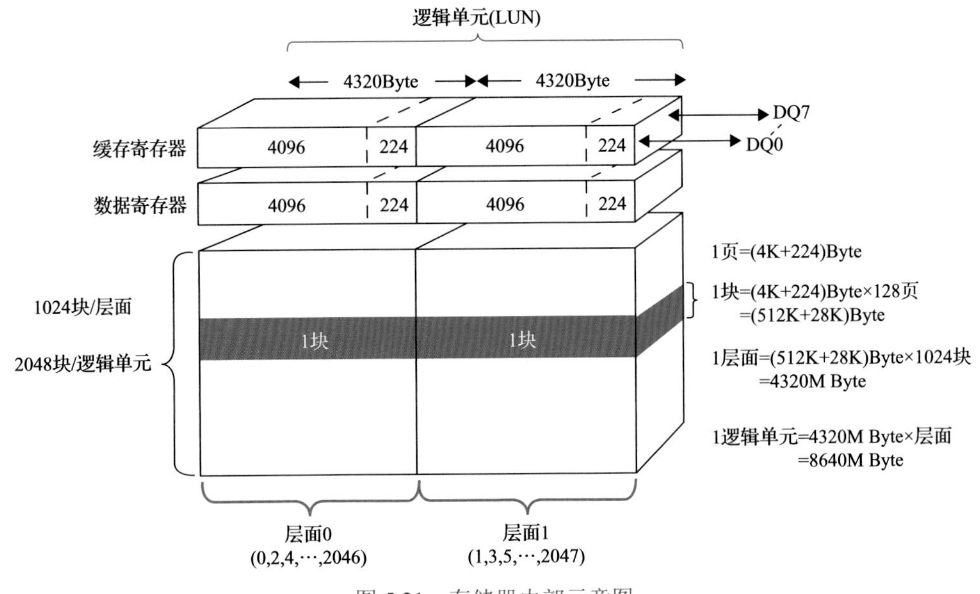

图 5.21　存储器内部示意图

5.6.4　DSC 与存储器接口设计

DSC 以 8 位并行总线方式与 FLASH 进行数据与控制信息通信。为了配合实现时序控制逻辑，在总线连接的基础上还包括 7 条功能控制线。DSC 与 FLASH 以 8 位并行总线接口连接的设计主要是按照 DSC 的时序设计的逻辑电路，利用 DSC 的接口和控制信号完成数据的读写，并对逻辑设计进行固件设计，实现相应的功能。图 5.22 给出了 DSC 芯片 dsPIC33EP512GM706 与 FLASH 芯片的连接结构框图。

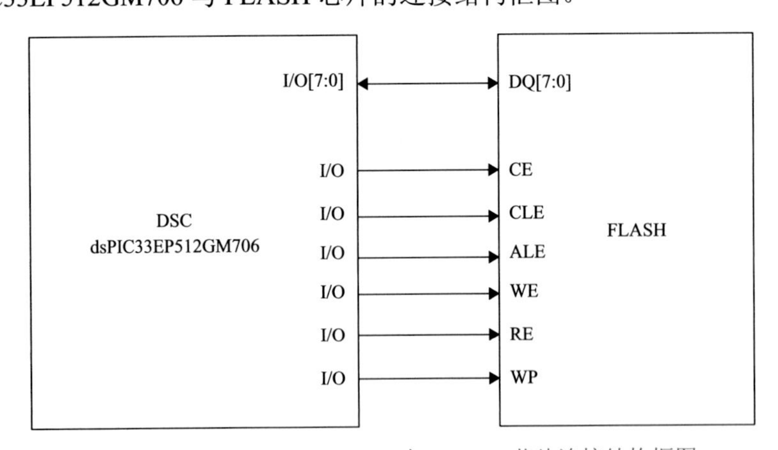

图 5.22　dsPIC33EP512GM706 与 FLASH 芯片连接结构框图

5.7　实时时钟和总线设计

随钻电阻率成像检测电路的实时时钟功能由 dsPIC33EP512GM706 内置的实时时钟和日历(real time clock and calendar，RTCC)模块完成。RTCC 模块是为需要长时间维持精确时间的应用设计的，无需或很少需要CPU干预。RTCC模块为低功耗做了优化，以便在跟踪时间的同时延长电池寿命。RTCC 模块是百年时钟和日历，能自动检测闰年。时钟范围从2000年1月1日00:00:00(午夜)至2099年12月31日23:59:59。小时数以24h(军用时间)格式提供。该时钟提供1s的时间粒度，用户可看到0.5s的时间间隔。

井下工作环境的特殊性，如高温高压高振动、空间有限、短节之间承受巨大的扭矩，因此多个仪器短节之间连接最重要的要求就是简单可靠、现场装配方便。由于井下多数采用单个主机+多个测量节点模式，即一个主机系统，能够控制一个或者多个从机。现有技术较多采用485总线、控制器局域网络(controller area network，CAN)总线作为井下随钻仪器短节的连接总线。这类总线都是需要两根或者两根以上的连接线，完成数据的连接。这里的连接线都是用作信号的传输，各仪器短节本体的金属连接不适合作为其中的一根，因为部分仪器短节把短节本体作为接“地”使用。因此，为了兼容这种总线结构，在随钻电阻率成像检测电路里设计图5.23所示的单总线驱动结构。

微处理器dsPIC33EP512GM706的两个I/O口连接到专用总线芯片，形成数据通信的发射信号TX和接收信号RX。微处理器的一个I/O口作为发射使能信号TX_EN，连接到使能发射控制模块的一个输入，专用总线芯片的发射信号TX端连接到使能发射控制模块的另一个输入，使能发射控制模块的两个输出连接到输出功率驱动模块的两个输入，输出功率驱动模块的输出连接到总线TR_BUS，总线TR_BUS还连接到接收迟滞比较模块的输入，接收迟滞比较模块的输出连接到接收缓冲模块的输入，接收缓冲模块的输出连接到专用总线芯片的接收信号RX端。

这一组逻辑组合构成使能发射控制模块。通过使能发射控制模块，在使能有效时可以有效消除组合逻辑毛刺，降低总线上的逻辑误判；在使能无效时可以使输出驱动处于高阻状态，保护输出驱动模块不产生长时间大电流。长时间的大电流容易引起局部的严重发热，这种情况在井下高温环境下容易引起电路失效。

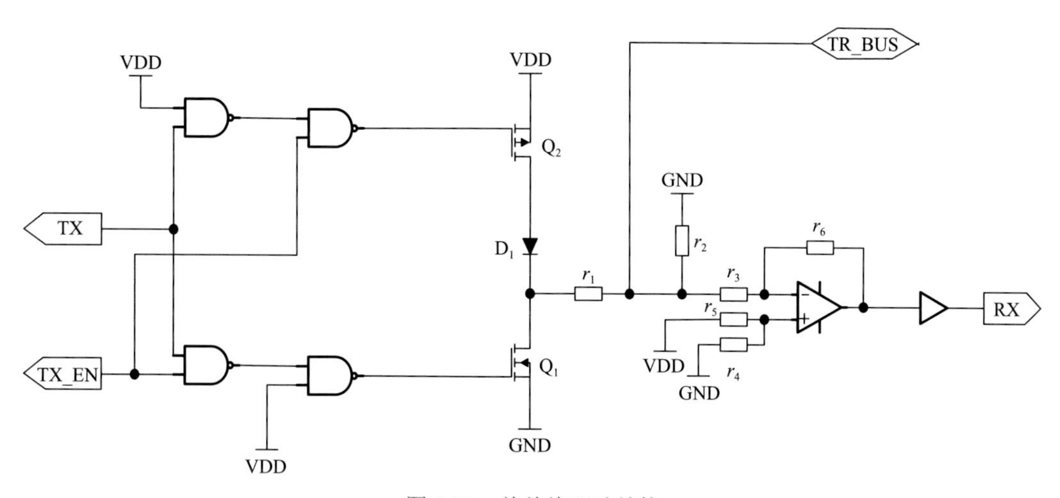

图5.23 单总线驱动结构

输出功率驱动模块由NMOS管Q_1、PMOS管Q_2、二极管D_1和电阻R_1构成的输出功率驱动模块组成。一个与非门的输出连接到Q_1的栅级，Q_1的源级连接GND，Q_1的漏

级分别与 D_1 的 N 端和 r_1 的一端连接。另一个与非门的输出连接到 Q_2 的栅级，Q_2 的源级连接 VDD，Q_2 的漏级与 D_1 的 P 端连接。r_1 的另一端连接到总线信号 TR_BUS。一组连接实现了输出信号的驱动输出和限流保护。

接收迟滞比较模块包括一个运算放大器和两个电阻。运算放大器的正输入端连接逻辑阈值电压，逻辑阈值电压通过两个电阻 r_4 和 r_5 从 VDD 和 GND 分压获得，这个电压的大小由电阻 r_4 和 r_5 的阻值大小决定。总线信号 TR_BUS 通过电阻 r_3 连接到运算放大器的负输入端。运算放大器的负输入端连接到电阻 r_6 的一端，运算放大器的输出端连接到电阻 r_6 的另一端。该结构的实现对 TR_BUS 上的信号进行迟滞比较，比较的电压由逻辑阈值电压决定，即电阻 r_4 和 r_5 的阻值大小决定，迟滞电压由 r_3 和 r_6 的阻值大小决定。接收迟滞比较模块一方面将总线 TR_BUS 上的电压信号与阈值电压的大小关系，转换成逻辑电压，另一方面通过迟滞比较结构的设计，避免了当总线 TR_BUS 上的电压信号有噪声时，特别是该电压大小接近阈值电压时产生的逻辑噪声。接收迟滞比较模块的输出接到接收缓冲模块的输入，接收缓冲模块进一步调理接收的逻辑。其中的地线 GND 连接短节的本体，当不同短节本体机械连接在一起时，电路信号 GND 就连接在一起了。

5.8 印刷电路板设计

随钻电阻率成像检测电路的电路板图设计面临几个挑战：

(1) 井下高温环境下，对所有电路元器件、走线、焊接都是严重挑战，特别是部分功耗较大的电路单元，其本身发热就非常大，因此在设计时更需要详细考虑。

(2) 随钻电阻率成像检测电路包含数字电路和模拟电路，属于典型的数模混合电路，而且模拟电路部分涉及非常微弱的信号放大和处理，因此数字电路在高频时钟驱动下工作，会对模拟电路部分产生串扰。

(3) 电路板尺寸限制，在钻铤壁有限的空间内，需要考虑钻铤本身的机械强度要求，电路板的宽度需要控制在 3cm 以内，高度也需要限制在 5mm，长度一般也需要限制在 30cm 以内。

5.8.1 印刷电路板热布局设计

井下高温环境对于绝大多数电子元器件的正常工作都会产生严重影响，导致电子元器件的失效或者损坏，从而导致整个电路系统无法工作。井下电路设计过程中除了本身选用耐高温性能好的电子元器件以外，印刷电路板的热设计是否合理，直接影响着井下电路的性能。由于芯片的集成度越来越高，以及井下电路中使用的集成电路较多，印刷电路板的热流密度(单位面积的热流量)也在不断增加。因此，如何控制印刷电路板上电子元器件的升温，使其工作在有效的温度范围内，确保整个电路系统的热可靠性，对于工作在井下高温环境下的印刷电路板的热布局设计和分析非常重要。

印刷电路板作为多层的复杂结构，主要由绝缘材料和导电铜线组成。印刷电路板表面焊接各类电子元器件，这些元器件在工作时将发热，而印刷电路板作为电子元器件的散热载体，其散热方式主要有 3 种：导热、对流和辐射。由于井下电路都是工作在密闭的空间中，因此导热是散热的主要方式。导热方向主要是印刷电路板的水平方向和垂直方向。由于金属的散热性远高于绝缘材料，水平方向散热主要依靠多层电路板内的电源层、地层及走线，特别是大面积的覆铜将非常有利于散热。垂直方向上，主要依靠绝缘材料和过孔导热。印刷电路板的结构、每层的铜线分布、过孔的分布等非常复杂，一块印刷电路板的导热性上是各向异性的。此外，电子元器件的功耗、热阻及分布在印刷电路板上的具体位置对导热影响也非常大。根据上述信息，再经过软件的分析步骤，选取合适的散热方式，建立相应的模型，进行后续的热设计与分析，获取电子元器件的节点温度、印刷电路板的温度场。

经过上述分析和模型仿真，发热较为严重的 DC-DC 模块直接安装在电路板骨架的本体上，有利于其发热的快速释放。对于其他需要焊接在印刷电路板的电子元器件，且发热较为严重的元器件，经过软件分析，其布局如图 5.24 所示。

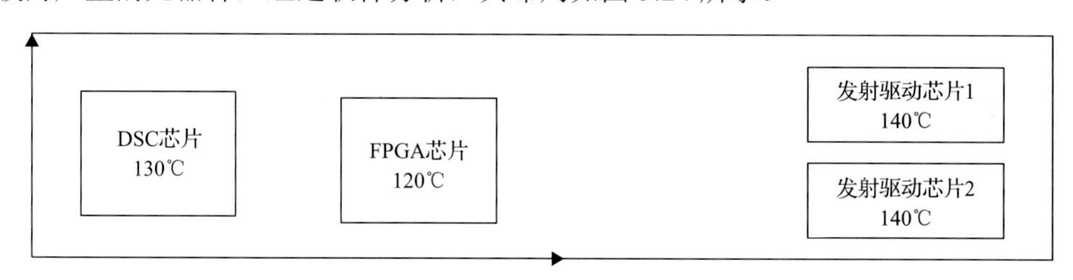

图 5.24　重点发热元器件布局

5.8.2　关键数字信号抗振铃设计

振铃现象是数字信号在传输过程中经常出现的现象。任何信号传输线都不可避免地存在传输线电阻、传输线电感和杂散电容，因此一个标准数字脉冲信号在信号线上传输时，极易产生信号过冲和振铃现象。通过实验可以验证，传输线电阻可使脉冲的平均振幅减小；而杂散电容和传输线电感的存在，则是产生过冲和振铃的主要原因。在脉冲上升或下降时间相同的条件下，引线电感越大，过冲及振铃现象就越严重，上冲的幅度越大；杂散电容越大，则波形的上升时间越长；而引线电阻的增加，将使脉冲振幅减小。

如果信号传输过程中阻抗不匹配，就会发生信号的反射。因此，传输线路上的信号既可能是驱动端发出的信号，也可能是远端反射回来的反射信号。根据反射系数的计算方程，当阻抗变小时，反射信号就会减小。信号在发射输出端和接收负载端之间会来回多次反射，其反应结果就是信号振铃。一般芯片输出管脚的输出阻抗都较低，如果芯片输出管脚的阻抗小于印刷电路板上对应走线的特性阻抗，那么在没有接收端的情况下，必然产生信号振铃。

在具体电路设计中，将采用下列几种方法减小和抑制振铃。

(1) 串联电阻。利用具有较大电阻的传输线或是在传输线设计中串入适当阻值的电阻，可以减小脉冲的振幅，从而达到减小上冲和振铃程度的目的。但当串入电阻的数值过大时，会影响脉冲的幅度，而且使脉冲的边沿变得平缓，也会进一步影响整个系统的时序。因此，串入电阻的阻值需要适当，并且应选用无感电阻，电阻接入的位置尽量靠近电感。

(2)减小传输线电感。设法减小传输线的电感是最基本的方法，总的原则是尽量缩短传输线的长度、加粗传输线的宽度、减小信号的传输距离，尤其是传输边沿很陡的脉冲信号。

(3)负载电路的等效电感和等效电容同样可以影响输出端口，使其脉冲波形产生过冲和振铃，因此应尽量减小负载电路的等效电感和电容。尤其是负载电路到整个印刷电路板的地需要较长的线路，形成的接地线路的电感和杂散电容较大，其影响不能忽视。

(4)逻辑数字电路中的信号线可增加上拉电阻和交流终端负载。上拉电阻(可取)的接入，可将信号的逻辑高电平上拉到数字电源。交流终端负载电路的接入不影响支流驱动能力，也不会增加信号线的负载，而高频振铃现象却可得到有效的抑制。

上述振铃现象除了与电路本身有关外，还与脉冲边沿的上升时间密切相关。即使电路结构相同，当外部输入的脉冲边沿上升时间非常陡时，过冲的峰值将大大增加。一般对于边沿的上升时间在 0.1μs 以下的脉冲，均考虑产生过冲及振铃的可能。因此，在脉冲信号频率的选择问题上，应考虑在满足系统速度要求的前提下，能选用较低频率的信号绝不选用高频信号；若无必要，也不应过分要求脉冲的边沿非常陡峭。

5.8.3 抗串扰设计

串扰是数字与模拟混合电路中较容易发生的一种现象，不同数字信号之间会发生串扰，数字信号还很容易串扰到模拟信号当中。特别是数字信号的上升沿和下降沿中包含丰富的高次谐波信号，更容易耦合到其周边的信号线上。因为在实际的印刷电路板上，相互靠近的传输线之间必然存在互感和互容，这些电感和电容将引起两条传输线之间的信号相互耦合传输。

数字信号在其上升沿和下降沿期间，都会在信号的传输线上产生较大的瞬时电流，从而产生磁场变化。当不同的信号传输线距离较近时，特别是两条传输线存在较长的并行走线时，一条传输信号线中电磁场的变化必然在另一条传输线上产生感应信号。

除了互感以外，两条信号传输线之间的互容是引起串扰的另一个主要因素。两条传输线并行走线，特别是在印刷电路板的不同层交叠并行。这两条传输线相当于具有一定重叠的两个电极板，构成了一个电容。一条传输线上电压变化，通过该电容传递到另一条传输线上，引起另一条传输线上电压发生变化。特别是在信号的上升沿或者下降沿时，其中包含的高频成分更容易耦合到另一条传输线上。

串扰对于高精度的数据采集系统影响非常大，微弱的模拟信号极容易受到其周围数字信号或者幅度较大模拟信号的干扰。为了提高采集信号的精度，必须从印刷电路板设计的角度降低传输线之间的互感和耦合电容。

5.8.4 多层电路板走线设计

随钻电阻率成像检测电路的印刷电路板由于需要安装在钻铤的凹槽内，其尺寸需要做得非常小，印刷电路板上的芯片集成度也非常高，需要的走线也非常多。常规的两层印刷电路板无法满足随钻电阻率成像检测电路系统的电磁兼容设计要求。为了获得较好的电磁兼容性，印刷电路板设计为 6 层。综合考虑数字信号、数字地、数字电源、模拟信号、模拟地、模拟正电源、模拟负电源，模拟信号与数字信号的分区块。以上分层设计有效地将信号通过大面积的地进行隔开，同时电源和地之间具有较大的分布电容，有利于电源的去耦和稳定。

除了各层之间合理分布以外，印刷电路板上的各个元器件的接地和接电源是影响电磁兼容性的关键因素。

由于数字信号为矩形方波或脉冲，在信号的上升沿和下降沿信号快速变化，因此数字信号都包含高频谐波成分。如果电路板中的数字地与模拟地没有有效分隔，数字信号中的高频谐波很容易会串到模拟电路当中。当模拟信号为较强的功率输出信号时，也可能会影响数字逻辑信号的正常工作。由于随钻电阻率成像检测电路中接收电极信号是非常微弱的电流信号，其对电源和地都非常敏感。随钻电阻率成像检测电路既包含数字电路又包含模拟电路，数字电路产生的高频谐波会严重影响模拟电路，使模拟电路中的微弱信号信噪比变差。如果把模拟地和数字地大面积直接相连，会互相干扰。但是为了保持参考电平一致又必须短路。

对于随钻电阻率成像检测电路中的模拟电路，除了采用较粗和较短的接地线之外，各元器件需要接地的管脚采用一点接地是抑制地线干扰的最佳选择，这主要可以防止地线公共阻抗导致的元器件之间的互相干扰。

对于随钻电阻率成像检测电路中的数字电路，数字地连接线的电感效应影响会更加显著，一点接地会导致部分数字元器件管脚的地连接线较长，而带来非常不利的影响，这时应采取分布式接地走线。大面积覆铜，即除传输信号的印制线以外，其他部分全作为地线进行覆铜加工。

随钻电阻率成像检测电路并没有高频的模拟信号，因此地线无须为了避免产生高频辐射噪声进行环形布局。地线主要是对数字地和模拟地分割，然后在电路系统中的模拟/数字转换芯片位置通过一个磁珠进行连接。

磁珠采用铁氧体材料烧结而成，其在高频段具有良好的阻抗特性，专门用于抑制信号线、电源线上的高频噪声和尖峰干扰，还具有吸收静电脉冲的能力。磁珠有很高的电阻率和磁导率，等效于电阻和电感串联，但电阻值和电感值都随频率变化。磁珠比常规的电感有更好的高频滤波特性，在高频时呈现很大的阻性，从而提高低通滤波效果。磁珠仅对高频信号才有较大阻抗，一般规格有 100Ω/100MHz。铁氧体磁珠是目前应用发展很快的一种抗干扰组件，廉价、易用，滤除高频噪声效果显著。

第 6 章　随钻电阻率成像数据压缩技术

6.1　随钻成像数据传输与压缩技术

6.1.1　随钻成像数据传输技术

随钻成像测井往往借助泥浆脉冲遥测系统将测得的随钻成像数据从井下实时传输到地面，1929 年泥浆脉冲的概念首次被提出，20 世纪 60 年代初期才将泥浆脉冲传输技术应用到测井中，其基本原理是首先将井下传感器测量到的地层参数转换为电信号，然后通过脉冲发生器将电信号转换为压力脉冲信号，通过泥浆将压力脉冲信号传输到井上进行处理，整个过程完成了一系列能量转换。目前，泥浆脉冲遥测系统的信息传输方式有正脉冲、负脉冲和连续波三种，它们的特点对比见表 6.1。

表 6.1　三种泥浆脉冲传输方式的特点

传输方式	传输速率	可靠性	开发成本	应用情况
负脉冲	1～2bit/s	较差	中等	基本淘汰
正脉冲	国内：0.5～5bit/s 国外：约 10bit/s	较好	中等	广泛应用
连续波	国内：4～10bit/s 国外：6～20bit/s	好	中等	前景可观

1) 负脉冲传输方式

美国 Teleco 公司成功研制泥浆负脉冲发生器，它能够产生相对可靠稳定的信号，但负脉冲信号发生器的数据传输速率低，工作时会损耗大部分能量，造成井壁受到较严重的腐蚀，甚至污染环境，同时其钻井工艺复杂，目前世界上极少数随钻测井仪采用这种传输方式，例如，英国 Geolink 公司生产的 Orienteer MWD 无线随钻测量仪采用的正是负脉冲传输方式，绝大多数随钻测井仪都不使用泥浆负脉冲发生器，已逐渐被市场淘汰。

2) 正脉冲传输方式

泥浆正脉冲发生器因其结构简单、操作简便和性能稳定可靠的优点在泥浆脉冲遥测系统中得到广泛应用。但正脉冲传输方式的数据传输速率不高，随着井下数据量的日益增长，渐渐无法满足随钻成像数据实时传输的需求。在国外，哈里伯顿公司的 HSDI 系统、Sperry-Sun 公司的 sperry-sun 型正脉冲传输器及 APS 公司的旋转脉冲发生器都是业内较为先进的泥浆正脉冲发生器，这些发生器的数据传输速率都可以达到 10bit/s。在国内，由中国石油勘探开发研究院成功研制的新型正脉冲无线随钻测量系统 CGM-WD 是一个重要的里程碑，其数据传输速率为 0.5～5bit/s。

3）连续波传输方式

与泥浆正脉冲发生器和泥浆负脉冲发生器相比，连续波泥浆脉冲发生器的数据传输速率有显著提高，但相对于电缆传输、光纤传输、电磁传输和声波传输来讲，连续波泥浆脉冲发生器的数据传输速率仍处在较低的水平。另外，连续波泥浆脉冲发生器的结构复杂，制造难度较大。

井下随钻成像数据借助数据遥测系统实时传输到地面进行处理，而常规的泥浆脉冲遥测系统的数据传输速率较低，无法实现大量随钻成像数据的实时传输，所以只能将少部分随钻成像数据从井下实时传送到井上，大部分随钻成像数据需要先存储于井下存储器中，待起钻后再回放。

6.1.2　随钻成像数据压缩方法

随钻成像技术是随钻测井技术的最新发展，目前主要有两类随钻测井数据压缩方法：一类是基于统计冗余的随钻测井数据压缩方法，另一类是基于相关冗余的随钻测井数据压缩方法。

1. 基于统计冗余的随钻测井数据压缩方法

随钻成像数据中会有一些相同的数据值，即某些数据是重复出现的，这就是随钻成像数据中存在的统计冗余。基于统计冗余的随钻测井数据压缩方法能够去除随钻成像数据的统计冗余，实现随钻成像数据的有效压缩，这类方法可以准确地恢复原始数据，不造成任何重构误差，但是获得的数据压缩比较低。目前主流的基于统计冗余的随钻测井数据压缩方法主要有字典编码、算术编码、哈夫曼编码和游程编码等。

1）字典编码

字典编码于 1977 年由 Lempel 和 Ziv 两位以色列研究人员提出，又被称为 LZ 算法。字典编码的本质是字符匹配，其基本原理是将经常出现的字符或者字符串构建成一个字典，在字典中每一个字符或者字符串都有与之一一对应的索引，当待编码的随钻测井数据中出现字典中的字符或字符串时，用与之对应的索引代替重复出现的字符或者字符串，使得数据长度变短，达到压缩的目的。该方法压缩效果的好坏与字符或字符串重复出现的次数有关，另外，如果字符串相对较长，那么构建的字典将会占用很大的空间，匹配速度也会降低。字典编码主要包括 LZ77 算法、LZ78 算法和 LZW 算法等几种基本算法。其中，LZW 算法最为常用，但是 LZW 算法的压缩过程需不断查询字典并依次输出压缩编码，速度慢，时效性差。

2）算术编码

算术编码于 1976 年由 Rissanen 首次提出，其基本原理是首先计算出随钻测井数据中不同字符出现的概率，然后把[0,1)区间按照各字符出现的概率划分为互不重叠的子区间，各个子区间的宽度即为各个字符出现的概率，由此每个子区间内的任意一个实数都可以用来表示对应的字符，可以在子区间内选择一个代表性的二进制小数作为该字符对应的码字。算术编码适用于各个字符出现概率相同的数据，这时它的压缩比较高，但其缺点在于运算复杂，速度很慢，难以在硬件中使用。

3) 哈夫曼编码

哈夫曼编码于 1952 年由 Huffman 首次提出，哈夫曼编码的基本思想同样也是根据随钻测井数据中不同字符出现的概率进行编码，该编码方法遵循平均编码长度最短原则，即出现概率大的字符用较少的比特位编码，出现概率小的字符用较多的比特位编码，由此去除数据的统计冗余，达到压缩的目的。哈夫曼编码的基本步骤是首先将字符按其出现的概率递减顺序排列，然后给两个概率最小的字符分别赋予 0 和 1，并把这两个最小的概率加起来，作为新字符的概率，重复以上的步骤，直到加和得到的概率为 1。哈夫曼编码因其简单实用性得到广泛应用。

4) 游程编码

游程编码又称为游程长度编码或者行程编码。随钻测井数据中各种字符连续重复出现并形成一段一段的字符串，游程编码的基本原理就是将这种数据集的每段字符串映射成由在该字符串中连续重复出现的字符和该字符串长度组成的标志序列，也就是用一个字符和该字符串的长度代替连续重复出现相同字符的字符串，使得编码后的字符串长度小于原始字符串的长度，去除了数据中的统计冗余。游程编码的压缩性能取决于整个数据流中连续重复出现数据的多少，即连续重复出现的数据较多，则游程编码的压缩效果就好，如果数据流中连续重复出现的数据很少，那么游程编码基本没有压缩效果，所以游程编码一般与其他编码方法配合使用。

2. 基于相关冗余的随钻测井数据压缩方法

随钻成像数据具有较强的相关性，使得随钻成像数据中存在相关冗余。基于相关冗余的随钻测井数据压缩方法能够去除随钻成像数据的相关冗余，实现随钻成像数据的有效压缩，采用这类方法可以获得较高的数据压缩比，但是数据的重构误差较大。目前主流的基于相关冗余的随钻测井数据压缩方法主要有窗口平均法、奇异值分解法、主成分分析法、小波变换、KL 变换、离散余弦变换和预测编码等。

1) 窗口平均法

窗口平均法的基本原理(Zou and Xie, 2015)是首先在时间域上将随钻测井数据按对数划分到等间隔的时窗里，然后对各个窗口内的数据分别求和取平均，最后利用各个时窗内求得的均值代替原始随钻测井数据从而实现数据压缩。

2) 奇异值分解法

奇异值分解(singular value decomposition, SVD)法的基本原理是首先根据原始随钻测井数据计算出奇异值矩阵，然后采用奇异值截断法获得压缩矩阵，用压缩矩阵代替原始矩阵，最后再用压缩矩阵重构出原始数据矩阵。

3) 主成分分析法

主成分分析(principal component analysis, PCA)法的基本原理是求出随钻测井数据的协方差矩阵的特征向量与特征值，找出几个较大的特征值对应的特征向量作为被分析数据的主成分，并将原始随钻测井数据矩阵向主成分上做投影，利用投影后的数据表示原始数据，从而达到降维和去冗余的目的，实现随钻测井数据的压缩。

4) 小波变换

小波变换的基本原理是通过小波变换可以将随钻测井数据分解为一系列不同分辨率的高低频分量，高频分量表示随钻测井数据的细节，随钻测井数据的基本信息主要集中在低频分量中，通过量化将高频分量置零，保留低频分量就可以在保留随钻测井数据绝大部分信息的前提下实现数据的压缩。

5) KL 变换

KL 变换 (Karhunen-Loève transform，KLT) 的基本思想是利用随钻核磁共振测井数据的相关特性，根据测井数据协方差矩阵的方差累积贡献率的大小截取测井数据的主要信息表示原始数据，从而完成数据的压缩。该方法首先利用采集到的测井数据获取测井数据的协方差矩阵，其次利用测井数据的协方差构建压缩矩阵，最后利用压缩矩阵完成数据的压缩。它可以有效地剔除原始测井数据中对表征地层特性贡献小甚至冗余的信息，在高压缩比的条件下仍能保证原始测井数据的特征，但是变换矩阵的求解会造成运算复杂度高和数据存储受限以及传输实时性差。

6) 离散余弦变换

离散余弦变换 (discrete cosine transform, DCT) 的中心思想是将随钻测井数据从空间域变换到频率域进行处理，在空间域上具有强相关性的数据，反映在频率域上是能量集中在某些特定的区域，通过量化将低能量区域的变换系数置零，只对高能量区域的变换系数进行处理，便能实现数据的压缩。

7) 预测编码

预测编码 (differential pulse code modulation, DPCM) 的基本原理是不直接对原始随钻测井数据进行编码传输，而是首先根据之前的一个或者多个数据值估算下一个数据值，将这个数据值作为预测值，然后将随钻测井数据的实际值与预测值进行差分处理，仅对差值进行量化编码，从而缩小编码数据的动态范围，减少数据的编码比特量，达到数据压缩的目的。

综合考虑压缩方法的压缩能力及井下设备功耗、计算能力、存储空间有限的情况，基于相关冗余的随钻测井数据压缩方法中较为有效的是 DCT 和预测编码；基于统计冗余的随钻测井数据压缩方法中较为有效的是哈夫曼编码和游程编码。但这些方法仍各自存在一定的缺陷，无法直接用于井下随钻成像数据压缩。预测编码对统计特性未知的数据仅能降低其相关冗余，无法完全去除其相关冗余；DCT 存在浮点运算，运算复杂度高，造成较多系统资源浪费，并且在有限精度的平台上进行正逆 DCT，会产生截断误差，造成编解码误匹配的问题；哈夫曼编码、游程编码仅能去除随钻成像数据的统计冗余，并且只有在一定情况下才能获得较高的压缩比。

6.1.3 随钻成像数据压缩方法的评价准则

为了有效地测试压缩方法的压缩效果，为优化压缩方法寻求合理的依据，采用随钻成像数据压缩方法的评价准则评价压缩方法的性能，它不仅可以评价各种压缩方法性能的好坏，而且对压缩方法的设计原则与优化方向起到重要作用。常用的随钻成像数据压缩方法的评价准则主要包括数据存储/传输量、压缩比、重构误差及均方根误差等。

1. 数据存储/传输量

数据存储/传输量总共包含两部分：一部分是编码压缩后的随钻成像数据所需的比特量；另一部分是编码数据解压所需的变换矩阵、码表或字典所需的比特量。数据存储/传输量可以表示为

$$N_y = N_1 + N_2 \tag{6.1}$$

式中，N_y 表示总的数据存储/传输量；N_1 表示编码压缩后的随钻成像数据所需的比特量；N_2 表示编码变换矩阵、码表或字典所需的比特量。当其他压缩指标相近时，数据存储/传输量越少，压缩方法的压缩性能越好。

2. 压缩比

编码原始随钻成像数据所需的比特量与数据储存/传输量的比值即为压缩比（compression ration，CR），它是衡量压缩方法性能最重要也最常用的指标，可以表示为

$$\mathrm{CR} = \frac{N_x}{N_y} \tag{6.2}$$

式中，N_x 表示编码原始随钻成像数据所需的比特量。当其他压缩指标相近时，CR 越大，表明数据存储/传输量越少，压缩方法的压缩性能越好。

3. 重构误差

压缩方法造成的绝对误差值与原始随钻成像数据值之比称为重构误差，其表达式为

$$\mathrm{Error} = \frac{\sum_{i=1}^{N}\left|\frac{\left(\hat{f}_i - f_i\right)}{f_i}\right|}{N} \tag{6.3}$$

式中，N 为原始随钻成像数据总的个数；f_i 为原始随钻成像数据的数值；$\hat{f}_i$ 为重构随钻成像数据的数值。在进行随钻成像数据压缩时，重构误差越小越好。

4. 均方根误差

均方根误差是重构随钻成像数据值偏离原始随钻成像数据值的距离平方和的平均数

开方，用来评价随钻成像数据的重构精度，其表达式为

$$e_{\text{RMSE}} = \left[\sqrt{\sum_{i=1}^{N} \left(f_i - \hat{f}_i \right)^2} \right] \times 100\% \tag{6.4}$$

式中，e_{RMSE} 为均方根误差，它的值越小，数据重构精度越高。

6.2　基于 DPCM 与整数 DCT 的随钻成像数据压缩方法

为了获得较高的数据压缩比，同时准确地重构出随钻成像数据，本节在深入分析随钻成像数据基本特征的基础上，采用基于 DPCM 与整数 DCT 的混合编码方法对随钻成像数据进行压缩。基于逐级去除冗余的思想，该方法首先采用预测编码对原始数据做差分处理，减少数据间的相关冗余，所得一维差值数据按列转换为二维矩阵，然后采用整数 DCT 和分级量化进一步去除二维数据中的相关冗余，最后通过哈夫曼编码去除量化系数的统计冗余，实现随钻成像数据的逐级压缩。通过仿真实验和实测随钻电阻率成像数据处理验证该方法的有效性。

6.2.1　随钻成像数据特征分析

为了有效地实现随钻成像数据压缩，本节分析随钻成像数据的信息熵和基本特征，并讨论随钻成像数据的相关性，为井下随钻成像数据压缩方法的设计提供理论依据。

1. 随钻成像数据信息熵分析

根据 Shannon 提出的信息熵原理，假设信息源 X 可以发送出不同的符号 $x_i (i=1, 2,\cdots,N)$，那么信息源 X 总共可以发送出 N 种符号，每种符号出现的概率用 $P(x_i)$ 表示，则 X 的信息熵 $H(X)$ 为

$$H(X) = -\sum_{i=1}^{N} P(x_i) \log_2 P(x_i) \tag{6.5}$$

式中，$H(X)$ 为随钻成像数据的信息熵，bit；每种符号出现的概率 $P(x_i)$ 为

$$P(x_i) = c(x_i) / \sum_{j=1}^{N} c(x_j) \tag{6.6}$$

其中，$c(x_i)$ 为符号 x_i 在随钻成像数据中出现的次数。

本节以钻井生产中最常用的随钻电阻率成像数据为例，分析随钻成像数据的信息熵。在水平井、大斜度井开发中，随钻电阻率成像测井技术在识别裂缝、薄层、低孔低渗等复杂油气藏方面发挥了重要的作用。随钻电阻率成像测井仪能够测量出射频电磁波在地层中传播后的物理特性变化量，根据这些物理特性变化量计算得出随钻电阻率成像数据。表 6.2 给出了现场实测的 4 组随钻电阻率成像数据的信息熵。首先统计每一组实测

随钻电阻率成像数据总共包含多少种不同的数据，每一种数据在该组随钻电阻率成像数据中出现的次数，然后根据式(6.6)计算出每一种数据在该组随钻电阻率成像数据中出现的概率，最后根据式(6.5)计算出该组随钻电阻率成像数据的信息熵，结果如表 6.2 所示。

表 6.2　实测随钻电阻率成像数据信息熵

组号	随钻电阻率成像数据的数据量/bit	随钻电阻率成像数据的信息熵/bit
1	2048	6.42
2	2048	6.14
3	2048	6.28
4	2048	5.93

分析表 6.2 发现，4 组实测随钻电阻率成像数据的信息熵依次为 6.42bit、6.14bit、6.28bit、5.93bit，而现有随钻测井系统中随钻电阻率成像数据一般用 8bit 编码表示，这种表示方式显然存在较大的冗余。

2. 随钻成像数据基本特征分析

随钻成像测井仪作业时，钻杆在地层中旋转钻进，如图 6.1(a)所示，钻杆上的探测器随之旋转，如图 6.1(b)所示，由此形成圆筒状的随钻成像数据集，如图 6.1(c)所示，

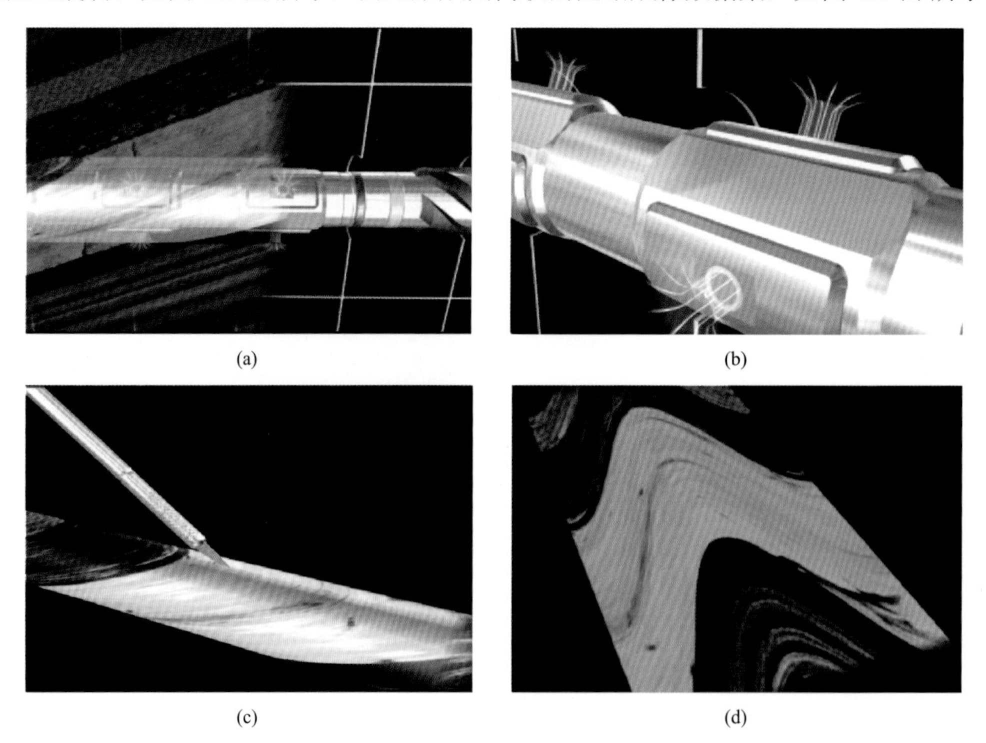

(a)　(b)　(c)　(d)

图 6.1　随钻成像数据采集过程

将圆筒状的随钻成像数据集切开展平，便可得到平面随钻成像数据集，如图 6.1(d)所示。数据集中的每一数据帧是将井眼一周均分为 N 个扇区，每个扇区采集一个随钻成像数据所得，如图 6.2 所示。其中，最为常见的是将井眼一周均分为 8 个或 16 个扇区的随钻成像数据，主要有单峰、双峰两种形式。例如，图 6.3(a)所示为 16 个井周内连续获取的 256 个扇区的随钻成像数据，可以看成由多个井周内获取的单峰或双峰数据组合而成，图 6.3(b)和(c)所示为一个井周内获取的 16 个扇区单峰和双峰数据示例。

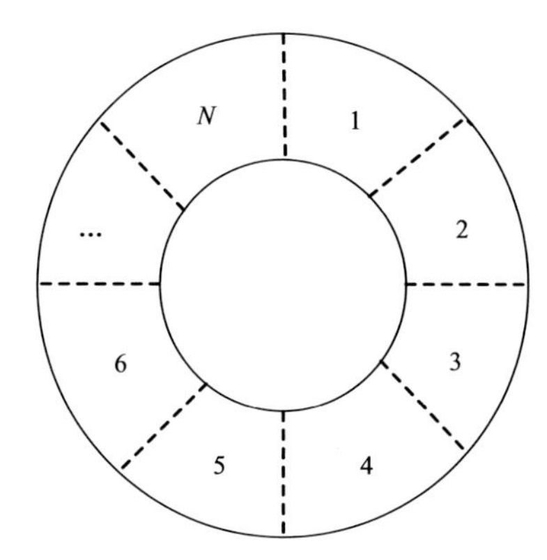

图 6.2　随钻成像数据扇区分布示意图

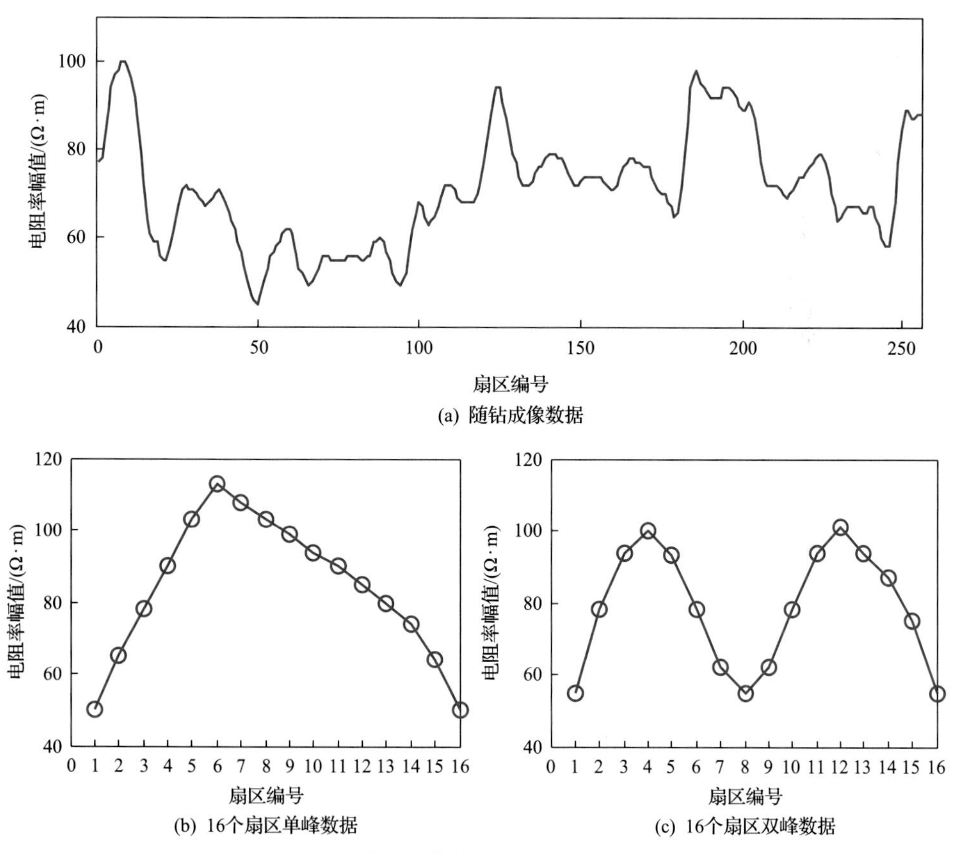

图 6.3　随钻成像数据及其基本构成单元

图 6.4 为四组实测随钻电阻率成像数据的数值概率分布。由图 6.4 可见，四组随钻电阻率成像数据的取值分别集中分布在 38～55、38～81、45～80、43～80 区间内。说明在一次随钻成像测井过程中采集的随钻成像数据具有分布集中的特点，这是因为测井过程中随钻仪器钻经地层的地质信息是由实时传输的随钻成像数据反映的，地层往往具有连续性，并且同一地层的地质和地球物理特性具有相似性，从而导致了同一地区的随钻成像数据的分布规律也具有相似性，所以从中采集的随钻成像数据集中分布在某一固定范围。

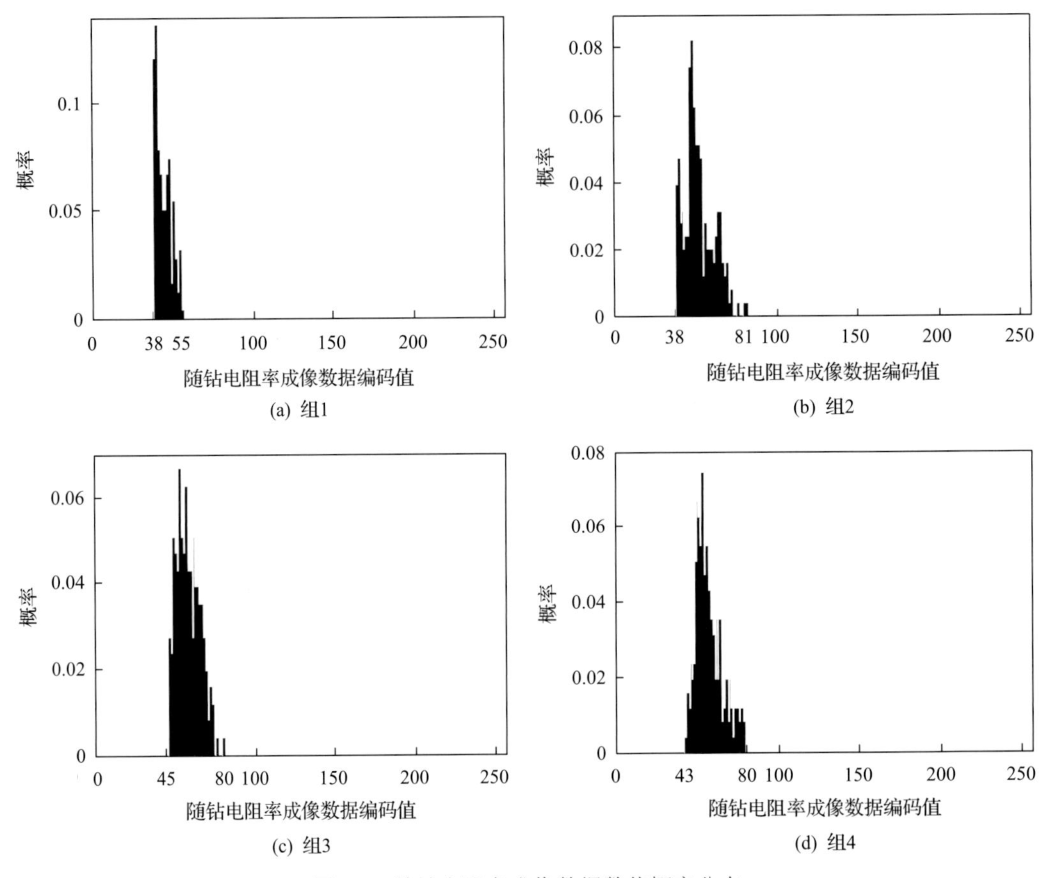

图 6.4　随钻电阻率成像数据数值概率分布

图 6.5 为四组实测随钻电阻率成像数据的一阶差分值概率分布，可见四组随钻电阻率成像数据的一阶差分值分别分布在–5～7、–7～7、–8～8、–9～9。这说明随钻成像数据具有变化平缓的特点，相邻数据之间的差值不大。

图 6.6 为四组实测随钻电阻率成像数据的归一化相关系数曲线，由图中数据可知，四组实测随钻电阻率成像数据的一阶相关系数分别为 0.9967、0.9958、0.9963 和 0.9965，均大于 0.99；并且四组实测随钻电阻率成像数据的五阶相关系数分别为 0.9824、0.9778、0.9777 和 0.9797，均大于 0.97。这说明随钻成像数据具有较强的相关性，同时每一组随钻电阻率成像数据的一阶相关系数到五阶相关系数依次减小，表明随钻成像数据越邻近，数据间的相关性越强。

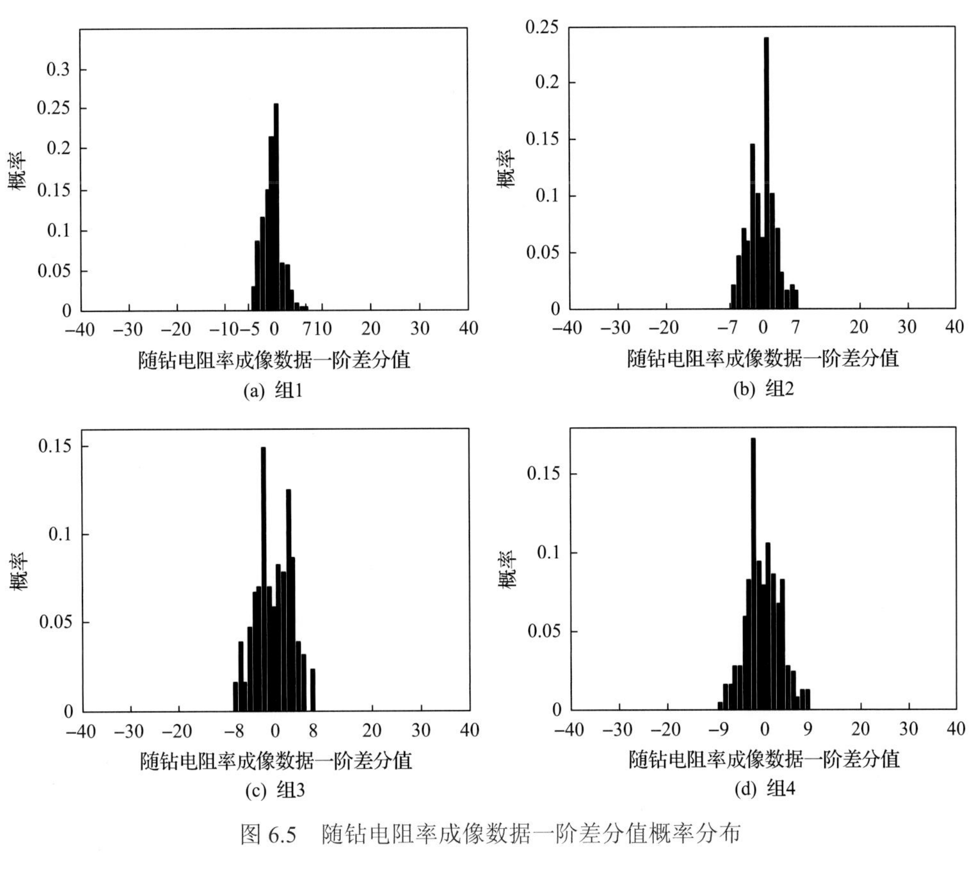

图 6.5 随钻电阻率成像数据一阶差分值概率分布

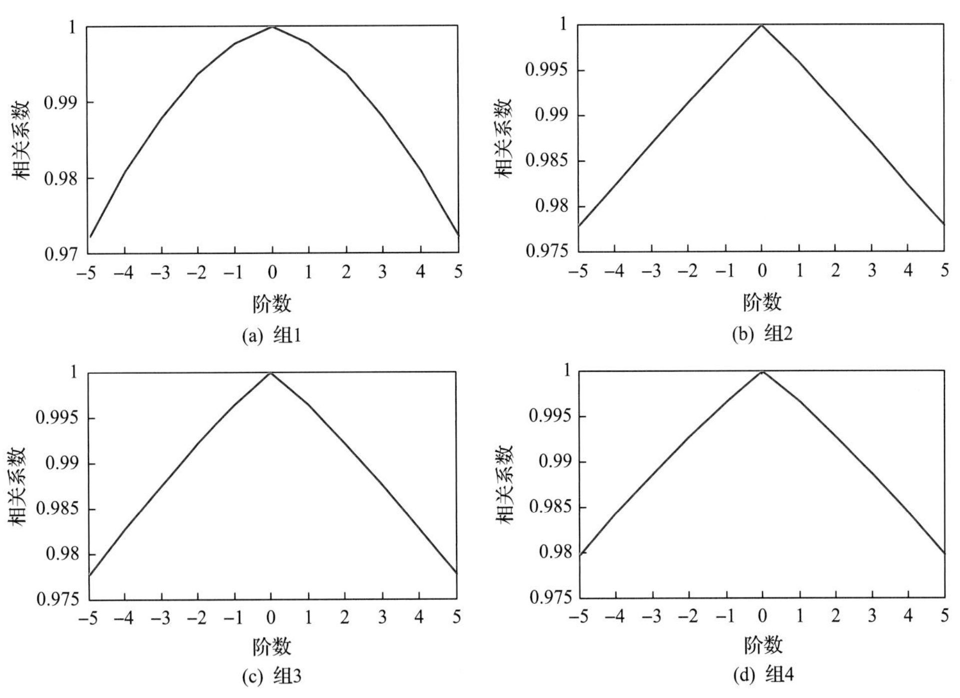

图 6.6 随钻电阻率成像数据归一化相关系数曲线

综合分析四组实测随钻电阻率成像数据的数值概率分布、一阶差分值概率分布和归一化相关系数曲线可知，随钻成像数据具有分布集中、变化平缓和相关性强的特点。

6.2.2 基于 DPCM 与整数 DCT 的随钻成像数据压缩方法原理与流程

本节首先对 DPCM 与整数 DCT 进行概述，然后结合随钻成像数据分布集中、变化平缓和相关性强的特点，采用基于 DPCM 与整数 DCT 的混合编码方法对随钻成像数据进行压缩。

1. DPCM 概述

差分脉冲编码调制(differential pulse code modulation, DPCM)于 1949 年由维纳提出，又称为预测编码，它是利用数据间具有较强的相关性，通过预测和差分编码方式降低数据间的相关冗余从而实现数据压缩。其基本原理：不是直接对原始数据本身进行编码传输，而是首先根据之前的一个或者多个数据值估算下一个数据值，将这个数据值作为预测值，然后将数据的实际值与预测值做差分处理，仅对差值进行量化编码，从而缩小编码数据的动态范围，减少数据的编码比特量，达到数据压缩的目的。图 6.7 为 DPCM 编解码原理图。

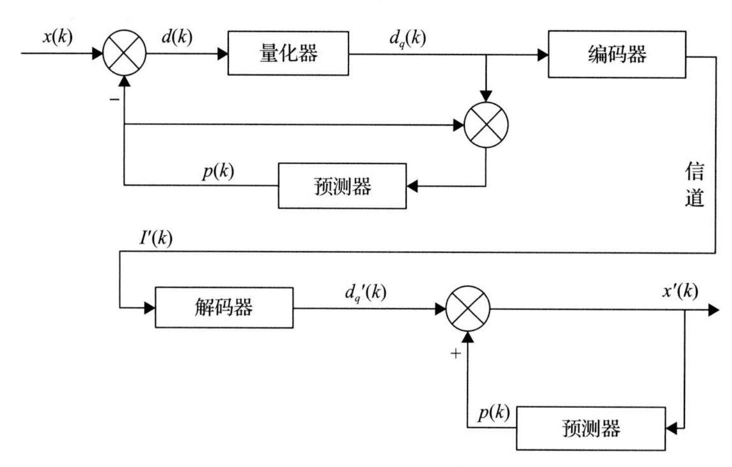

图 6.7　DPCM 编解码原理图

设输入的原始数据可以表示为 $x(k)(k=1,2,\cdots)$，其预测值可以表示为 $p(k)$，将数据的实际值与预测值做差分处理，得到的差值为

$$d(k)=x(k)-p(k) \tag{6.7}$$

将差值 $d(k)$ 进行量化，得到量化系数 $d_q(k)$，对其进行编码得到 $I'(k)$，将 $I'(k)$ 传输至井上，在地面将其解码获得 $d_q'(k)$，与地面预测器算出的预测值 $p(k)$ 相加，即得到重构数据 $x'(k)$。

井下的预测器与地面上的预测器完全相同。在预测编码中，预测器的设计是关键，常用的预测方法有以下三种。

1) 中值边缘检测预测方法

中值边缘检测(median edge detector, MED)预测方法的基本原理是：假设 $x(k)$ 为当前数据的实际值，则采用 MED 预测方法对当前数据进行预测后得到的预测值为 $p(k)$，x_1、x_2、x_3 为当前数据之前三个点的实际值，则当前数据的预测值 $p(k)$ 可以表示为

$$p(k)=\begin{cases}\min(x_1,x_2), & x_3 \geqslant \max(x_1,x_2)\\ \max(x_1,x_2), & x_3 \leqslant \min(x_1,x_2)\\ x_1+x_2-x_3, & \text{其他}\end{cases} \tag{6.8}$$

如式(6.8)所示，根据当前数据之前的三个历史已知数据估算当前数据的预测值 $p(k)$。将当前数据之前的 3 个数据划定为一个小区域，如果在这个小区域内，三个数据呈现减小的趋势，则选择当前数据之前两个数据中的较小者作为当前数据的预测值；反之，则选择当前数据之前两个数据中的较大者作为当前数据的预测值；否则，取当前数据的预测值为 $x_1+x_2-x_3$。

MED 预测方法针对具有相关性的数据，但需要进行多次比较，并且其预测结果极易受异常值的影响，预测数据精度不高。

2) 基于均方误差极小值准则的最佳线性预测方法

基于均方误差极小值准则的最佳线性预测方法的中心思想是利用过去若干个(假设 q 个)历史数据值的线性组合对当前数据值进行预测，即

$$p_n=\sum_{k=1}^{q}\omega_k x_{n-k} \tag{6.9}$$

式中，p_n 为当前数据的预测值；x_{n-k} 为历史数据值；ω_k 为预测系数；q 为历史数据的个数。

预测误差 e_n 的均方误差(mean square error, MSE)为

$$\varepsilon=E\left[e_n^2\right]=E\left[\left(x_n-p_n\right)^2\right]=E\left[\left(x_n-\sum_{k=1}^{q}\omega_k x_{n-k}\right)^2\right] \tag{6.10}$$

该预测方法使预测误差 e_n 的均方误差最小。为此，可将 ε 对预测系数 ω_j 求导，并令其为零，求解方程组以获得最佳预测系数 $\omega_j(j=1,2,\cdots,q)$，即

$$\frac{\partial\varepsilon}{\partial\omega_j}=0,\qquad j=1,2,\cdots,q \tag{6.11}$$

也就是

$$-2E\left[\left(x_n-\sum_{k=1}^{q}\omega_k x_{n-k}\right)x_{n-j}\right]=0 \tag{6.12}$$

可得

$$E\left[x_n x_{n-j}\right]=\sum_{k=1}^{q}\omega_k E\left[x_{n-k}x_{n-j}\right] \tag{6.13}$$

利用序列的归一化自相关函数定义，有

$$r(j)=E\left[x_n x_{n-j}\right]/E\left[x^2\right] \tag{6.14}$$

式(6.14)写为

$$r(j)=\sum_{k=1}^{q}\omega_k r\left(j-k\right),\quad j=1,2,\cdots,q \tag{6.15}$$

将式(6.15)以矩阵式表达为

$$\begin{bmatrix} r_1 \\ r_2 \\ \vdots \\ r_q \end{bmatrix}=\begin{bmatrix} 1 & r_1 & \cdots & r_{q-1} \\ r_1 & 1 & \cdots & r_{q-2} \\ \vdots & \vdots & & \vdots \\ r_{q-1} & r_{q-2} & \cdots & 1 \end{bmatrix}\begin{bmatrix} \omega_1 \\ \omega_2 \\ \vdots \\ \omega_q \end{bmatrix} \tag{6.16}$$

式中，$r(j)$简写为下角标形式r_j，$r(0)=1$，式(6.16)可简写为

$$R=CW \tag{6.17}$$

式中，矩阵C是由归一化自相关函数序列构成的 Toeplitz 矩阵。

由此得出的最佳预测系数矩阵为

$$W=C^{-1}R \tag{6.18}$$

该方法利用均方误差极小值准则求解最佳线性预测系数，可以最大程度地使预测值接近实际值，尽可能地减小实际值与预测值之间的误差。当数据源的统计特性已知时，可以按照均方误差极小值准则获取最佳预测系数；但如果数据源的统计特性是未知的或者不断变化的，即多种数据源共用同一个预测器时，按照该准则获取的固定预测系数就未必是最佳的。另外，按照均方误差极小值准则获取预测系数的运算量较大，不适合在井下仪器功耗、计算能力和存储空间受限的条件下使用。

3) 常系数线性预测方法

预测系数不变性准则是该方法的依据，采用该方法设计的预测器的表达式为

$$p(k)=\sum_{i=1}^{N}a(i)x(k-i) \tag{6.19}$$

式中，$p(k)$为当前数据的预测值；$x(k-i)$为历史数据值；N为历史数据的个数；$a(i)$表

示预测系数，其取值与 k 无关。最简单也是最常用的一阶常系数线性预测器的表达式为

$$p(k) = x(k-1) \tag{6.20}$$

该方法适用于相邻数据间存在强相关性的数据，同时该方法的计算复杂度低，运算量小，适合在井下仪器功耗、计算能力和存储空间受限的条件下使用。

2. 整数 DCT 概述

DCT 由 Ahmed 等于 1974 年首次提出，DCT 是在最小均方误差准则下得出的性能接近 KL 变换(不具有实用性)的次最佳正交变换，并且 DCT 具有快速算法，因此它在硬件中也非常容易实现。DCT 的中心思想是数据经过 DCT 后，能量集中在少数低频 DCT 系数(数值较大)上，体现在矩阵左上角区域，其余大多数系数值很小，可以通过量化变为零值舍去，而只保留包含数据主要信息的低频 DCT 系数，达到压缩的目的。

DCT 包括二维 DCT 与一维 DCT 两种方式。设 $f(x)$ 为一维离散函数，其 DCT 的表达式为

$$F(u) = \sqrt{\frac{2}{n}}C(u)\sum_{x=0}^{n-1} f(x)\cos\frac{(2x+1)u\pi}{2n} \tag{6.21}$$

式中，$x,u = 0,1,2,\cdots,n-1$；$C(u) = \begin{cases} \frac{1}{\sqrt{2}}, & u=0 \\ 1, & \text{其他} \end{cases}$ 为正交因子。

设 $f(x,y)$ 为二维离散函数，其 DCT 的表达式为

$$F(u,v) = \frac{2}{\sqrt{mn}}C(u)C(v)\sum_{x=0}^{m-1}\sum_{y=0}^{n-1} f(x,y)\cos\frac{(2x+1)u\pi}{2m}\cos\frac{(2y+1)v\pi}{2n} \tag{6.22}$$

式中，$x,u = 0,1,2,\cdots,m-1; y,v = 0,1,\cdots,n-1$；$C(u) = C(v) = \begin{cases} \frac{1}{\sqrt{2}}, & u,v=0 \\ 1, & \text{其他} \end{cases}$ 为正交因子。

DCT 逆变换的表达式为

$$f(x,y) = \sqrt{\frac{2}{mn}}\sum_{x=0}^{m-1}\sum_{y=0}^{n-1} C(u)C(v)F(u,v)\cos\frac{(2x+1)u\pi}{2m}\cos\frac{(2x+1)v\pi}{2n} \tag{6.23}$$

定义函数 $a(x,y,u,v)$ 为二维 DCT 的正反变换核，其表达式为

$$a(x,y,u,v) = a_1(x,u)\,a_2(y,v) = \frac{2}{\sqrt{m}}C(u)\cos\frac{(2x+1)u\pi}{2m}\cdot\frac{2}{\sqrt{n}}C(v)\cos\frac{(2y+1)v\pi}{2n} \tag{6.24}$$

式(6.24)的变换核是可分离的，即二维 DCT 可以分解成行向量的一维 DCT 和列向量的一维 DCT，二维 DCT 的压缩效果比一维 DCT 的压缩效果好。

如果用 f 表示 n 行 n 列的二维数据矩阵，F 表示 DCT 系数，DCT 可表示为

$$F = AfA^{\mathrm{T}} \tag{6.25}$$

式中，f 为 n 行 n 列的二维数据矩阵；A 为传统 DCT 矩阵。

DCT 逆变换可表示为

$$f = A^{\mathrm{T}} FA \tag{6.26}$$

式中，变换核矩阵 A 为

$$A = \sqrt{\frac{2}{n}} \begin{bmatrix} \frac{1}{\sqrt{2}} & \frac{1}{\sqrt{2}} & \cdots & \frac{1}{\sqrt{2}} \\ \cos\frac{\pi}{2n} & \cos\frac{3\pi}{2n} & \cdots & \cos\frac{(2n-1)\pi}{2n} \\ \vdots & \vdots & & \vdots \\ \cos\frac{(n-1)\pi}{2n} & \cos\frac{3(n-1)\pi}{2n} & \cdots & \cos\frac{(2n-1)(n-1)\pi}{2n} \end{bmatrix}_{n\times n} \tag{6.27}$$

DCT 能够实现能量集中，具有很好的能量压缩和去相关能力，其特性主要包括以下三种：

(1) DCT 具有良好的能量集中特性，对于在空间域上具有强相关性的数据，经过 DCT 后，数据的绝大部分能量集中到频率域上少数低频 DCT 系数上，其余系数接近于零。

(2) DCT 是在最小均方误差准则下得出的性能接近于 KL 变换的次最佳正交变换。

(3) DCT 具有可实现的快速算法，能通过蝶形运算将算法的运算复杂度大幅度降低，并且降低硬件成本。

但是 DCT 矩阵中存在部分无理数系数，需要进行多次乘法运算和加法运算，造成较多系统资源的消耗，运算时间较长，并且在有限精度的平台上进行 DCT 和 DCT 逆变换后，会产生截断误差，导致数据重构精度不高。

整数 DCT 在 1991 年由 Cham 首次提出，是一种基于整数运算的可以去相关的可逆正交变换，它从传统 DCT 演化而来，传统 DCT 的原有特性均被保留，其中心思想是将传统 DCT 矩阵中的浮点运算通过矩阵因式分解独立出去，将其放到量化阶段进行，只保留数据全部为整数的类 DCT 矩阵进行正交变换，传统 DCT 矩阵的正交特性均被这个类 DCT 矩阵保留。

$n\times n$ 维传统 DCT 矩阵见式(6.25)。$n\times n$ 维整数 DCT 矩阵可表示为

$$F = (C\otimes B)f(C\otimes B)^{\mathrm{T}} = (CfC^{\mathrm{T}})\otimes(B\otimes B^{\mathrm{T}}) = (CfC^{\mathrm{T}})\otimes E \tag{6.28}$$

式中，B 为浮点矩阵；$\otimes$ 为点乘运算；C 为类 DCT 矩阵；CfC^{T} 为只有加法和移位的整

数运算；E为缩放矩阵，被放到量化阶段进行，将缩放矩阵E乘相应的比例因子变换为整数矩阵，只需加法和移位即可完成量化。

整数DCT是从传统DCT演化而来的可逆正交变换，在保留传统DCT所有特性的前提下，还具备以下两点特性：

(1) 整数DCT中所有运算都是整数运算，仅通过简单的加法和移位便可实现，降低了运算复杂度，加快了变换速度，在软硬件中更容易实现。

(2) 整数DCT中所有数据都被调整在测井仪的精度范围内，正变换与逆变换的精度相同，不会产生截断误差，避免了编解码的误匹配问题。

3. 随钻成像数据压缩算法

为了降低随钻成像数据的相关冗余，结合随钻成像数据分布集中、变化平缓和相关性强的特点，可采用预测编码对其进行差分处理，所得一维差值数据仍存在一定的相关冗余，可通过DCT对其进行能量集中、去相关处理，进一步去除数据中的相关冗余，但传统DCT中浮点运算造成运算复杂度高及编码误匹配等问题，为了在保留传统DCT原有特性的同时，克服其缺陷，采用整数DCT去除数据中的相关冗余，最后采用哈夫曼编码去除数据的统计冗余，逐级提高数据压缩效率。

本节提出的基于DPCM与整数DCT的随钻成像数据压缩方法流程如图6.8所示，首先采用预测编码减少数据间的相关冗余，然后采用整数DCT进一步去除差值数据中的相关冗余，最后通过哈夫曼编码去除数据的统计冗余。

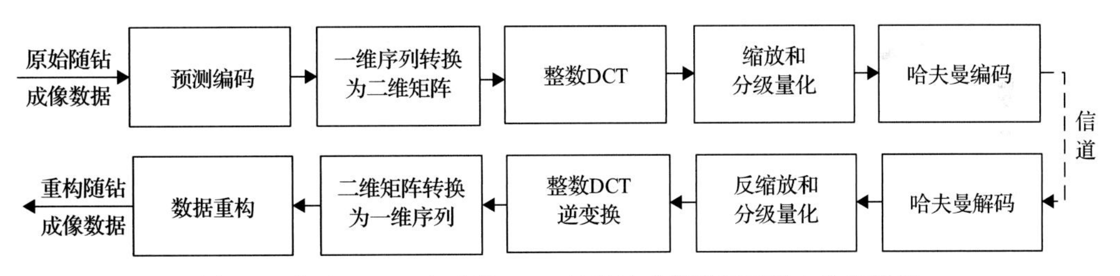

图6.8 基于DPCM与整数DCT的随钻成像数据压缩方法流程图

1) 预测编码

为了降低随钻成像数据的相关冗余，首先采用预测编码对原始随钻成像数据做差分处理。由6.2.1节的分析可知，随钻成像数据具有分布集中、变化平缓和相关性强的特点。结合随钻成像数据的特点，并且考虑井下仪器功耗、计算能力和存储空间有限，本节提出采用计算复杂度低、运算量小的一阶常系数线性预测方法对原始随钻成像数据进行预测和差分处理。

假设当前待处理的数据是第$m(m>1)$帧，原始随钻成像数据X_m预测值的表达式为

$$P_m = X_{m-1} \tag{6.29}$$

式中，P_m 为第 m 帧随钻成像数据的预测值序列；X_{m-1} 为第 $m-1$ 帧随钻成像数据的实际值序列。则当前获得的差值序列的表达式为

$$D_m = X_m - P_m = X_m - X_{m-1} \tag{6.30}$$

式中，D_m 为第 m 帧随钻成像数据 X_m 通过预测和差分后得到的差值序列。

2) 一维序列转换为二维矩阵

如图 6.9 所示，将一维差值序列按列转换为二维数据矩阵，为数据下一步进行整数 DCT 做准备。

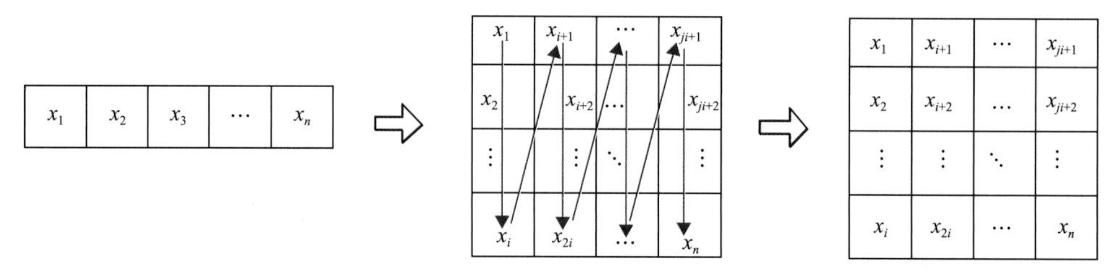

图 6.9　一维序列转换为二维矩阵

3) 整数 DCT

为了进一步去除差值数据中的相关冗余，采用整数 DCT 对已转换为二维矩阵的差值数据进行变换处理。对二维数据矩阵进行整数 DCT，将数据的绝大部分能量集中在少数几个低频 DCT 系数上，体现在变换系数矩阵左上角的低频区域，其数值较大；而数据的极少部分能量存在于高频 DCT 系数中，其数值很小，为下一步进行分级量化打下基础。

4) 缩放和分级量化

为了减少变换系数编码所需的比特数，采用分级量化方法对变换系数进行量化处理，其基本原理是通过降低变换系数的精确度减少变换系数编码所需的比特数，将大量的离散值近似为较少的离散值。分级量化的表达式为

$$\hat{F}_{ij} = \mathrm{round}\left(\frac{F_{ij}}{\mathrm{QP_{step}}}\right) \tag{6.31}$$

式中，$\hat{F}_{ij}$ 为量化后的变换系数，即量化系数；round( ) 为就近取整函数；F_{ij} 为变换系数；$\mathrm{QP_{step}}$ 为量化步长。

根据式(6.28)和式(6.31)得

$$\hat{F}_{ij} = \mathrm{round}\left(CfC^{\mathrm{T}} \otimes \frac{E_{ij}}{\mathrm{QP_{step}}}\right) = \mathrm{round}\left(D_{ij} \otimes \frac{E_{ij}}{\mathrm{QP_{step}}}\right) \tag{6.32}$$

式中，D_{ij} 是矩阵 CXC^{T} 的元素，是由上一步整数 DCT 得来的；E_{ij} 是缩放矩阵 E 的元素，将缩放矩阵放到量化阶段。

定义量化矩阵 MF 为

$$\mathrm{MF} = \frac{E}{\mathrm{QP_{step}}} \cdot 2^{\mathrm{qbits}} \tag{6.33}$$

式中，E 为缩放矩阵；qbits 为量化位数，其表达式为

$$\mathrm{qbits} = 15 + \mathrm{floor}(\mathrm{QP} / 6) \tag{6.34}$$

其中，floor( ) 为向下取整函数；QP 表示量化参数，取值范围通常在 0～51，总共有 52 种取值情况，如表 6.3 所示，每取一个 QP 都有一个 $\mathrm{QP_{step}}$ 与之相对应，并且 QP 每增加 6，$\mathrm{QP_{step}}$ 都会翻倍。可通过查表进行量化运算。

表 6.3 量化步长 $\mathrm{QP_{step}}$ 与量化参数 QP 索引对照表

QP	$\mathrm{QP_{step}}$	QP	$\mathrm{QP_{step}}$	QP	$\mathrm{QP_{step}}$	QP	$\mathrm{QP_{step}}$
0	0.625	13	2.75	26	13	39	56
1	0.6875	14	3.25	27	14	40	64
2	0.8125	15	3.5	28	16	41	72
3	0.875	16	4	29	18	42	80
4	1	17	4.5	30	20	43	88
5	1.125	18	5	31	22	44	104
6	1.25	19	5.5	32	26	45	112
7	1.375	20	6.5	33	28	46	128
8	1.625	21	7	34	32	47	144
9	1.75	22	8	35	36	48	160
10	2	23	9	36	40	49	176
11	2.25	24	10	37	44	50	208
12	2.5	25	11	38	52	51	224

式(6.32)可表示为

$$\hat{F}_{ij} = \mathrm{round}\left(D_{ij} \otimes \frac{\mathrm{MF} \cdot \mathrm{QP_{step}}}{\mathrm{QP_{step}} \cdot 2^{\mathrm{qbits}}} \right) = \mathrm{round}\left(D_{ij} \otimes \frac{\mathrm{MF}}{2^{\mathrm{qbits}}} \right) \tag{6.35}$$

将缩放矩阵 E 乘以相应的比例因子变换为整数矩阵，量化只需加法和移位便可完成。

将变换系数进行分级量化后，非“0”系数的数值变小，“0”值系数的个数增多，减少了变换系数编码所需的比特数，整数 DCT 和分级量化进一步去除了差值数据的相关冗余，并且整数 DCT 和分级量化仅通过整数的加法和移位便能实现，没有浮点运算，使方法的运算复杂度大幅降低，由此也为下一步采用哈夫曼编码去除量化系数的统计冗余创造了条件。

5) 哈夫曼编码

变换系数经过量化后所得的量化系数中，许多数据是重复出现的，为了进一步去除量化系数的统计冗余，采用哈夫曼编码对其进行无损压缩。哈夫曼编码的基本思想是根据量化系数中不同数据出现的概率进行编码，该编码方法遵循平均编码长度最短原则，即出现概率大的数据用较少的比特位编码，出现概率小的数据用较多的比特位编码，由此实现量化系数的去统计冗余压缩，处理流程如图 6.10 所示。对量化系数进行哈夫曼编码后，数据由十进制变为二进制码流，传输至井下存储器进行存储或传输至信道，通过信道传输至井上。

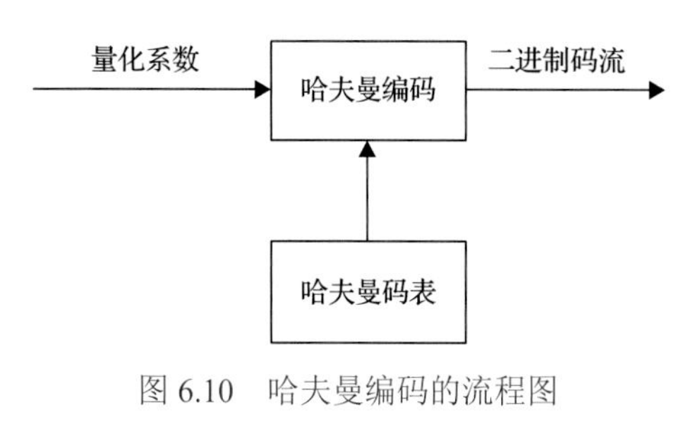

图 6.10　哈夫曼编码的流程图

6.2.3　数值验证

为了验证基于 DPCM 与整数 DCT 的随钻成像数据压缩方法的有效性，本节在 MATLAB R2014a 仿真软件平台上，利用构造的随钻成像数据和现场实测的随钻电阻率成像数据，采用本节提出的基于 DPCM 与整数 DCT 的混合编码方法，开展随钻成像数据压缩实验，并对实验结果进行分析。

1. 仿真实验及结果分析

1) 构造 16 个扇区单、双峰随钻成像数据和多个井周内连续获取的随钻成像数据

构造一个井周内获取的峰值在不同扇区的 16 个扇区单、双峰随钻成像数据。一个井周内获取的 16 个扇区单、双峰随钻成像数据具有分布集中、变化平稳和相关性强的特点。同时，第 1 扇区的随钻成像数据与最后第 16 扇区的随钻成像数据相邻，两者数值相差不大，具有较强的相关性。随钻成像数据的取值范围是 35～135，图 6.11 给出了构造的 6 组峰值在不同扇区的 16 个扇区单、双峰随钻成像数据。

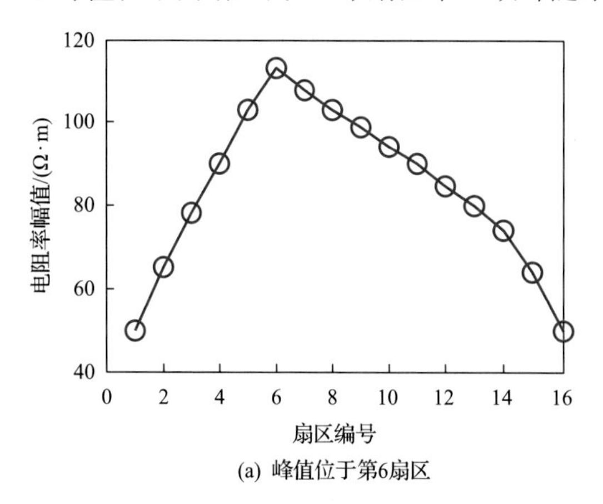

(a) 峰值位于第6扇区

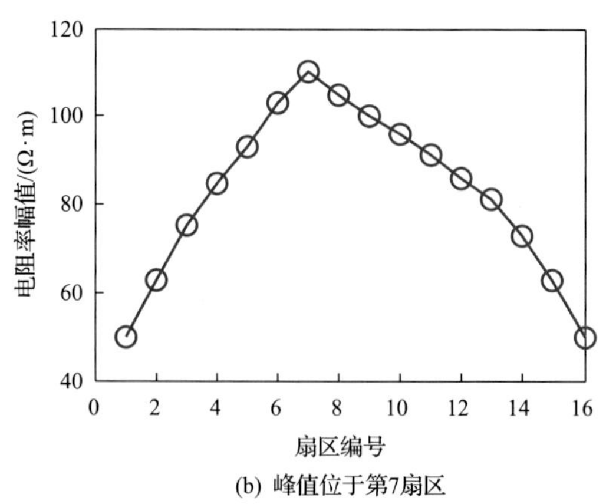

(b) 峰值位于第7扇区

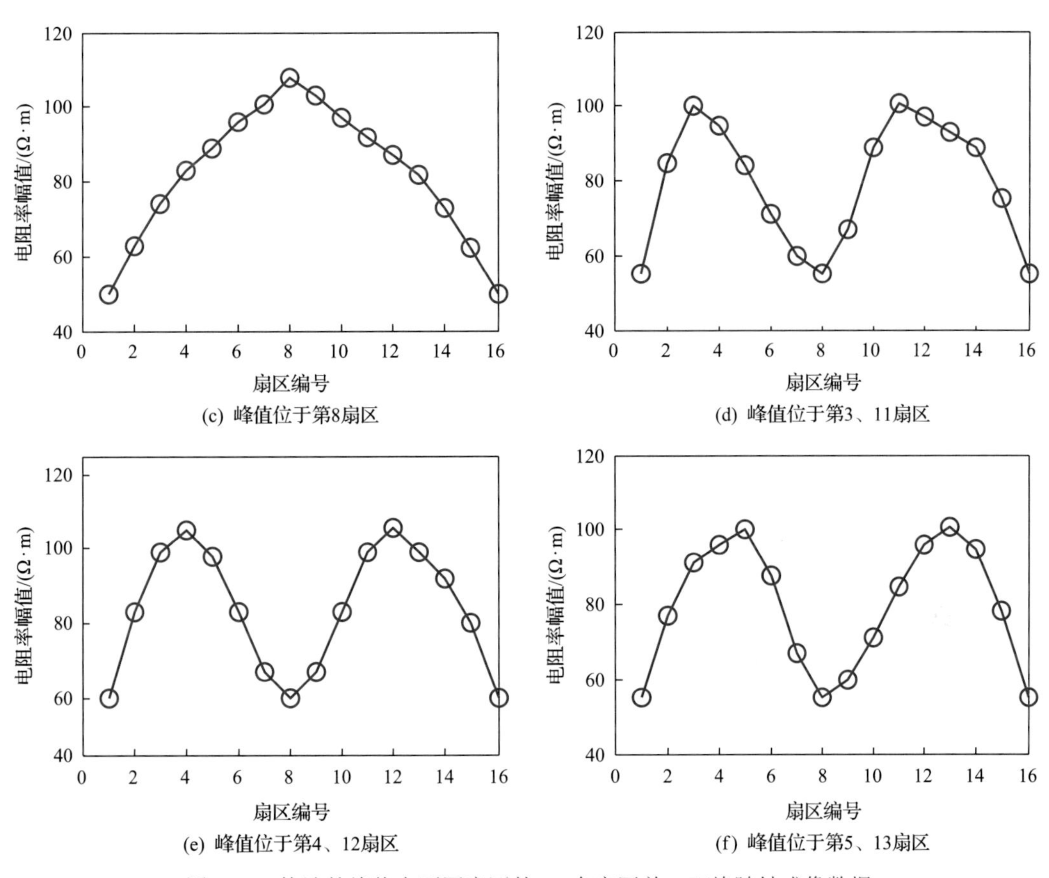

图 6.11 构造的峰值在不同扇区的 16 个扇区单、双峰随钻成像数据

构造多个井周内连续获取的随钻成像数据。多个井周内连续获取的随钻成像数据具有分布集中、变化平稳和相关性强的特点，可以看作由多个井周内获取的单峰或双峰数据组合而成。随钻成像数据的取值范围是 35～135，图 6.12 给出了构造的 16 个井周内连续获取的 256 个扇区的随钻成像数据，每个井周数据划分为 16 个扇区。

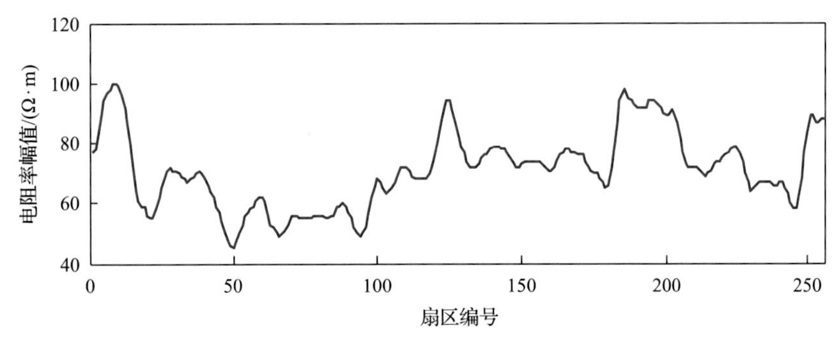

图 6.12 构造的随钻成像数据

2) 随钻成像数据压缩实验

为了验证本节所提方法的有效性，采用该方法对构造的 6 组峰值在不同扇区的 16

个扇区单、双峰随钻成像数据及 16 个井周内连续获取的 256 个扇区的随钻成像数据进行压缩实验。每个扇区的数据用 8bit 表示，采用重构误差、存储/传输数据量、压缩比、均方根误差及运行时间五个指标衡量压缩方法的性能。

表 6.4 给出了基于统计冗余的随钻成像数据压缩效果对比；表 6.5 给出了基于 DPCM 与整数 DCT 的随钻成像数据压缩效果对比；表 6.6 给出了本节提出方法的随钻成像数据压缩效果对比。数据 1、2 和 3 分别表示峰值在第 6 扇区、第 7 扇区和第 8 扇区的 16 个扇区单峰数据，数据 4、5 和 6 分别表示峰值在第 3、11 扇区，第 4、12 扇区和第 5、13 扇区的 16 个扇区双峰数据，数据 7 表示连续 256 个扇区的随钻成像数据。由表 6.4 可以看出，采用哈夫曼编码方法对随钻成像数据进行去统计冗余压缩，重构误差为 0，能够不失真地恢复原始数据，但获得的压缩比很小，为 1.04～1.37。由表 6.5 可以看出，采用基于 DPCM 与整数 DCT 的数据压缩方法对随钻成像数据进行去相关冗余压缩，在保证原始数据重构质量的前提下，获得的压缩比较高，为 2.06～2.81。由表 6.6 可以看出，与前两种方法相比，采用本节提出的混合编码方法对随钻成像数据进行去相关冗余和去统计冗余压缩，在保证原始数据重构质量的前提下，获得了最高的压缩比，为 2.29～3.02。

表 6.7～表 6.13 分别给出了不同量化参数下，采用本节所提方法对数据 1～7 压缩的效果对比。通过分析表 6.7～表 6.13 的结果可得出以下结论：

表 6.4　基于统计冗余的随钻成像数据压缩效果对比

数据	重构误差	运行时间/s	原始数据量/bit	存储/传输数据量/bit	压缩比
1	0	0.061149	128	110	1.16
2	0	0.064796	128	106	1.21
3	0	0.059987	128	114	1.12
4	0	0.066901	128	123	1.04
5	0	0.063687	128	116	1.10
6	0	0.062807	128	120	1.07
7	0	0.139682	2048	1495	1.37

表 6.5　基于 DPCM 与整数 DCT 的随钻成像数据压缩效果对比（量化参数 QP=25）

数据	重构误差	运行时间/s	原始数据量/bit	存储/传输数据量/bit	压缩比	均方根误差
1	0.0267	0.044195	128	58	2.21	2.2276
2	0.0301	0.041086	128	57	2.25	2.5078
3	0.0228	0.048975	128	59	2.17	1.9498
4	0.0294	0.044238	128	58	2.21	2.4972
5	0.0236	0.043694	128	62	2.06	2.1009
6	0.0245	0.049437	128	60	2.13	2.1516
7	0.0213	0.155193	2048	729	2.81	1.0843

表 6.6　本节提出方法的随钻成像数据压缩效果对比(量化参数 QP=25)

数据	重构误差	运行时间/s	原始数据量/bit	存储/传输数据量/bit	压缩比	均方根误差
1	0.0223	0.043876	128	53	2.42	2.0196
2	0.0230	0.042645	128	52	2.46	2.1231
3	0.0204	0.041549	128	55	2.33	1.9633
4	0.0276	0.047098	128	54	2.37	2.2922
5	0.0220	0.045923	128	56	2.29	1.9966
6	0.0254	0.046940	128	55	2.33	2.1076
7	0.0202	0.153478	2048	678	3.02	1.0674

表 6.7　不同量化参数下数据 1 压缩效果对比

量化参数	量化步长	重构误差	运行时间/s	原始数据量/bit	存储/传输数据量/bit	压缩比	均方根误差
23	9	0.0164	0.046785	128	60	2.13	1.5132
24	10	0.0191	0.045890	128	57	2.25	1.7339
25	11	0.0223	0.043876	128	53	2.42	2.0196

表 6.8　不同量化参数下数据 2 压缩效果对比

量化参数	量化步长	重构误差	运行时间/s	原始数据量/bit	存储/传输数据量/bit	压缩比	均方根误差
23	9	0.0201	0.048982	128	59	2.17	1.7198
24	10	0.0213	0.045578	128	55	2.33	1.7448
25	11	0.0230	0.042645	128	52	2.46	2.1231

表 6.9　不同量化参数下数据 3 压缩效果对比

量化参数	量化步长	重构误差	运行时间/s	原始数据量/bit	存储/传输数据量/bit	压缩比	均方根误差
23	9	0.0179	0.049001	128	64	2.00	1.6215
24	10	0.0190	0.045788	128	60	2.13	1.6498
25	11	0.0204	0.041549	128	55	2.33	1.9633

表 6.10　不同量化参数下数据 4 压缩效果对比

量化参数	量化步长	重构误差	运行时间/s	原始数据量/bit	存储/传输数据量/bit	压缩比	均方根误差
23	9	0.0246	0.042179	128	63	2.03	1.9794
24	10	0.0261	0.044538	128	58	2.21	2.2466
25	11	0.0276	0.047098	128	54	2.37	2.2922

表 6.11　不同量化参数下数据 5 压缩效果对比

量化参数	量化步长	重构误差	运行时间/s	原始数据量/bit	存储/传输数据量/bit	压缩比	均方根误差
23	9	0.0193	0.047082	128	65	1.97	1.6624
24	10	0.0208	0.042245	128	60	2.13	1.7729
25	11	0.0220	0.045923	128	56	2.29	1.9966

表 6.12　不同量化参数下数据 6 压缩效果对比

量化参数	量化步长	重构误差	运行时间/s	原始数据量/bit	存储/传输数据量/bit	压缩比	均方根误差
23	9	0.0218	0.046558	128	63	2.03	1.8732
24	10	0.0238	0.041367	128	58	2.21	1.9782
25	11	0.0254	0.046940	128	55	2.33	2.1076

表 6.13　不同量化参数下数据 7 压缩效果对比

量化参数	量化步长	重构误差	运行时间/s	原始数据量/bit	存储/传输数据量/bit	压缩比	均方根误差
23	9	0.0185	0.157683	2048	723	2.83	0.9378
24	10	0.0191	0.160086	2048	697	2.94	0.9645
25	11	0.0202	0.153478	2048	678	3.02	1.0674

(1) 当量化参数 QP 相同时，采用基于 DPCM 与整数 DCT 的混合编码方法对 16 个扇区单、双峰随钻成像数据和连续 256 个扇区的随钻成像数据的压缩效果不同，主要原因是 16 个扇区单、双峰随钻成像数据是在一个井周内获取的，数据量少，而连续 256 个扇区的随钻成像数据是在多个井周内连续获取的，数据量大且其相关性比 16 个扇区单、双峰数据的相关性高。

(2) 当量化参数 QP 不相同时，同一类型的随钻成像数据采用基于 DPCM 与整数 DCT 的混合编码方法所得压缩效果不同，且量化参数越大，压缩比越高，数据的重构误差越大。主要原因是量化参数 QP 越大，与之对应的量化步长 QP_{step} 就越大，那么对变换系数量化就越粗略，量化后所得的量化系数值种类就越少，每种量化系数值出现的次数就越多，概率就越大，对其进行哈夫曼编码，得到的数据压缩比就越高，但同时量化越粗略，量化造成的误差就越大，使得数据的重构误差就越大。由此可根据信道容量及压缩需求，通过调节 QP 灵活控制压缩比。

(3) 当量化参数 QP 相同时，对于峰值在不同扇区的 16 个扇区单峰或双峰数据，虽然它们的峰值位于不同的扇区，但采用本节提出的混合编码方法对它们进行压缩所得压缩效果相近，说明本节所提方法对随钻成像数据的压缩性能并不受其峰值位置的影响。

图 6.13 为压缩比为 2.42、重构误差为 0.0223 时，在量化参数 QP=25 的情况下，采用本节提出的混合编码方法对峰值位于第 6 扇区的 16 个扇区单峰数据进行压缩得到的重构数据曲线与原始数据曲线对比。图 6.14 为压缩比为 2.29、重构误差为 0.0220 时，在量化参数 QP=25 的情况下，采用本节提出的混合编码方法对峰值位于第 4、12 扇区的 16 个扇区双峰数据进行压缩得到的重构数据曲线与原始数据曲线对比。图 6.15 为压缩比为 3.02、重构误差为 0.0202 时，在量化参数 QP=25 的情况下，采用本节提出的混合编码方法对连续 256 个扇区的随钻成像数据进行压缩得到的重构数据曲线与原始数据曲线对比。由图 6.13～图 6.15 可以看出，解压后重构的随钻成像数据曲线与原始数据曲线的拟合度较高，保持了原始数据曲线的样貌，验证了本节所提方法的有效性。

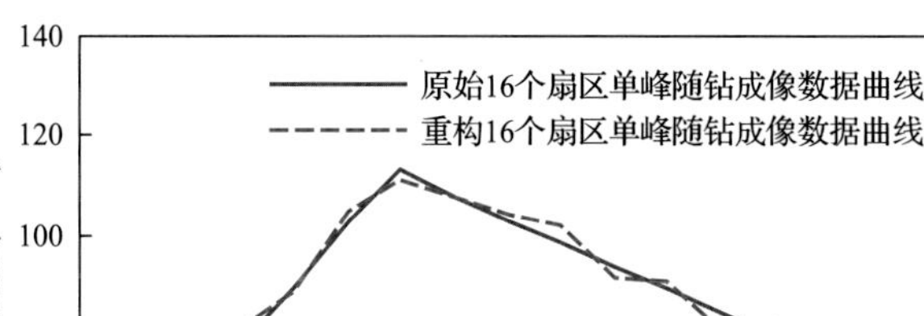

图 6.13　数据 1 的重构数据与原始数据对比

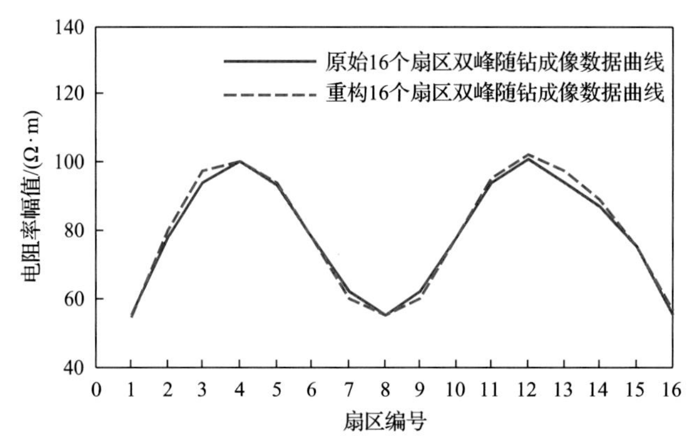

图 6.14　数据 5 的重构数据与原始数据对比

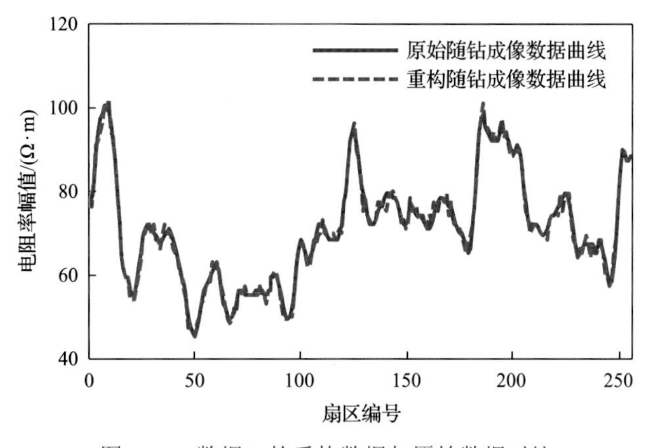

图 6.15　数据 7 的重构数据与原始数据对比

2. 实测随钻电阻率成像数据处理及结果分析

1) 获取实测随钻电阻率成像数据

图 6.16 为某油田提供的四组实测随钻电阻率成像数据，每组数据是在 16 个井周内

连续获取的 256 个扇区的随钻电阻率成像数据。图 6.17 为 211×120 的实测随钻电阻率成像数据经过着色处理后的成像结果。

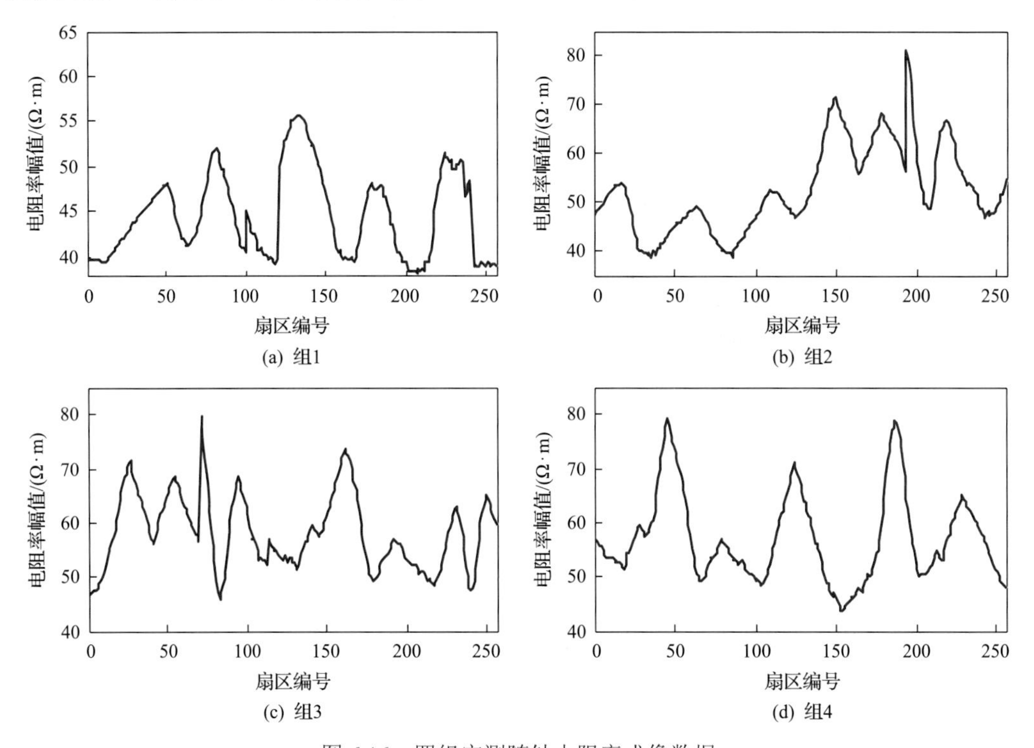

图 6.16 四组实测随钻电阻率成像数据

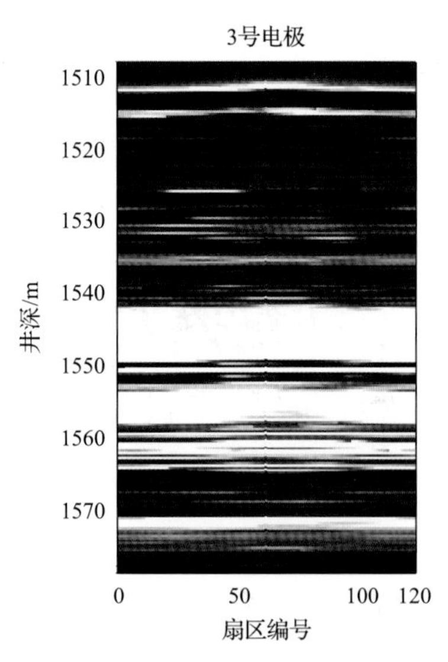

图 6.17 实测随钻电阻率成像数据成像结果

2) 随钻成像数据压缩实验

为了验证本节所提方法的有效性，采用该方法对实测的组 1 至组 4 随钻电阻率成像数据和 211×120 的随钻电阻率成像数据进行压缩实验。每个扇区的数据用 8bit 表示，采用重构误差、存储/传输数据量、压缩比、均方根误差及运行时间 5 个指标衡量压缩方法的性能。

表 6.14 给出了基于统计冗余的随钻电阻率成像数据压缩效果对比。表 6.15 给出了基于 DPCM 与整数 DCT 的随钻电阻率成像数据压缩效果对比。表 6.16 给出了本节提出方法的随钻电阻率成像数据压缩效果对比。数据 1～4 分别表示实测的组 1 至组 4 随钻电阻率成像数据，数据 5 表示 211×120 的实测随钻电阻率成像数据。由表 6.14 可以看出，采用哈夫曼编码方法对随钻电阻率成像数据进行去统计冗余压缩，重构误差为 0，能够不失真地恢复出原始数据，但获得的压缩比很小，为 1.39～1.81。由表 6.15 可以看出，采用基于 DPCM 与整数 DCT 的数据压缩方法对随钻电阻率成像数据进行去相关冗余压缩，在保证原始数据重构质量的前提下，获得的压缩比较高，为 2.84～3.06。由表 6.16 可以看出，采用本节提出的方法对随钻电阻率成像数据进行去相关冗余和去统计冗余压缩，在保证原始数据重构质量的前提下，与前两种方法相比，本节提出的方法获得了最高的压缩比，为 3.19～3.41。

表 6.14　基于统计冗余的随钻电阻率成像数据压缩效果对比

数据	重构误差	运行时间/s	原始数据量/bit	存储/传输数据量/bit	压缩比
1	0	0.142753	2048	1384	1.48
2	0	0.141985	2048	1473	1.39
3	0	0.139886	2048	1412	1.45
4	0	0.144257	2048	1442	1.42
5	0	107.841521	202560	111911	1.81

表 6.15　基于 DPCM 与整数 DCT 的随钻电阻率成像数据压缩效果对比（量化参数 QP=25）

数据	重构误差	运行时间/s	原始数据量/bit	存储/传输数据量/bit	压缩比	均方根误差
1	0.0207	0.152993	2048	694	2.95	1.0684
2	0.0257	0.157345	2048	709	2.89	1.1253
3	0.0238	0.150237	2048	704	2.91	1.1006
4	0.0219	0.151843	2048	721	2.84	1.0989
5	0.0296	109.638743	202560	66196	3.06	2.0788

表 6.16　本节提出方法的随钻电阻率成像数据压缩效果对比（量化参数 QP=25）

数据	重构误差	运行时间/s	原始数据量/bit	存储/传输数据量/bit	压缩比	均方根误差
1	0.0208	0.157881	2048	608	3.37	1.0485
2	0.0233	0.153736	2048	634	3.23	1.2152
3	0.0246	0.155338	2048	622	3.29	1.2433
4	0.0221	0.149703	2048	642	3.19	1.1378
5	0.0282	107.853128	202560	59401	3.41	1.9700

表 6.17～表 6.21 分别给出了在不同量化参数下，采用本节提出的方法对组 1 至组 4 随钻电阻率成像数据和 211×120 的随钻电阻率成像数据压缩的效果对比。由表 6.17～表 6.21 可以看出，当量化参数 QP 不相同时，同一种随钻电阻率成像数据采用基于 DPCM 与整数 DCT 的混合编码方法所得压缩效果不同，即 QP 越大，压缩比越高，数据的重构误差越大。由此可根据信道容量及压缩需求，通过调节 QP 灵活控制压缩比。

表 6.17 不同量化参数下组 1 随钻电阻率成像数据压缩效果对比

量化参数	量化步长	重构误差	运行时间/s	原始数据量/bit	存储/传输数据量/bit	压缩比	均方根误差
23	9	0.0166	0.150963	2048	656	3.12	0.8650
24	10	0.0185	0.154022	2048	634	3.23	0.9299
25	11	0.0208	0.157881	2048	608	3.37	1.0485

表 6.18 不同量化参数下组 2 随钻电阻率成像数据压缩效果对比

量化参数	量化步长	重构误差	运行时间/s	原始数据量/bit	存储/传输数据量/bit	压缩比	均方根误差
23	9	0.0201	0.150829	2048	672	3.05	1.0110
24	10	0.0216	0.155462	2048	648	3.16	1.1086
25	11	0.0233	0.153736	2048	634	3.23	1.2152

表 6.19 不同量化参数下组 3 随钻电阻率成像数据压缩效果对比

量化参数	量化步长	重构误差	运行时间/s	原始数据量/bit	存储/传输数据量/bit	压缩比	均方根误差
23	9	0.0207	0.156842	2048	683	3.00	1.0673
24	10	0.0223	0.159031	2048	654	3.13	1.1206
25	11	0.0246	0.155338	2048	622	3.29	1.2433

表 6.20 不同量化参数下组 4 随钻电阻率成像数据压缩效果对比

量化参数	量化步长	重构误差	运行时间/s	原始数据量/bit	存储/传输数据量/bit	压缩比	均方根误差
23	9	0.0180	0.158463	2048	704	2.91	0.9148
24	10	0.0199	0.152985	2048	680	3.01	1.0255
25	11	0.0221	0.149703	2048	642	3.19	1.1378

表 6.21 不同量化参数下数据 5 随钻电阻率成像数据压缩效果对比

量化参数	量化步长	重构误差	运行时间/s	原始数据量/bit	存储/传输数据量/bit	压缩比	均方根误差
23	9	0.0247	107.566140	202560	65553	3.09	1.7350
24	10	0.0263	108.174893	202560	62518	3.24	1.8449
25	11	0.0282	107.853128	202560	59401	3.41	1.9700

图 6.18 为压缩比为 3.37、重构误差为 0.0208 时，在量化参数 QP=25 的情况下，采用本节提出的方法对实测的组 1 随钻电阻率成像数据进行压缩得到的重构数据曲线与原始数据曲线对比。由图 6.18 可以看出，解压后重构的随钻成像数据曲线与原始数据曲线的拟合度较高，保持了原始数据曲线的样貌。图 6.19 为压缩比为 3.41、重构误差为 0.0282 时，在量化参数 QP=25 的情况下，采用本节提出的方法对 211×120 的实测随钻电阻率成像数据进行压缩得到的重构数据经过着色处理后的成像结果与原始数据成像结果对比。由图 6.19 可以看出，重构图像与原始图像基本一致。因此，通过实测随钻电阻率成像数据处理及结果分析验证了本节所提方法的有效性。

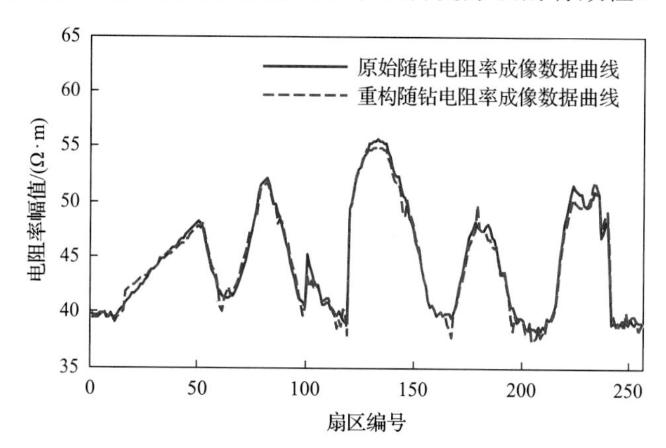

图 6.18 组 1 随钻电阻率成像数据的重构数据与原始数据对比

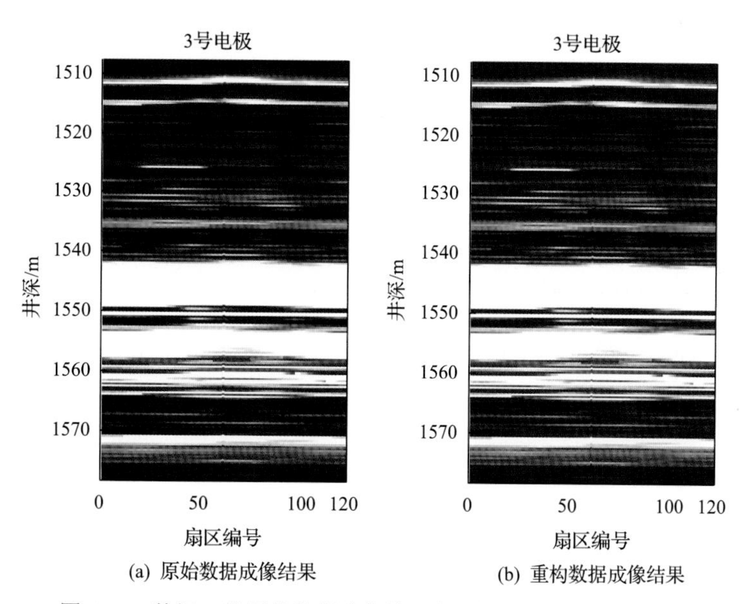

图 6.19 数据 5 的原始数据成像结果与重构数据成像结果对比

6.2.4 小结

本节分析了随钻成像数据的基本特征，并结合随钻成像数据分布集中、变化平缓和相关性强的特点采用基于DPCM与整数DCT的混合编码方法对随钻成像数据进行压缩，通过理论分析、仿真数据实验和结果分析，以及实测随钻电阻率成像数据处理和结果分析，能够得出以下结论：本节所提方法在保证随钻成像数据重构质量的前提下，获得了较高的数据压缩比，提高了随钻成像数据的传输效率，可以作为随钻成像数据压缩的通用方法。

6.3 基于数据相关性的随钻成像数据压缩方法

现有的随钻成像数据压缩方法大部分是对一维随钻成像数据进行处理的，而实际随钻成像测井时，测井仪在跟随钻杆旋转钻进的过程中获取数据，数据间具有空间相关性，即采用一维数据表示时，当前数据与其相隔较远的数据间存在强相关性，而一维表示形式破坏了这种相关关系，数据间的相关性在现有方法中没有得到充分运用。在6.2节中，尽管将采用预测编码对原始随钻成像数据作差分处理后得到的一维差值数据按列转换为二维矩阵表示，一定程度上提高了非相邻数据间的相关性，但破坏了原始一维序列中相邻数据间的相关性。

因此，为了进一步提高混合编码方法对随钻成像数据的压缩效率，从增强数据相关性的角度出发，本节提出一种数据重排方法。采用预测编码对原始随钻成像数据作差分处理后，该方法以重排元素平均距离作为优化准则，以数据重排路径连续、无交叉且保持数据相邻性作为约束条件，将得到的一维差值数据重组为具有最佳相关性的二维矩阵，在保持相邻数据间相关性的同时，增强了非相邻数据间的相关性，提高了变换编码去相关冗余的效率。通过仿真实验和实测随钻电阻率成像数据处理验证了该方法的有效性及优越性。

6.3.1 基于数据相关性的数据重排方法

本节提出一种基于数据相关性的数据重排方法，其基本思想是：将采用预测编码对原始随钻成像数据进行差分处理后得到的一维差值数据按照优化与约束准则重组为具有最佳相关性的二维矩阵表示，在保持相邻数据间相关性的同时，增强非相邻数据间的相关性，提高变换编码去相关冗余的效率。

1. 数据重排方法优化与约束准则的建立

令 $X_{1D}=(x_1,x_2,x_3,\cdots,x_L), L=N\times N$ 表示长度为 L 的一维数据序列，其对应的二维表示形式为

$$X_{2D} = \begin{bmatrix} x_{11} & \cdots & x_{1N} \\ \vdots & & \vdots \\ x_{N1} & \cdots & x_{NN} \end{bmatrix} \tag{6.36}$$

式中，X_{2D} 与 X_{1D} 元素之间的对应关系取决于采用的数据重排方法。

将含有 N^2 个元素的 X_{1D} 从一维空间转换到二维空间获得 $N \times N$ 矩阵 X_{2D}，共有 $(N^2)!$ 种方法。本节结合 DCT 的原理及随钻成像数据的特点，提出数据重排方法应该满足以下两个约束条件：

(1) 一维数据序列 X_{1D} 中第一个元素 x_1 放置于 X_{2D} 的 x_{11} 位置(与 x_{1N}、x_{N1}、x_{NN} 三个位置等效)。在原始一维序列 X_{1D} 中与 x_1 相邻的元素仅有 x_2，为保持这种相邻关系，将 x_1 放置于 X_{2D} 中周围相邻元素最少的 x_{11} 位置。

(2) 数据重排路径在 X_{2D} 中必须连续、没有交叉，且要保持原始一维序列中数据间的相邻关系。这样，在保持原始一维序列中相邻数据间相关性的同时，也使得不相邻但具有强相关性的数据以矩阵中的路径形式关联起来。

重排矩阵元素之间的相关性越强，冗余越大，可压缩性越强；反之，可压缩性越弱。因此，重排矩阵元素之间的相关性强弱可以用来衡量数据重排方法性能的优劣。而由数据的相关系数定义可知，相关系数取值越大，元素之间的相关性越强，数据波动性越小，即重排数据波动性的大小能够反映重排矩阵元素之间的相关性强弱。由此，本节在满足上述两个条件的多种数据重排方法中，以数据波动性作为目标函数对重排方法进行优化选取。

令 m、k 分别表示一维数据序列 X_{1D} 中元素 x_m、元素 x_k 的序号，$|m-k|$ 为元素 x_m 与元素 x_k 在一维数据序列 X_{1D} 中的距离，则重排后的二维数据表示中，x_m、x_k 两元素的距离为

$$d(x_m, x_k) = \sqrt{(i_{x_m} - i_{x_k})^2 + (j_{x_m} - j_{x_k})^2} \tag{6.37}$$

式中，(i_{x_m}, j_{x_m})、(i_{x_k}, j_{x_k}) 为元素 x_m、元素 x_k 在二维矩阵 X_{2D} 中的两维坐标。

定义重排元素平均距离 $\overline{d_l}$ 为所有在 X_{1D} 中距离为 l 的元素在 X_{2D} 中的距离之和除以在 X_{1D} 中距离为 l 的元素总对数，可表示为

$$\overline{d_l} = \frac{\sum_{|m-k|=l} d(x_m, x_k)}{\operatorname{card}(S)}, \quad l = 1, \cdots, N^2 - 1 \tag{6.38}$$

式中，S 为所有在一维数据序列 X_{1D} 中距离为 l 的元素对，可表示为

$$S = \left\{ (x_m, x_k) \middle| |m-k| = l \right\} \tag{6.39}$$

$\operatorname{card}(S)$ 为集合 S 的势，$\overline{d_l}$ 的大小体现了数据重排方法对重排后数据波动性的影响程度，$\overline{d_l}$ 越小，重排数据的波动性越小，重排元素间相关性越强，越有利于提高变换编码去相关冗余的效率。从 $\overline{d_1}$ 开始，平均距离越小，数据重排方法产生的数据波动性越小；对于

不同的数据重排方法，若$\overline{d_1}$相同，则$\overline{d_2}$越小，重排方法的性能越好，依次类推，即可对数据重排方法进行优化选取。

2. 数据重排方法的步骤

本节提出的基于数据相关性的数据重排方法包括以下步骤。

1) 维度转换

获取包含N^2个元素的原始一维数据序列，按照原始一维数据序列中各元素的序列顺序i（$i=1,2,\cdots,N^2$），列出将一维数据序列转换为$N \times N$矩阵的所有原始重排路径，其原始重排路径一共有$(N^2)!$条。

2) 路径筛选

将原始一维数据序列中序列顺序为 1 的元素放置于$N \times N$矩阵中预设的起始点，即$N \times N$矩阵中的左上角、右上角、左下角和右下角四个边角的位置，这四个位置是等效的，可以根据实际情况选择一个位置。利用相关性约束条件，即原始重排路径中各元素的排列路径连续、无交叉且序列顺序相邻的各个元素保持相邻，从原始重排路径中筛选出满足相关性约束条件的路径，得到所有二维数据重排路径。

3) 重排元素平均距离生成

设$l=1$，从序列顺序i为 1 的情况开始，计算每个二维数据重排路径中序列顺序为i的元素与序列顺序为$i+l$的元素的距离之和，同时计算在原始一维数据序列中距离为l的元素总对数，所述距离之和除以所述元素总对数得到第l重排元素平均距离，记为$\overline{d_l}$。

4) 重排路径优化

比较每个二维数据重排路径中的第l重排元素平均距离$\overline{d_l}$，确定具有最短第l重排元素平均距离$\overline{d_l}$的二维数据重排路径的数量。

5) 最优路径选取

若具有最短第l重排元素平均距离$\overline{d_l}$的二维数据重排路径的数量为 1，则将该路径作为最优数据重排路径；若存在多个具有最短第l重排元素平均距离$\overline{d_l}$的二维数据重排路径，则将l的取值增加 1，继续返回上述重排元素平均距离生成步骤和上述重排路径优化步骤，以此类推，直至筛选出最优数据重排路径；若存在多个具有最短第l重排元素平均距离$\overline{d_l}$的二维数据重排路径，此时$l=N^2-1$，则随机选择一个二维数据重排路径，并将其作为最优数据重排路径。

图 6.20 为基于数据相关性的数据重排方法的步骤。图 6.21 为基于数据相关性的数据重排方法的具体流程。

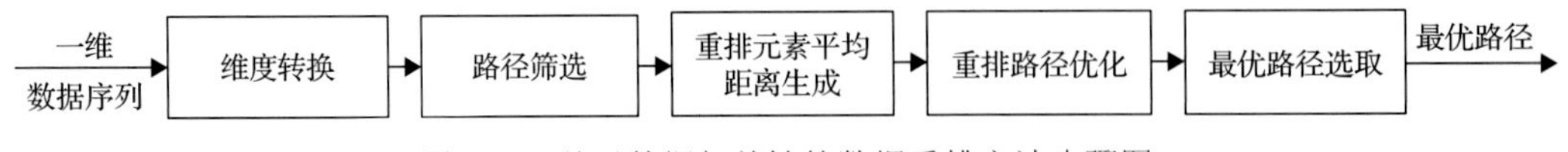

图 6.20　基于数据相关性的数据重排方法步骤图

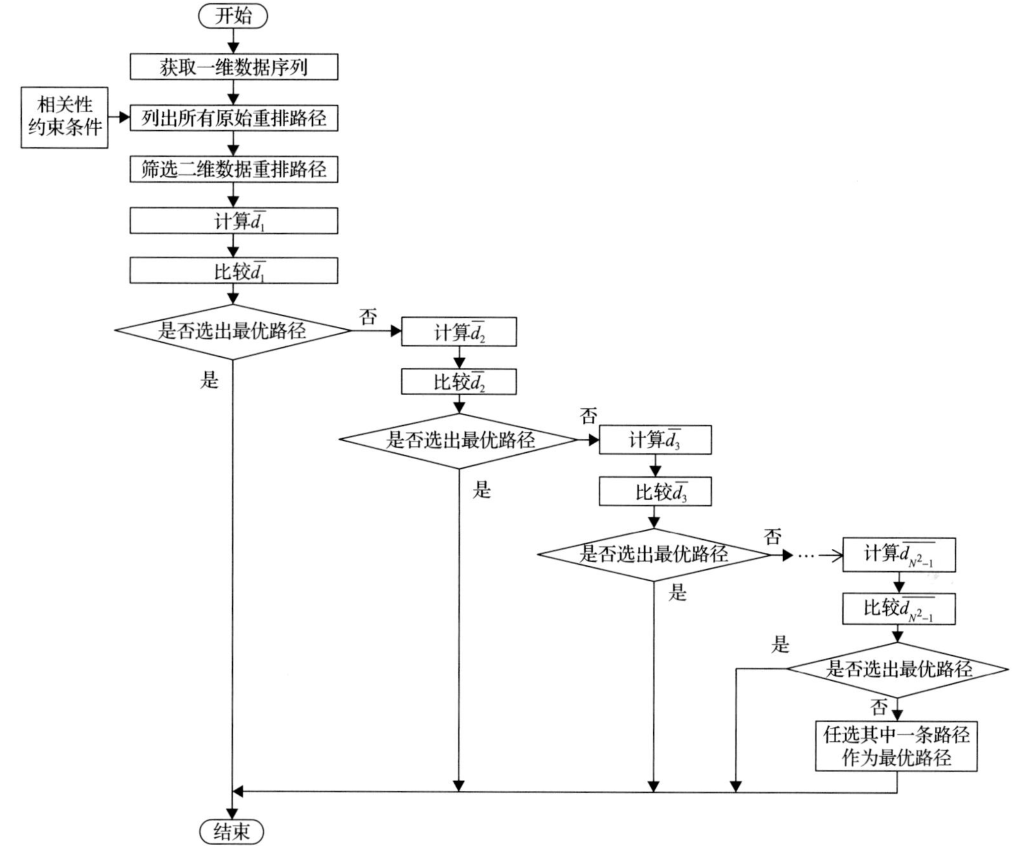

图 6.21　基于数据相关性的数据重排方法流程图

6.3.2　基于数据相关性的随钻成像数据压缩方法原理与流程

基于数据相关性的随钻成像数据压缩方法首先采用预测编码对原始随钻成像数据进行差分处理，然后采用本节提出的数据重排方法将得到的一维差值数据重组为具有最佳相关性的二维数据矩阵，对重组后的二维数据进行整数 DCT 和分级量化，去除数据的相关冗余，最后通过哈夫曼编码去除数据的统计冗余，实现随钻成像数据的逐级压缩，处理流程如图 6.22 所示。

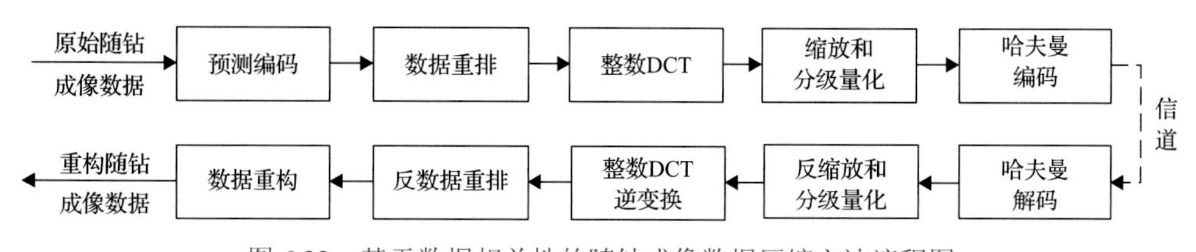

图 6.22　基于数据相关性的随钻成像数据压缩方法流程图

1) 预测编码

为了降低随钻成像数据的相关冗余，首先采用预测编码对原始随钻成像数据进行差分处理。

2) 数据重排

相关是可压缩之源。为了进一步提高提出的混合编码方法对随钻成像数据的压缩效率，在采用预测编码对原始随钻成像数据进行差分处理后，将所得的一维差值数据采用本节提出的基于数据相关性的数据重排方法重组为具有最佳相关性的二维矩阵，在保持相邻数据间相关性的同时，增强非相邻数据间的相关性，提高变换编码去相关冗余的效率。

基于数据相关性的数据重排方法步骤，以 16 个扇区的随钻成像数据为例。首先，获得含有 16 个元素的一维差值序列，列出所有可以将其重排为 4×4 矩阵的重排路径，共 16！种；然后，以一维差值序列中第一个元素放置于 4×4 矩阵的左上角和数据重排路径连续、无交叉且保持数据相邻性两个条件为约束，筛选出所有满足条件的数据重排路径；最后，以重排元素平均距离 $\overline{d_l}$ 作为优化准则，按照 $\overline{d_1},\overline{d_2},\cdots,\overline{d_{15}}$ 的顺序对筛选出的数据重排方法进行优化选取。从 $\overline{d_1}$ 开始，$\overline{d_1}$ 越小，数据重排方法性能越优；对于两种数据重排方法，若 $\overline{d_1}$ 相同，则 $\overline{d_2}$ 越小，重排方法性能越优，依次类推，最终得到性能最优的数据重排方法，如图 6.23 所示。

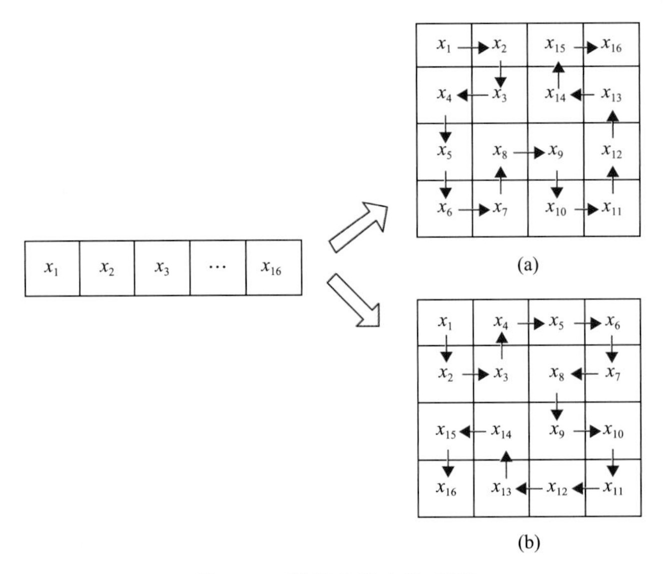

图 6.23　数据重排方法示例

图 6.23(a)和(b)的两种数据重排方式的重排元素平均距离 $\overline{d_l}(l=1,2,3,\cdots,15)$ 相等，因此两种重排结果是等效的。依照这种数据重排模式，每个数据按行或按列都与其在原始一维序列中直接相邻的最相关数据保持相邻，最大限度地保持了原始一维序列中相邻数据间的相关性；同时在这种数据重排模式下，重排元素平均距离最小，最大幅度地减小了重排后数据的波动性，增强了非相邻数据间的相关性。例如，原始一维序列中元素 x_1 与 x_{16} 距离为 15，重排后 x_1 与 x_{16} 仅间隔 2 个元素。

3) 整数 DCT

为了进一步去除数据中的相关冗余，对二维重组数据进行整数 DCT，将数据的绝大部分能量集中在少数几个低频 DCT 系数上，体现在变换系数矩阵左上角的低频区域，其数值较大；而数据的极少部分能量存在于高频 DCT 系数中，其数值很小，为下一步进行分级量化打下基础。

4) 缩放和分级量化

为了减少变换系数编码所需的比特数，采用分级量化方法对变换系数进行量化处理。

将变换系数进行分级量化后，非“0”系数的数值变小，“0”值系数的个数增多，减少了变换系数编码所需的比特数，整数 DCT 和分级量化进一步去除了数据的相关冗余，并且整数 DCT 和分级量化仅通过整数的加法和移位便能实现，没有浮点运算，使方法的运算复杂度大幅降低，由此也为下一步采用哈夫曼编码去除量化系数的统计冗余创造了条件。

5) 哈夫曼编码

为了进一步去除量化系数的统计冗余，采用哈夫曼编码对其进行无损压缩。对量化系数进行哈夫曼编码后，数据由十进制变为二进制码流，传输至井下存储器进行存储或传输至信道，通过信道传输至井上。

6.3.3 数值验证

为了验证 6.3.1 节提出的数据重排方法在提升数据压缩效率方面的性能，本节在 MATLAB R2014a 仿真软件平台上，利用构造的随钻成像数据和现场实测的随钻电阻率成像数据，分别采用混合编码方法及 6.3.2 节提出的基于数据相关性的随钻成像数据压缩方法，开展随钻成像数据压缩实验，并对实验结果进行对比分析。

1. 仿真实验及结果分析

1) 构造 16 个扇区单、双峰随钻成像数据和多个井周内连续获取的随钻成像数据

构造一个井周内获取的峰值在不同扇区的 16 个扇区单、双峰随钻成像数据和 16 个井周内连续获取的 256 个扇区的随钻成像数据。

2) 数据相关性实验验证

为了测试本节提出的数据重排方法在数据相关性提升方面的性能，采用数据间的相关系数作为评价指标，分别对 6.2 节压缩方法和本节提出的压缩方法中整数 DCT 之前的待变换数据进行相关性分析。其中，采用的相关系数定义如下：

设 $(Y_1,Y_2,Y_3,\cdots,Y_n)$ 表示 $n\times n$ 矩阵的列(行)向量，$\rho_{ij}(i,j=1,2,\cdots,n)$ 表示 Y_i 与 Y_j 的相关系数，则相关系数矩阵 r 可表示为

$$r=\begin{bmatrix}\rho_{11} & \rho_{12} & \cdots & \rho_{1n}\\ \rho_{21} & \rho_{22} & \cdots & \rho_{2n}\\ \vdots & \vdots & & \vdots\\ \rho_{n1} & \rho_{n2} & \cdots & \rho_{nn}\end{bmatrix}_{n\times n} \tag{6.40}$$

ρ_{ij} 可表示为

$$\rho_{ij} = \frac{\mathrm{cov}(Y_i, Y_j)}{\sqrt{\mathrm{D}Y_i}\sqrt{\mathrm{D}Y_j}} \tag{6.41}$$

式中，$\mathrm{cov}(Y_i,Y_j)$ 为 Y_i 与 Y_j 的协方差矩阵；$\mathrm{D}Y_i$、$\mathrm{D}Y_j$ 分别为 Y_i 与 Y_j 的方差。Y_i 与 Y_j 的相关系数 ρ_{ij} 越大，Y_i 与 Y_j 之间的相关性就越强，存在的相关冗余就越大，可压缩性就越大；反之，可压缩性就越小，当 Y_i 与 Y_j 的相关系数 ρ_{ij} 约等于 0 时，表明向量 Y_i 与向量 Y_j 不相关。

利用预测编码方法对 6 组峰值在不同扇区的 16 个扇区单、双峰随钻成像数据及 16 个井周内连续获取的 256 个扇区的随钻成像数据进行差分处理，得到一维差值序列，两种压缩方法对差值序列的处理方式分别为：①6.2 节压缩方法将差值序列按列转换为 4×4 矩阵，再进行整数 DCT，所得二维数据矩阵的行向量、列向量相关系数概率分布如表 6.22 所示；②本节提出的压缩方法将差值序列先采用数据重排方法重组为二维矩阵后，再进行整数 DCT，得到二维重组矩阵的行向量、列向量相关系数概率分布如表 6.23 所示。

表 6.22 和表 6.23 中数据 1～3 分别表示峰值在第 6～8 扇区的 16 个扇区单峰数据，数据 4～6 分别表示峰值在第 3、11 扇区，第 4、12 扇区和第 5、13 扇区的 16 个扇区双峰数据，数据 7 表示连续 256 个扇区的随钻成像数据。对比表 6.22 和表 6.23 的结果可以看出，采用本节提出的数据重排方法将一维差值序列重组为二维矩阵，所得数据行、列间的相关性更强。其中，对于峰值在不同扇区的 16 扇区单峰随钻成像数据，与表 6.22 中二维差值数据的行、列相关性相比，表 6.23 中二维重组数据的行相关性和列相关性都

表 6.22　6.2 节提出的方法中二维差值随钻成像数据相关性分析

数据	行向量相关系数概率分布					列向量相关系数概率分布				
	0～0.2	0.2～0.4	0.4～0.6	0.6～0.8	0.8～1	0～0.2	0.2～0.4	0.4～0.6	0.6～0.8	0.8～1
1	0	0.125	0.125	0.25	0.5	0	0.125	0.25	0.125	0.5
2	0	0	0.125	0.25	0.625	0	0	0.25	0.25	0.5
3	0.25	0.125	0.25	0.125	0.25	0.25	0	0.125	0.25	0.375
4	0	0.125	0	0.5	0.375	0.125	0	0.25	0.25	0.375
5	0.25	0.25	0	0.25	0.25	0.125	0.125	0.375	0.125	0.25
6	0.125	0.25	0.25	0.125	0.25	0.25	0	0.25	0.25	0.25
7	0	0	0.1874	0.1172	0.6954	0	0.0781	0.1327	0.1563	0.6329

表 6.23　本节提出的方法中二维重组随钻成像数据相关性分析

数据	行向量相关系数概率分布					列向量相关系数概率分布				
	0～0.2	0.2～0.4	0.4～0.6	0.6～0.8	0.8～1	0～0.2	0.2～0.4	0.4～0.6	0.6～0.8	0.8～1
1	0	0	0	0.375	0.625	0	0	0.125	0.125	0.75
2	0	0	0	0	1	0	0	0	0.375	0.625
3	0	0.125	0. 125	0.375	0.375	0	0.125	0. 125	0.375	0.375
4	0	0	0	0.5	0.5	0	0	0.25	0.25	0.5
5	0.125	0.125	0.25	0.125	0.375	0	0.25	0.25	0.25	0.25
6	0	0.125	0.25	0.25	0.375	0	0	0.375	0.25	0.375
7	0	0	0.0782	0.1563	0.7655	0	0	0.0860	0.1328	0.7812

提高了 25%～37.5%；对于峰值在不同扇区的 16 个扇区双峰随钻成像数据，与表 6.22 中二维差值数据的行、列相关性相比，表 6.23 中二维重组数据的行相关性提高了 12.5%～37.5%，列相关性提高了 12.5%～25%；对于连续 256 个扇区的随钻成像数据，与表 6.22 中二维差值数据的行、列相关性相比，表 6.23 中二维重组数据的行相关性提高了 17.97%，列相关性提高了 19.53%。采用本节提出的数据重排方法将一维差值序列重组为具有最佳相关性的二维矩阵，保留了原始相邻数据间的相关性，同时还增强了数据行、列间的相关性，有利于提高整数 DCT 去相关冗余的效率。

3) 数据压缩性能实验验证

为了测试本节提出的数据重排方法在提升数据压缩效果方面的性能，利用 6 组峰值在不同扇区的 16 个扇区单、双峰随钻成像数据及 16 个井周内连续获取的 256 个扇区的随钻成像数据，分别采用 6.2 节压缩方法和本节提出的压缩方法进行数据压缩实验，每个扇区的数据用 8bit 表示，采用重构误差、存储/传输数据量、压缩比、均方根误差及运行时间五个指标衡量压缩方法的性能，结果列于表 6.24 中。

表 6.24　两种压缩方法在提升随钻成像数据方面的压缩性能对比

数据	压缩方法	重构误差	运行时间/s	原始数据量/bit	存储/传输数据量/bit	压缩比	均方根误差
1	6.2 节	0.0223	0.043876	128	53	2.42	2.0196
	本节	0.0207	0.040945	128	37	3.46	1.6880
2	6.2 节	0.0230	0.042645	128	52	2.46	2.1231
	本节	0.0218	0.044731	128	36	3.56	1.8466
3	6.2 节	0.0204	0.041549	128	55	2.33	1.9633
	本节	0.0210	0.045123	128	40	3.20	1.8373
4	6.2 节	0.0276	0.047098	128	54	2.37	2.2922
	本节	0.0264	0.043599	128	39	3.28	2.1505
5	6.2 节	0.0220	0.045923	128	56	2.29	1.9966
	本节	0.0226	0.046002	128	43	2.98	1.8838
6	6.2 节	0.0254	0.046940	128	55	2.33	2.1076
	本节	0.0240	0.041607	128	41	3.12	1.9902
7	6.2 节	0.0202	0.153478	2048	678	3.02	1.0674
	本节	0.0191	0.162086	2048	506	4.05	0.9911

由表 6.24 中的结果可以看出，在重构误差相近时，本节提出的数据压缩方法对 7 组随钻成像数据的压缩比都高于 6.2 节方法获得的压缩比，与基于 DPCM 与整数 DCT 的随钻成像数据压缩方法相比，16 扇区单峰随钻成像数据的压缩比提高了 37.34%～44.72%，16 个扇区双峰随钻成像数据的压缩比提高了 30.13%～38.40%，连续 256 个扇区的随钻成像数据的压缩比提高了 34.11%，表明采用本节提出的数据重排方法可以显著提升基于 DPCM 与整数 DCT 的混合编码方法的压缩性能。

图 6.24 为压缩比为 3.46、重构误差为 0.0207 时，采用本节提出的压缩方法对峰值位于第 6 扇区的 16 扇区单峰数据进行压缩得到的重构数据曲线与原始数据曲线对比。图

6.25 为压缩比为 2.98、重构误差为 0.0026 时，采用本节提出的压缩方法对峰值位于第 4、12 扇区的 16 扇区双峰数据进行压缩得到的重构数据曲线与原始数据曲线对比。图 6.26 为压缩比为 4.05、重构误差为 0.0191 时，采用本节提出的压缩方法对连续 256 个扇区的随钻成像数据进行压缩得到的重构数据曲线与原始数据曲线对比。由图 6.24～图 6.26 可以看出，解压后重构的随钻成像数据曲线与原始数据曲线的拟合度较高，二者基本保持一致。与现有混合编码方法相比，在重构误差相近时，采用本节提出的数据重排方法后压缩方法的压缩比提高了 30%～44%，验证了本节提出的基于数据相关性的随钻成像数据压缩方法的有效性与优越性。

2. 实测随钻电阻率成像数据处理及结果分析

1) 获取实测随钻电阻率成像数据

获取某油田提供的实测随钻电阻率成像数据。

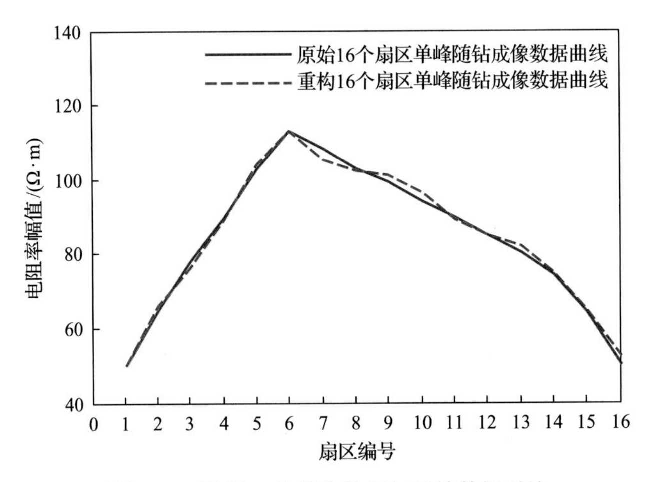

图 6.24　数据 1 的重构数据与原始数据对比

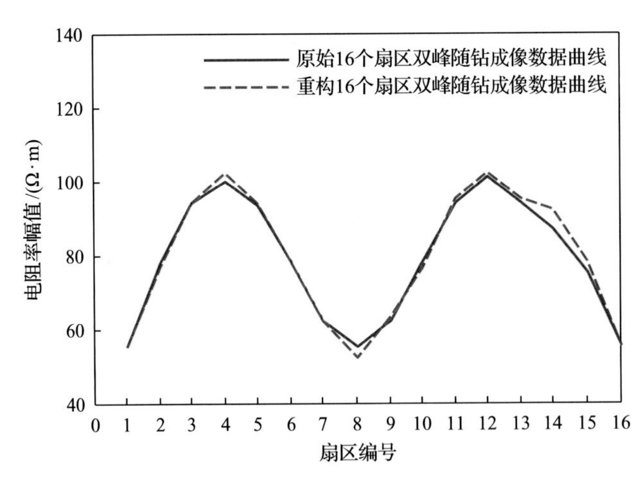

图 6.25　数据 5 的重构数据与原始数据对比

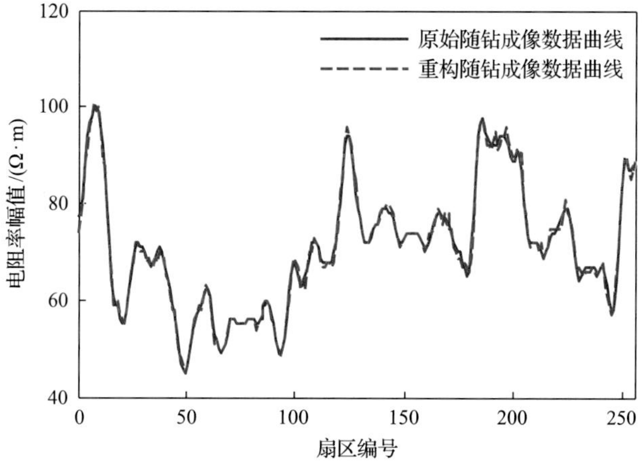

图 6.26　数据 7 的重构数据与原始数据对比

2) 数据相关性实验验证

为了测试本节提出的数据重排方法在数据相关性提升方面的性能，采用数据间的相关系数作为评价指标，分别对 6.2 节压缩方法和本节提出的压缩方法中整数 DCT 之前的待变换数据做相关性分析。

利用预测编码方法对 5 组实测的随钻电阻率成像数据进行差分处理后得到一维差值序列，两种压缩方法对差值序列的处理方式分别为：①6.2 节压缩方法将差值序列按列转换为二维矩阵，再进行整数 DCT，所得二维数据矩阵的行向量、列向量相关系数概率分布如表 6.25 所示；②本节提出的压缩方法将差值序列先采用数据重排方法重组为二维矩阵后，再进行整数 DCT，得到二维重组矩阵的行向量、列向量相关系数概率分布如表 6.26 所示。

表 6.25 和表 6.26 中数据 1～4 分别表示实测的组 1 至组 4 随钻电阻率成像数据，数据 5 表示 211×120 的实测随钻电阻率成像数据。对比表 6.25 和表 6.26 的结果可以看出，采用本节提出的数据重排方法将一维差值序列重组为二维矩阵，所得数据行、列间的相关性更强，对于实测的组 1 至组 4 随钻电阻率成像数据和 211×120 的随钻电阻率成像数据，与表 6.25 中二维差值数据的行、列相关性相比，表 6.26 中二维重组数据的行相关性分别提高了 25%、18.75%、20.31%、19.53%、17.54%，列相关性分别提高了 23.44%、21.88%、22.66%、17.19%、20.16%。采用本节提出的数据重排方法将一维差值序列重组

表 6.25　6.2 节提出的方法中实测二维差值随钻电阻率成像数据相关性分析

数据	行向量相关系数概率分布					列向量相关系数概率分布				
	0～0.2	0.2～0.4	0.4～0.6	0.6～0.8	0.8～1	0～0.2	0.2～0.4	0.4～0.6	0.6～0.8	0.8～1
1	0	0	0.0547	0.2344	0.7109	0	0	0.0391	0.2341	0.7268
2	0	0	0.1094	0.2109	0.6797	0	0.0625	0.1017	0.2108	0.6250
3	0	0.0391	0.0469	0.2265	0.6875	0	0	0.0938	0.2108	0.6954
4	0	0.0704	0.1092	0.1719	0.6485	0	0.0547	0.1327	0.1797	0.6329
5	0	0	0.0426	0.2336	0.7238	0	0	0.0198	0.2572	0.7230

表 6.26　本节提出的方法中二维重组随钻电阻率成像数据相关性分析

数据	行向量相关系数概率分布					列向量相关系数概率分布				
	0～0.2	0.2～0.4	0.4～0.6	0.6～0.8	0.8～1	0～0.2	0.2～0.4	0.4～0.6	0.6～0.8	0.8～1
1	0	0	0.0078	0.0781	0.9141	0	0	0	0.0782	0.9218
2	0	0	0.0313	0.0782	0.8905	0	0	0.0547	0.1016	0.8437
3	0	0	0.0156	0.0938	0.8906	0	0	0.0469	0.0781	0.8750
4	0	0	0.0704	0.1094	0.8202	0	0	0.0625	0.1094	0.8282
5	0	0	0.0140	0.0868	0.8992	0	0	0.0024	0.0830	0.9146

为具有最佳相关性的二维矩阵，保留了原始相邻数据间的相关性，同时还增强了数据行、列间的相关性，有利于提高整数 DCT 去相关冗余的效率。

3) 数据压缩性能实验验证

为了测试本节提出的数据重排方法在提升数据压缩效果方面的性能，利用五组实测的随钻电阻率成像数据，分别采用 6.2 节压缩方法和本节提出的压缩方法进行数据压缩实验，每个扇区的数据用 8bit 表示，采用重构误差、存储/传输数据量、压缩比、均方根误差及运行时间 5 个指标衡量压缩方法的性能，结果列于表 6.27 中。

表 6.27　两种压缩方法压缩性能对比

数据	压缩方法	重构误差	运行时间/s	原始数据量/bit	存储/传输数据量/bit	压缩比	均方根误差
1	6.2 节	0.0208	0.157881	2048	608	3.37	1.0485
	本节	0.0202	0.154693	2048	463	4.42	1.0420
2	6.2 节	0.0233	0.153736	2048	634	3.23	1.2152
	本节	0.0238	0.155097	2048	485	4.22	1.2041
3	6.2 节	0.0246	0.155338	2048	622	3.29	1.2433
	本节	0.0241	0.154792	2048	476	4.30	1.2142
4	6.2 节	0.0221	0.149703	2048	642	3.19	1.1378
	本节	0.0236	0.152429	2048	493	4.15	1.2076
5	6.2 节	0.0282	107.853128	202560	59401	3.41	1.9700
	本节	0.0299	108.263395	202560	47437	4.27	2.0860

由表 6.27 中的结果可以看出，在重构误差相近时，本节提出的压缩方法对五组实测随钻电阻率成像数据的压缩比都高于 6.2 节方法获得的压缩比，与 6.2 节提出的混合编码方法相比，组 1 至组 4 随钻电阻率成像数据的压缩比分别提高了 31.16%、30.65%、30.70%、30.09%，211×120 的随钻电阻率成像数据的压缩比提高了 25.22%，表明采用本节提出的数据重排方法可以显著提升基于 DPCM 与整数 DCT 的混合编码方法的压缩性能。

图 6.27 为压缩比为 4.42、重构误差为 0.0202 时，采用本节提出的压缩方法对实测的组 1 随钻电阻率成像数据进行压缩得到的重构数据曲线与原始数据曲线对比。由图 6.27 可以看出，解压后重构的随钻成像数据曲线与原始数据曲线的拟合度较高，二者基

本保持一致。图 6.28 为压缩比为 4.27、重构误差为 0.0299 时，采用本节提出的压缩方法对 211×120 的随钻电阻率成像数据进行压缩得到的重构数据经过着色处理后的成像结果与原始数据成像结果对比。由图 6.28 可以看出，重构图像与原始图像基本一致。与现有混合编码方法相比，在重构误差相近时，采用本节提出的数据重排方法后压缩方法的压缩比提高了 25%～30%，验证了本节提出的基于数据相关性的随钻成像数据压缩方法的有效性与优越性。

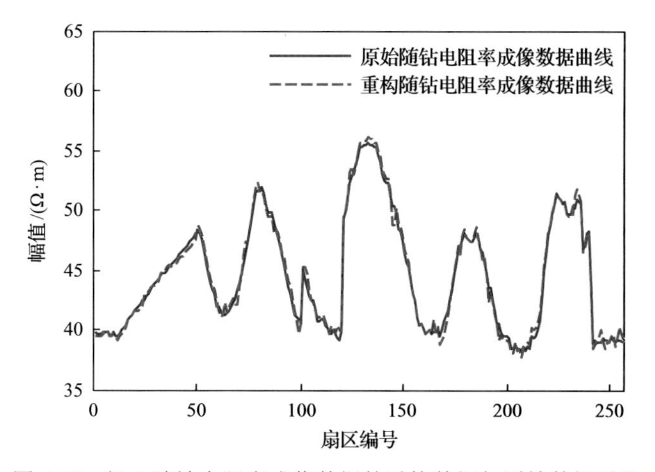

图 6.27　组 1 随钻电阻率成像数据的重构数据与原始数据对比

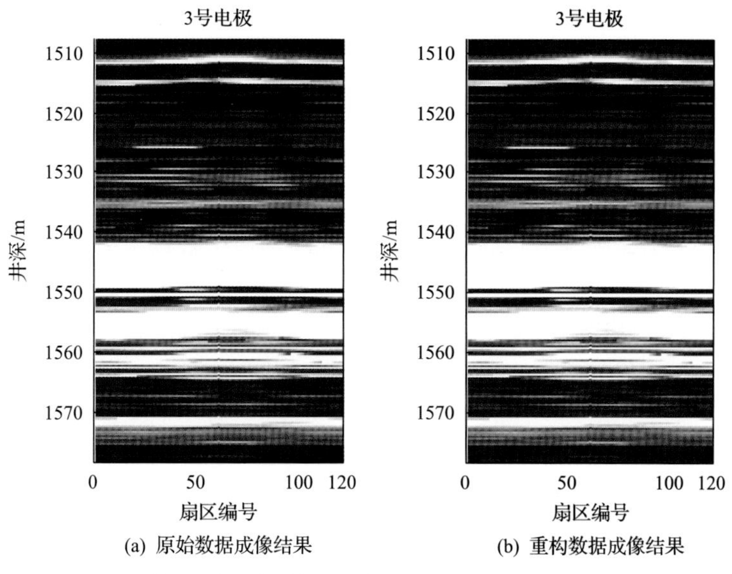

图 6.28　数据 5 的原始数据成像结果与重构数据成像结果对比

6.3.4　小结

为了进一步提高 6.2 节混合编码方法对随钻成像数据的压缩效率，本节从增强数据相关性的角度提出了一种数据重排方法。该方法将采用预测编码对原始数据进行差分处理后得到的一维数据按照优化与约束准则重组为具有最佳相关性的二维矩阵，保持了原始一维序列中相邻数据间的相关性，并且增强了非相邻数据间的相关性，提高了变换编码去相关冗余的效率。通过仿真数据实验及结果分析和实测随钻电阻率成像数据处理及结果分析，能够得出结论：本节提出的数据重排方法显著提高了现有混合编码方法的压缩效率。

6.4 面向峰值与分段斜率特征的随钻成像数据压缩方法

前面提出的压缩方法都是直接对原始随钻成像数据进行处理，但是在实际地质导向应用中，如随钻地质导向应用时对钻头出层、入层进行监测，往往需要关注随钻成像数据峰值与分段斜率等特征，而非原始数据本身。这些特征的动态范围远小于原始数据的动态范围，若提取出特征数据，只对特征数据压缩，相较于面向原始数据的压缩方法，面向特征数据的压缩方法可以大幅提高压缩比。

根据地质导向的实际应用需求，本节提出一种面向峰值与分段斜率特征的随钻成像数据压缩方法。首先，给出峰值与分段斜率的概念及物理意义；在分析随钻成像数据峰值与分段斜率特征的基础上，提出一种随钻成像数据峰值与分段斜率特征的提取方法，提取原始数据的峰值及其对应的扇区编号与分段斜率特征。之后仅对两类特征数据进行分类压缩处理：将峰值及其对应的扇区编号进行差分编码；同时结合分段斜率取值正负交替的特点，提出一种基于 *k*-means 聚类与游程编码的分段斜率压缩方法。通过仿真实验和实测随钻电阻率成像数据处理验证该方法的有效性。

6.4.1 随钻成像数据峰值与分段斜率特征分析

在实际地质导向应用中，往往需要关注随钻成像数据的峰值与分段斜率特征，本节分析随钻成像数据峰值与分段斜率特征的物理意义及提取随钻成像数据峰值与分段斜率特征的必要性，为面向峰值与分段斜率特征的随钻成像数据压缩方法的设计提供理论依据。

同一地层内的测井参数值差别较小，随钻仪器在同一地层内钻进时，随钻成像数据曲线呈现“平台”形状，但同一地层内的测井参数值也不是完全没有差别，所以随钻成像数据曲线不是完全光滑的“平台”形状，会伴有一些较小的幅值波动；而不同地层的测井参数值差别较大，随钻仪器以一定角度穿过地层界面时随钻成像数据曲线产生较大的幅值变化。例如，图 6.29 的方位伽马导向模型，当随钻仪器从低伽马值地层向下穿层到高伽马值地层时，底伽马值先发生变化，伽马值由低值升为高值，随后顶伽马值也由低值升为高值；当随钻仪器从高伽马值地层向上穿层到低伽马值地层时，顶伽马值先发生变化，伽马值由高值降为低值，随后底伽马值也由高值降为低值。

随钻成像数据的峰值是随钻仪器以一定角度穿过地层界面产生的，出现峰值的位置对应地层界面的位置，并且峰值的高低和随钻仪器与地层界面的夹角有关。当随钻仪器与地层界面的夹角逐渐增大时，随钻成像数据的峰值随之增大，并且随钻成像数据峰值

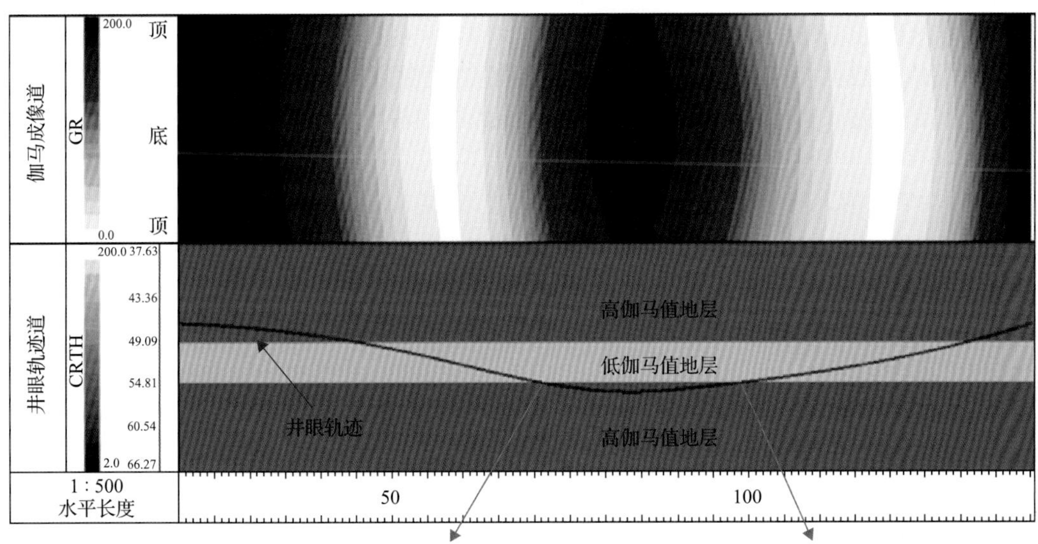

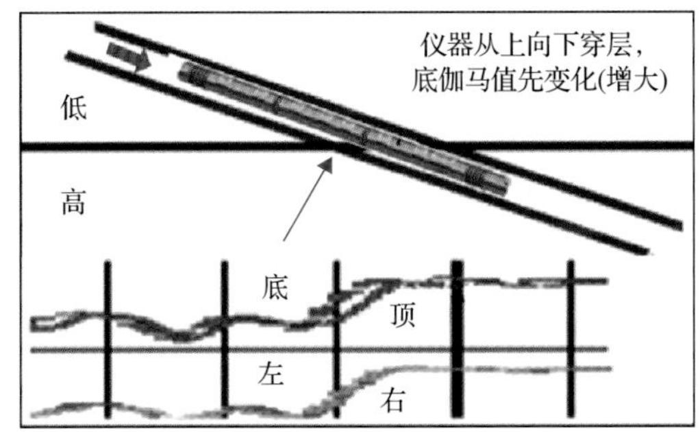

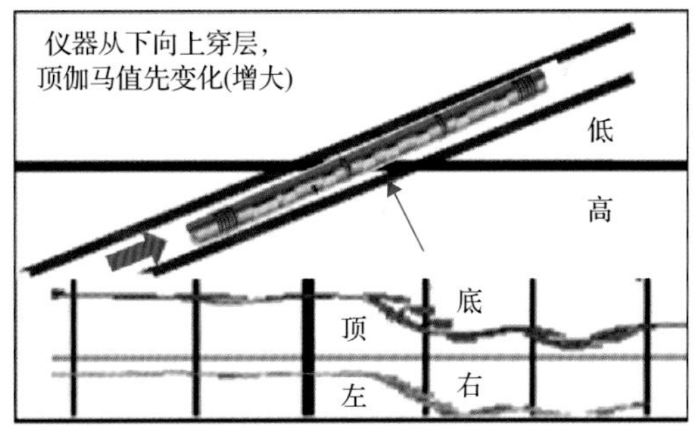

图 6.29　方位伽马导向模型

的位置对应地层界面的位置；当随钻仪器与地层界面的夹角逐渐减小时，随钻成像数据曲线会逐渐呈现“平台”的形状。在地质导向应用中，井上需要观察随钻成像数据峰值及其对应的位置以提高对井眼轨迹的控制能力，及时调整随钻仪器的钻进方向。

分段斜率体现了相邻两扇区随钻成像数据值的变化幅度，可表示为

$$k_i = \frac{Y_{i+1} - Y_i}{X_{i+1} - X_i}, \qquad i = 1,2,3,\cdots,N-1 \tag{6.42}$$

式中，k_i 表示分段斜率；Y_i 和 X_i 分别表示第 i 扇区的随钻成像数据幅值和扇区编号；N 表示原始随钻成像数据量。

不同地层的物质存在较大的物性差异，在自然伽马、电阻率等随钻成像数据曲线上会呈现出不同的响应，在地质导向应用中，需要观察随钻成像数据的变化幅度和峰值高低准确判断不同地层。

6.4.2　随钻成像数据峰值与分段斜率特征提取方法

本节分析随钻成像数据峰值的特点，同时结合随钻成像数据分段斜率的定义，提出一种随钻成像数据峰值与分段斜率特征的提取方法，提取原始随钻成像数据的峰值及其

对应的扇区编号与分段斜率特征。

随钻成像数据峰值是极大值，但从原始随钻成像数据中提取出的所有极大值并不一定全部是峰值，也有部分来源于外界干扰导致的虚假峰值，二者在以下两个方面存在区别。

(1) 相邻峰值之间的扇区间隔大于一定阈值，这是由随钻成像数据峰值的物理意义及井眼轨迹的缓变性决定的，而相邻虚假峰值之间的扇区间隔没有限制，因为外界干扰具有随机性。

(2) 随钻成像数据曲线的上升沿和下降沿是指曲线上任意相邻的两个极值点之间的连接线，这两个极值点一个为极大值点，一个为极小值点。假设点 $V_1(x_1, y_1)$ 和点 $V_2(x_2, y_2)$ 是随钻成像数据曲线上相邻的两个极值点。若 $x_1 < x_2$，有 $y_2 > y_1$，则称点 V_1 至点 V_2 部分的曲线为随钻成像数据曲线的上升沿；若 $x_1 < x_2$，有 $y_2 < y_1$，则称点 V_1 至点 V_2 部分的曲线为随钻成像数据曲线的下降沿。有效沿是指 $|y_1 - y_2|$ 大于一定阈值的沿，即有效沿的幅值变化大于一定的阈值，分为有效上升沿和有效下降沿。随钻成像数据峰值两侧是有效沿，而虚假峰值两侧的上升沿或下降沿幅值变化较小，不属于有效沿。

基于此，提取出原始随钻成像数据中所有极大值后，以随钻成像数据相邻峰值之间的扇区间隔大于一定阈值和峰值两侧是有效沿两个条件为约束，可以将所有极大值中的虚假波峰剔除，提取出有效的随钻成像数据峰值。随钻成像数据的分段斜率特征可根据式 (6.43) 进行提取。

由此，本节提出的一种随钻成像数据峰值与分段斜率特征的提取方法步骤如下：

(1) 提取出原始随钻成像数据中所有极大值及其对应的扇区编号。

(2) 以随钻成像数据相邻峰值之间的扇区间隔大于一定阈值和峰值两侧是有效沿两个条件为约束，在所有极大值中提取出有效的随钻成像数据峰值及其对应的扇区编号。

(3) 根据式 (6.43) 提取出随钻成像数据的分段斜率特征。

6.4.3 随钻成像数据峰值与分段斜率特征压缩方法

1. 基于差分编码的峰值压缩方法

为了减少峰值及其对应的扇区编号编码所需的比特数，提高数据压缩比，采用差分编码对峰值及其对应的扇区编号进行差分处理，仅将初始值和差值序列进行编码和传输。

从原始随钻成像数据中提取出的峰值可以表示为 $X_p(i)\ (i = 1, 2, \cdots, n)$，随钻成像数据峰值对应的扇区编号可以表示为 $Y_p(i)\ (i = 1, 2, \cdots, n)$，采用差分编码对峰值及其对应的扇区编号进行差分处理，即

$$d_{X_p}(i) = X_p(i+1) - X_p(i), \qquad i = 1, 2, \cdots, n-1 \tag{6.43}$$

$$d_{Y_p}(i) = Y_p(i+1) - Y_p(i), \qquad i = 1, 2, \cdots, n-1 \tag{6.44}$$

式 (6.43) 中，$d_{X_p}(i)$ 表示采用差分编码对峰值序列进行差分处理所得的差值序列；$X_p(i+1)$ 和 $X_p(i)$ 分别为峰值序列中第 $i+1$ 个峰值和第 i 个峰值。式 (6.44) 中，$d_{Y_p}(i)$ 表示采用差分编码对扇区编号序列进行差分处理所得的差值序列；$Y_p(i+1)$ 和 $Y_p(i)$ 分别为

扇区编号序列中第$i+1$个扇区编号和第i个扇区编号。

采用差分编码对峰值及其对应的扇区编号进行差分处理，所得差值的动态范围远小于原始峰值及其对应的扇区编号的动态范围，仅将峰值初始值$X_p(1)$、扇区编号初始值$Y_p(1)$和差值序列$d_{X_p}(i)$、$d_{Y_p}(i)$进行编码和传输，可以减少编码传输比特量，提高数据压缩比。

2. *k*-means 聚类方法概述

目前人们已经提出了多种聚类量化算法，如*k*-means 算法、LBG 算法、模糊 C 均值算法、Forgy 算法及 ISODATA 算法等，其目标是使量化前的数据与量化后的数据差值尽可能地小，也就是以最小的失真将大量离散值近似为较少的离散值。其中，k-means 算法在最小化量化误差方面具有独特的优势。

k-means 聚类方法(Dai et al., 2008)是基于距离的聚类方法，该方法认为距离越近的样本相似度就越高，常用的相似度评价指标是样本之间的欧几里得距离。其基本原理就是通过迭代将所有样本划分为k个类簇，使得用这k个类簇的均值代表相应各类簇数据时所得的总体误差最小，也就是找到k个类簇中心使得每一个数据点和与其最近的类簇中心的距离平方和最小化，故以聚类中心量化该类内的所有数据可使量化误差最小。

k-means 聚类方法的步骤如下：

(1) 从所有样本中随机选择k个样本作为初始聚类中心，计算每个样本与各个聚类中心的距离，并根据最小距离准则将每个样本划分到与其距离最近的聚类中心所属的类簇，由此得到k个互不相交的类簇。

(2) 重新计算每个类簇所有样本的均值，以该均值作为每个类簇的新中心，再将每个样本根据最小距离准则划分到与其距离最近的聚类中心所属的类簇。

(3) 不断重复步骤(2)，直到各个类簇的中心不再发生改变，此时就将原始样本集合划分为k个互不相交的稳定的类簇。

3. 基于 *k*-means 聚类与游程编码的分段斜率压缩方法

由随钻成像数据峰值两侧单调变化的特点及分段斜率的定义可知，分段斜率的取值具有正负交替的特点，且数据正负交替的位置是峰值所在的位置。分段斜率在经过压缩编码上传至井上解码后，必须保留其原有正负交替的特点，且数据正负交替的位置不能发生变化。针对分段斜率正负交替的特点，为了减少分段斜率编码所需比特数的同时保证数据重构质量，结合 *k*-means 聚类方法在最小化量化误差方面独特的优势，先将所得分段斜率序列进行分类处理，即根据每一个峰值出现的位置，将该峰值两侧的正、负分段斜率各自归为一类，得到若干类待量化的分段斜率数据集，采用 *k*-means 聚类方法确定每一类待量化分段斜率数据集的聚类中心，以该聚类中心为量化电平量化该类内的所有数据，得到大量连续重复出现的数据，再采用游程编码对量化后的分段斜率数据进行处理，去除数据的统计冗余，在保留分段斜率正负交替特点的前提下，提高数据压缩比，减少量化造成的误差。

其中，*k*-means 聚类方法如果选择到每一个数据集的中心，那么这个中心到该数据集中所有数据的距离的方差将最小。方差是数据集中各数据与其平均数之差的平方和的期望。基于此原理，可以通过计算数据集每一个数据到该数据集中所有数据的距离的方差，选择方差最小的那个数据为该数据集的中心。该方法可以快速准确地选取出数据集的中心点，并且无需人工干预，不需要输入任何参数。

设待量化的分段斜率数据集为

$$X=\{x_i \mid i=1,2,\cdots,z\} \tag{6.45}$$

式中，X 表示待量化的分段斜率数据集；x_i 表示该数据集中的分段斜率数据；z 表示该数据集的数据量。

数据 x_i、x_j 之间的欧几里得距离 $d(x_i,x_j)$ 可表示为

$$d(x_i,x_j)=\sqrt{(x_i-x_j)^{\mathrm{T}}(x_i-x_j)},\quad i,j=1,2,\cdots,z \tag{6.46}$$

数据 x_i 到该数据集中所有数据的距离的平均值 m_i 可表示为

$$m_i=\frac{1}{z}\sum_{j=1}^{z}d(x_i,x_j),\quad i,j=1,2,\cdots,z \tag{6.47}$$

数据 x_i 到该数据集中所有数据的距离的方差 var_i 可表示为

$$\mathrm{var}_i=\frac{1}{z-1}\sum_{j=1}^{z}\left(d\left(x_i,x_j\right)-m_i\right)^2,\quad i,j=1,2,\cdots,z \tag{6.48}$$

根据式(6.46)～式(6.48)计算待量化分段斜率数据集中每一个数据到该数据集中所有数据的距离的方差，在数据集中寻找方差最小的数据 x_i，将其作为该数据集的中心，以数据 x_i 为量化电平量化该数据集中所有数据，得到大量连续重复出现的数据，采用游程编码对量化后的分段斜率数据进行处理，去除数据的统计冗余。

由此，本节提出的基于 *k*-means 聚类与游程编码的分段斜率压缩方法步骤如下：

(1)将从原始随钻成像数据中提取出的分段斜率特征进行分类处理，即根据每一个峰值出现的位置，将该峰值两侧的正、负分段斜率各自归为一类，得到若干类待量化的分段斜率数据集。

(2)采用 *k*-means 聚类方法对每一类分段斜率数据集进行量化处理。根据式(6.46)～式(6.48)计算每一类分段斜率数据集中每一个数据到该数据集中所有数据的距离的方差，在数据集中寻找方差最小的数据 x_i，将其作为该数据集的中心，以数据 x_i 为量化电平量化该数据集中所有数据。

(3)采用游程编码对量化后的分段斜率数据进行处理，去除数据的统计冗余。

6.4.4 面向峰值与分段斜率特征的随钻成像数据压缩方法原理与流程

面向地质导向应用的实际需求，提出一种面向峰值与分段斜率特征的随钻成像数据

压缩方法，该方法首先提取原始随钻成像数据的峰值及其对应的扇区编号与分段斜率特征，然后仅对两类特征数据进行分类压缩处理：将峰值及其对应的扇区编号进行差分编码，将所得分段斜率序列进行分类处理，得到若干类待量化的分段斜率数据集，采用 *k*-means 聚类方法确定每一类待量化分段斜率数据集的聚类中心，以该聚类中心为量化电平量化该类内的所有数据，最后采用游程编码对量化后的分段斜率数据进行处理。最终得到的压缩数据包含两部分：一部分是峰值及其对应的扇区编号进行差分编码输出的比特流；另一部分是量化后的分段斜率数据进行游程编码输出的比特流。方法流程图如图 6.30 所示。

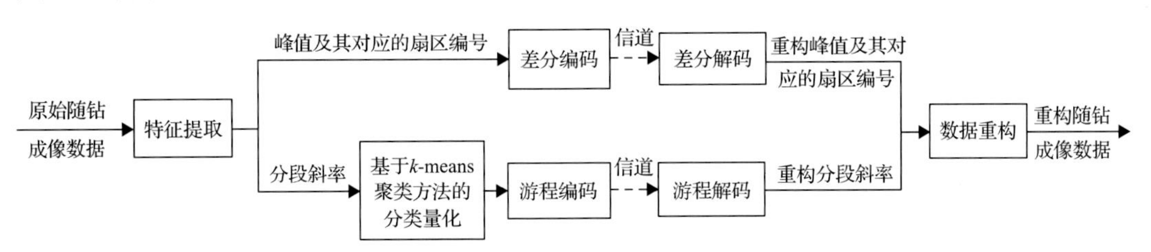

图 6.30　面向峰值与分段斜率特征的随钻成像数据压缩方法流程图

1) 特征提取

采用本节提出的随钻成像数据峰值与分段斜率特征提取方法，提取出原始随钻成像数据的峰值及其对应的扇区编号与分段斜率特征。

2) 差分编码

为了减少峰值及其对应的扇区编号编码所需的比特数、提高数据压缩比，采用差分编码对峰值及其对应的扇区编号进行差分处理，仅将初始值和差值序列进行编码和传输。

3) 基于 *k*-means 聚类方法的分类量化

为了减少分段斜率编码所需比特数的同时保证数据重构质量，采用 *k*-means 聚类方法对分段斜率进行分类量化处理。量化后的每一类分段斜率数据集都是由其原始分段斜率数据集的中心数据连续重复地出现组成的数据串，为下一步采用游程编码去除数据的统计冗余创造了条件。

4) 游程编码

量化后的每一类分段斜率数据集都是由其原始分段斜率数据集的中心数据连续重复地出现组成的数据串，针对相同数据连续重复出现的数据序列，为了去除其统计冗余，对量化后的分段斜率数据进行游程编码。

6.4.5　数值验证

为了验证面向峰值与分段斜率特征的随钻成像数据压缩方法的有效性，本节在 MATLAB R2014a 仿真软件平台上，利用构造的随钻成像数据和现场实测的随钻电阻率成像数据，采用本节提出的方法，开展随钻成像数据压缩实验，并对实验结果进行分析。

1. 仿真实验及结果分析

1) 构造 16 个扇区单、双峰随钻成像数据和多个井周内连续获取的随钻成像数据

构造一个井周内获取的峰值在不同扇区的 16 个扇区单、双峰随钻成像数据和 16 个井周内连续获取的 256 个扇区的随钻成像数据。

2) 随钻成像数据峰值与分段斜率特征提取实验

采用本节提出的随钻成像数据峰值与分段斜率特征提取方法，分别提取出 6 组峰值在不同扇区的 16 个扇区单、双峰随钻成像数据及 16 个井周内连续获取的 256 个扇区的随钻成像数据的峰值及其对应的扇区编号与分段斜率特征。其中，相邻峰值之间的扇区间隔阈值取经验值 6，有效沿幅值变化的阈值取经验值 4。

表 6.28 给出了从原始随钻成像数据中提取出的极大值点与峰值点数目对比，数据 1～3 分别表示峰值在第 6～8 扇区的 16 个扇区单峰数据，数据 4～6 分别表示峰值在第 3、11 扇区，第 4、12 扇区和第 5、13 扇区的 16 个扇区双峰数据，数据 7 表示连续 256 个扇区的随钻成像数据。

表 6.28　随钻成像数据的极大值点与峰值点数目对比

数据	极大值点/个	峰值点/个	数据	极大值点/个	峰值点/个
1	1	1	5	2	2
2	1	1	6	2	2
3	1	1	7	20	18
4	2	2			

图 6.31 为峰值位于第 6 扇区的 16 个扇区单峰数据的峰值提取结果，图 6.32 为峰值位于第 4、12 扇区的 16 个扇区双峰数据的峰值提取结果，图 6.33 为连续 256 个扇区的随钻成像数据的峰值提取结果。由图 6.31～图 6.33 的结果可以看出，随钻成像数据峰

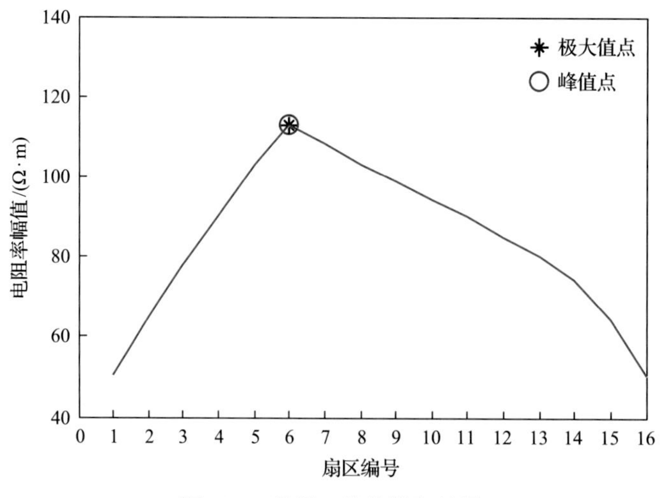

图 6.31　数据 1 峰值提取结果

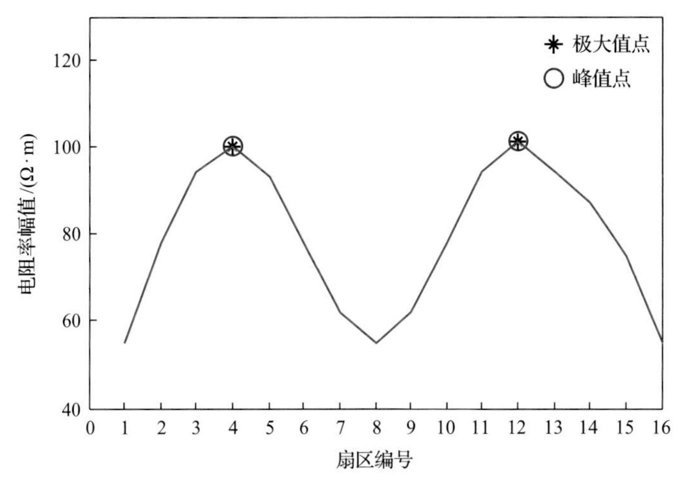

图 6.32 数据 5 峰值提取结果

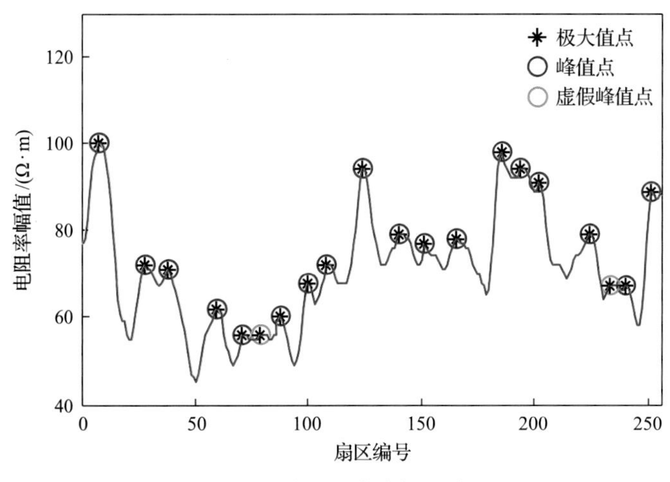

图 6.33 数据 7 峰值提取结果

值和虚假峰值虽然都是极大值，但随钻成像数据峰值两侧是有效沿，即峰值两侧的上升沿和下降沿幅值变化都大于阈值，而虚假峰值两侧的上升沿或下降沿幅值波动较小，达不到阈值。

3) 特征数据压缩实验

提取出原始随钻成像数据的峰值及其对应的扇区编号与分段斜率特征后，首先采用差分编码对峰值及其对应的扇区编号进行差分处理，仅将初始值和差值序列进行编码。然后采用本节提出的基于 *k*-means 聚类与游程编码的分段斜率压缩方法对分段斜率数据进行压缩编码。最终得到的压缩数据包含两部分：一部分是峰值及其对应的扇区编号进行差分编码输出的比特流；另一部分是量化后的分段斜率数据进行游程编码输出的比特流。每个扇区的数据用 8bit 表示，采用重构误差、存储/传输数据量、压缩比、均方根误差及运行时间五个指标衡量本节提出的面向峰值与分段斜率特征的随钻成像数据压缩方法的压缩性能，结果列于表 6.29 中。

表 6.29　本节提出方法的随钻成像数据压缩效果对比

数据	重构误差	运行时间/s	原始数据量/bit	存储/传输数据量/bit	压缩比	均方根误差
1	0.0232	0.058235	128	24	5.33	1.9964
2	0.0217	0.055991	128	25	5.12	1.9419
3	0.0244	0.057803	128	24	5.33	2.1825
4	0.0259	0.060128	128	33	3.88	2.2026
5	0.0277	0.059113	128	31	4.13	2.2279
6	0.0261	0.061286	128	32	4.00	2.2098
7	0.0304	0.179843	2048	315	5.83	1.5504

表 6.29 中数据 1～3 分别表示峰值在第 6～8 扇区的 16 个扇区单峰数据，数据 4～6 分别表示峰值在第 3、11 扇区，第 4、12 扇区和第 5、13 扇区的 16 个扇区双峰数据，数据 7 表示连续 256 个扇区的随钻成像数据。从表 6.29 的结果可以看出，采用本节提出的压缩方法对七组随钻成像数据进行压缩，在重构误差不超过 0.04 时，16 个扇区单峰随钻成像数据的压缩比达到 5.12～5.33，16 个扇区双峰随钻成像数据的压缩比达到 3.88～4.13，连续 256 个扇区的随钻成像数据的压缩比达到 5.83。

图 6.34 为压缩比为 5.33、重构误差为 0.0232 时，采用本节提出的数据压缩方法对峰值位于第 6 扇区的 16 个扇区单峰数据进行压缩得到的重构数据曲线与原始数据曲线对比。图 6.35 为压缩比为 4.13、重构误差为 0.0277 时，采用本节提出的数据压缩方法对峰值位于第 4、12 扇区的 16 个扇区双峰数据进行压缩得到的重构数据曲线与原始数据曲线对比。图 6.36 为压缩比为 5.83、重构误差为 0.0304 时，采用本节提出的数据压缩方法对连续 256 个扇区的随钻成像数据进行压缩得到的重构数据曲线与原始数据曲线对比。由图 6.34～图 6.36 可以看出，解压后重构的随钻成像数据曲线与原始数据曲线吻合度较高，保留了原始数据曲线的峰值及变化特征，并且实现了随钻成像数据的大幅压缩，验证了本节提出的面向峰值与分段斜率特征的随钻成像数据压缩方法的有效性。

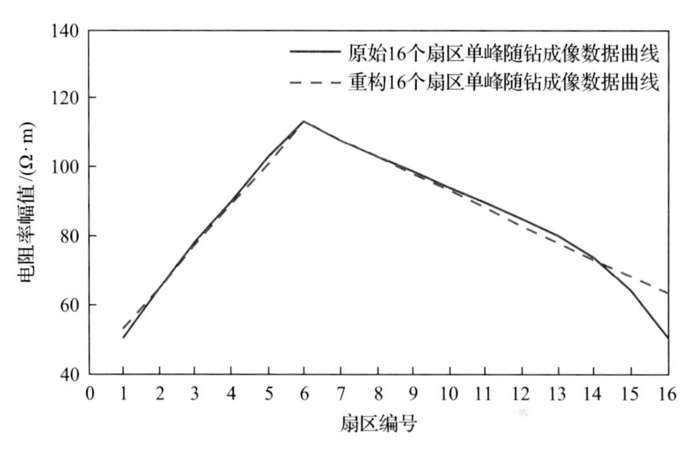

图 6.34　数据 1 的重构数据与原始数据对比

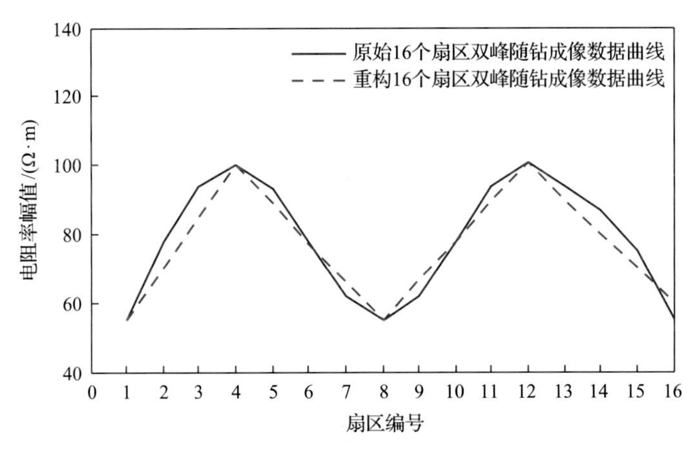

图 6.35　数据 5 的重构数据与原始数据对比

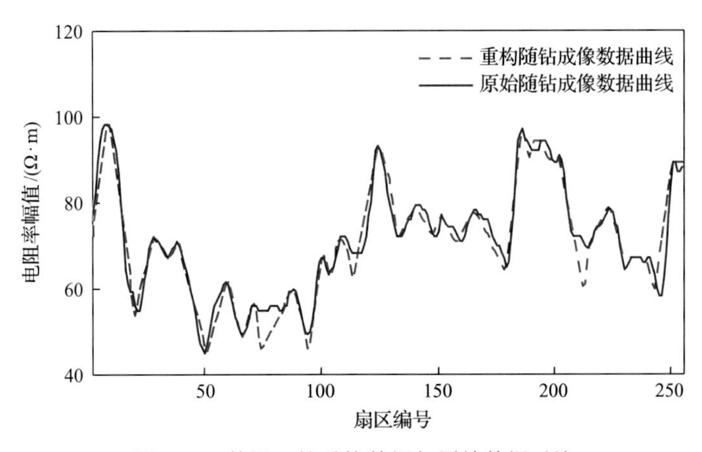

图 6.36　数据 7 的重构数据与原始数据对比

2. 实测随钻电阻率成像数据处理及结果分析

1) 获取实测随钻电阻率成像数据

获取某油田提供的实测随钻电阻率成像数据。

2) 随钻电阻率成像数据峰值与分段斜率特征提取实验

采用本节提出的随钻成像数据峰值与分段斜率特征提取方法，分别提取出五组实测随钻电阻率成像数据的峰值及其对应的扇区编号与分段斜率特征。其中，相邻峰值之间的扇区间隔阈值及有效沿幅值变化的阈值同前。

表 6.30 给出了从原始随钻电阻率成像数据中提取出的极大值点与峰值点数目对比。表 6.30 中数据 1～4 分别表示实测的组 1 至组 4 随钻电阻率成像数据，数据 5 表示 211×120 的实测随钻电阻率成像数据。

图 6.37 为组 1 随钻电阻率成像数据的峰值提取结果，由图 6.37 的结果可以看出，随钻电阻率成像数据峰值和虚假峰值虽然都是极大值，但相邻峰值之间的扇区间隔大于阈

值，而相邻虚假峰值之间的扇区间隔有时小于阈值，有时远远大于阈值，没有具体限制。另外，随钻电阻率成像数据峰值两侧是有效沿，其两侧的上升沿和下降沿幅值变化都大于阈值，而虚假峰值两侧的上升沿或下降沿幅值波动较小，达不到阈值。

表 6.30 随钻电阻率成像数据的极大值点与峰值点数目对比

数据	极大值点/个	峰值点/个	数据	极大值点/个	峰值点/个
1	29	9	4	19	7
2	13	7	5	7494	2581
3	26	10			

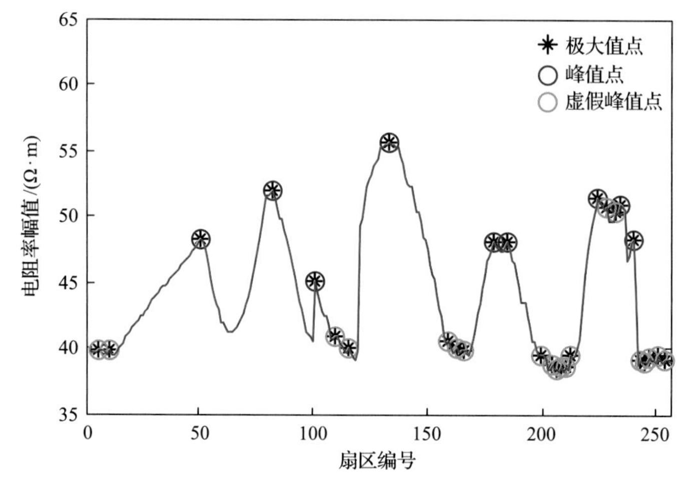

图 6.37 组 1 随钻电阻率成像数据峰值提取结果

3) 特征数据压缩实验

提取出原始随钻电阻率成像数据的峰值及其对应的扇区编号与分段斜率特征后，首先采用差分编码对峰值及其对应的扇区编号进行差分处理，仅将初始值和差值序列进行编码。然后采用本节提出的基于 *k*-means 聚类与游程编码的分段斜率压缩方法对分段斜率数据进行压缩编码，最终得到的压缩数据包含两部分：一部分是峰值及其对应的扇区编号进行差分编码输出的比特流；另一部分是量化后的分段斜率数据进行游程编码输出的比特流。每个扇区的数据用 8bit 表示，采用重构误差、存储/传输数据量、压缩比、均方根误差及运行时间五个指标衡量本节提出的面向峰值与分段斜率特征的随钻电阻率成像数据压缩方法的压缩性能，结果列于表 6.31 中。

表 6.31 中数据 1～4 分别表示实测的组 1 至组 4 随钻电阻率成像数据，数据 5 表示 211×120 的实测随钻电阻率成像数据。从表 6.31 的结果可以看出，采用本节提出的数据压缩方法对五组实测随钻电阻率成像数据进行压缩，在重构误差不超过 0.035 时，数据压缩比达到了 6.43～11.19。

图 6.38 为压缩比为 9.66、重构误差为 0.0238 时，采用本节提出的面向峰值与分段斜率特征的随钻成像数据压缩方法对组 1 随钻电阻率成像数据进行压缩得到的重构数据曲线与原始数据曲线对比。由图 6.38 可以看出，解压后重构的随钻电阻率成像数据曲线与

原始数据曲线吻合度较高，保留了原始数据曲线的峰值及变化特征，并且实现了随钻电阻率成像数据的大幅压缩。图 6.39 为压缩比为 6.43、重构误差为 0.0332 时，采用本节提

表 6.31　本节提出方法的实测随钻电阻率成像数据压缩效果对比

数据	重构误差	运行时间/s	原始数据量/bit	存储/传输数据量/bit	压缩比	均方根误差
1	0.0238	0.180145	2048	212	9.66	1.2063
2	0.0279	0.178226	2048	195	10.50	1.4110
3	0.0251	0.177159	2048	230	8.90	1.2907
4	0.0286	0.180324	2048	183	11.19	1.4612
5	0.0332	115.415125	202560	31502	6.43	2.3179

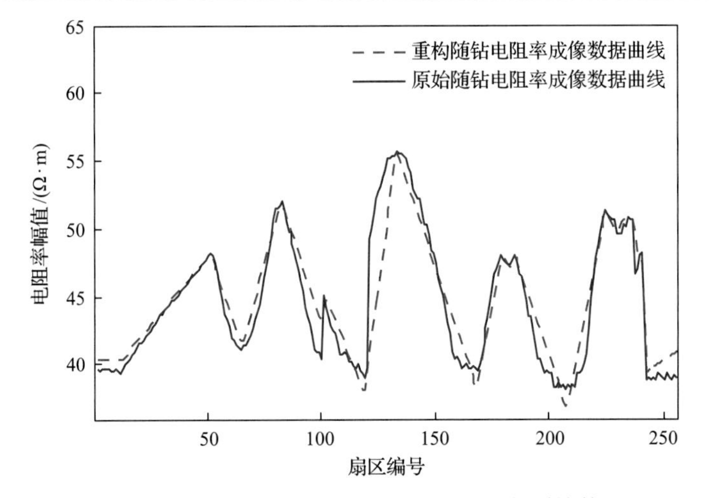

图 6.38　组 1 随钻电阻率成像数据的重构数据与原始数据对比

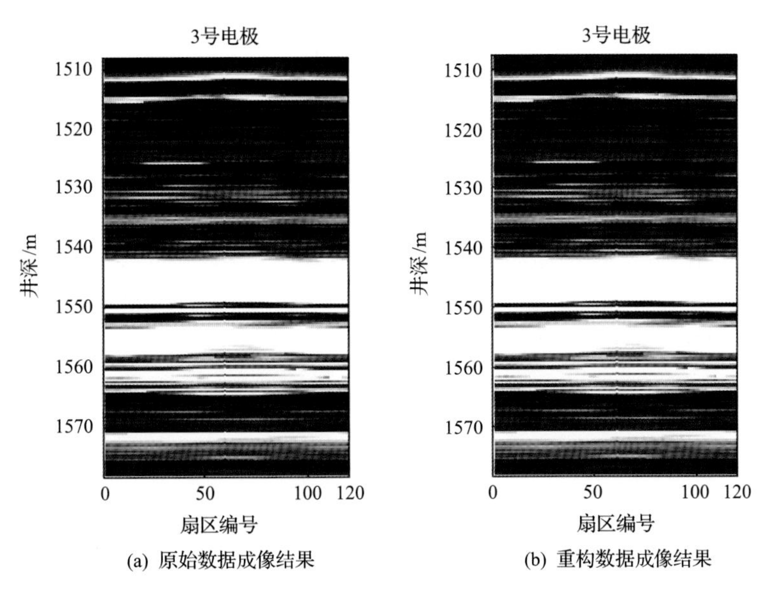

图 6.39　数据 5 的原始数据成像结果与重构数据成像结果对比

出的压缩方法对 211×120 的随钻电阻率成像数据进行压缩得到的重构数据经过着色处理后的成像结果与原始数据成像结果对比。由图 6.39 可以看出，重构图像与原始图像基本一致。通过实测随钻电阻率成像数据处理及结果分析验证了本节提出的面向峰值与分段斜率特征的随钻成像数据压缩方法的有效性。

6.4.6 小结

面向地质导向应用的实际需求，本节提出一种面向峰值与分段斜率特征的随钻成像数据压缩方法。采用本节提出的随钻成像数据峰值与分段斜率特征提取方法提取出原始数据的峰值及其对应的扇区编号与分段斜率特征后，仅对两类特征数据进行分类压缩处理：将峰值及其对应的扇区编号进行差分编码；采用本节提出的基于 *k*-means 聚类与游程编码的分段斜率压缩方法对分段斜率数据进行压缩编码。通过仿真实验及结果分析和实测随钻电阻率成像数据处理及结果分析，能够得出以下结论：本节所提方法在充分保留原始数据特征的前提下，能够实现随钻成像数据的高效压缩，可以在地质导向中应用。

参 考 文 献

邸德家, 陶果, 孙华峰, 等. 2012. 随钻地层测试技术的分析与思考. 测井技术, 36(3): 294-299.

高杰, 辛秀艳, 陈文辉, 等. 2008. 随钻电磁波电阻率测井之电阻率转化方法与研究. 测井技术, 32(6): 503-507.

侯芳. 2016. 国外随钻测量/随钻测井技术在海洋的应用. 石油机械, 44(4): 38-41.

姜明, 柯式镇, 李安宗, 等. 2016. 3D FEM 随钻电磁波电阻率测井响应影响因素研究. 石油科学通报, 1(3): 342-352.

康正明, 柯式镇, 李新, 等. 2017. 钻头电阻率测井仪器探测特性研究. 石油科学通报, 2(4): 457-465.

李会银, 苏义脑, 盛利民, 等. 2010. 多深度随钻电磁波电阻率测量系统设计. 中国石油大学学报(自然科学版), 34(3): 38-42.

李铭宇, 柯式镇, 康正明, 等. 2018. 螺绕环激励式随钻侧向测井仪测量强度影响因素及响应特性. 石油钻探技术, 46(1): 128-134.

李启明, 李安宗, 孔亚娟, 等. 2014.侧向类随钻测井仪器垂直分辨率分析(英文). 测井技术, 38(5): 541-546.

刘乃震, 王忠, 刘策. 2015. 随钻电磁波传播方位电阻率仪地质导向关键技术. 地球物理学报, 58(5): 1767-1775.

刘文斌, 潘保芝, 张丽华, 等. 2016. 测井裂缝识别研究进展. 国外测井技术, 37(3): 11-16.

倪卫宁, 张晓彬, 万勇, 等. 2017. 随钻方位电磁波电阻率测井仪分段组合线圈系设计. 石油钻探技术, 45(2): 115-120.

倪卫宁, 康正明, 路保平, 等. 2019. 随钻高分辨率电阻率成像仪器探测特性研究. 石油钻探技术, 47: 114-119.

沙峰. 2010. 侧向电阻率测井刻度计算方法与测量误差间的关系. 测井技术, 34(4): 335-338.

宋殿光, 段宝良, 魏宝君, 等. 2014. 倾斜线圈随钻电磁波电阻率测量仪器的响应模拟及应用. 中国石油大学学报(自然科学版), 38(2): 67-74.

孙振惠, 王云起, 石华敏. 1987. 非浸入式电磁浓度计的应用. 中国电力, (12): 26-29.

王敏, 孙建孟, 赖富强, 等. 2010. 全井眼地层微成像仪测井图像失真的恢复技术. 中国石油大学学报(自然科学版), 34(2): 47-51.

邢光龙, 杨善德. 2004. 电磁传播电阻率测井的响应函数及其探测特性分析. 测井技术, 28(4): 281-284.

杨锦舟. 2014. 随钻方位电磁波仪器界面预测影响因素分析. 测井技术, 38(1): 39-45, 50.

朱桂清, 章兆淇. 2008. 国外随钻测井技术的最新进展及发展趋势. 测井技术, 32(5): 394-397.

Adolph B, Stoller C, Archer M, et al. 2005. No more waiting: Formation evaluation while drilling. Oilfield Review, 35(7): 4-21.

Bala M, Jarzyna J, Cichy A. 2001. Computer interpretation of lateral resistivity logs. Instytut Geofizyki Pan, 49(2): 245-259.

Bonner S, Burgess T, Clark B, et al. 1993. Measurements at the bit: A new generation of MWD tools. Oilfield Review, 5: 44-54.

Dai S K, Liu J G, Wang G Y, et al. 2008. Fast integer-DCT implement without multiplication. Microelectronics & Computer, 25(5): 11-13.

Epov M, Suhorukova C V, Glinskikh V, et al. 2013. Effective electromagnetic log data interpretation in realistic reservoir models. Open Journal of Geology, 3(2): 81-86.

Gianzero S, Chemali R, Lin Y, et al. 1985. A new resistivity tool for measurement while drilling//SPWLA 26th Annual Logging Symposium, Dallas.

Luthi S M, Souhaité P. 1990. Fracture apertures from electrical borehole scans. Geophysics, 55(7): 821-833.

Ritter R N, Chemali R E, Lofts J, et al. 2005. High resolution visualization of near wellbore geology using while-drilling electrical images. Petrophysics, 46(2): 85-95.

Shen L C, Wang H, Zhang G J. 2000. Dual laterolog response in 3-D environment. Petrophysics, (3): 234-241.

Tan M J, Gao J, Wang X C, et al. 2011. Numerical simulation of the dual laterolog for carbonate cave reservoirs and response characteristics. Applied Geophysics, 8(1): 79-85.

Wang J, Liu R C. 2014. Application of complex image theory in geosteering. IEEE Transactions on Geoscience & Remote Sensing, 52(12): 7629-7636.

Wei B J, Zhang G J, Liu Q H. 2008. Recursive algorithm and accurate computation of dyadic Green's functions for stratified uniaxial anisotropic media. Science in China, Series F, 51 (1): 63-80.

Zhao Y, Li M, Dun Y, et al. 2012. Analysis and design of the coils system for electromagnetic propagation resistivity logging tools by numerical simulations. Lecture Notes in Electrical Engineering, 137: 335-341.

Zou Y L, Xie R H. 2015. A novel method for NMR data compression. Computational Geosciences, 19 (2): 389-401.